全栈性能测试
修炼宝典

陈志勇 刘 潇 钱 琪◎编著

JMeter 实战

（第2版）

人民邮电出版社

北京

图书在版编目（CIP）数据

全栈性能测试修炼宝典：JMeter实战 / 陈志勇，刘潇，钱琪编著. -- 2版. -- 北京：人民邮电出版社，2021.5（2024.1重印）
ISBN 978-7-115-56012-4

Ⅰ. ①全… Ⅱ. ①陈… ②刘… ③钱… Ⅲ. ①计算机网络—程序设计 Ⅳ. ①TP393

中国版本图书馆CIP数据核字(2021)第029273号

内 容 提 要

本书全面介绍了软件性能测试中的实战技术和 JMeter 的应用知识。本书分 4 篇 10 章：基础篇（第 1 章）主要讲解性能测试的理论和如何做好性能测试；工具篇（第 2～4 章）介绍了利用 JMeter 进行性能测试脚本开发，如利用 HTTP 在 JMeter 中进行性能测试脚本开发；实践篇（第 5～8 章）详细讲解了性能监控与诊断分析，通过实践项目引导读者进行性能测试工作，包括诊断问题、分析与调优；提升篇（第 9～10 章）讲解如何基于 JMeter 做测试开发、利用容器技术提高测试效率。

本书讲解通俗易懂，适合测试工程师、测试项目负责人、开发工程师、性能测试爱好者阅读，也适合作为大专院校相关专业师生的学习用书和培训学校的教材。

◆ 编　著　陈志勇　刘　潇　钱　琪
　　责任编辑　张　涛
　　责任印制　王　郁　焦志炜
◆ 人民邮电出版社出版发行　　北京市丰台区成寿寺路 11 号
　　邮编　100164　　电子邮件　315@ptpress.com.cn
　　网址　https://www.ptpress.com.cn
　　北京七彩京通数码快印有限公司印刷
◆ 开本：787×1092　1/16
　　印张：22.5　　　　　　　　2021 年 5 月第 2 版
　　字数：544 千字　　　　　　2024 年 1 月北京第 12 次印刷

定价：109.90 元

读者服务热线：(010)81055410　印装质量热线：(010)81055316
反盗版热线：(010)81055315
广告经营许可证：京东市监广登字 20170147 号

序

　　《全栈性能测试修炼宝典：JMeter 实战》于 2016 年 9 月面市。承蒙大家厚爱，本书有幸获得"异步图书十佳"称号，到目前还保持着顽强的生命力，证明本书对大家来说还是有用的。这让我很欣慰。几年过去了，技术在发展，业务在变化，系统都在上云，测试、监控、运维从自动化往智能化发展。我在不断学习的过程中有些总结想通过本书的修订与大家分享。

　　移动互联的普及催生了大数据，即将爆发的 5G 生态将会加速万物互联，数据量将呈几何级增长。企业需要更快、更准、更稳定的系统来处理这些数据，系统性能在其中起着不可忽视的作用，性能测试依然大有可为。

　　性能测试的目的是检查系统有无性能风险，找出系统性能变化的趋势，为运营人员提供数据参考；定位性能问题，进行系统性能优化。对于性能测试工程师来说，性能测试既是一个持续改进的过程，也是一份充满挑战的工作，会涉及硬件平台、操作系统、数据库、缓存、中间件、应用架构、系统程序等方面的知识，广度与深度并重。这也对从事这项工作的工程师提出了更高的要求，当然，高要求也铸就了性能测试工程师的高价值。

　　IT 更新速度快，测试从业者不进则退，不想被淘汰就需要适应技术潮流，不断更新自己的技术体系，让自己具备竞争力。"工欲善其事，必先利其器"，性能测试的开展少不了工具的支持，本书以 JMeter（5.0及以上版本）为例来讲解性能测试脚本的开发。要解决问题，需要深入了解问题的本质，本书将继续讲解如何定位问题，如何进行性能优化。从前端到后端，从物理机到容器，从理论到实践，与大家一起分享自己学到的知识。

　　在此感谢我的家人，感谢读者，感谢支持我的朋友！

陈志勇（天胜）

性能测试人员

DevOps 开发者

于上海

前　言

早期，我们把录制脚本、制造负载当作性能测试；后来，我们把定位、分析问题当作性能测试的核心价值；前几年，我们希望性能测试不仅能够定位、分析问题，还要把握系统性能变化趋势，帮助解决性能问题，给出专业的优化建议；现在，云计算已深入应用系统中，性能测试工程师最好能够基于云来开展性能测试，让系统在云上"跑得"更顺畅。

性能测试是测试行业颇具技术含量的工作，出于行业的历史原因，性能测试工程师一直短缺，不少功能测试人员担任了性能测试工作的角色，他们没有系统地学习过性能测试知识，没能打下坚实的技术功底，这直接导致了性能测试人员的技术水平不高、从业人员水平参差不齐的现象。很多性能测试工程师停留在测试脚本的开发上。这个现象是可以改变的。只要不断学习，就可以改变。

从本书可以收获什么？

（1）了解性能测试理论。通过学习这部分内容，您将加深对性能测试的认识。

（2）学会开发多种协议的性能测试脚本。本书讲解了多种协议的性能测试脚本开发过程，让您可以快速上手性能测试。

相比第 1 版有哪些升级

（1）JMeter 从 2.x 升级到 5.x。

（2）性能监控升级。除了常规监控手段，本书还增加了全链接监控。

（3）诊断升级。本书介绍诊断思路、方法、工具，从原理到实践一步到位。

（4）实战升级。本书诊断及调优过程讲解得更细致。

（5）测试开发。本书教大家如何"造轮子"，大家再也不用怕无工具可用。

（6）增加工程能效内容，如容器部署环境、容器部署负载、Kubernetes 部署负载等。

读者群

本书由浅入深地讲解性能测试各方面的知识，读者可以根据自身需求关注不同部分的内容。

本书读者包括但不限于以下群体：

● 测试工程师；

● 测试负责人；

● 开发工程师；

● 性能测试爱好者。

阅读提示

本书分 4 篇。

基础篇

第 1 章讲解性能测试理论，以及如何做好性能测试。

工具篇

本篇讲解如何利用 JMeter 来进行性能测试脚本开发，用示例介绍几种不同协议的脚本开发。

第 2 章以 HTTP 为例讲解如何在 JMeter 中进行性能测试脚本开发。

第 3 章用示例讲解几种不同协议的脚本开发。

第 4 章用示例讲解如何利用 JMeter 发生负载，如何进行测试监听。

实践篇

本篇详细讲解性能监控与诊断分析。通过实践项目引导读者进行性能测试工作，包括如何诊断问题和如何分析性能，以及性能调优。

第 5 章讲解如何进行性能监控、如何诊断，这是每一位性能测试工程师都要掌握的基础知识。

第 6 章讲解系统性能调优有哪些方法，以及怎么做。读者需掌握系统调优的方法并进行举一反三。

第 7 章运用实例对整个性能测试过程进行讲解，尤其是监控、诊断与调优过程。

第 8 章讲解前端性能分析技术，如何进行分析，有哪些可以提高效率的分析工具及其应用。

提升篇

本篇讲解如何基于 JMeter 做测试开发，如何利用容器技术来提高测试效率。

第 9 章讲解如何基于 JMeter 进行二次开发、如何用 JMeter 进行调试。

第 10 章讲解使用 Kubernetes 快速部署负载。

勘误与支持

性能测试知识面广，虽然作者已经十分认真地写作，由于作者水平有限，书中内容定有不足之处，恳请各位批评指正。

作者联系方式：电子邮箱 seling_china@126.com。

作者微信（如下图）：

请扫描下面的二维码获取本书配套的实例脚本、实例配置文档：

本书的编写人员

陈志勇（天胜），从事性能测试多年，《全栈性能测试修炼宝典：JMeter 实战》和《持续集成与持续部署实践》的作者，目前从事性能测试、DevOps 开发及实施工作。

刘潇，资深测试工程师，擅长性能测试，拥有多年测试开发、性能测试、持续集成及持续部署经验。

钱琪，资深测试工程师，擅长性能测试，目前从事 DevOps 开发及实施工作，合著有《持续集成与持续部署实践》。

本书由钱琪、刘潇、陈朔审核及校对，手绘图部分由陈楚瑜完成。

感谢

感谢广大读者对我们的支持，让你们久等了，谢谢你们！

感谢人民邮电出版社的大力支持！

感谢我们的家人与朋友！

作者

目　录

基 础 篇

第1章　全栈性能测试 ·············· 1
1.1　全栈正当时 ················· 2
　1.1.1　全栈开发正当时 ·········· 2
　1.1.2　全栈测试应声起 ·········· 2
　1.1.3　性能测试要全栈 ·········· 3
1.2　开展全栈性能测试 ·········· 4
　1.2.1　性能测试要解决的
　　　　问题 ······················ 4
　1.2.2　如何开展性能测试 ······· 6

1.3　性能测试技术栈 ············ 8
　1.3.1　性能测试基础 ··········· 9
　1.3.2　性能监听诊断 ·········· 11
　1.3.3　性能优化 ··············· 13
　1.3.4　效率工具/持续集成 ······ 13
1.4　性能测试相关术语 ········ 14
1.5　本书相关内容的约定 ······ 15
1.6　本章小结 ·················· 16

工 具 篇

第2章　JMeter 脚本开发 ········ 17
2.1　JMeter 工作区介绍 ········ 18
2.2　JMeter HTTP 协议录制 ···· 19
　2.2.1　Badboy 进行录制 ········ 19
　2.2.2　Fiddler 进行脚本录制 ····· 26
　2.2.3　JMeter 配置代理进行
　　　　录制 ······················ 29
2.3　JMeter 脚本调试 ·········· 32
2.4　JMeter 关联 ··············· 35
　2.4.1　后置处理器 ·············· 35
　2.4.2　Regular Expression
　　　　Extractor ················· 35
2.5　JMeter 参数化 ············· 39
　2.5.1　配置元件 ··············· 39
　2.5.2　CSV 数据文件设置 ······· 39
　2.5.3　函数助手 ··············· 41
　2.5.4　访问地址参数化 ·········· 42
　2.5.5　HTTP 请求默认值 ········ 43
2.6　JMeter 检查点 ············· 43
　2.6.1　断言 ···················· 43
　2.6.2　响应断言 ··············· 44

2.7　JMeter 事务 ··············· 46
　2.7.1　逻辑控制器 ·············· 46
　2.7.2　事务控制器 ·············· 46
2.8　JMeter 集合点 ············· 47
　2.8.1　定时器 ·················· 47
　2.8.2　同步定时器 ·············· 47
2.9　JMeter 元件运行顺序 ······ 48
2.10　本章小结 ················· 51
第3章　JMeter 常用脚本开发 ··· 52
3.1　JMeter 插件管理 ··········· 53
3.2　JMeter 在线脚本开发 ······ 54
3.3　WebSocket 脚本开发 ······· 55
3.4　BeanShell 脚本开发 ········ 57
3.5　调试取样器 ················ 60
3.6　FTP脚本开发 ·············· 61
3.7　Java脚本开发 ·············· 62
3.8　JUnit 脚本开发 ············ 70
　3.8.1　JUnit简介 ··············· 70
　3.8.2　JUnit参数 ··············· 71
　3.8.3　JMeter JUnit Request ···· 72
3.9　Dubbo 脚本开发 ··········· 73

3.9.1 Dubbo 示例环境部署······73
3.9.2 JMeter 安装 Dubbo 测试
插件······74
3.9.3 使用 Dubbo 取样器测试示
例服务······75
3.10 本章小结······76
第 4 章 JMeter 负载与监听······77
4.1 负载模拟······78
4.1.1 场景设置······78
4.1.2 场景运行······80

4.2 影响负载的 X 因素······84
4.3 JMeter 分布式执行······85
4.3.1 执行逻辑······85
4.3.2 执行示例······86
4.4 测试监听······87
4.4.1 JMeter 监听器······88
4.4.2 Influx+Grafana 实时
监听······89
4.5 本章小结······98

实 践 篇

第 5 章 性能监控与诊断······99
5.1 性能关注点与诊断思路······100
5.1.1 系统性能的关注点······101
5.1.2 性能诊断方法······106
5.2 性能监控与诊断······111
5.2.1 CPU 风险诊断······113
5.2.2 内存风险诊断······129
5.2.3 IO 风险诊断······135
5.2.4 网络风险诊断······139
5.3 DB 监控之 MySQL 监控······143
5.4 JVM 监控······146
5.4.1 jps······146
5.4.2 jstat······147
5.4.3 jstack······150
5.4.4 jmap······151
5.4.5 JVisualvm······152
5.4.6 JDK8 与 JDK7 在监控方面
的变化······155
5.4.7 trace 跟踪······158
5.5 性能诊断小工具······159
5.6 全链路监控······160
5.7 本章小结······167
第 6 章 系统调优······168
6.1 单机性能调优······170
6.1.1 程序优化······170
6.1.2 配置优化······172
6.1.3 数据库连接池优化······173

6.1.4 线程优化······175
6.1.5 DB（数据库）优化······178
6.1.6 空间换时间······179
6.1.7 时间换空间······179
6.1.8 数据过滤······179
6.1.9 服务器与操作系统
优化······180
6.1.10 JVM 优化······181
6.2 数据结构优化······201
6.2.1 业务流程优化······201
6.2.2 业务异步化······201
6.2.3 有效的数据冗余······201
6.3 结构优化······202
6.3.1 单机结构······202
6.3.2 集群结构······203
6.3.3 分布式结构······204
6.4 本章小结······211
第 7 章 综合实践之诊断分析与调优····212
7.1 需求采集与分析······215
7.1.1 需求采集······216
7.1.2 需求分析······219
7.1.3 并发数计算······223
7.2 测试模型······225
7.3 测试计划······226
7.4 环境搭建······227
7.5 脚本开发······230
7.5.1 浏览帖子······230

7.5.2　回复帖子 237
7.6　数据准备 239
　7.6.1　主数据准备 240
　7.6.2　数据制作方法 241
7.7　场景设计与实现 246
　7.7.1　场景设计 246
　7.7.2　场景实现 247
7.8　测试监控 251
7.9　测试执行 253
　7.9.1　基准测试 253
　7.9.2　配置测试 255

7.9.3　负载测试 271
7.9.4　稳定性测试 282
7.10　结果分析 288
7.11　测试报告 288
7.12　本章小结 289
第8章　前端性能测试 290
8.1　前端性能风险 291
8.2　前端性能分析原理 292
8.3　前端性能分析工具 293
8.4　本章小结 302

提　升　篇

第9章　JMeter 开发实践 303
9.1　JMeter 开发环境建立 304
　9.1.1　源码获取 304
　9.1.2　配置开发环境 304
9.2　JMeter 如何进行调试 307
　9.2.1　认识项目结构 307
　9.2.2　Eclipse 中运行 JMeter 308
　9.2.3　JMeter 组件实现介绍 313
9.3　JMeter 开发示例 326
　9.3.1　函数助手开发 326
　9.3.2　Dubbo Sampler 开发 329
9.4　本章小结 333

第10章　利用容器技术快速部署负载 334
10.1　Docker 部署负载实践 335
　10.1.1　准备工作 336
　10.1.2　启动负载 337
10.2　Kubernetes（K8S）集群部署负载
　　　实践 339
　10.2.1　整体结构介绍 339
　10.2.2　准备工作 340
　10.2.3　启动 JMeter 集群 342
　10.2.4　运行负载测试 345
10.3　本章小结 346

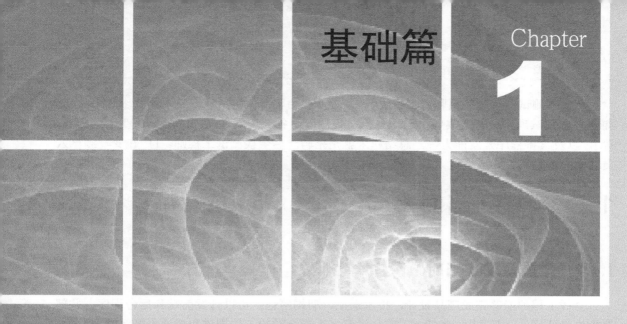

第1章

全栈性能测试

从本章你可以学到：

- 全栈正当时
- 开展全栈性能测试
- 性能测试技术栈
- 性能测试相关术语
- 本书相关内容的约定

　　从一些测试工程师的招聘需求中我们可以看到，招聘单位对从业者技术的要求越来越高，如要掌握测试理论、持续集成、操作系统、数据库、各类中间件（如 Tomcat、MQ、Kafka 等），以及具备程序开发能力等。总结起来就是招聘一名全栈测试工程师。IT 在变，测试人员要做的就是不断顺应变化。

1.1　全栈正当时

1.1.1　全栈开发正当时

　　全栈工程师能够完成产品设计，技术选型，架构落地；可以开发前端和后台程序，并部署到生产环境。一人多用，省成本，完全没有多人配合时的工作推诿和沟通不畅等情况发生，这是创业公司找工程师时，全栈工程师是首选的原因。

　　大互联网公司的系统平台更复杂，需要更多的角色通力协作完成任务。那是不是全栈工程师在大企业就没有存在的必要了呢？当然有必要。大企业需要从全局考虑来做顶层设计，对于做顶层设计的人来说知识面宽尤为重要。这个人可以不是每一个细分领域的专家，但能够与某些领域专家交流畅顺，能够理会对方意思，尽可能地从全局考虑项目的优化设计，这类人是全栈工程师的典型代表。一位互联网全栈工程师需要掌握包括但不限于如下技术。

- 前端（简单列举）：HTML、H5、CSS、JavaScript、React、Vue、Angular、NodeJS、WebSocket、HTTP 等。
- 后台：中间件（Tomcat、Jetty）、消息中间件（Kafka、RabbitMQ、RocketMQ 等）、开发框架（Springboot/Cloud、Dubbo 等，ORM：Hibernate、MyBatis、Spring JPA 等）。
- 数据库：关系数据库（MySQL、Oracle 等）、NoSQL 数据库（Redis MongoDB HBase 等）。
- 集成工具：Git、Gitlab、CVS、Jenkins、Sonar、Maven 等。
- 容器及编排工具：Docker、Kubernetes 等。
- 监控工具：Prometheus、Skywalking、Zabbix 等。
- 操作系统：Linux 系列（CentOS、Fedora、Debian、Ubuntu 之一或者多种）。

　　如果你是从事大数据方面的开发，还需要掌握的技术如下：Hadoop、Spark、Storm、Flink、Tensorflow、Lucene、Solr、ElasticSearc、Hive/Impala 等。当然，你还要熟悉各种算法、统计方法，数学等。

1.1.2　全栈测试应声起

　　网络平台的崛起，带来巨大的流量，也催生技术的革新。高度集中和融合的系统，结构复杂，技术栈庞大，使测试变得困难。在定位、分析问题时往往会跨技术栈，测试人员靠单一技能并不能较好地完成测试工作。与全栈开发一样，全能型（跨技术栈）测试人才变得抢手，也自然催生出全栈测试概念。

　　以我们熟悉的支付系统来说，我们在手机上轻轻点一下就把钱支付的看似简单的操作，在其工作流程的背后可能要经过十几个系统，涉及商家、平台、支付企业、银行等多个角色。对这类系统测试时链路长，尤其是做链条测试时，每个系统都要检查，第三方系统还要沟通配合。如对接银行系统的过程中，一般在沟通上最耗时，这也是测试工程师最无力把控的部分。

以前作者在一家支付企业供职，整个支付系统加上金融产品，大大小小共90多个子系统，测试团队部署新版本时都感到头痛，主要风险在版本管理及配置管理方面，特别是进行敏捷开发时，面对多个测试环境（开发环境、集成环境、测试环境、QA 验证、模拟环境、生产环境）的情况下，负责功能测试的同事苦不堪言。测试工作除了考验测试人员的业务、技术，还考验测试人员的心态。这个时候能够从容不迫、心静如水的往往都是技术过硬的人。技术过硬的人已经熟悉了技术栈、业务流向、测试环境，能够有条不紊地开展工作。所以这些技术过硬的人往往都是测试团队的主力。

大数据分析、AI、云计算、Devops 是当前系统应用的主流技术，这方面的测试对测试人员的技术要求更高。以大数据分析为例，测试数据的制作就是一门学问。测试人员最好能够了解实现功能的算法，设计有针对性的数据。

全栈概念很广，测试人员可以选择一些点突破。如做云计算的测试，要了解虚拟化、容器、虚拟网络、服务编排工具等；做 AI 测试要了解 AI 的算法、训练模型。力争储备更多的知识。

1.1.3 性能测试要全栈

在软件行业、互联网行业，软件性能是企业的竞争力。良好的性能才能保证优质的用户体验，谁也不想忍受"蜗牛般"的应用加载，这样的应用会丢失用户。技术在发展，用户对性能的要求在提高，测试人员面对不断更新的技术，庞大的技术栈，性能测试的技术储备也要拓宽。

下面看一下 Web 请求的生命之旅（见图 1-1）。

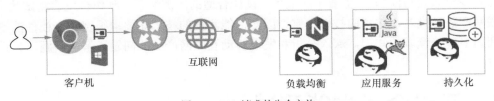

图 1-1 Web 请求的生命之旅

（1）用户通过浏览器发出访问请求，浏览器把请求编码，再通过网卡把请求通过互联网传给服务端。

（2）服务端的负载均衡器接收到请求，路由到应用服务器；通常负载均衡器也具备限流的作用。

（3）应用服务器由网卡收到请求，如果网卡繁忙可能会排队；网卡的数据传递给中间件，中间件（如 Tomcat）进行协议解码，应用程序才能识别请求；然后由应用程序来处理请求，如果有数据访问或者存储需求则要访问持久层。

（4）持久层负责数据的访问与存储，比如结构数据（狭义地说就是能够存到关系数据库的数据）或者非结构数据（如存到 HBase 中的数据），如果请求量大，也可能遇到性能问题，这样应用服务就必须等待持久层的响应。

（5）等到持久层的响应后，应用服务把处理好的数据回传给用户。如果网络状态不好，还可能丢包。

（6）用户浏览器收到数据并进行渲染。

我们来看这 6 步中涉及哪些性能相关技术。

① 浏览器作为展示部分，访问的是前端程序，如今前端程序大量依赖 JavaScript，JavaScript 程序的性能会影响渲染效率。目前，前端开发的主流框架有 React、Vue、Angular 等，不良的程序写法会大量占用用户机器的 CPU、内存，也有可能"卡死"浏览器。

② 负载均衡器有很多种（Nginx、Haproxy、LVM 等），功能大同小异，有些具备缓存功能和多路复用功能。这些功能有些是需要配置的，所以了解负载均衡器的性能配置就有必要了。

③ 中间件帮我们抽象出了通信功能、IO 功能、请求监听功能，我们不用从 Socket 通信开始写程序，不用自己去写监听程序来接收用户的请求；中间件还帮我们实现了线程池；为了适应不同应用场景，中间件还提供了很多优化配置。因此，用好中间件对性能的提升还是很明显的，自然也就要了解中间件的原理，学会分析它、配置它。应用程序处理用户请求，对于 Java 程序的性能分析，了解 HotSpot VM 是有帮助的。

④ 持久层可以有很多种，如关系数据库、非关系数据库、缓存、文件系统等，对这些持久化工具的优势与劣势的掌握显然是优化性能所需要的。

⑤ 很多系统都运行在云上。对于云来说，网络是稀有资源，由于网络导致的性能问题还是很多的，要掌握网络分析技能。

⑥ 页面渲染是 DOM（文档对象模型，Document Object Model）对象的构建过程，了解渲染过程有助于定位分析前端性能问题。

可以看到，与全栈开发一样，性能测试要掌握的东西很广泛。要从前端测试到后端，不仅需要了解开发（分析和定位开发问题），还要了解运维（部署、执行负载时监控性能指标，从指标中找出风险与问题），更要了解业务，设计合适的压测场景，制作合理的测试数据。移动互联网产品种类多，包含的技术丰富，因此性能测试的技术面要求很宽。全栈性能测试就是要利用多种跨领域的知识，深入分析和发现移动互联网产品的问题，解决问题，为系统保驾护航。

1.2   开展全栈性能测试

下面我们结合当前互联网技术栈来探讨一下如何开展全栈性能测试，以及从事全栈性能测试的人员需要具备哪些技术能力。

1.2.1   性能测试要解决的问题

"我们想做一下性能测试看一下系统有没有性能问题。"

"我们想测试一下系统能承载的最大用户数。"

"我们想测试一下系统能支持多少并发用户。"

做过性能测试的读者对上面 3 句话应该是耳熟能详。

抛开性能需求不谈，性能测试的确是要解决最大用户数（能支持的最大并发用户数）的问题。它抽象出了在一定场景下系统要满足的刚性需求，最大用户数反映到性能测试上就是系统的最大处理能力，只不过"一定场景"这个前提不清晰而已。

性能测试是一项综合性工作，致力于暴露性能问题，评估系统性能变化趋势。性能测试工作实质上是通过程序或者工具模拟大量用户操作来验证系统承载能力，找出潜在的性能问题，分析并解决这些问题；找出系统性能变化趋势，为后续的系统扩展提供参考。这里我们提到的"性能变化趋势""系统承载能力"，它们怎么与最大用户数联系在一起呢？

以医院场景为例，医院的挂号窗口是相当忙碌的（尤其是三甲名院），那医院要开多少窗口才合适呢？（挂号这个业务的处理能力有多大？）此时患者是用户，不管用户有多少，医院的"挂号能力"（比如一分钟可以挂多少个号）决定了有多少人可以挂号。而医生每天能看多少病人决定了挂号量，挂号量决定挂号窗口每天只能放出多少号，所以即使挂号窗口的"挂号能力"很强，其处理能力也是受限的，挂号窗口要赶在患者看医生前挂完号即可。考虑到患者还要缴纳医药费的流量，我们简单把这个流量与挂号的流量对等。假设当值医生有 100 名，上午有效工作时间 4 小时，每位患者平均 5 分钟，那么医生效率是 48 人/医生/上午，我们用表 1-1 来统计一下。

表 1-1 医院流量分析

类别	速度	工作量	时间	100 位医生看诊量/上午	挂号总耗时	需要窗口数
挂号	30 秒/人	48 人	24 分钟	4 800 人	40 小时	10
看诊	5 分/人	48 人/医生	240 分钟	4 800 人	400 小时	
缴费	30 秒/人	48 人	24 分钟	4 800 人	40 小时	10

挂号与缴费总耗时 80 小时，约开 20 个窗口即可以在上午完成 4 800 人的挂号及缴费工作。如果这些窗口提前半小时开始挂号（工作时间变成 4.5 小时，其他条件不变），则需要 17 个窗口来完成挂号及缴费工作。排除网上挂号的（很多医生的号只能网上预约到）和自助机器上挂号的情况，也许 10 个窗口就够用了。因此可以在一楼开放 10 个窗口，在门诊楼其他楼层分别设置缴费窗口，方便患者，提高缴费效率。

本例中 4 800 人是医院的最大处理能力（系统承载能力），比这再多的用户超出了医院处理能力，可以拒之。这和线上系统超载了，请求也可以拒之是一样的道理。那如何提高看诊量呢？当然是提高医生看诊效率，利用医生的每一分钟；增加医生是最直接的解决办法，就好像在系统上增加机器一样。

那"性能变化趋势"呢？试想医院起初也不知道每年或每天的患者流量，随着医院的运营，历史的流量是能够统计出来的，这些数据反映了医院服务能力的"性能变化趋势"。基于这些数据就能够帮助决策，到底要开多少个窗口？哪个时段多开一些窗口？哪个时段关闭一些窗口？哪个季节患者流量大？要增加多少个医生？增加哪个类别的医生？医院要不要扩建？

说到"性能变化趋势"，我们看一下图 1-2 所示的性能变化曲线。

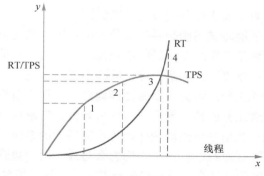

图 1-2　性能变化曲线

图 1-2 中标记了 4 个点，x 轴代表负载的增加，y 轴代表吞吐量（TPS）及响应时间（RT）的增加。

随着负载的增加，响应时间与吞吐量线性增长，到达临界点（标记为 3）时，吞吐量不再增加，继续增加负载会导致过载（比如我们在计算机上开启的软件过多导致系统卡死），吞吐量会受到拖累而减小，响应时间可能陡增（标记为 4）。此时标记 3 代表了系统的最大处理能力。如果标记 3 的处理能力不能满足要求，那被测试的系统性能就堪忧了，需要进行性能诊断和优化。

有时，我们会要求响应时间要小于一个标准，比如请求某一个页面需要响应时间控制在 3 秒之内，时间长了用户体验差。假设图 1-2 中标记 1、2、3 的响应时间都不满足要求，即使吞吐量达到要求，我们也需要想办法缩短响应时间。再次假设在标记 2 处响应时间与吞吐量都满足性能要求，那么说明性能良好，而且性能还有提升空间，标记 3 才是系统性能的极限，标记 4 是系统性能"强弩之末"。

因此，我们在讨论性能时，至少要从系统响应时间与吞吐量两个维度来看是否满足性能要求；另外对于主机的资源（CPU、内存、磁盘、网络等）使用率也需要关注，太低则浪费，太高则危险。正如我们不会让发动机一直运行在极速情况下一样，也不会让计算机一直处在峰值处理能力状态，以延长机器的使用寿命及减少故障的发生。

图 1-2 这样的性能曲线诠释了软件的性能变化趋势。当取得软件的性能曲线后，我们在运营系统过程中就能够做到心中有数，知道什么时候要扩展，什么时候可以减少机器资源（比如在云上做自动伸缩）。当前，系统部署到云正在取代部署到物理机，而云服务商多数都是互联网企业。为什么会是它们呢？一个重要原因是，它们的物理主机很多，机器多是为了应付业务"暴涨"的场景，比如双 11、6·18、春节抢红包等场景；而它们的业务量又不是一直都在满负荷运行，闲时的机器资源不利用就是浪费，所以把物理机器抽象成云来提供给第三方用户。

1.2.2　如何开展性能测试

生产企业使用流水线来提高生产率，做性能测试也有流程。我们基于经验总结，参照项目管理实践来裁剪性能测试流程，图 1-3 所示是性能测试常规流程。

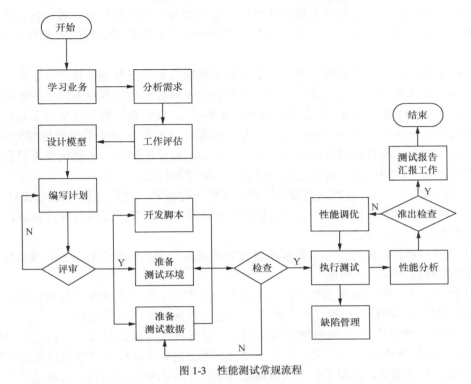

图 1-3　性能测试常规流程

（1）学习业务：通过查看文档，并咨询提出测试需求的人员，手工操作系统来了解系统功能。

（2）分析需求：分析系统非功能需求，圈定性能测试的范围，了解系统性能指标。比如用户规模有多大，用户需要哪些业务功能，产生的业务量有多大，这些业务操作的时间分布如何，系统的部署结构怎样，部署资源有多大等。测试需求获取的途径主要有需求文档、业务分析人员，包括但不限于产品经理、项目经理等（在敏捷开发过程下，最直接的途径是从项目的负责人或者产品经理处获取相关需求信息）。

（3）工作评估：分解工作量，评估工作量，计划资源投入（需要多少个人，多少个工作日来完成性能测试工作）。

（4）设计模型：圈定性能测试范围后，把业务模型映射成测试模型。

什么是测试模型呢？比如一个支付系统需要与银行的系统进行交互（充值或者提现），由于银行不能够提供支持，我们会开发程序来代替银行系统功能（这就是挡板程序、Mock 程序），保证此功能的性能测试能够开展，这个过程就是设计测试模型。通俗点说就是把测试需求落实，业务可测，可大规模使用负载程序去模拟用户操作，具有可操作性、可验证性；并根据不同的测试目的组合成不同的测试场景。

（5）编写计划：计划测试工作，在文档中明确列出测试范围、人力投入、持续时间、工作内容、风险评估、风险应对策略等。

（6）开发脚本：录制或者编写性能测试脚本（现在很多被测系统都是无法录制脚本的，我们需要手工开发脚本），开发测试挡板程序和测试程序等。有时候如果没有第三方工具可用，甚至需要开发测试程序或者工具。

（7）准备测试环境：准备性能测试环境包括服务器与负载机两部分，服务器是被测系统的运行平台（包括硬件与软件），负载机是我们用来产生负载的机器，用来安装负载工具，运行测试脚本。

（8）准备测试数据：根据数据模型来准备被测系统的主数据与业务数据（主数据是保证业务能够运行畅通的基础，比如菜单、用户等数据；业务数据是运行业务产生的数据，比如订单；订单出库需要库存数据，库存数据也是业务数据）。我们知道数据量变会引起性能的变化，在测试的时候往往要准备一些存量/历史业务数据，这些数据需要考虑数量与分布。

（9）执行测试：执行测试是性能测试成败的关键，同样的脚本，不同执行人员得出的结果可能差异较大。这些差异主要体现在场景设计与测试执行上。

（10）缺陷管理：对性能测试过程中发现的缺陷进行管理。比如使用 Jira、ALM 等工具进行缺陷记录，跟踪缺陷状态，统计分析缺陷类别、原因；并及时反馈给开发团队，以此为鉴，避免或者少犯同类错误。

（11）性能分析：性能分析指对性能测试过程中暴露出来的问题进行分析，找出原因。比如通过堆分析找出内存溢出问题。

（12）性能调优：性能调优指性能测试工程师与开发工程师一起来解决性能问题。性能测试工程师监控到异常指标，分析定位到程序，开发工程师对程序进行优化。

（13）评审（准出检查）：对性能报告中的内容进行评审，确认问题、评估上线风险。有些系统虽然测试结果不理想，但基于成本及时间的考虑也会在评审会议中通过从而上线。

（14）编写测试报告，汇报工作：测试报告是测试工作的重要交付件，对测试结果进行记录总结，主要包括常见的性能指标说明（TPS、RT、CPU Using……）、发现的问题等。

性能测试主要交付件有：

- 测试计划；
- 测试脚本；
- 测试程序；
- 测试报告或者阶段性测试报告。

如果性能测试执行过程比较长，换句话说性能测试过程中性能问题比较多，经过了多轮的性能调优，需要执行多次回归测试，那么在这个过程中需要提交阶段性测试报告。

1.3　性能测试技术栈

性能测试不仅仅是录制脚本或者编写测试程序（测试工具），对基本的性能理论、执行策略必须要了解。同样的脚本，新手与行家分别执行，测试结果也许会大相径庭。实际上我们需要对系统进行一系列复杂的需求分析，制定完善的测试计划，设计出贴近实际用户使用场景的用例，压测时更是要产生有效负载，经过反复测试实验，找到性能问题。

图 1-4 所示为性能测试常用的技术栈（包括但不限于）。

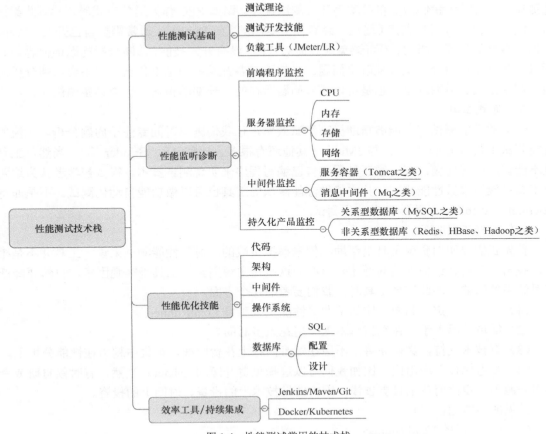

图 1-4　性能测试常用的技术栈

1.3.1　性能测试基础

1.　性能测试理论

性能测试理论用来指导我们开展性能测试，指导我们要得到什么结果，让我们了解测试过程是否可靠，测试结果是否具备可参考性。

对于性能测试理论，我们主要关注下面几点：

（1）测试需求分析要能够准确挖掘出性能需求，圈定测试范围，并有明确的性能指标；

（2）测试模型要能够尽量真实地反映系统的实际使用情况；

（3）测试环境尽量对标实际（避免使用云主机，避免使用虚机）；

（4）测试数据在量与结构上尽量与实际对标；

（5）测试场景要考虑业务关联，尽量还原实际使用情况；

（6）测试监控尽可能少地影响系统性能；

（7）测试执行时测试结果要趋于稳定。

以上性能测试理论会在其他章节讲解综合实战时结合实例详细讲解（请参照第 7 章）。

2.　测试开发技能

系统（产品）的多样性决定了测试程序的多样性，不是所有的系统都有工具可以帮助进行测试的，有时候我们需要自己动手开发测试程序。比如 RPC 作为通信方式时，针对此类接口的测试就很少有工具支持（现在已经有一些专用的，如 Dubbo），通常需要自己开发。另外，我们在做性能诊断分析时，不可避免地会面对代码，没有开发技能，诊断分析问题谈何容易？所以具备开发能力会更从容地解决问题。当然不具备开发能力也不代表一定不会诊断分析问题，利用工具、遵循理论，也是可以找到问题所在的；长期的积累，也会具备调优能力。

3．负载工具

合适的性能测试工具能够帮助提高测试效率，让我们腾出时间专注于问题分析。主流的性能测试工具有 LoadRunner 与 JMeter（其他还有很多，比如 Ab、Grinder 等）。当然，工具也不能解决所有问题，有时候还是需要自己编写程序来实现测试脚本。很多初学者认为这两个工具只能用来做性能测试，其实能做性能测试的工具也可以做功能自动化测试。不是非得Selenium、WebDriver 才能做自动化测试。

如何选择工具呢？

首先我们要明白负载工具是帮助我们来模拟负载的。对于性能测试来说，工具并不是核心，找出、分析、评估性能问题才是核心，这些是主观因素。工具是客观因素，自然要降低其对结果的影响，因此选择工具时，我们要考虑几个方面。

（1）专业、稳定、高效，比如工业级性能负载工具 LoadRunner。

（2）简单、易上手，在测试脚本上不用花太多时间。

（3）有技术支持，文档完善，不用在疑难问题上花费时间，可集中精力在性能分析上。

（4）要考虑投入产出比，比如我们可以选择免费开源的 JMeter。当然，有时候自研或者使用开源不一定比商业工具更省钱，因为要做技术上的投资、时间上的投资。

常见的性能测试工具：

（1）HP 公司的 LoadRunner；

（2）Apache JMeter（开源）；

（3）Grinder（开源）；

（4）CompuWare 公司的 QALoad；

（5）Microsoft 公司的 WAS；

（6）RadView 公司的 WebLoad；

（7）IBM 公司的 RPT；

（8）OPENSTA；

（9）BAT（百度、阿里巴巴和腾讯）等企业的在线压力测试平台。

下面对选择自研及开源工具与商业工具做一下比较，如表 1-2 所示。

表 1-2　　　　　　　　　　　自研及开源工具与商业工具

自研/开源	商 业 工 具
能够开发出最适合应用的测试工具	依赖于工具本身提供的特性，较难扩展
易于学习和使用	依赖于工具的易用性和所提供的文档
工具的稳定性和可靠性不足	稳定性和可靠性有一定保证
可形成团队特有的测试工具体系	很难与其他产品集成
成本低，技术要求高	短期购买成本高，技术要求低

总之，我们要认清性能测试的核心是性能分析，重要的是思想和实现方式，不在于工具。大家要本着简单、稳定、专业、高效、省钱的原则来选择工具。

1.3.2 性能监听诊断

业务及业务量决定了系统的复杂度，系统的复杂度会影响系统架构，系统架构决定了开发模式。现在流行微服务，流行前后端分离的分层开发，性能测试自然也需要迎合开发方式的变化，所以我们现在的性能分析诊断也需要分层。下面我们来看看每一层要注意些什么。

1. 前端监听诊断

目前的开发形式多采用前后端分离的方式，一套后端系统处理多套前端请求；用户通过手机里的 App（Hybrid 应用、H5 应用、Native 应用）和 PC 中的浏览器来访问系统。JavaScript 的运用让前端技术发展迅速，App 的运用让前端可以存储、处理更多业务。随着功能的增多自然会带来性能问题，前端的性能问题越来越成为广泛的性能问题。幸运的是前端应用性能的监控工具也有不少。

2. 服务器监听诊断

不管我们的程序如何"高大上"，也不管用什么语言开发程序，程序运行时最终还是要依赖服务器硬件。服务器硬件是性能之本，所有性能都会反映到硬件指标上，我们想要分析性能，少不了服务器知识。测试人员要对服务器"几大件"，如 CPU、存储、内存、网络的性能指标及监控方法都需要熟练掌握。管理这些硬件的操作系统原理、性能配置参数也需要掌握。要掌握这部分需要学习很多运维和开发知识。

了解操作系统及其内核对于系统分析至关重要。作为性能测试工程师，我们需要对系统做分析：系统调用是如何执行的、CPU 是如何调度线程的、有限大小的内存是如何影响性能的、文件系统是如何处理 IO 的，这些都是我们判断系统瓶颈的依据和线索。

对于操作系统，我们主要掌握 Linux 与 Windows Server（其他如 AIX、Solaris 主要应用在传统的大型国企、金融企业，专业性强，由供应商提供商业服务）。

（1）Linux。

Linux 是开源的类 UNIX 操作系统，Linux 继承了 UNIX 以网络为核心的设计思想，是一个性能稳定的多用户网络操作系统。越来越多的企业用这个系统作为服务器的操作系统，因此作为性能测试从业者来说，它是必须掌握的操作系统之一。

目前 Linux/UNIX 的分支很多，比较普及的有 CentOS、Ubuntu、RedHat、AIX、Solaris 等。

（2）Windows Server。

Windows Server 是 Microsoft Windows Server System（WSS）的核心，是服务器操作系统。目前使用此系统比较多的是中小型公司。Windows Server 的资源监视器功能完善，图形界面友好，使用非常方便。用户只需要了解各项指标的意义，就可以方便、快捷地对运行的程序进行诊断分析。

3. 中间件监听诊断

主流的中间件非 Tomcat 莫属了。Tomcat 作为一个载体，帮助我们实现了通信及作业功能，提供了一套规范，我们只需要遵循规范，开发出实现业务逻辑的代码，就可以发布成系统。它为我们省掉了基础通信功能和多线程程序的开发，让我们可以专注业务逻辑的实现。

Tomcat 在不同场景下也会遇到性能瓶颈,熟练使用 Tomcat 对于性能测试工程师解决性能问题也是必要的。

Tomcat 有一些性能指标用来反映服务的"健康状况",如活动线程数、JVM 内存分配、垃圾回收情况、数据库连接池使用情况等。

中间件不只有 Tomcat 这样的 Java Servlet 容器,类似 Tomcat 支持 Java 程序的中间件还有 Jetty、Weblogic、WebSphere、Jboss 等。

现在分布式系统架构是主流,系统间的数据通信(同步)很多通过消息中间件来解决,如 ActiveMQ、Kafka、Rabbitmq 等,这些中间件的配置使用对性能也会产生显著影响。

4. 持久化产品监听

数据的持久化有结构数据、非结构数据、块数据、对象数据,存储时对应不同类型的存储产品。比如关系型数据库(MySQL、Oracle 等),非关系型数据库(Redis、HBase 等),分布式存储(hdfs、ceph 等),这些都属于 IO 操作。IO 操作一直都是性能"重灾区",因为不管什么类型的存储,终究是把数据存到存储介质上。存储介质广泛使用的是固态硬盘(SSD)和机械硬盘。机械硬盘是物理读写(IO),其的读写速度相对固态硬盘相差巨大。我们启动计算机时,如果操作系统不在固态硬盘上,启动用时至少 30 多秒;而操作系统在固态硬盘上,启动时间是几秒。图 1-5 所示是三星固态硬盘官方公布的主要读写性能指标,图 1-6 所示是希捷机械硬盘读写性能指标。

图 1-5 三星固态硬盘读写性能指标

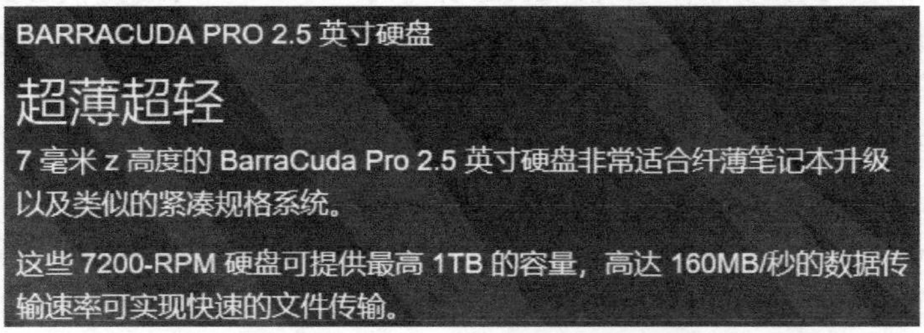

图 1-6 希捷机械硬盘读写性能指标

我们可以通过监听存储介质的性能指标来诊断程序在 IO 上的耗时,并针对性地优化对存储的访问(比如减少请求次数来减少 IO)。存储介质的性能是一定的,我们需要对依赖它的持久化产品做文章,如 MySQL 数据库的慢查询,Redis 存储的键值长度等。所有这些都需要我们去监控,通过监控推导出问题所在。

1.3.3 性能优化

1. 代码分析能力

作为 IT 部门的一员，不可避免地要和代码打交道，了解编程知识既能加深对性能测试的理解，还能提高和程序员沟通效率。更重要的是，做自动化测试、单元测试、性能测试、安全测试都离不开对代码的理解。所以我们要掌握一些使用率高的编程语言和脚本语言，如 Java、Python 等。

代码问题通常集中在事务、多线程、通信、存储及算法方面。测试人员可以不必去写一段优秀的代码，但要能够定位问题到代码段。

2. 架构

高性能的系统架构与普通系统架构也不一样。性能优化或者性能规划要依照系统的用户规模来设计，了解架构有助于快速判断系统性能风险，有针对性地进行性能压测实验，提出合适的解决方案。

3. 中间件性能分析

中间件的性能指标反映了系统的运行状况，我们要能够通过这些指标推导出系统的问题所在。有些可以通过调整中间件的配置来改善系统性能，比如用户请求过多，可以适当增大线程池；当 JVM 内存回收，特别是 Full GC 过于频繁时，我们就要分析到底是哪些程序导致了大量的 Heap（堆）内存申请；当 CPU 过于繁忙时，我们会去分析哪个线程占用了大量 CPU 资源，通过线程信息定位到程序。这些都是常见的分析方法，也容易掌握，掌握这些分析方法能够解决 80% 以上的性能定位问题。

4. 操作系统

操作系统统筹管理计算机硬件资源，针对不同业务，不同场景也会有一些可以优化的参数。我们首先要知道操作系统的限制，这需要从监控的指标中推导。常见调优方法有：文件句柄数设置、网络参数优化、亲和性设置、缓存设置等。

5. 数据库分析

系统中流转的数据离不开持久化，持久化需要数据库。数据在数据库中的存储结构和搜索方式直接影响性能，大多数的性能调优都集中在数据库的存储及查询上。学好数据库的理论知识，学会分析 SQL 的执行计划是一种基础技能。现在很多系统都用 Redis 来做热点数据的存储，在测试时对于影响 Redis 性能的因素要了解。比如 Key-Value 存储时 Value 过长，性能就会急剧下降，因为网络传输时数据包的 MTU（最大数据包大小，Maximum Transmission Unit，这也是操作系统的知识点）通常是 1 500 字节，大的数据包需要在网络中多次传输，当然效率低下。如何优化数据库呢？最直接的想法是减少 Value 长度，分析为什么 Value 这么长，能否减少或者压缩，之后才是从数据库的业务逻辑上去考虑优化。

1.3.4 效率工具/持续集成

性能测试是一个反反复复的过程，发布后执行压测，分析问题、找到问题、修改问题、再发布、再执行压测。使用持续集成工具有利于提高工作效率。当下通常用 Git/SVN 来管理代码版本，使用 Jenkins 来做持续集成，同时我们也可以利用 Jenkins 来自动化性能压测过程。

云计算已成为主流技术，我们的服务会部署在云环境，因此对于云环境的了解自然不能落下。我们在云环境用虚机或容器（如 Docker）技术来发布程序，这些对于性能的影响也是我们要考虑的问题，熟悉虚机与容器是自然的事。Docker 容器是当前市场占有量最大的容器产品之一，对主流产品的学习也可以帮我们扩大知识面；Kubernetes 已经成为容器编排产品的集大成者。

1.4　性能测试相关术语

（1）并发（Concurrency）/并行（Parallelism）：如果 CPU 是 8 核的，理论上同一时刻 CPU 可以同时处理 8 个任务。当有 8 个请求同时进来时，这些任务被 CPU 的 8 核分别处理，它们都拥有 CPU 资源并不相互干扰，此时 CPU 是在并行地处理任务。如果是单核 CPU，同时有 8 个请求进来时，请求只能排队被 CPU 处理，此时 8 个请求是并发的，因为它们同一时刻进来，而处理是一个一个的。所以并发是针对一个对象（单核 CPU）发生多个事件（请求），并行是多个对象（多个 CPU 核）同时处理多个事件（请求）。同理，当请求多于 8 个，那么也可以在多核 CPU 前形成并发的情况。我们常听到的"并发用户数"并不是像本例中的 8 个请求，比如一个系统有 200 个用户，即使他们都在线，也不能代表他们都操作了业务，用户可能仅仅是上去看一下信息然后挂机，所以通常听到的"并发用户数"并不能作为真实的性能测试需求，而应该以产生的业务量（交易量/请求数）为性能需求。

（2）负载：模拟业务操作对服务器造成压力的过程，比如模拟 100 个用户进行订单提交。负载的产生受数据的影响，我们常说量变引起质变，比如查询 100 条与查询 100 万条数据的响应时间很可能有差异。

（3）性能测试（Performance Testing）：模拟用户负载来测试在负载情况下，系统的响应时间、吞吐量等指标是否满足性能要求。

（4）负载测试（Load Testing）：在一定软硬件环境下，通过不断加大负载（不同虚拟用户数）来确定在满足性能指标情况下的承载极限。简单地说，它可以帮助我们对系统进行定容定量，找出系统性能的拐点，给出生产环境规划的建议。这里的性能指标包括 TPS（每秒事务数）、RT（事务平均响应时间）、CPU Using（CPU 利用率）、Mem Using（内存使用率）等软硬件指标。从操作层面上来说，负载测试也是一种性能测试手段，比如配置测试就需要变换不同的负载来进行测试。

（5）配置测试（Configuration Testing）：为了合理地调配资源，提高系统运行效率，通过测试手段来获取、验证、调整配置信息的过程。通过这个过程我们可以收集到不同配置反映的不同性能，从而为设备选择、设备配置提供参考。

（6）压力/强度测试（Stress Testing）：在一定软硬件环境下，通过高负载的手段使服务器资源（强调服务器资源，硬件资源）处于极限状态，测试系统在极限状态下长时间运行是否稳定，确定是否稳定的指标包括 TPS、RT、CPU 使用率、Mem 使用率等。

（7）稳定性测试（Endurance Testing）：在一定软硬件环境下，长时间运行一定负载，确定系统在满足性能指标的前提下是否运行稳定。与上面的压力/强度测试区别在于，稳定性测试负载并不强调是在极限状态下，着重的是满足性能要求的情况下系统的稳定性，比如响应时间是否稳定、TPS 是否稳定、主机是否稳定。一般我们会在满足性能要求的负载情况下加大 1.5～2 倍的负载量进行测试。

（8）TPS：每秒完成的事务数，有时用 QPS（每秒查询数）来代替，通常指每秒成功的事务数，这是性能测试中重要的综合性性能指标。一个事务是一个业务度量单位，有时一个事务会包括多个子操作，但为了方便统计，我们会把这些子操作计为一个事务。比如一笔电子支付操作，在后台系统中可能会经历会员系统、账务系统、支付系统、会计系统、银行网关等，但对于用户来说只想知道整笔支付花费了多长时间。

（9）RT/ART（Response Time/Average Response Time）：响应时间/平均响应时间，指一个事务花费多长时间完成（多长时间响应客户请求），为了使这个响应时间更具代表性，会统计更多的响应时间然后取平均值，即得到了事务平均响应时间（ART），通常我们说的 RT 是代指平均响应时间。

（10）PV（Page View）：每秒用户访问页面的次数，此参数用来分析平均每秒有多少用户访问页面。

（11）Vuser 虚拟用户（Virtual User）：模拟真实业务逻辑步骤的虚拟用户，虚拟用户模拟的操作步骤都被记录在虚拟用户脚本里。Vuser 脚本用于描述 Vuser 在场景中执行的操作。

（12）场景（Scenario）：性能测试过程中为了模拟真实用户的业务处理过程，在测试工具中构建的基于事务、脚本、虚拟用户、运行设置、运行计划、监控、分析等一系列动作的集合，称之为性能测试场景。此场景中包含了待执行脚本、脚本组、并发用户数、负载生成器、测试目标、测试执行时的配置条件等。简单地说，就是把若干个业务的性能测试脚本组织成一个执行单元，对执行单元进行一揽子的配置来保证测试的有效执行。比如负载测试时，我们可以设置一种图 1-7 所示的阶梯形负载增长场景。

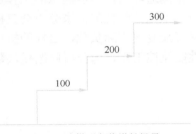

图 1-7 阶梯形负载增长场景

（13）思考时间（Think Time）：模拟正式用户在实际操作时的停顿间隔时间。从业务的角度来讲，思考时间指的是用户在进行操作时，每个请求之间的间隔时间；在测试脚本中，思考时间体现为脚本中两个请求语句之间的间隔时间。

（14）标准差（Std. Deviation）：该标准差根据数理统计的概念得来，标准差越小，说明波动越小，系统越稳定；反之，标准差越大，说明波动越大，系统越不稳定。常见的标准差包括响应时间标准差、TPS 标准差、Running Vuser 标准差、Load 标准差、CPU 资源利用率标准差等。

1.5 本书相关内容的约定

（1）本书中不做特殊说明的话，JDK 7 和 JDK 1.7 都是指 Oracle JDK 7 的版本，类似 JDK 8 与 JDK 1.8 也指同一版本。

（2）本书中 JMeter Sampler 与"取样器"是同一概念。

（3）本书说到的 IO 与 I/O 同一意思，都是泛指输入输出操作，比如文件读写、网络包的传输等。

（4）本书涉及的脚本、配置及文档，都可以从作者公众号（二维码如下）获取，方便读者学习。

青山如许

1.6　本章小结

本章讲解了全栈性能测试的基本理论，相信大家对全栈性能测试已经有了一个初步认识。性能测试工作是一个综合学科。测试人员对技术掌握程度要求高、知识面要求广，也要具备一定沟通能力。性能测试的工作过程中要注意的关键点也比较多。首先，要做好性能需求分析，不充分的性能需求分析会直接导致性能测试工作失败；其次，要做好用例及场景设计，尽可能复现实际负载，这样的执行工作才是可信赖的、可参考的；最后，执行过程中要做好性能监控工作，为分析问题提供数据支撑。

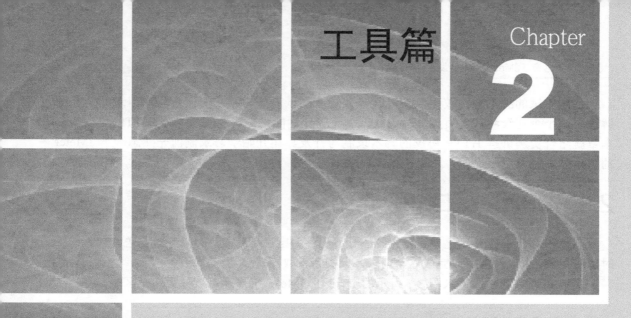

第 2 章

JMeter 脚本开发

从本章你可以学到:

- ☐ JMeter 工作区介绍
- ☐ JMeter HTTP 协议录制
- ☐ JMeter 脚本调试
- ☐ JMeter 关联
- ☐ JMeter 参数化
- ☐ JMeter 检查点
- ☐ JMeter 事务
- ☐ JMeter 集合点
- ☐ JMeter 元件运行顺序

性能测试的脚本编写较为复杂，大多数初级测试人员均无法快速编写，但录制功能则解决了这个令初级测试人员头疼的问题。由于多数性能测试脚本都是基于 HTTP 协议的，本章就结合实例讲解 HTTP 协议的脚本录制与开发。在开始学习录制前先熟悉一下 JMeter 的工作区。

2.1　JMeter 工作区介绍

在介绍 JMeter 工作区之前，首先统一一下元件的定义，例如，向服务器发送 HTTP 请求时，HTTP 请求取样器可以完成这个请求，此类请求取样器称为元件。

正常启动 JMeter 即进入图 2-1 所示的工作区，JMeter 工作区可以分为 3 个区域。

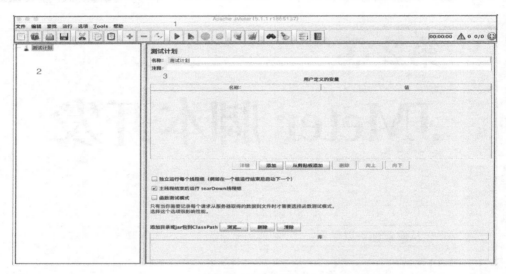

图 2-1　JMeter 工作区

区域 1 为菜单栏，位于最上方，图 2-2 所示为菜单快捷方式。

图 2-2　JMeter 菜单快捷方式

快捷菜单的功能从左到右依次是：
- 新建测试计划；
- 选择测试计划模板，创建一个新的测试计划；
- 选择并打开已经存在的测试计划；
- 保存测试计划；
- 剪切选定的元件，如果元件是父节点，那么其子节点元件也一同被剪切；
- 复制选定的元件及子元件；
- 粘贴复制的元件及子元件；
- 展开目录树；

- 收起目录树；
- 禁用或者启用元件，禁用元件的子元件也会被禁用；
- 本机开始运行当前测试计划，按线程组的设置来启动；
- 立即开始在本机运行当前测试计划；
- 停止运行状态的测试计划，当前线程执行完成后停止；
- 停止运行测试计划，立即终止，类似于杀进程；
- 清除运行过程中元件显示的响应数据，比如查看结果树中的内容，聚合报告中的内容，但不能清除日志控制台中的内容；
- 清除所有元件的响应数据，包括日志；
- 查找；
- 清除查找；
- 函数助手对话框，这些函数在做参数化时会用到；
- 帮助文档快捷方式。

区域 2 是一个目录树，存放测试设计中使用到的元件；执行过程中默认从根节点开始顺序遍历目录树上的元件，在区域 2 中的都是元件。

区域 3 是测试计划编辑区域，在"用户定义的变量"区域可以定义整个测试计划共用的全局变量，这些变量对所有线程组有效；还可以对线程组的运行进行设置，比如"独立运行每个线程组""主线程结束后运行 tearDown 线程组"等；另外还可以在此添加测试计划依赖的 jar 包，例如可以通过导入 JDBC 的驱动包连接数据库。

介绍完了工作区，下面开始录制 HTTP 协议的脚本。

2.2 JMeter HTTP 协议录制

LoadRunner 所提供的录制功能简化了性能测试脚本的编写，而 JMeter 作为开源性能测试工具的"王者"，自然也提供了录制功能。JMeter 不但自身提供了 HTTP 代理方式进行录制，而且第三方工具如 Badboy、Fiddler 也为其提供了录制支持。

接下来，我们将逐一讲解各种录制方式。

2.2.1 Badboy 进行录制

Badboy 是一个具有录制、回放及调试功能的浏览器模拟工具。它可以捕获请求数据、记录系统响应时间、响应数据大小，因此可以进行 Web 页面诊断，也可以进行自动化测试。JMeter 通过结合其录制功能则可以完成性能测试，因为 Badboy 录制的脚本可以导出为 JMeter 格式。

Badboy 可以通过 Request 和 Navigation 两种方式完成录制。这两种方式可以通过单击图 2-3 中所示的快捷方式 ￼ 进行切换。Request 方式是模仿浏览器发送表单信息到服务器，每一个资源都将作为请求发送；而 Navigation 方式则记录用户鼠标动作，类似于自动化测试工具 QTP，通过模拟用户动作进行回放。性能测试对于鼠标动作的需求并不高，却又很依赖于资源获取，因此选择 Request 方式进行录制，最后将这些请求保存为 jmx 文件供 JMeter 进行性能测试时所用。

下面讲解 Badboy 录制。

（1）下载 Badboy 并安装：直接双击下载的 exe 文件即可安装完成。

（2）打开 Badboy，默认为 Request 方式录制，可以看到左下角的状态为 Ready。

（3）在地址栏输入请求地址，回车或者单击➡开始进行录制。

（4）录制完成后，单击🖫按钮进行保存。

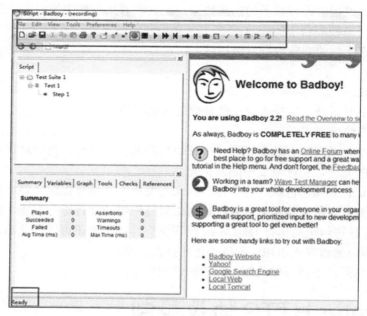

图 2-3　Badboy 工作区

Badboy 脚本是 Script 的目录树结构。

Test Suite 1：默认的脚本根节点，类似于 JMeter 中的测试计划根节点。

Test 1：测试活动根节点，可以理解成一个业务功能的脚本存放在此目录下。

Step：测试活动的步骤，如果一个业务过程比较复杂，则分成多个测试步骤，例如录制登录论坛并发帖这个过程，就拆分成 3 个步骤。

● 　Step 1：登录。

● 　Step 2：进入相应板块。

● 　Step 3：发帖。

步骤只是为了细分各个动作，所以这些也可以放在一个 Step 中完成，当然也可以在导入 JMeter 后再根据业务需要进行拆分或者封装成块。

Badboy 默认是开始录制状态（🔴被默认选中），打开 Badboy 界面时 Test Suite 1 和 Step 1 就已经存在；在访问地址栏中直接输入所需录制的网页，单击➡或按回车进行录制。例如输入 http://192.168.0.103:8089/jforum-2.1.8/user/login.page（如图 2-4 所示），该地址是我们启动的一个 Jforum 服务。

Step 1：登录。输入用户名密码单击登录。和浏览器一样，Badboy 已经获取了下一个页面的反馈（如图 2-5 所示）。

图 2-4　Badboy 录制——登录

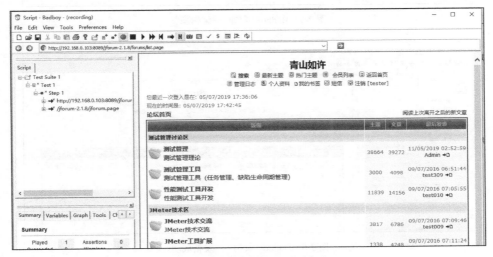

图 2-5　Badboy 录制——登录完成

　　Step 2：进入相应板块。单击 ■⁺ 新建 Step，选择图 2-5 所示的任意一个板块，进入该板块。例如选择"JMeter 技术交流"板块，进入后页面如图 2-6 所示。

图 2-6　Badboy 录制——进入板块

　　Step 3：发帖。依照上述方法再新建 Step 3，然后单击 New Post 编辑新帖。图 2-7 所示是编辑新帖界面，图 2-8 所示是发帖成功的界面。

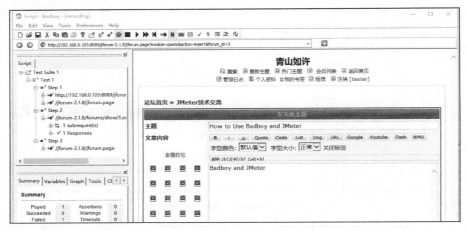

图 2-7　Badboy 录制——编辑新帖

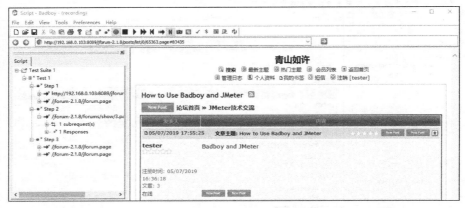

图 2-8　Badboy 录制——发帖成功

依照以上步骤将登录及发帖的全过程录制完毕，录制的脚本可以导出成 JMeter 脚本供 JMeter 使用。如图 2-9 所示，选择 Export to JMeter 导出为 JMeter 可识别的脚本——jmx 文件。

在 JMeter 中载入该 jmx 文件（如图 2-10 所示）。JMeter 脚本以树形结构显示，并顺序执行。

图 2-9　Badboy 导出脚本

图 2-10　JMeter 载入 Badboy 录制的脚本

　　测试 HTTP 协议的 Web 应用时需要了解基本的 HTTP 协议，不熟悉的读者请自行学习（也可以关注"青山如许"微信公众号获取相关 HTTP 学习资料）。

　　下面我们对图 2-10 中所示的脚本各项内容逐一进行详细说明。

　　（1）测试计划（Test Plan）：每一个脚本都可以被认为是一个测试计划，也是 JMeter 脚本的根节点，如图 2-11 所示，测试计划的名称、注释及变量均支持自定义。

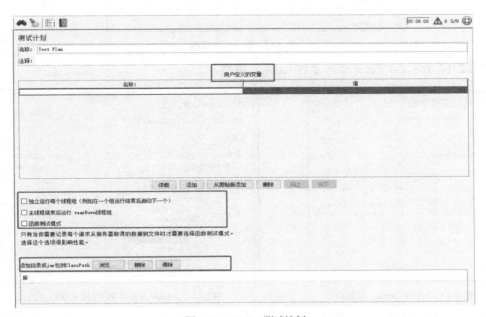

图 2-11　JMeter 测试计划

　　从图 2-11 中可以看出，在测试计划中支持下述配置选项。

　　① 设置用户全局变量。

　　② 独立运行每个线程组。若测试计划中存在多个线程组，选择此项则设置为独立运行状态，否则各个线程组将同时运行。

　　③ 主线程结束后运行 tearDown 线程组。此选项用以关闭主线程后运行 tearDown 程序来正常关闭线程组（运行的线程本次迭代完成后关闭）。

　　④ 函数测试模式。调试脚本过程中可以通过勾选此项获得详细信息。如果在性能测试过程中由于此项记录过多影响测试效率，那么建议关闭此项。

　　⑤ 添加目录或 jar 包到 ClassPath。测试时通常会需要依赖其他 jar 包，可以将所依赖的 jar 包或将包所在的目录加入类路径。建议将这些 jar 包放到%JMETER_HOME%\lib 目录下。（为方便说明，使用%JMETER_HOME%来代表 JMeter 的安装目录。在本机上%JMETER_HOME%\lib 代表 computer ▶ 新加卷 (D:) ▶ jmeter ▶ lib ▶ 目录。）

　　（2）线程组（Thread Group）：线程组（如图 2-12 所示）是模拟虚拟用户的发起点，在此可以设置线程数（类似 LoadRunner 中的虚拟用户数量）、运行时间及运行次数，还可以定义调度时间与运行时长。

　　（3）HTTP Cookie 管理器（HTTP Cookie Manager）：如图 2-13 所示，JMeter 可以像浏览器一样自动记录 Cookie 信息。

图 2-12　JMeter 线程组

如图 2-14 所示，JMeter 支持多种 Cookie 策略。

图 2-13　HTTP Cookie 管理器

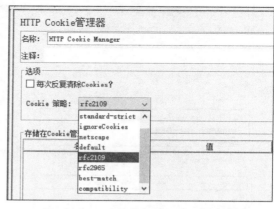

图 2-14　JMeter 支持多种 Cookie 管理器选项

（4）用户定义的变量（User Defined Variables）：在此可以定义变量并赋值以供后续元件使用（如图 2-15 所示）。

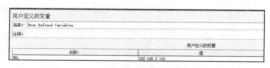

图 2-15　JMeter HTTP 用户定义的变量

（5）HTTP 信息头管理器（HTTP Header Manager）：管理 HTTP 头信息（如图 2-16 所示），从中可以找到诸如 User-Agent、Accept、Accept-Language 等信息。一般商业网站出于安全等方面的考虑，其信息头相当复杂。

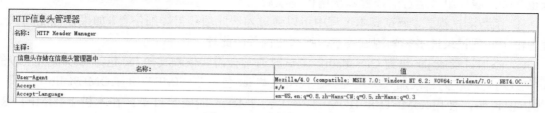

图 2-16　HTTP 信息头管理器

（6）Step 1、Step 2 和 Step 3：可以将其设置成循环控制器，在一次登录后，不断地发送新帖，因此登录（Step 1）的循环次数应该为 1（如图 2-17 所示），进入板块（Step 2）与发帖（Step 3）的循环次数设置为"永远"。

（7）http://192.168.0.103/jforum-2.1.8/user/login.page：这个 HTTP

图 2-17　JMeter 循环控制器

请求对应到 JMeter 中就是一个 HTTP 取样品，可以在"取样品"中添加（如 2-18 所示）。

图 2-19 所示是登录页面的脚本模拟，模拟进入登录页面。

图 2-18 HTTP 请求

图 2-19 登录

下面将详细介绍 HTTP 请求元件的属性。

● Web 服务器：分别填写请求用到的"协议"，请求的"服务器名称或 IP"，服务器提供访问的"端口号"。

● 方法：下拉列表中有 18 个选项，常用的是 Get 与 Post。Get 提交请求时会把参数暴露在浏览器地址栏，且长度有限制；Post 提交请求对于表单理论上没有长度限制，用户一般也看不到提交的内容，比 Get 方式安全。关于各方法的使用场景以及其他类别请大家自行学习 HTTP 1.1 协议和 RESTful 框架。

● 路径：除去主机地址及端口部分的访问链接，本例中访问路径为/jforum-2.1.8/user/login.page。

● 内容编码：字符编码格式，默认 iso8859。不确定时不妨试一下 UTF-8，大多数应用都会指定成 UTF-8 格式。

● 自动重定向：HttpClient4 接收到请求后，若 Get 和 Head 请求中包含重定向请求，HttpClient4 将自动跳转至最终目标页面，但重定向过程及中间结果并不被记录。（A 重定向到 B，此时只记录 B 的内容不记录 A 的内容，A 的响应内容暂且可以称为过程内容。）

● 跟随重定向：HTTP Request 取样器的默认选项。与自动重定向不同，跟随重定向会记录过程及过程中的请求，因此可以根据过程内容对响应进行分析，从而清晰化重定向过程。自动重定向与跟随重定向定义相似，容易混淆，编写脚本时容易出错。

● 使用 KeepAlive：对应 HTTP 响应头中的 Connection:Keep-Alive，默认选中。

● 对 Post 使用 multipart/form-data：使用 multipart/form-data 方式发送 Post 请求。该方法用于上传文件等使用场景。有兴趣的读者可以学习官方文档关于 MultipartEntity 的说明。

● 与浏览器兼容的头：可以理解为浏览器兼容模式。

● 同请求一起发送参数：此部分填写请求参数，发送请求时将会携带这些参数一并发送。K-V 的方式，一个 key 对应一个 value，支持 value 为可变变量，同时对于 value 还可以进行编码，比如对中文字符进行编码，防止乱码。

● 消息体数据：使用该方式传递数据时，可以在此填写 json 格式的内容。与上面的"参数"选项是二选一。

● 文件上传：当选择对 Post 使用 multipart/form-data 时可以在此一同上传文件。MIME

类型有 STRICT、BROWSER_COMPATIBLE、RFC6532 等。如果并不知晓所测试的程序 MIME 类型，则可以借助 HttpWatch、Fiddler、Wireshark 等工具截包获取。

● 客户端实现：切换到"高级"面板（如图 2-20 所示），"客户端实现"指的是 JMeter 使用哪种 jar 包依赖来实现 HTTP 请求，分别是 HttpClient4 与 Java。HttpClient3 是 HttpClient3.1 的扩展，具体的区别可以查看 http://hc.apache.org。HttpClient4 被认为是高效访问 HTTP 资源的无界面浏览器。Java 选项则使用 JDK 提供的 net 包中的工具类来访问。由于 HttpClient4 使用较为简单，建议使用该方式。

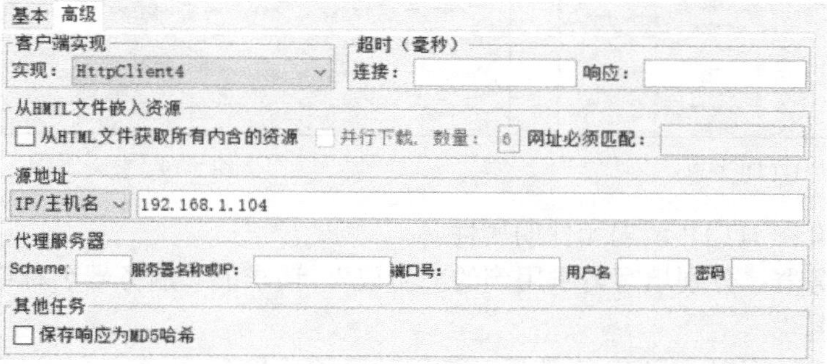

图 2-20　HTTP 请求元件高级设置

● 超时：指定超时时间，单位为毫秒，可以分别指定连接超时时间和响应超时时间。

● 从 HTML 文件嵌入资源：解析 HTML 文件和发送的 HTTP/HTTPS 请求资源。

● 并行下载：并发下载资源，可以设置并发大小。我们常用的浏览器在访问资源时也多是利用多线程的方式下载资源的，用以提高下载速度。

● 网址必须匹配：使用正则表达式来指定检索的 URL 范围。

● 源地址：源地址仅仅针对"客户端实现"选择 HttpClient4 的场景，主要是用来做类似 IP 欺骗类的功能。可以填写 IP 或网卡名，前提是用户的机器要有多块网卡、多个 IP。可以利用虚机多做几块网卡实验此功能。

● 代理服务器：如果测试时需要使用网络代理，则可以在此配置代理服务器。

上面依次介绍了脚本中出现的元件。通过 JMeter 可以尝试回放录制的脚本，但结果是脚本无法通过，所以该脚本并不完全可用，还需要进行调整。

2.2.2　Fiddler 进行脚本录制

Fiddler 是大家最为熟悉的抓包软件之一，下载后是 exe 文件，双击 exe 文件并按照指引安装即可，安装过程不再赘述。其抓包功能一旦开启则可以获得所有的网络请求。虽然其本身并不包含 JMeter 脚本录制功能，但是有扩展 Fiddler 功能的开源插件供 Fiddler 使用，以此实现 Fiddler 中 JMeter 脚本的录制，从而保证其抓包时保存的 HTTP 请求可以被性能测试所用。

如图 2-21 所示，开启 Fiddler 后，所有的请求均记录在其左侧面板之中，而右侧显示对应的请求参数与响应情况。

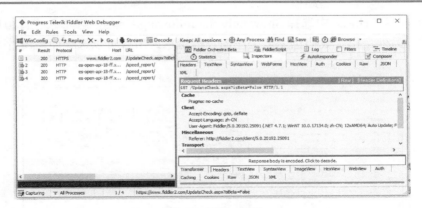

图 2-21　Fiddler 界面

抓包结束之后，可以通过 Fiddler 的脚本导出功能导出脚本（如图 2-22 所示，依次单击 File→Export Sessions→All Sessions）。如图 2-23 所示，可以看到此处支持若干种脚本的导出，但遗憾的是，其中并不包含 JMeter 所支持的 jmx 格式。因此我们还需要下载 Fiddler 插件使其可以导出 JMeter 支持的文件格式文件。

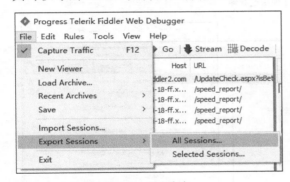

图 2-22　导出脚本

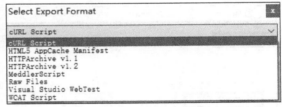

图 2-23　Fiddler 支持的导出格式

插件安装过程非常简单，下载相应的插件（包括 ddl 及 pdb 文件）放置于 Fiddler 安装目录的 ImportExport 目录下即可（如图 2-24 所示）。此时重新启动 Fiddler（如图 2-25 所示）导出文件中已经包括了 JMeter。

图 2-24　插件安装

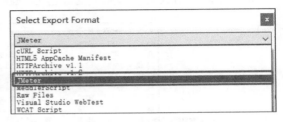

图 2-25　导出的文件包括 JMeter

以抓取"青山如许"论坛发帖请求为例，虽然在 Fiddler 中可以看到运行期间所有的请求，但是其中很多请求无需关注，因此若要准确地获得所需请求，还需要设置过滤器。Fiddler 过滤器设置非常简单：单击 Filters（如图 2-26 所示），进入过滤器配置页面（如图 2-27 所示）；

选择 UseFilters，在 Hosts 中选择 Show only the following Hosts，再填入"青山如许"论坛 IP 即可生效；另外，由于我们也无需关注图片等请求，所以可以选择隐藏图片（如图 2-28 所示）。

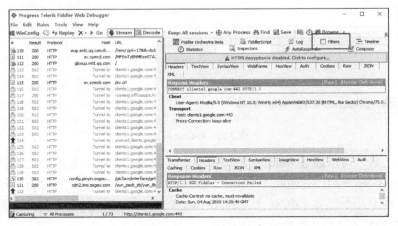

图 2-26　Fiddler 使用过滤器

图 2-27　Fiddler 过滤器配置

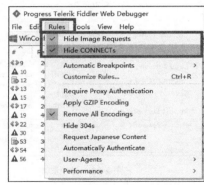

图 2-28　Fiddler 隐藏图片和请求

　　随后通过访问浏览器对"青山如许"论坛进行发帖请求。Fiddler 抓包结果如图 2-29 所示。从结果中可以看出 ping_session 请求返回结果为 404，但发帖过程并不受影响，所以该请求无效，可以删除。后续可以参照上文导出 JMeter 文件，再在 JMeter 里打开。

#	Result	Protocol	Host	URL	Body
9	200	HTTP	192.168.0.103:8089	/jforum-2.1.8/user/login.p...	5,824
10	404	HTTP	192.168.0.103:8089	/jforum-2.1.8/ping_sessio...	1,009
12	302	HTTP	192.168.0.103:8089	/jforum-2.1.8/jforum.page	0
13	200	HTTP	192.168.0.103:8089	/jforum-2.1.8/forums/list....	18,474
15	404	HTTP	192.168.0.103:8089	/jforum-2.1.8/ping_sessio...	1,009
17	200	HTTP	192.168.0.103:8089	/jforum-2.1.8/forums/sho...	37,353
19	404	HTTP	192.168.0.103:8089	/jforum-2.1.8/ping_sessio...	1,009
22	200	HTTP	192.168.0.103:8089	/jforum-2.1.8/jforum.pag...	27,177
30	404	HTTP	192.168.0.103:8089	/jforum-2.1.8/ping_sessio...	1,009
53	302	HTTP	192.168.0.103:8089	/jforum-2.1.8/jforum.page	0
54	200	HTTP	192.168.0.103:8089	/jforum-2.1.8/posts/list/0/...	16,665
56	404	HTTP	192.168.0.103:8089	/jforum-2.1.8/ping_sessio...	1,009

图 2-29　Fiddler 抓包结果

2.2.3　JMeter 配置代理进行录制

在 2.2.1 节和 2.2.2 节中，我们介绍了 Badboy 和 Fiddler 的脚本录制方法。而 JMeter 自身也提供了录制方法——JMeter 配置代理进行录制，其原理是解析网络数据包，根据 HTTP 协议解析请求和返回对象。

1. 浏览器配置代理

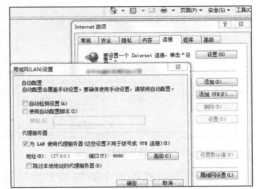

在开始录制之前，浏览器需要配置代理。打开浏览器，依次单击"工具"→"Internet 选项"→"连接"→"局域网（LAN）设置"，进入如图 2-30 所示页面。在"代理服务器"中，把 localhost 换成 127.0.0.1；需要使用其他进程未占用的端口，否则会发生端口冲突，因此建议使用 4 位数字以上的端口。

2. JMeter 中配置代理

（1）首先需要建立 HTTP 代理服务器节点，如图 2-31 所示，添加 HTTP 代理服务器元件。

图 2-30　代理设置

如图 2-32 所示，对代理服务器进行设置（端口号即局域网设置中的端口号）。

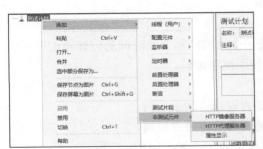

图 2-31　JMeter 代理服务器元件

图 2-32　代理服务器设置

目标控制器：录制脚本所存放的地址，也可以理解成测试计划中一个节点。此时可以在"测试计划""线程组"下添加节点，录制脚本将会存放至该节点下。如图 2-33 所示，我们在"线程组"下增加了"简单控制器"节点，然后就可以在"目标控制器"的下拉菜单中选择它。

分组：录制脚本时将会增加很多节点，为便于查看管理，可以将其分组。对于 HTTP 请求，建议将每一个 URL 看成一个组，这样更加清晰、明了。图 2-34 罗列出分组的所有选项，下面依次详细说明。

- 不对样本分组。罗列出所有录制的 HTTP 请求。
- 在组间添加分隔。加入以分割线命名的简单控制器。
- 每个组放入一个新的控制器。每个 URL 产生的请求独立放置于一个控制器下。
- 只存储每个组的第一个样本。一个 URL 访问可以产生多个请求，图片、样式等都可能是一个请求，因此录制时会产生很多 HTTP 请求，但由于缓存的存在，实际上图片等资源无需每次都进行下载，并且多数互联网应用都会使用 CDN 来存放图片和 CSS 等静态资源，因此可以根据实际情况选择是否忽略此类资源。若选择此项，则只录制产生动态数据的 HTTP 请求。

图 2-33　目标控制器设置

图 2-34　分组设置

● 　将每个组放入一个新的事务控制器中。通俗点说就是每个 URL 的请求放入一个事务中，无论存在多少 HTTP 请求，只要是由同一个 URL 请求产生的就放到一个事务控制器中。

● 　记录 HTTP 信息头。把 Header 头信息也录制下来。

● 　添加断言。断言可以理解成检查点，此选项会向每个 Sampler 添加一个空白的断言。

● 　Regex matching。支持正则表达式匹配。

HTTP Sampler settings：录制过程中转换成 HTTP Sampler 元件时可以进行 Sampler 内容的修剪。如图 2-34 所示，其中的选项分别说明如下。

● 　Prefix。给 Sampler 名称加上一个前缀。

● 　Create new transaction after request(ms)。前一个请求间隔多长时间后创建新的分组。

● 　Recording's default encoding。录制的内容使用何种编码。

● 　从 HTML 文件获取所有内含的资源。

● 　自动重定向。选择转换的 HTTP Sampler 是否勾选自动重定向。

● 　跟随重定向。选择转换的 HTTP Sampler 是否勾选跟随重定向。

● 　使用 KeepAlive。选择转换的 HTTP Sampler 是否勾选 KeepAlive 选项。

● 　Type。选择转换的 HTTP Sampler 的实现是使用 HttpClient4 还是 Java net。

Requests Filtering：请求过滤，可以通过设置 Content-type 来做过滤，支持正则表达式匹配。虽然我们看到的是 Requests Filtering，但其实是对响应进行过滤。录制到服务器的响应数据后，对内容进行过滤，把这些响应数据转换成 HTTP Sampler。

● 　Include。过滤时要包含的 Content-type，如 text/html。

● 　Exclude。过滤时要排除的 Content-type，如 image/gif，表示过滤掉 gif 图片。

● 　包含模式。录制过程中要记录哪些请求的内容，支持使用正则表达式，匹配针对 URL。URL 是完整的 URL，包含域名部分，例如链接 http://[域名]/xxx/xxx.html?xxx。

● 　排除模式。与包含模式正好相反，正则表达式匹配到的链接都会被排除在外，不会转化为 HTTP Sampler。

● 　将过滤过的取样器通知子监听器。勾选后，过滤过的请求响应在监听器中可以查看到，例如"察看结果树"。

（2）开始录制。

使用浏览器访问 HTTPS 资源时，浏览器会去验证资源提供方（服务器）证书的有效性，检查是否是信任的 CA 机构颁发的证书。我们使用 JMeter 的代理来录制脚本时，是由 JMeter 中的"HTTP 代理控制器"来充当服务器角色，所以 JMeterr 的"HTTP 代理控制器"要提供证书供浏览器来验证。显然，我们不能为了一次测试去找 CA 来签发证书，JMeter 可以自己生成 CA 根证书，只是这个证书正常是不可能通过浏览器检查的。那怎么办呢？

我们把 JMeter 生成的根证书导入浏览器，手动设置让浏览器信任，因为我们知道这是我们测试时生成的证书，并不会造成安全问题。那么怎么生成证书呢？

JMeter 中的"HTTP 代理控制器"会帮我们自动生成证书，在我们单击"启动"时，JMeter 会先生成自己的根证书，并弹出提示（如图 2-35 所示），在%JMETER_HOME%/bin 目录可以找到证书。

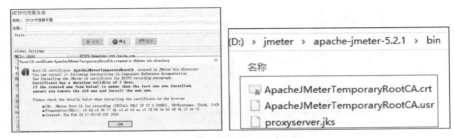

图 2-35　JMeter 生成根证书

上面说到，浏览器不会信任此证书，因此我们要导入浏览器并设置。以火狐览浏览器为例，我们导入 ApacheJMeter Temporary-RootCA.crt 证书并勾选为信任（如图 2-36 所示）。这些证书 7 天内有效，过期后可以删除图 2-35 中所示的 proxyserver.jks，然后重新生成。

证书导入完成后，在浏览器中访问你的测试程序（Web 页面），"HTTP 代理控制器"会帮你把截获的 HTTP/HTTPS 请求转化为HTTP Sampler。

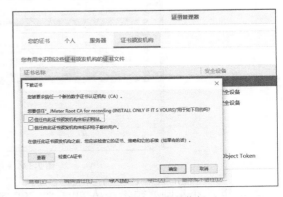

图 2-36　导入证书并信任

录制时，js、png、swf 及动态请求都会被录制下来，因此可以选择"只存储每个组的第一个样本"，但此时动态请求会被过滤掉，所以此方式不如 Badboy 或 Fiddler 的录制方式灵活，当然自己编写脚本的方式灵活性更高。

需要注意的是，越来越多的系统或者网站的前端架构使用动态加载的方式来处理，对于这种应用我们使用 JMeter 或者 LoadRunner 进行录制都不能完成任务，大家可以录制一下淘宝、携程等网站验证一下。此时自己编写 JMeter 脚本的灵活优势就显现出来了，因此推荐自己编写 JMeter 脚本。

回到例子，无论哪种录制方式所录制的脚本回放都存在失败。为什么会失败呢？可以通过调试脚本进行错误分析。

2.3 JMeter 脚本调试

下面先回放一下之前录制的脚本，为了清晰地查看结果，在回放前先加入一个监听器，如图 2-37 所示，加入一个"察看结果树"元件，从中可以看到服务器的返回信息及相应结果（如图 2-38 所示）。

图 2-37 "察看结果树"菜单

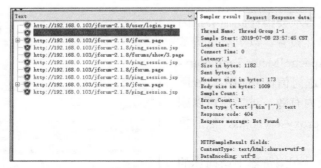

图 2-38 相应结果

图 2-38 所示是回放结果，从 ping_session.jsp 这个请求的响应数据返回 code 为 404，在 Fiddler 抓包时也发现该请求不可用。这是因为录制脚本时产生了一些其他的请求。这个请求可能是维护多个版本的时候遗留的请求，因为该请求并未发送成功，所以可以将这个请求删除。将这些请求（接口）删除之后，重新回放脚本，此时却还是没有发帖成功。

为什么发帖失败呢？我们查看登录操作的 login.page，可以看到 Response headers 中返回 JSESSIONID = 7DBD72E8C506B9ED8D4CADE7370DB35B，而接下去的请求 jforum.page header 中该字段的值明显与其不同，由于 Session 是登录成功后服务器验证过的合法的字符串，这个字符串由服务器本地进行存储；当回帖时，Session 数据会随新帖表单数据一起发送到服务器，服务器验证请求中的 Session 与服务器存储的 Session 进行比较，如果一致则回帖成功，反之失败（如图 2-39 所示）。

```
  Sampler result  Request  Response data
  Response Body  Response headers

1   HTTP/1.1 200 OK
2   Server: Apache-Coyote/1.1
3   Set-Cookie: JSESSIONID=7D8D72E8C506B9ED8D4CADE7370D8358; Path=/jforum-2.1.8; HttpOnly
4   Content-Type: text/html;charset=UTF-8
5   Transfer-Encoding: chunked
6   Date: Fri, 05 Jul 2019 23:32:03 GMT
```

图 2-39　login.page JSESSIONID

接着看一下 jforum.page 请求的 JSESSIONID=BD3AB724EB408AEA6F12A00230230EE0（如图 2-40 所示），两者明显不统一。虽然 HTTP Cookie Manager 会自动存储 JSESSIONID，但两处并不一样，login.page 中 JSESSIONID 是登录时验证的，jforum.page 中 JSESSIONID 是新生成的。由于后续 Session 会对之前结果进行覆盖，此时 JSESSIONID 发生变化，后面请求中该项均校验失败，最终导致请求回放失败，无法发送新帖。

```
  Sampler result  Request  Response data
  Response Body  Response headers

1   HTTP/1.1 200 OK
2   Server: Apache-Coyote/1.1
3   Set-Cookie: JSESSIONID=BD3AB724EB408AEA6F12A00230230EE0; Path=/jforum-2.1.8; HttpOnly
4   Content-Type: text/html;charset=UTF-8
5   Transfer-Encoding: chunked
6   Date: Fri, 05 Jul 2019 23:32:03 GMT
```

图 2-40　jforum.page JSESSIONID

在 jforum.page 中会看到服务器返回的数据指向的是登录页面，若登录不成功则会返回到登录页面。

对比一下在 Badboy 中的脚本录制结构（如图 2-41 所示），http://192.168.0.103/jforum-2.1.8/ping_jession.jsp 这个链接是一个子请求，它的父节点 login.page 请求是 Get 方式，所以默认选择"自动重定向"就可以了，也就是录制后的选项不用变。

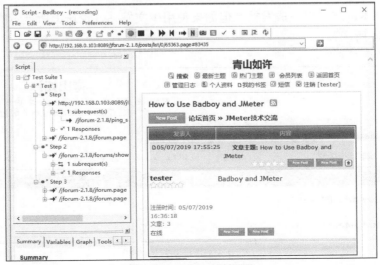

图 2-41　Badboy 录制界面

　　而 jforum.page JSESSIONID 的提交是 Post 方式，且子请求也是一个重定向请求。大家回忆一下前面提到的"自动重定向"与"跟随重定向"选项，此时应该选择"跟随重定向"（如图 2-42 所示）。这样 JSESSIONID 就不会重新生成，从而沿用前面登录时的 JSESSIONID。同理，下面的发帖请求（如图 2-43 所示）也需要修改成"跟随重定向"。

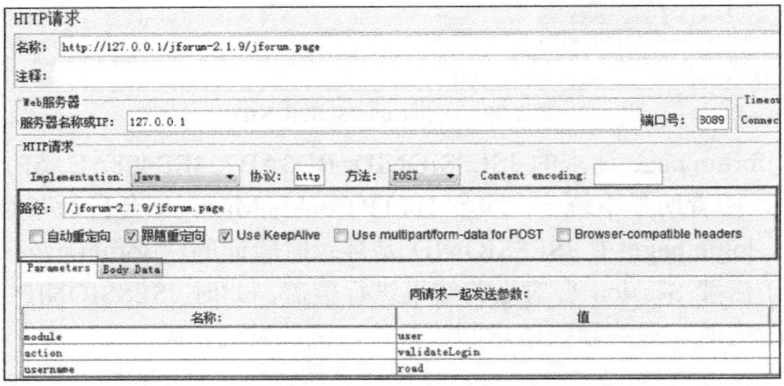

图 2-42　登录请求设置

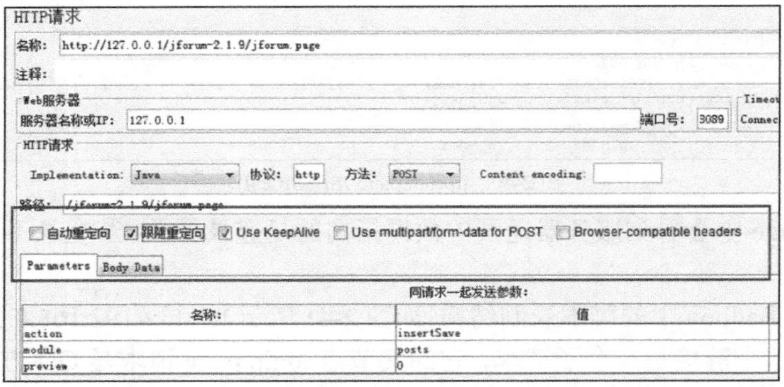

图 2-43　发帖请求设置

　　现在回放脚本，就可以完成发帖，但如果使用中文发帖，论坛上所展示的中文处会出现乱码（如图 2-44 所示）。

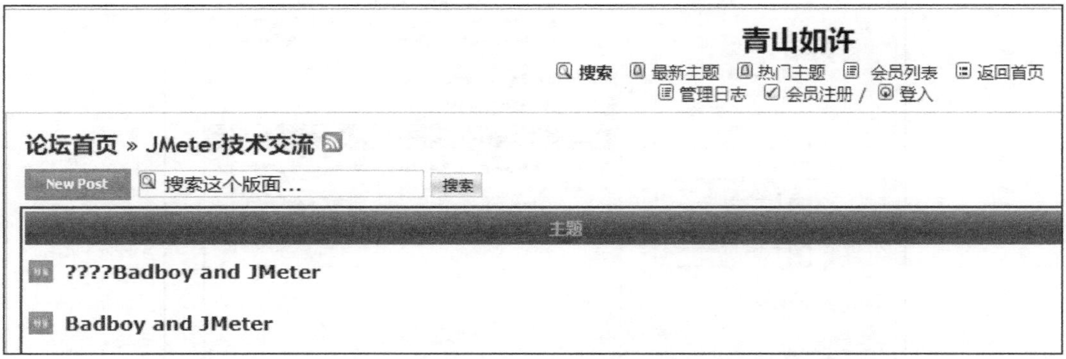

图 2-44　回帖查看

之所以会出现乱码，是因为表单内容中就是乱码（如图 2-45 所示）。解决乱码问题非常简单，将乱码内容替换成中文，然后在请求的内容编码（content-encoding）处填上 utf-8 就可以了（如图 2-46 所示）。

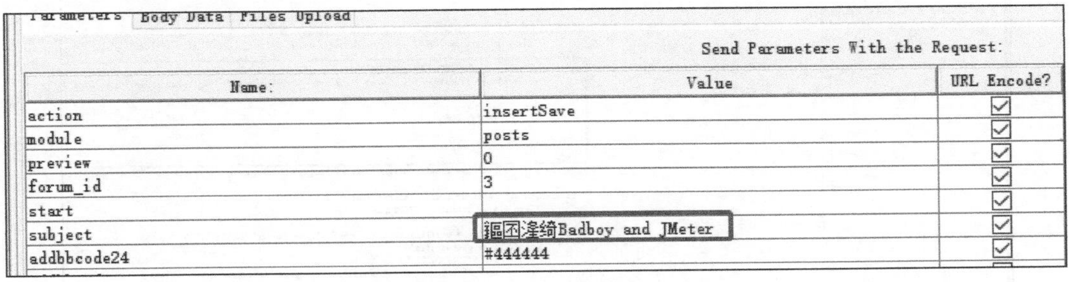

图 2-45　发帖表单

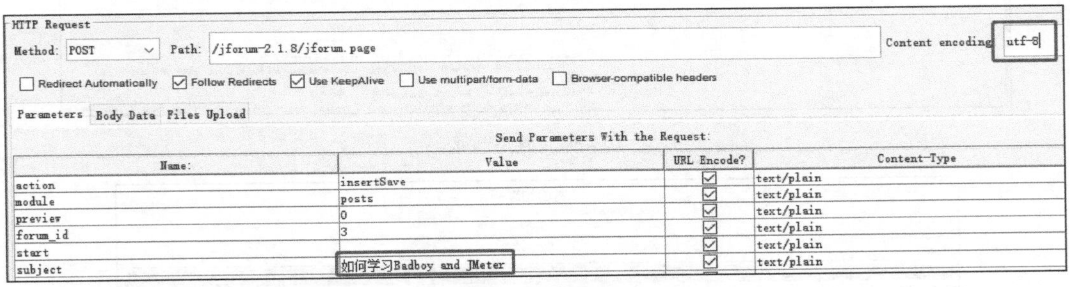

图 2-46　防乱码设置

2.4　JMeter 关联

在 2.3 节中，脚本已调试通过，可以完成发帖功能，但是这无法满足所有的业务需求。例如自动选择板块，而不是像脚本中那样指定板块。若要随机选择板块，先需要获取板块的链接，然后再进入该链接，最后进行发帖。因为板块链接是服务器返回的动态数据，所以需要利用 JMeter 元件来获取这些内容。既然是请求后返回的内容，就可以通过后置处理器来捕获。

2.4.1　后置处理器

后置处理器就是 JMeter 的关联元件。通过该后置处理器可以从服务器响应数据中筛选出所需数据，正则表达式提取器则可以从返回数据中过滤出各个板块链接。

2.4.2　Regular Expression Extractor

从脚本回放信息（如图 2-47 所示）中可知，登录完成后将重定向到板块列表页。图 2-48 所示选中部分对应图 2-47 所示的论坛板块信息。

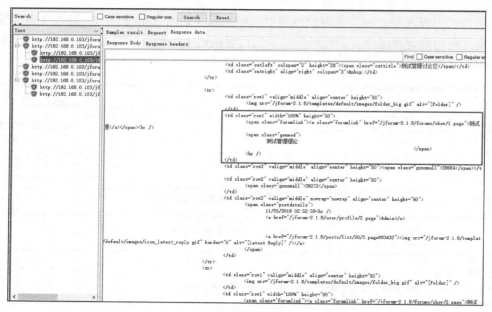

图 2-47　脚本回放

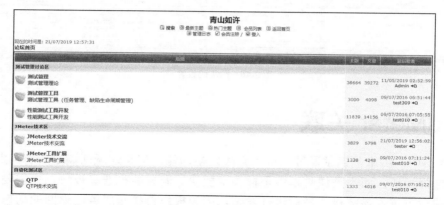

图 2-48　论坛板块列表

从服务器返回的信息中包含了板块列表,从返回信息中提取如下各个板块信息,根据 href
对应的链接,可以进入对应的板块。

```
<a class="forumlink" href="/jforum-2.1.8/forums/show/1.page">测试管理理论</a>
<a class="forumlink" href="/jforum-2.1.8/forums/show/2.page">测试管理工具</a>
<a class="forumlink" href="/jforum-2.1.8/forums/show/9.page">性能测试工具开发</a>
<a class="forumlink" href="/jforum-2.1.8/forums/show/3.page">JMeter 技术交流</a>
```

从以上链接可以看出,虽然板块不一致,但是格式大抵相同。而正则表达式提取器 Regular
Expression Extractor 就非常适合处理这种情况。为了方便大家拼装正则表达式,本章引入正
则表达式测试器(感谢 deerchao.net 提供的正则表达式测试器),可通过使用该正则表达式提
取器来测试正则表达式是否正确。

由于只需要获取到<a class="forumlink" href="/jforum-2.1.8/forums/show/1.page">测试管
理理论</a>中的数字 1 就可以,这个就是论坛板块 id,把访问 http://192.168.0.103:8089/
jforum-2.1.8/forums/list.page 链接返回的内容填入图 2-49 的"源文本"中,把正则表达式填入

"正则表达式"中，运行后即可以匹配到所期望的链接。

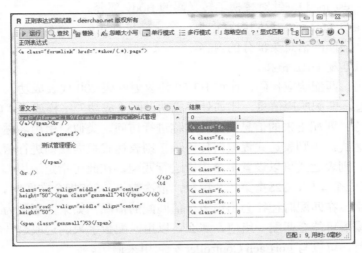

图 2-49　正则表达式测试器

但由于脚本中没有 http://192.168.0.103:8089/jforum-2.1.8/forums/list.page 这个链接，该链接是由 http://192.168.0.103/jforum-2.1.8/jforum.page 请求重定向而来，而正则表达式提取器作为后置处理器可以放在 http://192.168.0.103/jforum-2.1.8/jforum.page 节点下（如图 2-50 所示）。

图 2-50　正则表达式提取器

Regular Expression Extractor 有很多选项，下面分别说明。

（1）名称：可以随意设置，最好可以简洁明了地描述处理内容。

（2）注释：可以随意设置，也可以为空。

（3）Apply to：应用范围，包含 4 个选项。

● Main sample and sub-samples。匹配范围包括当前父取样器并覆盖子取样器。

● Main sample only。匹配范围是当前父取样器。

● Sub-samples only。仅匹配子取样器。

● JMeter Variable。支持对 JMeter 变量值进行匹配。

（4）要检查的响应字段：针对响应数据的不同部分进行匹配，包含 7 个选项。

● 主体。响应数据的主体部分，排除 Header 部分；HTTP 协议返回请求的主体部分就是 Body。

- Body（unescaped）。针对替换了转义码的 Body 部分。
- Body as a Document。返回内容作为一个文档进行匹配。
- 信息头。只匹配信息头部分的内容。
- URL。只匹配 URL 链接。
- 响应代码。匹配响应代码，比如 HTTP 协议返回码 200 代表成功。
- 响应信息。匹配响应信息，比如处理成功返回"成功"字样或者"OK"字样。

（5）引用名称：匹配出来的信息通过此名称进行访问，类似${引用名称}。

（6）正则表达式：正则表达式提取器使用该正则表达式根据规则进行信息匹配。

（7）模板：正则表达式可以设置多个模板进行匹配，在此可指定运用哪个模板，模板自动编号，1指第一个模板，2指第二个模板，依次类推，0指全文匹配。

（8）匹配数字：在匹配时往往会出现多个值匹配的情况，如果匹配数为 0，则代表随机取匹配值；不同模板可能会匹配一组值，那么可以用匹配数字来确定取这一组值中的哪一个值；负数取所有值，可以与 ForEach Controller 一起用来遍历。

（9）缺省值：如果没有匹配到，可以指定一个默认值。

模板不怎么好理解，下面通过示例说明。例如一个 Java 请求返回的值是 Calc Result:6,Calc Resultis:4，现在想要匹配 6 与 4 两个值，我们可以用这样一个正则式表达：Calc Result:(.*),Calc Resultis: (.*)。从图 2-51 中可以看到匹配出了两组值，一组值可以看成是一个数组，所以此示例的值为 6 与 4。

图 2-51　多组值匹配 1

而 4 为第 2 个值，所以其对应的模板就是2，如图 2-52 所示，我们在模板中就应该填写2。

利用提取的值来参数化下一个请求，我们就应该用${result_g2}来引用（如图 2-53 所示），其中 result 是引用名称，_g*n* 来指定模板组别，想获得第二组值就为_g2；${result_g1}就代表引用第一个模板。

图 2-52　多组值匹配 2　　　　　　　　　图 2-53　正则表达式提取值引用

回到最初的目的，匹配板块 ID，这个匹配到的值用 moduleID 来代替，现在对进入板块的请求进行参数化，如图 2-54 所示，我们用${moduleID_g1}参数化板块 ID。

使用调试取样器（Debug Sampler）可以跟踪正则表达式提取板块 ID 的过程，在"察看结果树"中就可以看到正则表达式的取值，如图 2-55 所示。

图 2-54 参数化板块 ID　　　　　　　　　图 2-55 正则表达式的取值

回放脚本后，从调试取样器返回中可以查询到 moduleID_g1=1，这就是第一个板块的 ID（如图 2-56 所示）。如图 2-57 所示，可以查看发帖成功后返回内容。此时"测试管理理论"板块已经成功地发送新帖。

图 2-56 第一个板块的 ID　　　　　　　　　图 2-57 发帖成功后返回内容

2.5　JMeter 参数化

虽然脚本已经可以回放成功，但是这似乎跟性能测试关系不大，多个用户同时发帖才是性能测试的典型场景。此时通过 JMeter 配置元件完成参数化就可以实现此场景。

2.5.1　配置元件

JMeter 配置元件功能强大，不仅可以进行参数化、存储服务器的响应信息（比如 HTTP 信息头管理），还可以进行初始化设置（比如 JDBC Connection Configuration，用以配置与数据库的连接）。

2.5.2　CSV 数据文件设置

我们通常使用 CSV 格式的文件来存储参数文件，元件"CSV 数据文件设置"可以从指定的文件中逐行提取文本内容,根据所设置的分隔符拆解本行内容并自动关联内容与变量名,取样器可以引用这些变量。CSV 数据文件设置可以在"CSV 数据文件设置"中添加(如图 2-58 所示)。

图 2-58 CSV 数据文件设置元件位置

CSV 数据文件设置如图 2-59 所示。部分参数说明如下。

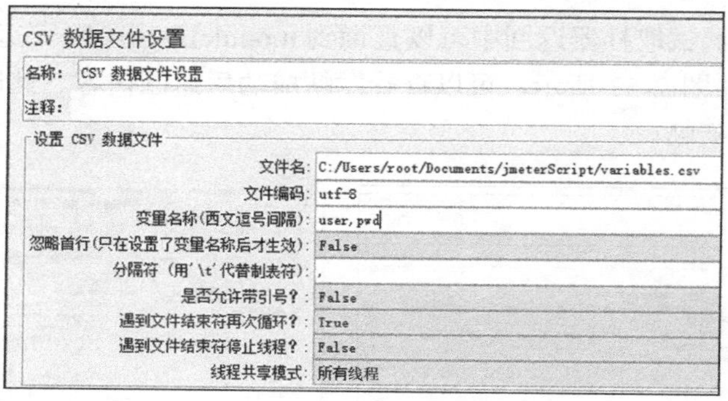

图 2-59 CSV 数据文件设置

(1)名称:可以随意设置,最好有业务意义。

(2)注释:可以随意设置,也可以为空。

(3)文件名:引用文件地址,可以是相对路径,也可以是绝对路径。相对路径的根节点是 JMeter 的启动目录(%JMETER_HOME%\bin),图 2-59 中的示例 variables.csv 文件就是绝对路径。如果你的测试执行是分发到多台远程负载机的,并且可能有些机器的 JMeter 安装文件不在相同目录下,这时候用相对路径的好处就体现出来了。它能够保证每个负载机执行时脚本的参数化文件都能够被读取到。另外也可以利用 JMeter 的变量来参数化参数文件的路径,比如${paraUrl},paraUrl 可以在"用户自定义变量"元件中设置。

(4)文件编码:读取参数文件用到的编码格式,建议大家用 utf-8 的格式保存参数文件,避免出现乱码情况。

(5)变量名称:定义的参数名称,用西文逗号隔开,将会与参数文件中的参数对应。如果这里的参数个数比参数文件中的参数列多,多余的参数将取不到值;反之,参数文件中部分列没有参数对应。图 2-60 所示是参数文件内容,其中有两列,即用户名与密码。JMeter 将会帮我们把 loginAcct 与 pwd 对应上。

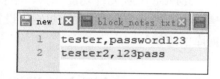

图 2-60 参数文件内容

（6）分隔符（用"\t"代替制表符）：用来分隔参数文件的分隔符，默认为逗号，也可以用 tab 来分隔。如果参数文件用 tab 分隔，在此应该填写"\t"。

（7）是否允许带引号：是非选项。如果选择"是"，那么可以允许拆分完成的参数里面有分隔符出现。

例如，我们的参数文件中的一行数据："lrtesting,Pass1234"，1111。

如果我们选择"是"，那么拆分后的参数是：lrtesting,Pass1234 与 1111。

（8）遇到文件结束符再次循环：是非选项。如果选择"是"，参数文件循环遍历；如果选择"否"，参数文件遍历完成后退出循环（JMeter 在测试执行过程中每次迭代会从参数文件中新取一行数据，从头遍历到尾）。

（9）遇到文件结束符停止线程：与"遇到文件结束符再次循环"中的 False 选择复用。如果选择"是"，停止测试；如果选择"否"，不停止测试。

（10）线程共享模式：参数文件共享模式，有以下 3 种。

● 所有线程。参数文件对所有线程共享，这就包括同一测试计划中的不同线程组。

● 当前线程组。只对当前线程组中的线程共享。

● 当前线程。仅当前线程获取。

回到发帖实例，登录时参数化账号与密码，实现多个用户同时发帖。JMeter 可以使用${变量名}的方式实现变量引用，如图 2-61 所示，登录名是${loginAcct}，密码是${pwd}。

当然也可以利用参数化来控制帖子题目和内容。JMeter 还提供了丰富的函数来支持生成不同的数据。

图 2-61　参数化登录账号

2.5.3　函数助手

通过单击快捷菜单■调出 JMeter 函数助手。例如需要实现随机产生发帖标题和内容，如图 2-62 所示，就可以选择_RandomString 这个函数来生成随机字符串。

_RandomString 函数使用说明如下。

● Random string length：生成的字符串长度。

● Chars to use for random string generation：指定选择字符组，从中选择随机生成的字符，可以支持中文、数字、字母等。

● 存储结果的变量名：可选项，选择并运行后，可以在 Dubug Sampler 中看到这个变量的值。

设置好选项后单击"生成"按钮，会生成一串字符，即${RandomString（50,青山如许--测试,）}。这部分就可以直接给请求做参数化，如图 2-63 所示，参数化了 subject（帖子的标题）。

回放脚本，进到论坛查看板块中的帖子，如图 2-64 所示，因为是随机生成的字符串，所以使用此脚本运行每次生成的帖子标题都可能不一样。另外，在 Debug Sampler 中还可以看到生成的随机字符串 roadTestRandomString，它与帖子标题正好相同。

图 2-62　函数助手

图 2-63　做参数化

图 2-64　板块中的帖子

2.5.4　访问地址参数化

在实际的测试过程中，通常开发脚本时和执行测试时的服务器地址不同，所以访问地址也应该参数化。这样，当访问地址发生变化，只需要修改参数化对应的值即可，无需修改每一个链接。

录制脚本时，访问链接 IP 和端口（如图 2-65 所示）都一致，因此这部分内容可以被参数化（如图 2-66 所示），而各个 HTTP 请求则可以通过引用变量实现（如图 2-67 所示）。如果后续"服务器名称或 IP"及"端口号"发生变化，则修改用户定义的变量即可。

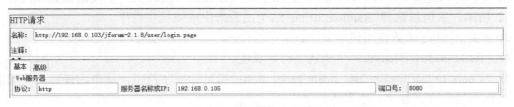

图 2-65　访问链接 IP 和端口

用户定义的变量			
名称：	User Defined Variables		
注释：			
用户定义的变量			
名称：	值	描述	
VIEWSTATE			
URL	192.168.0.105	IP地址	
PORT	8080	端口	

图 2-66　参数化

HTTP请求	
名称:	http://192.168.0.103/jforum-2.1.8/user/login.page
注释:	

基本 高级

Web服务器

| 协议: | http | 服务器名称或IP: | ${URL} | 端口号: | ${PORT} |

图 2-67　引用变量实现

2.5.5　HTTP 请求默认值

开发脚本过程中，由于服务器地址和端口基本不变，配置参数步骤较多，但是 JMeter 提供了更为好用的方式：如图 2-68 所示，通过添加 HTTP 请求默认值来解放劳动力。

图 2-69 所示是 HTTP 请求默认值元件，在本例中只需要填写"服务器名称或 IP"为 192.168.1.103，"端口号"为 80，"协议"为 HTTP 即可。如果用户的系统编码是 GBK，那么在"内容编码"中填写 GBK，此时就实现了通过 HTTP 默认值进行请求。

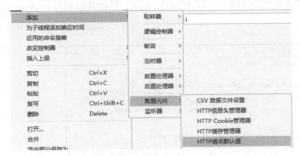

图 2-68　添加 HTTP 默认值

图 2-69　HTTP 请求默认值元件

2.6　JMeter 检查点

此前虽然已通过人工验证脚本回放，但是这种情况过于依赖主观判断，且在系统多并发的状态下人工验证难度很大，因此 JMeter 提供断言组件来验证结果的正确性。

2.6.1　断言

断言组件通过获取服务器响应数据，然后根据断言规则匹配这些响应数据。匹配通过为正常现象，此时不做提醒；如果匹配失败则认为存在异常，此时 JMeter 就会断定该事务失败，察看结果树也将给出提示，失败的请求将标为红色。JMeter 提供丰富的断言组件，最常使用的为响应断言元件。实际的测试过程中，响应断言基本上能够满足 80%以上的验证（如图 2-70 所示）。

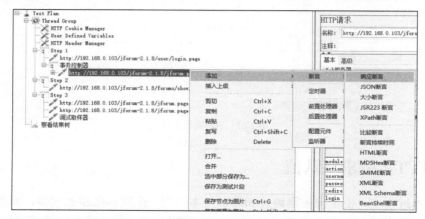

图 2-70　响应断言

2.6.2　响应断言

响应断言（Response Assertion）对服务器的响应数据进行规则匹配，响应断言的参数如图 2-71 所示。

图 2-71　响应断言参数

响应断言的参数说明如下。

（1）名称：可以随意设置，最好有业务意义。

（2）注释：可以随意设置，也可以为空。

（3）Apply to：应用范围，有以下 4 个选项。

● Main sample and sub-samples。匹配范围包括父取样器及子取样器。

● Main sample only。仅匹配父取样器。

● Sub-samples only。仅匹配子取样器。

● JMeter Variable Name to use。支持变量值匹配。

（4）测试字段：针对响应数据的不同部分进行匹配，包含以下 9 个选项。

● 响应文本。响应服务器返回的文本内容，HTTP 协议排除 Header 部分。

● 响应代码。匹配响应代码，比如 HTTP 协议返回代码"200"代表成功。

● 响应信息。匹配响应信息，比如处理成功返回"成功"字样或者"OK"字样。

● 响应头。匹配响应中的头信息。

● 请求头。匹配请求中的头信息。

- URL 样本。匹配 URL 链接。
- 文档（文本）。对文档内容进行匹配。
- 忽略状态。当一个请求中存在多个响应断言，若第一个响应断言选中此项，当第一个响应断言失败时则忽略此响应结果，继续进行下一个断言；若最后一个断言成功则仍判定事务成功。
- 请求数据。匹配请求数据信息。

（5）模式匹配规则：包含以下 6 个选项。

- 包括。响应内容包括需要匹配的内容即代表响应成功，支持正则表达式。
- 匹配。响应内容完全匹配需要匹配的内容即代表响应成功，大小写不敏感，支持正则表达式。
- 相等。响应内容要完全等于需要匹配的内容才代表响应成功，大小写敏感，需要匹配的内容是字符串而非正则表达式。
- 字符串。响应内容包含需要匹配的内容才代表响应成功，大小写敏感，需要匹配的内容是字符串而非正则表达式。
- 否。选择"相等"与"字符串"时匹配的是字符串，大小写敏感，有时会响应失败，此时可以选择此项，会降低匹配级别，类似降到"包括""匹配"的级别，这样可以响应成功。
- 或者。匹配内容存在多个时，只要有一个成功即成功。

（6）测试模式：填入需要匹配的字符串或者正则表达式，注意要与模式匹配规则搭配好。

回到发帖例子，如果要判断登录断言是否成功，首先要找到需要匹配的内容。在登录成功后会显示论坛板块、账号等信息，所以只需要验证登录成功后会显示用户名（如图 2-72 所示）即可，图 2-73 所示为已经填好了匹配内容，登录断言成功。

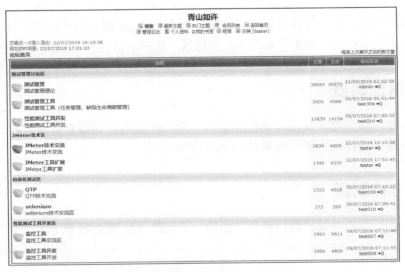

图 2-72 登录成功页面

回放一次脚本，然后到"察看结果树"中看一下结果，如果每个断言的请求前均有 这样的图标，说明登录断言成功（检查点检查到预想的内容）。

如果是 的图标（以及字体为红色）代表没有检查到期望内容，图 2-74 所示是不成功的显示状态。

图 2-73　登录断言成功

图 2-74　登录断言不成功

另外，断言还支持正则表达式匹配。

2.7　JMeter 事务

性能测试的结果中需要每秒事务数（TPS）。虽然 JMeter 默认每个请求统计成一个事务，但有时候多个操作统计成一个事务更符合测试场景，此时可以利用 JMeter 事务控制器来完成。

2.7.1　逻辑控制器

逻辑控制器，顾名思义就是控制程序逻辑。JMeter 逻辑控制器有很多种，比如循环控制器、随机控制器，结合实际使用场景选择不同控制器。

2.7.2　事务控制器

事务控制器是位于逻辑控制器组件下面的一个元件（如图 2-75 所示）。

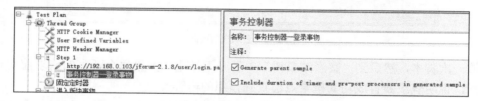

图 2-75　事务控制器

参数说明如下。

（1）名称：建议设置为有业务意义的名字。

（2）注释：对于该事务控制器的说明。

（3）Generate parent sample：如果事务控制器下有多个取样器（请求），勾选后在察看结果树中不仅可以看到事务控制器结果，还可以看到每个取样器对应的结果。事务控制器下所有子事务成功，则事务控制器成功；其中任一失败即代表整个事务失败。图 2-76 所示为事务成功，图 2-77 所示为一子事务失败，则整个事务失败。

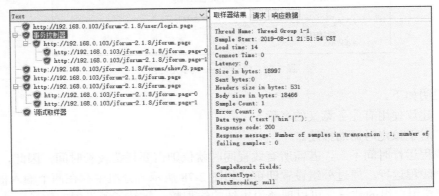

图 2-76　事务控制器——事务成功

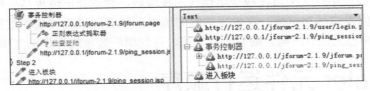

图 2-77　事务控制器——事务失败

（4）Include duration of timer and pre-post processors in generated sample：包括定时器、预处理和后期处理延迟的时间。

2.8　JMeter 集合点

性能测试需要模拟大量用户并发，集合点能让虚拟用户在同一时刻发送请求，在 JMeter 中集合点是通过定时器来完成的。

2.8.1　定时器

JMeter 定时器用来控制取样器的执行时机，有固定定时器、随机定时器等。可以选择同步定时器进行控制。

2.8.2　同步定时器

同步定时器（如图 2-78 所示）可以实现同时向服务器发起请求。因为线程运行时间不一，所以 JMeter 也提供了同步线程数量设置。

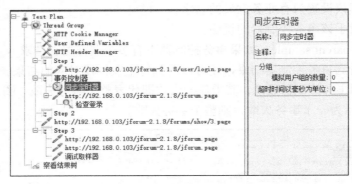

图 2-78　定时器——同步定时器

参数说明如下。

名称：建议使用有业务意义的名称。

注释：对于该定时器的描述。

各个线程运行时间不一，若需所有线程同时就位则需要耗费较长时间，因此，此时可以集合一部分线程运行。通过分组设置即可。如图 2-78 所示，分组中存在两个输入框。

● 模拟用户组的数量。可以理解为集结的线程数，集结了所设置的数量后才会发起请求。注意，此处数值不能大于所在线程组包含的线程数，否则会出现集结失败。

● 超时时间以毫秒为单位。在设置的时间段内未集合所设置的线程数则认为超时。默认数值为 0，意味着无超时时间，则会一直等待，直到相应数量线程集结完毕或者手动终止。

2.9　JMeter 元件运行顺序

上面已经说明如何完成用户行为的模拟，而 JMeter 脚本是典型的树型结构，类似于二叉树的中序遍历。

JMeter 执行顺序逻辑如下：

（1）配置元件；

（2）前置处理器；

（3）定时器；

（4）取样器；

（5）后置处理器（如果存在且取样器的结果不为空）；

（6）断言（如果存在且取样器的结果不为空）；

（7）监听器（如果存在且取样器的结果不为空）。

针对图 2-79 所示的测试计划执行顺序如下。

（1）执行"线程组"，如果有多个线程组，则可以在测试计划中设置是顺序执行还是同时执行。

（2）执行"简单控制器"。

（3）执行配置元件"HTTP Cookie 管理器"。

图 2-79　执行顺序

（4）执行前置处理器"用户参数"。

（5）执行"同步定时器"，类似于 LoadRunner 中的集合点。

（6）执行取样器"HTTP 请求 1"。

（7）执行后置处理器"正则表达式提取器"。

（8）执行断言"响应断言"。

（9）执行配置元件"HTTP Cookie 管理器"。

（10）执行前置处理器"用户参数"。

（11）执行"同步定时器"，类似于 LoadRunner 中的集合点。

（12）执行取样器"HTTP 请求 2"。

（13）执行后置处理器"正则表达式提取器"。

（14）执行断言"响应断言"。

（15）执行"HTTP 请求 3""HTTP Cookie 管理器"将不覆盖此请求。

（16）执行过程中在"察看结查树"中可以看到结果，红色字体（实际环境中可看到）代表失败。此元件是在取样器之后开始工作的。

简单控制器作为一个执行单元，上面的"HTTP Cookie 管理器"与"HTTP 请求 1"在一个单元，所以它管理的 Cookie 范围是对"HTTP 请求 1"和"HTTP 请求 2"有效的，这是 Cookie 的作用域（Cookie 作用的范围）；而"HTTP 请求 3"不在简单控制器下面，与 Cookie 的根结点不一致，所以 Cookie 的作用范围不包括"HTTP 请求 3"。

回到图 2-80 所示的示例脚本，Step 1 是一个循环控制器，如果选择永远循环，那么线程只会永远执行 Step 1 节点下的元件，另外每个线程模拟的用户也只需要登录一次（除非仅测试登录业务），因此在此把它改为循环次数为 1。Step 2（进入模块）与 Step 3（发帖）我们希望它一直执行下去，由于 Step 2 在 Step 3 前面，所以 Step 2 为永远时，Step 3 是不会执行的，所以只能去掉它，把它放到事务控制器下面方便事务统计，最终修改的结果如图 2-81 所示。

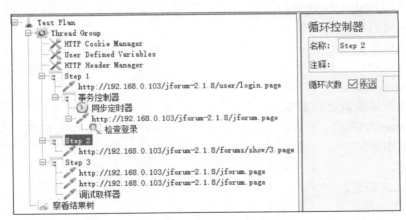

图 2-80　示例脚本执行逻辑

最终，修改后的执行逻辑如下。

（1）Thread Group（线程组）。

（2）HTTP Cookie Manger。

（3）User Defined Variables。

（4）HTTP Header Manager。

（5）Step 1（CSV Data Set Config）。

（6）进入登录页面。

（7）Session 验证。

（8）登录事务。

（9）同步定时器。

（10）登录。

（11）正则表达式提取器。

（12）检查登录。

（13）Session 验证。

（14）固定定时器。

（15）进入板块事务。

（16）进入板块。

（17）Session 验证。

（18）进入新帖编辑页面事务。

（19）Session 验证。

（20）发帖事务。

（21）发帖。

（22）Session 验证。

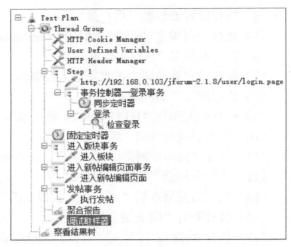

图 2-81 示例脚本修改

（23）察看结果树、Debug Sampler、聚合报告在执行"进入登录页面"时已经开始运行。
第二次迭代开始。

（24）HTTP Cookie Manger。

（25）User Defined Variables。

（26）HTTP Header Manager。

（27）固定定时器。

（28）进入板块事务。

（29）进入板块。

（30）Session 验证。

（31）进入新帖编辑页面事务。

（32）Session 验证。

（33）发帖事务。

（34）发帖。

（35）Session 验证。

第三次迭代开始。

重复执行第（24）～（35）步的内容。

脚本的执行顺序容易引起混乱，在开发脚本的过程中可以按照层级先后顺序来添加元件，比如为取样器服务的配置管理器在取样器前，后置处理器在取样器后或者节点下面，这样执行顺序就不会混乱了。

2.10　本章小结

本章完成了用户行为的模拟，通过实例演示了 HTTP 请求的模拟方法的应用，也提供了多种方式进行用户行为的录制。通过本章的学习可以掌握如下内容：

（1）Badboy 的录制方式；

（2）JMeter 的代理录制方式；

（3）Fiddler 的录制方式；

（4）脚本调试。

如果大家觉得用 JMeter 查看服务器响应不太方便，不妨尝试利用 Fiddler 来分析 Web 请求与响应数据。现在较多移动应用采用的协议是 HTTP，要测试这种系统的性能，势必要模拟手机端的请求，此时可以利用 Fiddler 配置代理再进行抓包来录制表单，但其调试过程所耗费的时间并不少于手工拼接时间。在实际的测试场景中，通常可以通过接口文档去拼装请求，手工拼装这种方式在以后的工作中还是比较常见的，因此读者应加以重视。

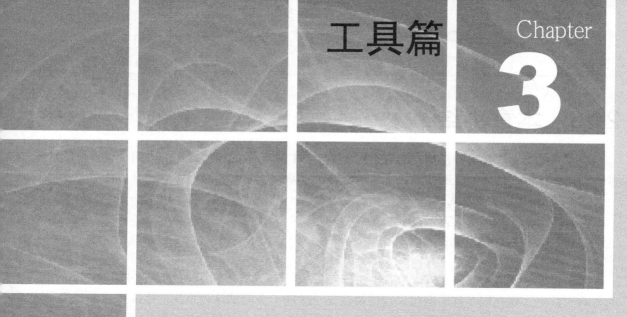

工具篇 Chapter 3

第 3 章

JMeter 常用脚本开发

从本章你可以学到：

- ☐ JMeter 插件管理
- ☐ JMeter 在线脚本开发
- ☐ WebSocket 脚本开发
- ☐ BeanShell 脚本开发
- ☐ 调试取样器
- ☐ FTP 脚本开发
- ☐ Java 脚本开发
- ☐ JUnit 脚本开发
- ☐ Dubbo 脚本开发

3.1　JMeter 插件管理

以前 JMeter 支持的场景少，这几年 JMeter 的开源插件逐渐丰富。JMeter 插件支持在线安装，安装插件前需要先安装插件管理器。用户从 https://jmeter-plugins.org/install/Install/ 下载 plugins-manager.jar，存放在%JMETER_HOME/lib/ext 目录中，然后重启 JMeter。在 JMeter 的 Options 菜单栏中会看到 JMeter Plugins Manager 菜单。不过在 JMeter 5.x 版本中打开插件管理器后通常会报错（如图 3-1 所示）。

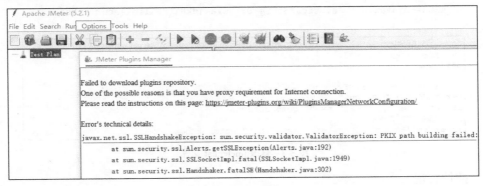

图 3-1　报错界面

这是因为现在 JMeter 默认使用 SSL 方式，如果本地的 JDK 中没有默认信任 SSL 的证书，则会报错。如何解决这个问题呢？JMeter 插件官网教我们这样做：

```
JVM_ARGS="-Djavax.net.ssl.trustStore=/usr/lib/jvm/java-8-oracle/jre/lib/security/cacerts.
original" jmeter\bin\jmeter.bat
```

什么意思呢？就是把证书放到 JDK 的信任列表中。首先我们要得到一个 cacerts.original 证书文件，下面开始操作。

（1）把 https://jmeter-plugins.org/ 的证书导出（如图 3-2 所示），例如导到本地 jdk8 目录（D:\java\jdk8\jre\lib\security\jmeterplugins.cer）中。

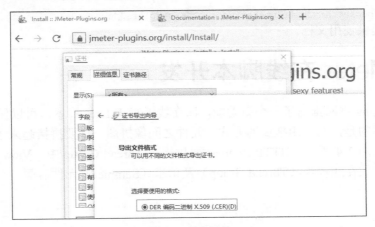

图 3-2　导出证书

（2）SSL 配置。

在 D:\java\jdk8\jre\lib\security 中生成 trustStore。

```
D:\java\jkd8\jre\lib\security>keytool -import -alias jmeterplugins -keystore ./cacerts
-file jmeterplugins.cer
```

输入密钥库口令

默认口令是：changeit。

这样我们就有一个名为 cacerts 的 trustStore 文件。至此，再打开 JMeter 的 Plugins Manager 一般就不会报错了。如果还报错，请修改 jmeter.bat 文件（如图 3-3 所示），在文件中加上下面的命令行，然后重启 JMeter 即可。

```
set JVM_ARGS=-Djavax.net.ssl.trustStore=D:\java\jdk8\jre\lib\security\cacerts
```

```
set JVM_ARGS=-Djavax.net.ssl.trustStore=D:\java\jdk8\jre\lib\security\cacerts

setlocal

rem Guess JMETER_HOME if not defined
set "CURRENT_DIR=%cd%"
if not "%JMETER_HOME%" == "" goto gotHome
set "JMETER_HOME=%CURRENT_DIR%"
if exist "%JMETER_HOME%\bin\jmeter.bat" goto okHome
```

图 3-3　修改 jmeter.bat 文件

（3）插件管理。

插件管理器默认显示当前有哪些插件已经安装，切换到 Available Plugins 会显示 jmeter-plugins.org 官网，在官网中显示提供的所有插件。有了这些插件，我们编写测试脚本就容易了。下面我们安装 WebSocket 相关的插件。

● WebSocket Sampler by Maciej Zaleski。

● WebSocket Samplers by Peter Doornbosch。

勾选上述两项，然后单击 Apply Changes and Restart JMeter，就可以自动下载插件包并且自动重启 JMeter。如果你嫌下载太慢，可以去官网下载源码，然后进行编译：

```
https://bitbucket.org/pjtr/jmeter-websocket-samplers/src/master/
```
也可以直接下载 jar 包：
```
https://bitbucket.org/pjtr/jmeter-websocket-samplers/downloads/
```
同时官网提供使用文档。

3.2　JMeter 在线脚本开发

JMeter-plugins 官网推出了一个新功能，即在线编写 JMeter 脚本，可以保存为 jmx 文件格式。比较新颖的是，其采用拖曳的方式，元件之间像拼图一样要拼接起来才可以组成一个完整的脚本。如图 3-4 所示，HTTP Request 要拼接在 Thread Group 中，View Results Tree 这种监听元件可以放在线程组（Thread Group）及请求（Sampler）元件后面。

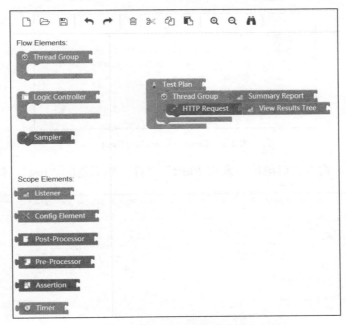

图 3-4　JMeter 在线脚本编辑界面

3.3　WebSocket 脚本开发

　　WebSocket 是一种网络传输协议，可在单个 TCP 连接上进行全双工通信，支持 Web 浏览器（或其他客户端应用程序）与 Web 服务器之间的交互，开销较低。浏览器和服务器只需要完成一次握手，两者之间就可以创建持久性的连接，并进行双向数据传输，允许服务器端主动向客户端推送数据。通俗地说，就是我们能够利用 WebSocket 协议，让浏览器与服务器端保持长连接，而且开销比较低，适合消息推送类的场景。因此，现在很多网页版本的通信工具、消息弹出采用 WebSocket 协议。有关 WebSocket 的具体知识此处不展开，读者可以参考 ietf 官网进行了解。

　　接下来我们利用 WebSocket 插件来做 WebSocket 的测试。我们以 Peter Doornbosch 的 WebSocket 插件为例，介绍 WebSocket 插件中的元件。

- WebSocket Close：关闭 WebSocket 连接。
- WebSocket Open Connection：打开 WebSocket 连接。
- WebSocket Ping/Pong：Ping 和 Pong 是 WebSocket 里的"心跳"，用来保证客户端在线，一般流程是服务器端给客户端发送 Ping，客户端发送 Pong 回应，表明自己的在线状态。
- WebSocket Single Read Sampler：仅仅从服务器端读取响应。
- WebSocket Single Write Sampler：仅仅向服务器端发送信息。
- WebSocket request-response Sampler：既可以接收服务器端的响应，也可以向服务器端发送信息。

　　下面我们开始介绍实例，找一个网上的 WebSocket 接口，先在 Chrome 浏览器中检查一下接口是否正常。笔者在 Chrome 上安装了 WebSocket 插件 Simple WebSocket Client，如图 3-5 所示。

当使用多个线程实施压测时，请求是不断的，也就是连接不断，Ping/Pong 可以被屏蔽掉。当然，如果想更真实地模拟系统，Ping/Pong 也可以保留，若不想让 Ping/Pong 执行太频繁，则可以把 Ping/Pong 放到"固定定时器"下面，周期性地去执行，脚本结构如图 3-9 所示。

图 3-8　逻辑控制

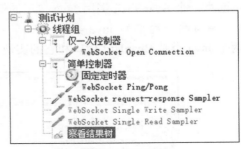

图 3-9　脚本结构

发送与接收消息除了使用文档，还可以使用二进制发送内容，此时 Sampler 会有小的改动，如图 3-10 所示。

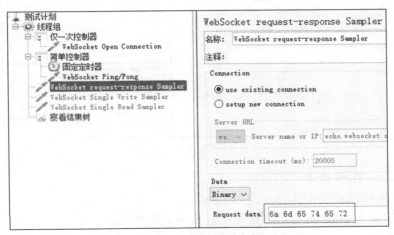

图 3-10　二进制发送内容

Data 处我们要选择 Binary，Request data 是十六进制码，图 3-10 中的 Binary 是"jmeter"，执行后在结果树中查看（如图 3-11 所示）时注意要选择 Binary 格式。

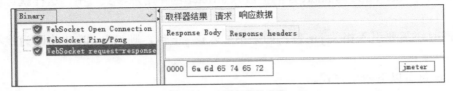

图 3-11　二进制接收内容

3.4　BeanShell 脚本开发

BeanShell 脚本是以 Java 编写的，轻量、免费，具有面向对象的语言特性，还内嵌 Java 解释器，不但支持 Java 语法，还支持更为简便的自身脚本语法。而 BeanShell 取样器还具备所有取样器的特性，即向被测系统发送请求且由 JMeter 记录取样结果，统计 TPS、响应时间等性能指标。因为其本身支持 Java 语法，所以也支持 Java 对象的调用，由此可以利用该特性直接通过 BeanShell 调用 Java 接口程序，从而进行接口测试。

下面举一个 BeanShell 调用 Java 接口的例子。

1. 编写两个简单的 Java 类

两个 Java 类是 BeanUtil 接口和它的实现类 BeanShellEg，代码如图 3-12 所示。

BeanShellEg.java

```java
package com.seling.test;

public class BeanShellEg implements BeanUtil{

    private String userName;
    private String address;

    public BeanShellEg(String name){
        this.userName = name;
    }

    public BeanShellEg(String name,String address){
        this.userName = name;
        this.address = address;
    }

    public String getUserName() {
        return userName;
    }

    public void setUserName(String userName) {
        this.userName = userName;
    }

    public String getAddress() {
        return address;
    }

    public void setAddress(String address) {
        this.address = address;
    }

    public int mul(int i){
        return i*i;
```

```java
package com.seling.test;

public interface BeanUtil {

    public String getUserName();
    public String getAddress();
    public int mul(int i);
}
```

图 3-12 两个 Java 类

2. 编写 BeanShell 脚本

在 BeanShell 中直接实例化 BeanShellEg 类。

- userName 与 address 值可以接收任意 String 类型的值。
- 这里通过 log.error()方式打印 userName 与 address 的值（建议设置的 JMeter 日志输出级别为 ERROR，这样在日志中查看信息时会比较明显，方便调试；如果想要查看更多信息也可以设置为 WARNING、INFO、DEBUG 等级别）。
- 可以将 userName 与 address 的值放入 JMeter 的“用户参数”中，这样就可以全局使用该值。
- 同时还需要引入相关 jar 包，如果不加入该 jar 包，则 BeanShell 将因为找不到类而报错。

引入 jar 包有以下两种方式。

- 将 Java 程序打成 jar 包，并以图 3-13 所示的方式，引入 Java 程序的类加载路径的变量中。
- 引用包及依赖包放到 JMeter 默认的包加载路径，即%JMETER_HOME%\lib 目录中。

设置后执行，就可以通过“察看结果树”和相应的日志输出查看运行结果。而以上 Java 请求也可以通过${userName}进行参数化。

图 3-13　引用包及依赖包导入

3. BeanShell 入参

BeanShellEg 的构造方法有两个入参（输入参数简称入参），可以通过"BeanShell 取样器"的"参数"进行参数传递，如图 3-14 所示，输入了两个变量值 mountain china，用空格分隔；在其脚本中可以用 bsh.args 来引用（bsh.args[0]代表取第一个值），从日志中可以看出存在 error，这和我们在脚本中定义的日志级别一致，输入参数和预期都打印在日志内容中。当然，BeanShell 参数也支持引用变量，可以把图 3-14 中的 mountain 或 china 替换成任意已存在的变量，以${{}}的方式来引用。

图 3-14　BeanShell 入参与日志查看

4. BeanShell 取样器参数说明

每次调用前重置 bsh.Interpreter：默认值非选中状态，官方建议在长时间运行的脚本中设置为选中状态。

- 参数：取样器所接受的入参。
- 脚本文件：可以将 BeanShell 脚本存于其他位置，通过脚本文件替代脚本功能。
- 脚本：和脚本文件作用一致，脚本代码过长时建议存于脚本文件之内。

5. BeanShell 取样器属性说明

- SampleResult：可以访问取样器对应的结果对象，方便用户查询和编辑其中属性。
- ResponseCode：可以引用此属性自行设置取样器的返回码，HTTP 请求成功一般会设置成 200，这里可以设置成任意值，若设置成其他非成功状态的值，"察看结果树"会判断该取样器结果为失败。

● ResponseMessage：既可以引用此属性自行设置响应消息内容，默认为 OK；也可以任意设置成所期望的值。

● IsSuccess：可以利用该属性决定取样器产生的事务是否成功，如果设置为 false，则认为事务失败。当然在聚合报告中也是失败的。这就可以通过业务逻辑来确定事务是否成功。

以下示例演示各个属性对该事务结果的影响。如图 3-15 所示，将 IsSuccess 设置成 false，"察看结果树"中显示其失败，如图 3-16 所示。而 ResponseCode=300 和 ResponseMessage 也正是所设置的值。

图 3-15　BeanShell 示例　　　　　　　　图 3-16　BeanShell 取样器结果

由上可见，BeanShell 取样器在 Java 接口程序的测试中非常方便。具体的 BeanShell 语法可以参考 BeanShell 官网。

3.5　调试取样器

在调试 JMeter 脚本时，经常期望获知参数化的变量取值、正则表达式提取的值、JMeter 属性的具体值以及调试时服务器所返回的内容。

JMeter 作为一个性能测试工具虽然不如 IDE 调试方便，但提供了调试取样器（Debug Sampler），通过结合"察看结果树"元件组合就可以满足上述需求。下例将详细阐述如何获取以上期望获知的值。

图 3-17 所示的"察看结果树"中，我们切换到 Debug Sampler。在响应数据中我们可以看到 JMeter 的变量，诸如 JMeterThread.last_sample_ok=true（表示最后一个取样器运行成功）、START.HMS=200655（取样器开始运行时间，这里精确到秒）、START.MS=1423224415480（开始运行时间，精确到毫秒），这些都是 JMeter 中 SampleResult 对象记录的，我们用它来计算响应时间。address=shanghai、userId=shanghai 是我们在 BeanShell 脚本中定义的变量。这些运行过程中的变量值也可以通过取样器看到，方便我们调试。BeanShell 脚本如图 3-18 所示。

图 3-17　察看结果树　　　　　　　　　图 3-18　BeanShell 脚本

如图 3-19 所示，调试取样器的设置中，把 JMeter 属性、JMeter 变量、系统属性设置为 True（默认为 False），在结果树（如图 3-20 所示）中可以查看具体的值。

图 3-19　调试取样器　　　　　　　　　图 3-20　结果对

3.6　FTP 脚本开发

FTP（File Transfer Protocol，文件传输协议）是 TCP/IP 协议组中的常用协议之一，主要用在 Internet 上双向传输文件。FTP 协议具有客户端和服务器两个组成部分，具有上传与下载两种功能。JMeter 也提供 FTP 请求的测试支持，实现了上传和下载功能的测试。

学习本小节 FTP 请求时，可以使用上海交通大学提供的免费 FTP 资源，如图 3-21 所示。请大家注意保护公共资源，不要进行压测。

FTP 请求（如图 3-22 所示）参数说明如下。

- 名称：控制器名称，可以随意设置，甚至可以为空。
- 注释：可以随意设置，也可以为空。
- 服务器名称或 IP：用于上传或者下载的服务器地址（被测对象）。
- 端口号：指定的 FTP 传输端口号，一般端口为 21。
- 远程文件：远程 FTP 服务器文件路径，需填写完整路径。

● 本地文件：本地文件路径，需填写完整路径。

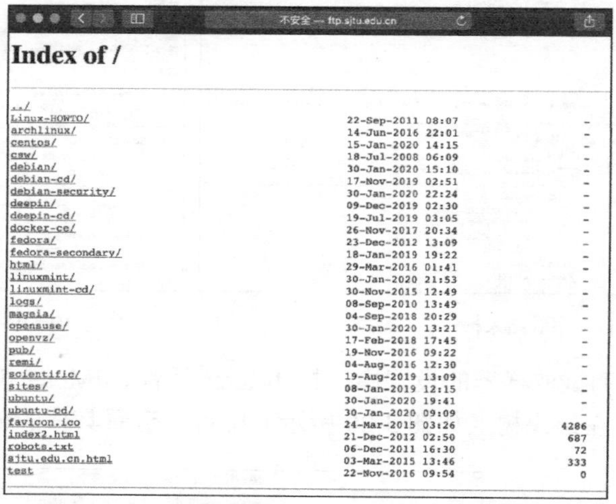

图 3-21　上海交通大学提供的免费 FTP 资源

● 本地文件内容：忽略本地文件属性时，所填写的文件内容。
● get(RETR)：下载文件选项。
● put(STOR)：上传文件选项。
● 使用二进制模式：通过该选项控制文件是否以二进制方式传输。
● 保存文件响应：文件内容是否保存到响应中，如果选择保存文件响应，则在 FTP 请求运行成功之后，在"察看结果树"的"响应数据"中查看内容。
● 用户名：根据 FTP 请求所需授权设置填写用户名，如果是匿名登录，则填入 anonymous，不然有可能下载不成功。
● 密码：根据 FTP 请求所需授权设置填写相关密码。

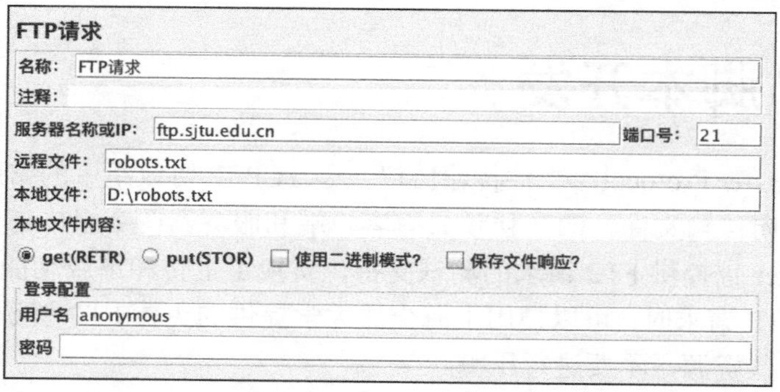

图 3-22　FTP 请求

3.7　Java 脚本开发

如图 3-23 所示，JMeter 取样器上自带了两个 Java 请求类：JavaTest 与 SleepTest，可以通过阅读这两个实例类的源码来模仿、扩展 Java 请求元件，用以进行接口测试。

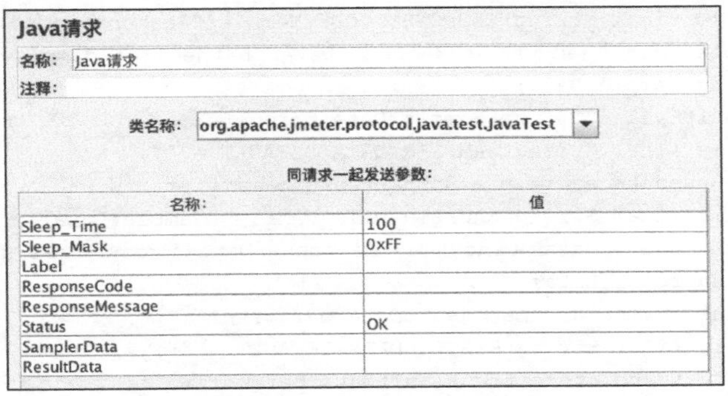

图 3-23　Java 请求

以下示例沿用 3.4 节 BeanShell 中的 BeanUtil 接口。

（1）先看一下 JavaTest 源码（为方便阅读，这里去掉了包引用部分和注释部分）。

```java
public class JavaTest extends AbstractJavaSamplerClient implements Serializable {
    private static final Logger LOG = LoggingManager.getLoggerForClass();
    private static final long serialVersionUID = 240L;
    /** The base number of milliseconds to sleep during each sample. */
    private long sleepTime;
    /** The default value of the SleepTime parameter, in milliseconds. */
    public static final long DEFAULT_SLEEP_TIME = 100;
    /** The name used to store the SleepTime parameter. */
    private static final String SLEEP_NAME = "Sleep_Time";
    /**
     * A mask to be applied to the current time in order to add a semi-random
     * component to the sleep time.
     */
    private long sleepMask;
    /** The default value of the SleepMask parameter. */
    public static final long DEFAULT_SLEEP_MASK = 0xff;
    /** Formatted string representation of the default SleepMask. */
    private static final String DEFAULT_MASK_STRING = "0x" + (Long.toHexString
    (DEFAULT_SLEEP_MASK)).toUpperCase (java.util.Locale.ENGLISH);
    /** The name used to store the SleepMask parameter. */
    private static final String MASK_NAME = "Sleep_Mask";
    /** The label to store in the sample result. */
    private String label;
    /** The default value of the Label parameter. */
    // private static final String LABEL_DEFAULT = "JavaTest";
    /** The name used to store the Label parameter. */
    private static final String LABEL_NAME = "Label";
    /** The response message to store in the sample result. */
    private String responseMessage;
    /** The default value of the ResponseMessage parameter. */
    private static final String RESPONSE_MESSAGE_DEFAULT = "";
    /** The name used to store the ResponseMessage parameter. */
    private static final String RESPONSE_MESSAGE_NAME = "ResponseMessage";
    /** The response code to be stored in the sample result. */
    private String responseCode;
    /** The default value of the ResponseCode parameter. */
    private static final String RESPONSE_CODE_DEFAULT = "";
    /** The name used to store the ResponseCode parameter. */
```

```java
    private static final String RESPONSE_CODE_NAME = "ResponseCode";
    /** The sampler data (shown as Request Data in the Tree display). */
    private String samplerData;
    /** The default value of the SamplerData parameter. */
    private static final String SAMPLER_DATA_DEFAULT = "";
    /** The name used to store the SamplerData parameter. */
    private static final String SAMPLER_DATA_NAME = "SamplerData";
    /** Holds the result data (shown as Response Data in the Tree display). */
    private String resultData;
    /** The default value of the ResultData parameter. */
    private static final String RESULT_DATA_DEFAULT = "";
    /** The name used to store the ResultData parameter. */
    private static final String RESULT_DATA_NAME = "ResultData";
    /** The success status to be stored in the sample result. */
    private boolean success;
    /** The default value of the Success Status parameter. */
    private static final String SUCCESS_DEFAULT = "OK";

    /** The name used to store the Success Status parameter. */
    private static final String SUCCESS_NAME = "Status";
    public JavaTest() {
        LOG.debug(whoAmI() + "\tConstruct");
    }
    private void setupValues(JavaSamplerContext context) {
        sleepTime = context.getLongParameter(SLEEP_NAME, DEFAULT_SLEEP_TIME);
        sleepMask = context.getLongParameter(MASK_NAME, DEFAULT_SLEEP_MASK);
        responseMessage = context.getParameter(RESPONSE_MESSAGE_NAME, RESPONSE_MESSAGE_
        DEFAULT);
        responseCode = context.getParameter(RESPONSE_CODE_NAME, RESPONSE_CODE_DEFAULT);
        success = context.getParameter(SUCCESS_NAME, SUCCESS_DEFAULT).equalsIgnoreCase
        ("OK");
        label = context.getParameter(LABEL_NAME, "");
        if (label.length() == 0) {
            label = context.getParameter(TestElement.NAME); // default to name of element
        }
        samplerData = context.getParameter(SAMPLER_DATA_NAME, SAMPLER_DATA_DEFAULT);
        resultData = context.getParameter(RESULT_DATA_NAME, RESULT_DATA_DEFAULT);
    }
    @Override
    public void setupTest(JavaSamplerContext context) {
        if (LOG.isDebugEnabled()) {
            LOG.debug(whoAmI() + "\tsetupTest()");
            listParameters(context);
        }
    }
    @Override
    public Arguments getDefaultParameters() {
        Arguments params = new Arguments();
        params.addArgument(SLEEP_NAME, String.valueOf(DEFAULT_SLEEP_TIME));
        params.addArgument(MASK_NAME, DEFAULT_MASK_STRING);
        params.addArgument(LABEL_NAME, "");
        params.addArgument(RESPONSE_CODE_NAME, RESPONSE_CODE_DEFAULT);
        params.addArgument(RESPONSE_MESSAGE_NAME, RESPONSE_MESSAGE_DEFAULT);
        params.addArgument(SUCCESS_NAME, SUCCESS_DEFAULT);
        params.addArgument(SAMPLER_DATA_NAME, SAMPLER_DATA_DEFAULT);
```

```
            params.addArgument (RESULT_DATA_NAME, SAMPLER_DATA_DEFAULT);
            return params;
    }
    @Override
    public SampleResult runTest (JavaSamplerContext context) {
        setupValues (context);
        SampleResult results = new SampleResult();
        results.setResponseCode (responseCode);
        results.setResponseMessage (responseMessage);
        results.setSampleLabel (label);
        if (samplerData != null && samplerData.length() > 0) {
            results.setSamplerData (samplerData);
        }
        if (resultData != null && resultData.length() > 0) {
            results.setResponseData (resultData, null);
            results.setDataType (SampleResult.TEXT);
        }
        // Record sample start time
        results.sampleStart();
        long sleep = sleepTime;
        if (sleepTime > 0 && sleepMask > 0) {
            long start = System.currentTimeMillis();
            // Generate a random-ish offset value using the current time
            sleep = sleepTime + (start % sleepMask);
        }
        try {
            // Execute the sample. In this case sleep for the
            // specified time, if any
            if (sleep > 0) {
                TimeUnit.MILLISECONDS.sleep (sleep);
            }
            results.setSuccessful (success);
        } catch (InterruptedException e) {
            LOG.warn ("JavaTest: interrupted.");
            results.setSuccessful (true);
        } catch (Exception e) {
            LOG.error ("JavaTest: error during sample", e);
            results.setSuccessful (false);
        } finally {
            // Record end time and populate the results
            results.sampleEnd();
        }
        if (LOG.isDebugEnabled()) {
            LOG.debug (whoAmI() + "\trunTest()" + "\tTime:\t" + results.getTime());
            listParameters (context);
        }
        return results;
    }
    private void listParameters (JavaSamplerContext context) {
        Iterator<String> argsIt = context.getParameterNamesIterator();
        while (argsIt.hasNext()) {
            String name = argsIt.next();
            LOG.debug (name + "=" + context.getParameter (name));
        }
    }
```

```
        private String whoAmI() {
            StringBuilder sb = new StringBuilder();
            sb.append(Thread.currentThread().toString());
            sb.append("@");
            sb.append(Integer.toHexString(hashCode()));
            return sb.toString();
        }
    }
```

● JavaTest 类首先继承了 AbstractJavaSamplerClient 类，并重写了 public SampleResult runTest（JavaSamplerContext context）方法。所以我们的类中也必须继承该类，实现该方法，并在 runTest 方法中放入测试接口。只有继承 AbstractJavaSamplerClient 类，在 Java Sampler 请求中才可以看到我们模仿的 Java 请求。

而 runTest 方法就是 Java 请求执行的部分，统计响应时间及 TPS 就是针对这一段代码。

```
public SampleResult runTest(JavaSamplerContext context) {
        setupValues(context);
        SampleResult results = new SampleResult();
        results.setResponseCode(responseCode);
        results.setResponseMessage(responseMessage);
        results.setSampleLabel(label);
        if (samplerData != null && samplerData.length() > 0) {
            results.setSamplerData(samplerData);
        }
        if (resultData != null && resultData.length() > 0) {
            results.setResponseData(resultData, null);
            results.setDataType(SampleResult.TEXT);
        }
        // Record sample start time
        results.sampleStart();
        long sleep = sleepTime;
        if (sleepTime > 0 && sleepMask > 0) { // / Only do the calculation if
            // it is needed
            long start = System.currentTimeMillis();
            // Generate a random-ish offset value using the current time
            sleep = sleepTime + (start % sleepMask);
        }
        try {
            // Execute the sample. In this case sleep for the
            // specified time, if any
            if (sleep > 0) {
                TimeUnit.MILLISECONDS.sleep(sleep);
            }
            results.setSuccessful(success);
        } catch (InterruptedException e) {
            LOG.warn("JavaTest: interrupted.");
            results.setSuccessful(true);
        } catch (Exception e) {
            LOG.error("JavaTest: error during sample", e);
            results.setSuccessful(false);
        } finally {
            // Record end time and populate the results.
            results.sampleEnd();
        }
        if (LOG.isDebugEnabled()) {
```

```
        LOG.debug (whoAmI() + "\trunTest()" + "\tTime:\t" + results.getTime());
        listParameters (context);
    }
    return results;
}
```

● JUnit 测试框架可以把一些工作独立出来，以获得更高的测试效率。JMeter 将一部分工作放在 public void setupTest（JavaSamplerContext context）方法中实现。下面这段代码用于检查是否要写 Debug 级别的日志，在 Debug 日志中打印所有参数信息。

```
public void setupTest (JavaSamplerContext context) {
    if (LOG.isDebugEnabled()) {
        LOG.debug (whoAmI() + "\tsetupTest()");
        listParameters (context);
    }
}
```

● 而收尾工作则可以放在 public void teardownTest（JavaSamplerContext context）方法中实现。

● 在测试过程中如果暴露参数表方便进行参数化，则可以使用 public Arguments getDefaultParameters()。如下暴露的参数在 Java 请求的参数表中。

下面的这段代码将会在页面生成如图 3-24 所示的效果。

```
public Arguments getDefaultParameters() {
    Arguments params = new Arguments();
    params.addArgument (SLEEP_NAME, String.valueOf (DEFAULT_SLEEP_TIME));
    params.addArgument (MASK_NAME, DEFAULT_MASK_STRING);
    params.addArgument (LABEL_NAME, "");
    params.addArgument (RESPONSE_CODE_NAME, RESPONSE_CODE_DEFAULT);
    params.addArgument (RESPONSE_MESSAGE_NAME, RESPONSE_MESSAGE_DEFAULT);
    params.addArgument (SUCCESS_NAME, SUCCESS_DEFAULT);
    params.addArgument (SAMPLER_DATA_NAME, SAMPLER_DATA_DEFAULT);
    params.addArgument (RESULT_DATA_NAME, SAMPLER_DATA_DEFAULT);
    return params;
}
```

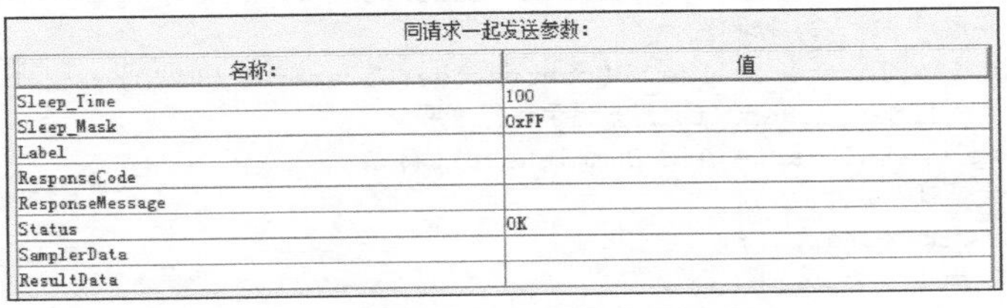

同请求一起发送参数：	
名称：	值
Sleep_Time	100
Sleep_Mask	0xFF
Label	
ResponseCode	
ResponseMessage	
Status	OK
SamplerData	
ResultData	

图 3-24　生成的效果

（2）仿照该示例程序实现个性化定制。

此处将 BeanShellEg 在 setupTest()方法中进行实例化，而不是在 runTest 中实例化。这样的好处是运行多次测试用例时仅需实例化一次，在实例化较慢、影响性能的时候，时间复杂度和空间复杂度都能得到节省。特别是进行长连接时，连接一次耗时较长，在实际使用中也仅需连接一次进行多次发送和接收数据包。所以建议将实例化这个部分放入 setupTest 方法中。而在 runTest 中调用测试类中的测试方法，此处为 BeanShellEg 类中的 mul()方法。在运行测试方法时，还需要调用 SampleResult 中的 sampleStart（程序中的 sr.sampleStart()）方法开启事务，运行完成后用 sampleEnd 来结束事务。为减少其他程序对结果的影响，建议这两个方法紧邻 mul()方法。最后本例通过 sr.setSuccessful(true)设置该事务为成功，当然还可以通过其他方式进行业务上的结果验证。

```java
package com.seling.test;
import java.io.Serializable;
import org.apache.commons.logging.Log;
import org.apache.commons.logging.LogFactory;
import org.apache.jmeter.config.Arguments;
import org.apache.jmeter.protocol.java.sampler.AbstractJavaSamplerClient;
import org.apache.jmeter.protocol.java.sampler.JavaSamplerContext;
import org.apache.jmeter.samplers.SampleResult;
public class BeanUtilTest extends AbstractJavaSamplerClient implements Serializable {
    private static final long serialVersionUID = -5002930172848461734L;
    private static final Log log = LogFactory.getLog(BeanUtilTest.class);
    private BeanUtil bu;
    /**
     * Java Sampler 界面中展示，用来指导用户输入变量
     */
    public Arguments getDefaultParameters() {
        Arguments args = new Arguments();
        // 可以在 Java 请求的参数表中看到
        args.addArgument("i", "i.value");
        return args;
    }
    /**
     * 执行 runTest()方法前会调用此方法
     */
    public void setupTest(JavaSamplerContext context) {
        bu = new BeanShellEg("road","shanghai");
    }
    /**
     * 在此方法中调用需要测试的接口
     * @param context JavaSampler 上下文
     * @return     SampleResult 返回对象用来记录取样器结果
     */
    public SampleResult runTest(JavaSamplerContext context) {
        //获取用户输入的变量值
        int i = Integer.valueOf(context.getParameter("i"));
        //实例化 SampleResult, 用来记录运行结果
        SampleResult sr = new SampleResult();
        //定义事务的开始
        sr.sampleStart();
        int mul = bu.mul(i);
        sr.sampleEnd();//设置事务结束
        sr.setSuccessful(true);//设置事务成功
        sr.setSampleLabel("mul");//设置 Java Sampler 标题
        sr.setResponseOK();//设置响应成功
        sr.setResponseData("mul result :"+String.valueOf(mul));//设置响应内容
        return sr;
    }
    /**
     * 执行 runTest()方法后会调用此方法
     */
    public void teardownTest(JavaSamplerContext context) {
    }
}
```

（3）打包 BeanUtilTest 类。

使用 Eclipse 进行开发的读者，可以通过右键单击 BeanUtilTest 所在的类，在弹出的右键菜单中选择 Export，如图 3-25 所示，进入如图 3-26 所示的界面，选择 JAR file 进入如图 3-27 所示的界面，在其中填写合适的包名即可。

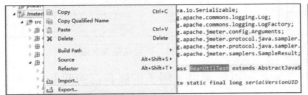

图 3-25　打包步骤 1

图 3-26　打包步骤 2

（4）将打好的 jar 包放入 %JMETER_HOME%\lib\ext 的目录下。由于 BeanShellTest.jar 依赖于 BeanShell.jar 包，所以 BeanShell.jar 包还需要放入 %JMETER_HOME%\lib\ 目录下。注意此时两包的位置不一样，这是因为 BeanShellTest.jar 在 JMeter 启动时需加载 Java 取样器，所以属于扩展包，需要放到 ext 目录下。而 BeanShell.jar 是依赖包，需要放到 lib 目录，当然该依赖也可以在测试计划时加入。

（5）重新启动 JMeter，扩展的 BeanUtilTest 类就可在类名称的下拉列表中显示，如图 3-28 所示。

（6）调试脚本，如图 3-29 所示，i.value 是该类中参数之一，输入值 100 后，可以获得如图 3-30 所示的响应结果 mul result :10000，如果此时添加断言，如图 3-31 所示，断言结果为非 10000。此时运行 JMeter 之后，该 Java 请求将被列为失败，如图 3-32 所示。

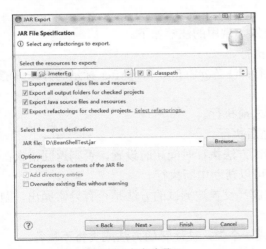

图 3-27　打包步骤 3

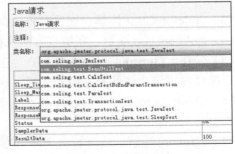

图 3-28　测试类列表

图 3-29　调试脚本

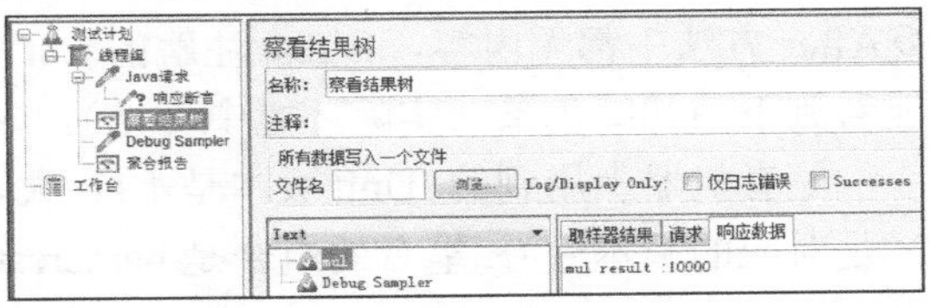

图 3-30　响应结果

图 3-31　添加断言

图 3-32　断言结果为失败

上述为一个简单的 Java 请求扩展示例，读者可以依照以上例子扩展自己的业务。

3.8　JUnit 脚本开发

大家知道，在软件开发过程中会要求程序员进行单元测试。对于 Java 程序的单元测试，大家往往用 JUnit 来完成。JMeter 提供了对 JUnit 的支持，可以在 JMeter 中运行 JUnit 程序。JMeter 同时支持 JUnit 3 与 JUnit 4，目前多数程序员使用 JUnit 4。在此我们直接讲解 JUnit 4 在 JMeter 中的运用。在讲 JUnit Request 之前先了解一下 JUnit 4。

3.8.1　JUnit 简介

JUnit 是一个 Java 单元测试框架，多数 Java 集成开发环境已经集成了 JUnit 作为单元测试工具，例如 Eclipse。由于 JUnit 能够测试程序，所以我们可以利用它作为性能测试脚本进行性能测试。

JUnit 4 全面引入了注解，更加方便用例开发。常用的注解如下。

（1）@Before 注解：在每个测试方法之前执行。

（2）@After 注解：在每个测试方法之后执行；注意@Before 和@After 标示的方法只能各有一个。

（3）@BeforeClass 注解：在所有方法执行之前执行。

（4）@AfterClass 注解：在所有方法执行之后执行。

（5）@Test（timeout = xxx）注解：当前测试方法执行时间超时设置，否则返回错误；在遇到死循环时用这个注解是不错的选择，这样可以帮助中断执行。

（6）@Test（expected = Exception.class）注解：设置被测试的方法是否有异常抛出，抛出异常类型为 Exception.class。

（7）@Ignore 注解：注释掉一个测试方法或一个类，被注释的方法或类将不执行。

下面看一个例子，如图 3-33 所示，在 Eclipse 中新建一个 JUnit 测试类。其中@Before 与@After 方法中都无内容，@Test 注解的 test 方法打印"Is test!!!"到控制台。如果运行成功就能看到下面的绿色条（实际环境中可见）。

笔者机器上用到的 JUnit 版本是 4.11，大家在使用时记得加上 hamcrest-core-××.jar 包（××是对应的版本号），笔者的组合是 hamcrest-core-1.3.jar 与 junit-4.11.jar。

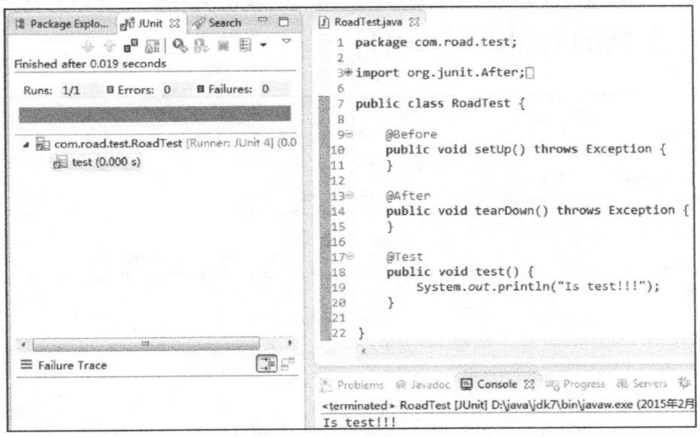

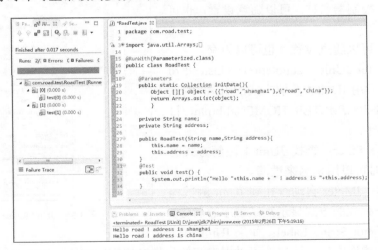

图 3-33 JUnit 测试类示例

3.8.2 JUnit 参数

在测试时，可能会需要用多组参数来测试程序是否正确，这就需要 JUnit 能够支持参数化功能。当然，JUnit 4 支持这个功能。

如图 3-34 所示是一个 JUnit 参数示例。

（1）在 JUnit 测试类中定义了一个静态的方法 initData()来组装参数值，返回 Collection 对象。

（2）定义了两个成员变量 name 与 address，然后用构造方法来对这两个成员变量赋值。

（3）在执行时即可正常读到参数（图 3-34 的 Console 中显示的内容）。

图 3-34 JUnit 参数示例 1

程序中几个注解如下。

● @RunWith 注解：指定用 RunWith 运行器。JUnit 有多个运行器，RunWith 支持读取参数，表明此测试类要读取参数。

● @Parameters 注解：定义此方法进行参数组装，注意，此方法是 Static，并且返回的是集合，可以用来循环遍历，而且这个集合至少是一个二维数组，只需要一个参数，怎么使用呢？如图 3-35 所示，我们不给数组的第二个维度赋值即可。运行成功后，Test 方法执行了两遍（如图 3-35 所示，左侧的 test[0]和 test[1]）。

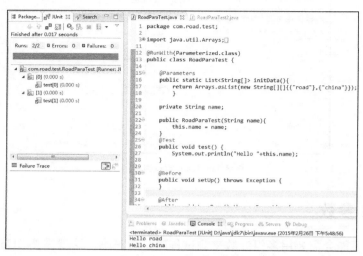

图 3-35　JUnit 参数示例 2

3.8.3　JMeter JUnit Request

图 3-36 所示为 JUnit Request 界面，部分参数说明如下。

● 名称：控制器名称，可以随意设置，也可以为空。

● 注释：可以随意设置，也可以为空。

● Search for JUnit 4 annotations（instead of JUnit 3）：查找运用 JUnit 4 注解方式的 JUnit 测试程序，查找路径为 %JMETER_HOME%/lib/junit/ 目录下的 jar 包文件。

● Package Filter：查找 JUnit 4 注解方式的 JUnit 测试程序时可以用包名来过滤。

● 类名称：JMeter 自动查找到 JUnit 测试程序，在此以下拉列表的方式显示测试程序的名称。

图 3-36　JUnit Request 界面

● Constructor String Label：如果 JUnit 测试程序有非默认的构造方法，此属性可以用来初始化带参的构造方法；如果此属性不设置则默认是 org.apache.jmeter.protocol.java.sampler. JUnitSampler。

● Test Method：被测试的 JUnit 程序中可以测试的方法列表。

● Success Message：设置 JUnit 运行成功后返回的消息。

● Success Code：运行成功后返回的 Code。

● Failure Message：运行失败后返回的消息。

- Error Message：运行错误返回的消息。
- Error Code：错误码。
- Do not call setUp and tearDown：不调用 setUp 与 tearDown。
- Append assertion errors：是否添加断言错误响应消息。
- Append runtime exceptions：是否添加运行时异常消息。
- Create a new instance per sample：是否为每个请求创建新的 JUnit 实例，默认值为 false 即不创建。这样实例可以复用，执行效率较高，建议选择。

经过上述的准备工作，下面我们开始 JMeter JUnit Request 的开发。

（1）我们把上面开发的 JUnit 程序打包成 jar 包放到%JMETER_HOME%/lib/junit 目录下。

（2）启动 JMeter，添加 JUnit Request，选择 Search for JUnit 4 annotations，即可看到图 3-36 所示的内容（com.seling.junit.RoadParaTest 即 JUnit 用例）。如果运行成功即可看到图 3-37 所示的内容。

如果我们在 Constructor String Label 中设置"ShangHai road"，运行后在控制台可以看到"Hello ShangHai road"（如图 3-38 所示）；如果不设置则看到"org.apache.jmeter.protocol.java. sampler.JUnitSampler"。

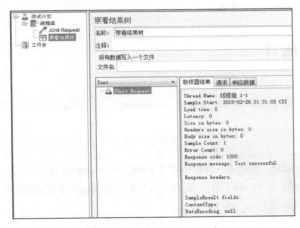

图 3-37　JUnit Request Result

图 3-38　JUnit Request Console

3.9　Dubbo 脚本开发

Dubbo 是现在流行的微服务框架，为提高性能服务之间的调用通常会使用 RPC 协议，但 RPC 协议的测试工具很少。作者早年开发过基于 JMeter 的 RPC 测试插件，由于某些原因没有开源，而现在已经有开源的 RPC 测试插件了，下面我们实践一下。

3.9.1　Dubbo 示例环境部署

（1）从 Github 上复制示例程序。

```
git clone https://github.com/apache/incubator-dubbo-spring-boot-project.git
```

（2）编译打包。

```
cd incubator-dubbo-spring-boot-project
mvn clean package
cd dubbo-spring-boot-samples/dubbo-registry-zookeeper-samples/provider-sample/target
```

（3）启动。

```
java -jar dubbo-spring-boot-registry-zookeeper-provider-sample-2.7.1.jar
```

启动成功后，可以在 Zookeeper 查看器（如 ZooInspector）中看到图 3-39 所示的结构，不需自己安装 Zookeeper，启动 dubbo-spring-boot-registry-zookeeper-provider-sample-2.7.1.jar 时能够自动启动 Zookeeper，就好像我们启动 SpringBoot 项目时不用单独去启动 Tomcat，因为 Tomcat 已经内置了。

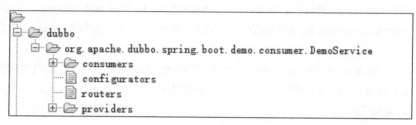

图 3-39　Zookeeper 查看器

3.9.2　JMeter 安装 Dubbo 测试插件

（1）从 GitHub 上下载源代码。

```
git clone https://github.com/dubbo/jmeter-plugins-for-apache-dubbo.git
```

（2）编译打包。

```
cd jmeter-plugins-for-apache-dubbo
mvn clean package
```

图 3-40 所示框中的包二选一，选择 jmeter-plugins-dubbo-2.7.1-jar-with-dependencies.jar 放置到%JMETER_HOME%/lib/ext 目录（如图 3-41 所示）。此包已包含了其所需要依赖的相关包，否则需要把依赖包复制到%JMETER_HOME%/lib 目录下。

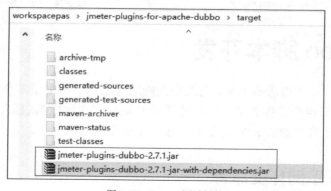

图 3-40　Dubbo 测试插件

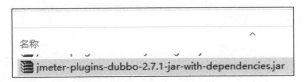

图 3-41　JMeter Extra

另外，请把 dubbo-2.7.1.jar 和 dubbo-spring-boot-sample-api-2.7.1.jar 复制到%JMETER_ HOME%/lib 目录下，这两个包从部署的 Dubbo 示例中获取（从 dubbo-spring-boot- registry- zookeeper-provider-sample-2.7.1.jar 中获取，如图 3-42 所示）。

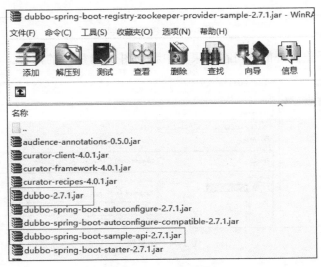

图 3-42　获取 Dubbo 依赖包

此时，准备工作完成。

3.9.3　使用 Dubbo 取样器测试示例服务

在 JMeter 新建测试计划，结构如图 3-43 所示。

● Protocol 选择 Zookeeper，我们发布的示例使用 Zookeeper 作为注册中心。

● Address 是 Zookeeper 地址。

● Group 忽略，在此没分组。当一个接口有多个实现时，可以用分组区分，必须和服务提供方一致。

● 单击 Get Provider List 自动连接 Zookeeper，获取到测试的接口名称、接口方法，如果有多个，可以在下拉列表中进行选择。

● Consumer&Service Settings 先保持默认。

● paramType 本例测试方法入参为 String，paramValue 随便填写。参数支持任何类型，包装类直接使用 java.lang 下的包装类，小类型使用 int、float、shot、double、long、byte、boolean、char，自定义类使用类完全名称。

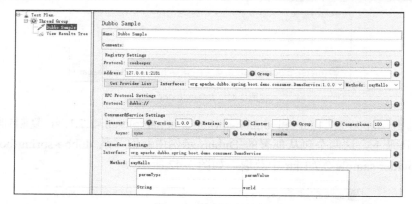

图 3-43　新建测试计划

运行取样器，不出意外的话可在结果树中看到图 3-44 所示的内容。

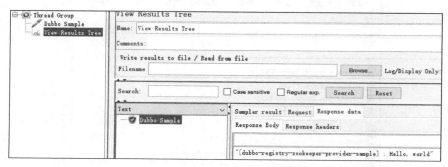

图 3-44　结果树

注：

DubboSampler 官方参考 Github 上的/dubbo/jmeter-plugins-for-apache-dubbo/wiki/用户指南；

Dubbo 参考 dubbo.incubator.apache 官网。

3.10　本章小结

本章我们主要学习了常用的 JMeter 取样器、BeanShell 取样器与 BSF 取样器、JSR223 取样器取样过程，通过它们可以直接调用 Java 程序。Debug 取样器能够帮助我们调试脚本，获取调试所需的参数信息。Java 取样器实际上是在扩展 JMeter Java Request 测试元件，使用 Java 取样器需要进行 Java 代码的编写。它的好处是更容易胜任复杂的 Java 接口测试，使用 Java 程序来处理参数与逻辑也会更方便。JUnit Request 能够复用程序员写好的 JUnit 单元测试用例程序，降低测试脚本的开发工作量。Dubbo 取样器主要用于 Dubbo 框架。Websocket 协议近年得以大量应用，Websocket 取样器大大简化了测试脚本开发。对于 Websocket 的性能测试，个人认为对协议的理解是首要任务，场景决定测试是否成功。

示例脚本可从作者公众号中获取。

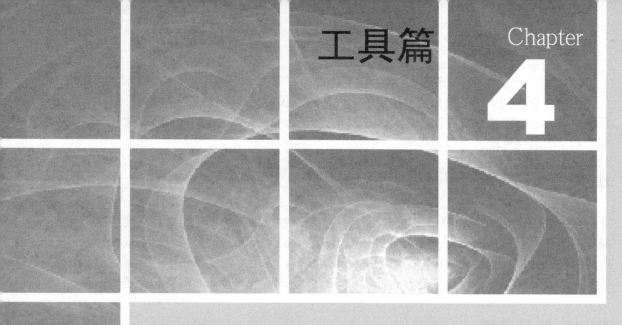

工具篇

Chapter

4

第 4 章

JMeter 负载与监听

从本章你可以学到：

- ☐ 负载模拟
- ☐ 影响负载的 X 因素
- ☐ JMeter 分布式执行
- ☐ 测试监听

在第 3 章我们学习了常见协议的脚本开发，这仅仅是完成了性能测试的一小步。要测试系统性能，需要模拟大量的用户行为，这就是我们常说的并发。那么如何组织这些模拟用户呢？本章将围绕这些内容展开讲解。

4.1　负载模拟

在 JMeter 测试计划中可以实现场景、负载、监听的功能。场景是用来尽量模拟用户真实操作的工作单元，JMeter 场景主要通过线程组（Thread Group）设置完成。场景设计源自于用户真实操作，场景设计的原则是忠于用户真实操作，将用户的各种操作组合到场景中来。当然，JMeter 场景设计不仅仅是设置线程组，有些复杂场景的设计还需要配合逻辑控制器。

4.1.1　场景设置

JMeter 线程组实际上是建立一个线程池，JMeter 根据用户的设置初始化线程池，并在运行时处理各种运行逻辑。图 4-1 所示是线程组界面，参数说明如下。

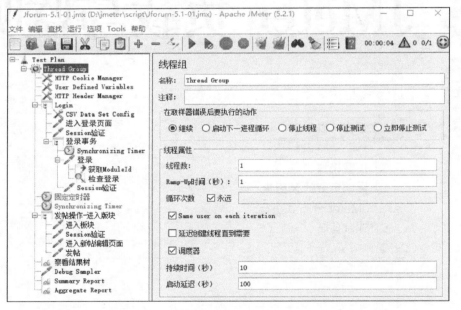

图 4-1　线程组

名称：可以随意设置，但最好有业务意义。

注释：可以随意设置，也可以为空。

在取样器错误后要执行的动作：即某一个请求出错后的异常处理方式，分为下列 5 种。

（1）继续。如果请求（用 Sampler 元件模拟的用户请求）出现错误，其后的请求将继续运行。例如，论坛发帖示例脚本，登录请求出现错误，其后的发帖请求照常发送，但由于没有登录，发帖也会失败（我们在论坛中设置用户只有登录才可以发帖）。为什么要继续运行呢？

在大量用户并发时，服务器偶尔响应错误是正常现象，例如服务器由于性能问题不能正常响应或者响应慢，此时出现的错误需要被记录，作为服务器存在性能问题的依据。

（2）启动下一进程循环。如果请求出现错误，则同一脚本中的余下请求将不再执行，直接执行下一进程。例如，若登录请求失败，则发帖请求将不再执行，直接从下一进程的登录请求开始执行。

（3）停止线程。如果请求失败，则停止当前线程，不再继续执行。假设配置运行 50 个线程，如果某一线程中的某一个请求失败了，则停止当前线程。如果失败的事务增多，则停下来的线程也会增多，处于运行状态的线程会减少，最后导致服务器负载不够（若服务器负载不够，测试结果将不具参考性），因此一般不会勾选此项。

（4）停止测试。如果请求失败，则停止所有线程，即停下整个测试。但是每个线程会执行完当前迭代后再停止。例如，线程 1 正在执行登录操作，有其他线程出现错误，全部线程都要停下来，而线程 1 执行完登录操作后才会停止。

（5）立即停止测试。如果请求失败，立即停止整个测试场景的运行。

线程属性：

（1）线程数。运行的线程数设置，一个线程对应一个模拟用户。

（2）Ramp-Up 时间（秒）。所有线程从启动到开始运行的时间间隔，单位是秒。即所有线程在多长时间内开始运行。如果设置线程数为 50，设置 Ramp-Up 时间为 10 秒，那么开启场景后每秒会启动（50/10）5 个线程。如果设置 Ramp-Up 时间为 0 秒，则开启场景后 50 个线程立刻启动。

（3）循环次数。请求的重复次数。如果选择后面的"永远"，那么请求将一直继续除非停止或崩溃；如果不选择"永远"，而在输入框中输入数字，那么请求将重复指定的次数；如果输入 1，那么请求将执行一次；执行 0 次无意义，所以不支持 0。

（4）Same user on each iteration。复用前一次迭代的线程。

（5）延迟创建线程直到需要。线程在 Ramp-up Period 的间隔时间内启动并运行。例如，50 个线程 10 秒的 Ramp-up Period 时间，那么每隔 1 秒启动 5 个线程并运行（RUNNING 状态）测试。如果不勾选，测试计划开始后启动所有线程（NEW 状态），但不立即运行测试，而按照 Ramp-up Period 时间来运行。例如，50 个线程 10 秒的 Ramp-up Period 时间，那么计划开始后线程全部就绪，但第 1 秒只会有 5 个线程开始运行。实际运用过程中选择哪一个都可以，不影响测试结果。

（6）调度器。设置何时开始运行。

（7）持续时间（秒）。测试计划持续多长时间。

（8）启动延迟（秒）。从当前时间延迟多长时间开始运行测试，单击执行按钮后，仅初始化场景，不运行测试，等待延迟到达后开始运行测试，运行时长为"持续时间"中设置的时间长度。

如果你觉得这个场景设置功能不够完善，不能满足负载递增的要求，不能设计出浪涌（波涛状，多个波峰）的场景，那么可以使用第三方插件（jmeter-plugins 官网下载）来满足你的要求。

补充知识：Java 线程一般有以下 5 个状态。

（1）NEW。创建未启动，已经实例化，只是没有开始运行线程的 Run 方法。

（2）RUNNABLE。就绪状态，线程对象创建后，其他线程调用了该对象的 start() 方法，该状态的线程位于可运行线程池中，已经准备好。只等获取 CPU 的使用权，然后开始运行。

（3）RUNNING。运行状态，就绪状态的线程获取了 CPU 使用权，执行程序代码。

（4）BLOCKED。阻塞状态，线程因为某种原因放弃 CPU 使用权，暂时停止运行（典型的如 IO 等待导致的线程处于 BLOCKED 状态）；直到线程进入就绪状态，才有机会转到运行状态；阻塞的情况分为以下 3 种。

● 　等待阻塞。运行的线程执行 wait()方法，线程进入等待池中。

● 　同步阻塞。运行的线程在获取对象的同步锁时，由于该同步锁被别的线程占用（意思就是资源争用落败），该线程被放入锁池中。

● 　其他阻塞。运行的线程执行 sleep()或 join()方法，或者发出了 IO 请求时，该线程被设置为阻塞状态。当 sleep()状态超时、join()等待线程终止或者超时，或者 IO 处理完毕时，线程重新转入就绪状态。

（5）DEAD。死亡状态，执行完毕或者异常退出，线程生命周期结束。

4.1.2　场景运行

JMeter 通过场景运行来制造负载。JMeter 的场景运行方式分为两种：一种是 GUI（视窗运行，即我们可以看到运行界面）方式，另一种是非 GUI（命令窗口）方式。在 Windows 中，我们可以在命令窗口中运行。

JMeter 的场景运行基于两种运行架构：一种是本地化运行，即单机运行；另一种是远程运行（Master-Slave 结构的分布式运行）。不管是 GUI 方式还是非 GUI 方式，都支持本地化运行与远程运行。下面我们以 Windows 系统下的 JMeter 为例讲解本地化运行。

1.　GUI 运行测试

由于具有可视化，用 GUI 方式查看测试结果更直观，用鼠标单击就可以控制启停，也方便我们实时查看运行状况，例如，测试结果、运行线程数等。

图 4-2 所示为在本地运行一台 JMeter 机器，所有的请求都从一台机器发出，我们启动了 4 个线程（线程组）。

在运行前快捷菜单栏状态是这样的 ▶ ▷ ● ●，也有这样的 ▶ ▷ ▷ ● ● | ▸ ▫ ▫，本地运行单击 ▶ ▷，远程运行（如果设置 slave 机）单击 ▸。开始运行后菜单栏状态是 ▶ ▷ STOP ⊗，同时我们可以看到 ⚠ 0 4/4 ●，0 代表没有线程异常，4/4 中的前一个 4 代表当前运行（线程活动状态）的线程数是 4 个，后一个 4 代表总共运行了 4 个线程。后面绿色（实际环境可看到）图标代表线程运行正常，需要停止时单击 STOP ⊗。

图 4-2　线程组

2.　非 GUI 运行测试

非 GUI 运行测试是没有 JMeter 界面，我们在命令窗口通过命令行来实施场景运行。之所以用非 GUI 方式运行是因为，JMeter 可视化界面及监听器动态展示结果都比较消耗负载机资源，在多并发情况下 GUI 方式往往会导致负载机资源紧张，会对性能测试结果造成影响。当然，这个影响并不是说被测系统的性能受到了影响，例如，响应时间变大之类，而是影响了负载量的生成，例如，非 GUI 方式下 100 个线程可以产生 100TPS 的负载，而 GUI 方式下可能只产生 80TPS 的负载。如果一台机器只能支持 100 个线程运行，那么我们只有多增加机器来运行测试计划，这样一台负载机变为两台。因此推荐用非 GUI 的方式来运行测试计划。另外，在测试执行时提醒大家关注负载机性能，可以多架设几台 JMeter 负载机来减轻单台负载机的压力。非 GUI 方式虽然不显示界面，但也会以字符形式周期性显示执行结果，对负载机的资源消耗会小一些，因此同等条件下，非 GUI 方式的 JMeter 机器能够产生的负载会比 GUI 方式的 JMeter 产生的负载大一些。

JMeter 非 GUI 运行的命令如下。

（1）java -jar %JMETER_HOME%\bin\ApacheJMeter.jar -n -t %JMETER_HOME%\script\ Jforum-5.1-01.jmx -r -l result.jtl。

（2）%JMETER_HOME%\bin\jmeter -n -t %JMETER_HOME%\script\ Jforum-5.1-01.jmx -l %JMETER_HOME%\result\results.jtl。

这两种方式都可以运行测试计划，JMeter 运行测试计划实际上是通过运行 ApacheJMeter. jar 来完成的，下面讲解运行参数。

在命令窗口可以调出帮助，如图 4-3 所示（只截取了部分，参数比较多）。

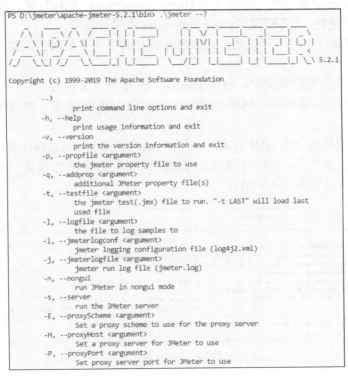

图 4-3　JMeter 参数

-h：查看帮助。

-v：查看版本。

-p：指定读取 JMeter 属性文件，如 jmeter.properties 文件。

-q：指定 JMeter 属性文件，如自定义 test.properties 配置文件，内容格式为 key=value。

-t：指定运行的测试脚本的地址与名称，可以是相对路径，相对路径的根是命令窗口的当前路径，图 4-3 中的当前路径是%JMETER_HOME%\bin 目录；也可以是绝对路径。

-l：记录测试结果到文件，指定文件地址与名称，可以是相对路径，也可以是绝对路径。

-i：指定 JMeter 的日志配置，如 log4j2.xml。

-j：配置 JMeter 的日志文件。

-n：非 GUI 方式运行。

-s：以服务器方式运行（就是我们说的远程方式，启动 Agent）。

-E：设置代理方案，或者说类别，以 HTTP 为例，可以使用 RFC 7230 协议的代理方式，也可以使用隧道方式。

-H：设置代理，一般填写代理 IP。

-P：设置代理端口。

-N：设置不走代理的 Host 列表。

-u：代理账号。

-a：代理口令。

-J：定义 JMeter 属性，等同于在 jmeter.properties 中进行设置。

-G：定义 JMeter 全局属性，等同于在 Global.properties 中进行设置，线程间可以共享。

-D：定义系统属性，等同于在 system.properties 中进行设置。

-S：加载系统属性文件，可以通过此参数指定加载一个系统属性文件，此文件可以用户自己定义。

-f：删除已经存在的结果文件，包括生成的 Web 报告及文件夹。

-L：定义 JMeter 日志级别，例如 DEBUG、INFO、ERROR 等，对此陌生的读者可以学习 log4j 相关内容。

-r：开启远程负载机（非 GUI 方式），远程机器列表在 jmeter.properties 中指定。

-R：开启远程负载机，-R 可以指定负载机 IP，此选项会覆盖 jmeter.properties 中 remote_hosts 的设置（如图 4-4 所示）。

图 4-4　JMeter 执行

-d：指定 JMeter Home 目录。

-X：停止远程执行。

-g：使用%JMETER_HOME%/extras 下面的模板来生成 Web 类型的测试报告。

格式为 jmeter –g [结果文件]。

例如，jmeter -g D:\jmeter\script\g-test.jtl，默认在%JMETER_HOME%/bin/report-output 目录下生成报告（如图 4-5 所示）。

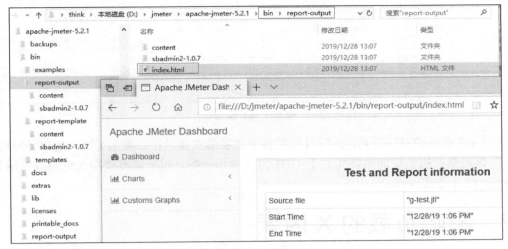

图 4-5　生成报告

-e：在测试执行完成后直接生成报告。

-o：指定生成报告的目录。

另外，我们还可以使用 jmeter –h 或者–help 调出 JMeter 帮助，如图 4-6 所示，其中列出了常用的使用方法，读者可以与上面的参数说明结合起来看。

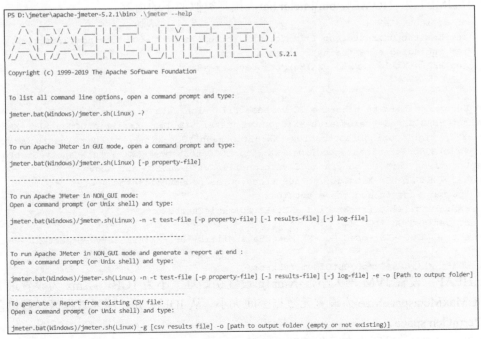

图 4-6　JMeter 帮助

图 4-7 所示是在命令窗口中执行 g-test.jmx 脚本，脚本与结果文件都是用绝对路径来指定的。

```
PS D:\jmeter\apache-jmeter-5.2.1> .\bin\jmeter -n -t D:\jmeter\script\g-test.jmx -l D:\jmeter\script\g-test.jtl
Creating summariser <summary>
Created the tree successfully using D:\jmeter\script\g-test.jmx
Starting standalone test @ Sat Dec 28 13:06:01 CST 2019 (1577509561258)
Waiting for possible Shutdown/StopTestNow/HeapDump/ThreadDump message on port 4445
summary +      1 in 00:00:01 =    1.7/s Avg:    232 Min:    232 Max:    232 Err:      0 (0.00%) Active: 2 Started: 2 Finished: 0
summary +    256 in 00:00:28 =    9.2/s Avg:    228 Min:    100 Max:    354 Err:      0 (0.00%) Active: 5 Started: 5 Finished: 0
summary =    257 in 00:00:28 =    9.0/s Avg:    228 Min:    100 Max:    354 Err:      0 (0.00%)
summary +    243 in 00:00:27 =    9.1/s Avg:    238 Min:    104 Max:    355 Err:      0 (0.00%) Active: 0 Started: 5 Finished: 5
summary =    500 in 00:00:55 =    9.1/s Avg:    233 Min:    100 Max:    355 Err:      0 (0.00%)
Tidying up ...      @ Sat Dec 28 13:06:56 CST 2019 (1577509616782)
... end of run
```

图 4-7   执行脚本

从图 4-7 中我们可以看到，执行时结果会以文字形式显示在终端上（默认是 30 秒显示一条），所以对负载机的资源消耗相对于 GUI 方式要小一些，对于需要使用大量负载的场景推荐使用非 GUI 方式运行。

4.2   影响负载的 X 因素

在场景运行时，我们提到了 JMeter GUI 方式比较占资源，其实不管是 GUI 方式还是非 GUI 方式，运行时都会占用一定资源，那我们有没有办法提高负载机性能呢？既然是纯 Java 开发，我们就可以调整其性能参数，让其在 Java 虚拟机上运行起来更顺畅、效率更高。下面以 1.8 版本（也说成 JDK 8）为例（JMeter 5 及以上版本至少使用 JDK1.8 及以上 64 位版本）来说明。

打开%JMETER_HOME%\bin\jmeter.bat，找到类似如下的内容。

```
if not defined HEAP (
    rem See the unix startup file for the rationale of the following parameters,
    rem including some tuning recommendations
    set HEAP=-Xms1g -Xmx1g -XX:MaxMetaspaceSize=256m
)


    rem Uncomment this to generate GC verbose file with Java prior to 9
    rem set VERBOSE_GC=-verbose:gc -Xloggc:gc_jmeter_%%p.log -XX:+PrintGCDetails -XX:+Print
GCCause -XX:+PrintTenuringDistribution -XX:+PrintHeapAtGC -XX:+PrintGCApplicationConcurrentT
ime -XX:+PrintGCApplicationStoppedTime -XX:+PrintGCDateStamps -XX:+PrintAdaptiveSizePolicy
    rem Uncomment this to generate GC verbose file with Java 9 and above
    rem set VERBOSE_GC=-Xlog:gc*,gc+age=trace,gc+heap=debug:file=gc_jmeter_%%p.log
    rem You may want to add those settings
    rem -XX:+ParallelRefProcEnabled -XX:+PerfDisableSharedMem
    if not defined GC_ALGO (
        set GC_ALGO=-XX:+UseG1GC -XX:MaxGCPauseMillis=100 -XX:G1ReservePercent=20
    )
    set DUMP=-XX:+HeapDumpOnOutOfMemoryError
```

set HEAP：设置 JVM 堆大小，-Xms1g 设置初始堆大小为 1GB，-Xmx 为设置最大堆大小，-XX:MaxMetaspaceSize 为设置元数据空间大小。从 JDK 8 开始用元数据区代替以前的持久代（PermGen space）。

set GC_ALGO：设置内存回收策略，-XX:+UseG1GC 即我们常说的 G1（Garbage-First）

收集器，回收"年青代"和"年老代"内存，GC 并行，使用时间相对较短的停顿来达到很高的吞吐量，大堆上性能表现良好。-XX: MaxGCPauseMillis =100，设置最大暂停时间为 100 毫秒，这是一个理论阈值，GC 过程尽量在此时间内解决。-XX:G1ReservePercent=20 预留多少内存用来防止晋升失败的情况，例如"年青代"要晋升到"年老代"，有的对象比较大，此时堆内存不够了，对象到不了"年老代"，晋升失败，我们可以预留一点内存防止这种情况发生；此配置的单位是百分比。

set DUMP：-XX:+HeapDumpOnOutOfMemoryError，设置当内存溢出时 Dump 内存（堆内存）的信息，这样的好处是在 JVM 崩溃后方便查看堆信息进行问题分析，找到内存溢出原因。

上面介绍了不少参数，对于 Java 不熟悉的读者来说难于理解，设置更是不易。为了简化，我们建议大家仅修改如下参数。

- -Xms。
- -Xmx。
- -XX:MaxMetaspaceSize。

然后，JDK 版本请保持 JDK 1.8 版本及以上，系统最好是 64 位。如果这样 JMeter 产生的负载不够大，你的机器配置又不错，可以启动多个 JMeter 实例（在同一台机器上启动多个 JMeter，每一台启动的 JMeter 都是一个独立的进程，端口会自动分配，不用担心端口冲突）。当然，笔者建议的配置不是万能的，对于多数场景来说都是适合的，读者可以针对自己的测试环境进行调整。推荐大家学习一下 JVM 相关的知识，在 Java 应用的性能调优中会用到，官方帮助信息参见 Oracle 官网。

4.3 JMeter 分布式执行

4.3.1 执行逻辑

在 4.1 节中我们提到 JMeter 的分布式（Master-Slave 或者说远程运行，针对这种结构的翻译太多，我们这里以分布式代替）执行方式，此方式是为了提供更大的负载能力。Master 端（Client 端）与 Slave 端（Server 端，运行 JMeter 实例，也叫 JMeterEngine）通过 RMI（远程方法调用，Remote Method Invocation）的模式通信（如图 4-8 所示），Master 控制场景的配置、执行及结果收集，Slave 负责产生负载，把测试结果回传给 Master。

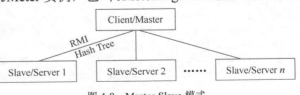

图 4-8　Master-Slave 模式

JMeter 分布式执行过程大致如下。

（1）Slave 端启动（%JMETER_HOME%/bin/jmeter-server）。

（2）Master 端启动执行。Master 端解析测试计划成 HashTree，从配置文件中读取 Slave 端地址（可以有 n 个，$n \geq 1$），建立连接，把 HashTree 发送给 Slave，因此 Slave 端不需要存放测试计划文件。如果测试计划用到一些文件，例如，参数文件，这些文件是不会自动发送给 Slave 端的，需要用户自己存放到 Slave 端上。

（3）Slave 端接到 HashTree 与启动命令后，运行测试计划，并把测试结果返回给 Master 端；每个 Slave 端上运行的测试计划完全一样，例如，在 Master 端上设置的线程数为 100，那么总的线程数为 $100 \times n$，n 为 Slave 的个数。

4.3.2　执行示例

本例需要准备 3 台主机（物理机、虚机、云主机都可以），1 台为 Master 端，另外 2 台为 Slave 端，并在 CentOS7 环境下完成。

（1）配置 remote host。

Master 端配置 remote_host 时在 jmeter.properties 文件中完成，本例配置如下：

```
remote_hosts=192.168.4.10,192.168.4.14
```

如果 Slave 端口有变化，IP 地址后就需要带上端口号，默认为 1099。可以用域名或主机名代替吗？可以，只要能够在网络中确定主机地址即可。

此处也可以不用配置，在执行时使用-R 参数指定 Slave 机器，这种情况适合于非 GUI 运行：

```
jmeter -n -t [脚本] -R server1, server2。
```

（2）配置 SSL。

从 JMeter 4 开始，RMI 的默认传输机制将使用 SSL，因此，我们要配置密钥和证书。解决方式有两种：一种是忽略 SSL；另一种是生成密钥及证书，然后配置。

%JMETER_HOME%/bin/目录下有 **create-rmi-keystore.bat**、**create-rmi-keystore.sh** 两个文件，分别是 Windows 与 Linux 下生成密钥及证书的脚本。本例在 Master 机器执行此脚本（见代码清单 4-1）。

代码清单 4-1

```
[root@ranchermst bin]# ./create-rmi-keystore.sh
What is your first and last name?
  [Unknown]: rmi                        //必须是 rmi，默认配置使用此名称
What is the name of your organizational unit?
  [Unknown]: cn                         //随便填
What is the name of your organization?
  [Unknown]: cn                         //随便填
What is the name of your City or Locality?
  [Unknown]: cn                         //随便填
What is the name of your State or Province?
  [Unknown]: cn                         //随便填
What is the two-letter country code for this unit?
  [Unknown]: cn                         //随便填
Is CN=rmi, OU=cn, O=cn, L=cn, ST=cn, C=cn correct?
  [no]: y
Enter key password for <rmi>
  (RETURN if same as keystore password):
Re-enter new password:                       //默认是 changeit
```

上述代码清单是本例生成证书的交互过程，其中 **first and last name** 必须是 rmi，**password** 必须是 changit，否则，就需要去修改 jmeter.properties 文件有关 SSL 的配置。如果仅是用于内网测试，沿用默认配置是最方便的。

把生成的证书 rmi_keystore.jks 复制到另外两台机器，配置不用做任何修改，保持默认即可。

（3）启动 Slave 端。在 Liunx 中运行%JMETER_HOME%/bin/jmeter-server，在 Windows 中运行 jmeter-server.bat。默认的监听端口是 1099，如果需要修改，则在 jmeter.properties 中设置 SERVER_PORT=[端口]，同时在 Master 端的 jmeter.properties 文件中设置 remote_hosts= server:[端口]。通常启动后正常显示如下。

```
[root@ranchernode01 bin]# ./jmeter-server
Created remote object: UnicastServerRef2 [liveRef: [endpoint:[192.168.4.14:32405,SSLRMI
ServerSocketFactory(host=ranchernode01/192.168.4.14, keyStoreLocation=rmi_keystore.jks, type
=JKS, trustStoreLocation=rmi_keystore.jks, type=JKS, alias=rmi),SSLRMIClientSocketFactory(ke
yStoreLocation=rmi_keystore.jks, type=JKS, trustStoreLocation=rmi_keystore.jks, type=JKS, al
ias=rmi)](local),objID:[4f4bfc0d:16ade1ffe51:-7fff, 8471664217089911957]]]
```

（4）在 Master 端运行测试计划，本例运行如下。

```
[root@rancher bin]# ./jmeter.sh -n -t testPlan.jmx -r
Creating summariser <summary>
Created the tree successfully using testPlan.jmx
Configuring remote engine: 192.168.4.10
Configuring remote engine: 192.168.4.14
Starting remote engines
Starting the test @ Wed May 22 14:03:17 CST 2019 (1558504997039)
Remote engines have been started
Waiting for possible Shutdown/StopTestNow/HeapDump/ThreadDump message on port 4445
```

从中可以看到 Master 连通了 192.168.4.10/14 两台 Slave。本例 192.168.4.10 机器开始运行测试计划，显示 Starting the test on host 192.168.4.10。

```
[root@ranchermst bin]# ./jmeter-server
Created remote object: UnicastServerRef2 [liveRef: [endpoint:[192.168.4.10:12623,SSLRMI
ServerSocketFactory(host=ranchermst/192.168.4.10, keyStoreLocation=rmi_keystore.jks, type=JK
S, trustStoreLocation=rmi_keystore.jks, type=JKS, alias=rmi),SSLRMIClientSocketFactory(keySt
oreLocation=rmi_keystore.jks, type=JKS, trustStoreLocation=rmi_keystore.jks, type=JKS, alias
=rmi)](local),objID:[427a5fd6:16ade1fe20f:-7fff, -7369910767947522055]]]
Starting the test on host 192.168.4.10 @ Wed May 22 14:03:18 CST 2019 (1558504998012)
```

如果执行完成 Slave，则会显示类似如下的日志。

```
Finished the test on host 192.168.4.14 @ Wed May 22 14:09:53 CST 2019 (1558505393392)
```

（5）如果您不想使用 SSL，可以修改 jmeter.properties 配置（Master 端和 Slave 端都需要设置）。

```
server.rmi.ssl.disable=true   //默认配置是 false
Slave 端显示类似:
[root@ranchernode01 bin]# ./jmeter-server
Created remote object: UnicastServerRef2 [liveRef: [endpoint:[192.168.4.14:34793](local),
objID:[-e73170c:16ade472b95:-7fff, -1294969224718195169]]]
```

4.4 测试监听

性能测试监控的主要任务是获取运行状态、收集测试结果。测试结果有事务响应时间、吞吐量及服务器硬件性能（CPU、内存、磁盘等）、JVM 使用情况、数据库性能状态等。在 JMeter 中监听器承担测试监听工作，JMeter 的监听器可以统计吞吐量、响应时间等指标。下面讲解测试常用的监听器。

4.4.1 JMeter 监听器

JMeter 的监听器比较多，长时间执行测试计划使用的监听器主要是 Summary Report 或者 Aggregate Report。

1. Summary Report

Summary Report 以表格的形式显示取样器结果（如图 4-9 所示），如果不同取样器（不同请求）拥有相同名字，那么在 Summary Report 中会统计到同一行。因此在给取样器取别名时最好不要为空，建议按业务功能来取名。

Label	# Samples	Average	Min	Max	Std. Dev.	Error %	Throughput	KB/sec	Avg. Bytes
HTTP Request	152	42	25	577	53.65	0.00%	57.5/min	84.33	90060.8
ParaTest	151	1005	985	1016	6.10	0.00%	57.2/min	0.06	60.0
总体	303	522	25	1016	483.06	0.00%	1.9/sec	84.39	45208.9

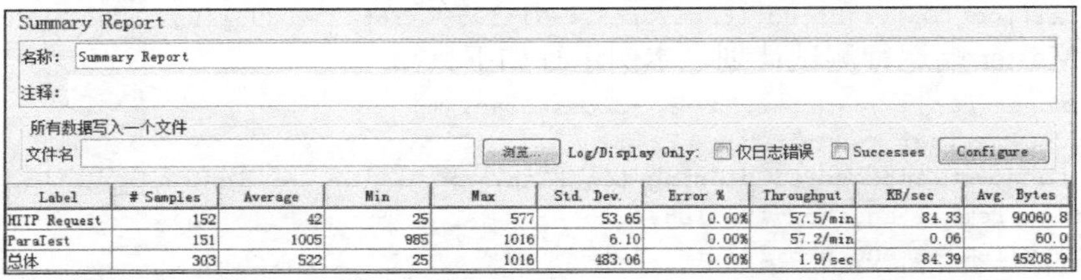

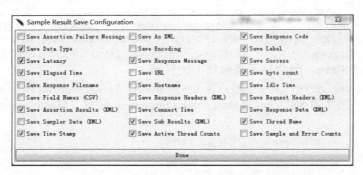

图 4-9 Summary Report

在 Summary Report 界面中可以设置结果属性（保存哪些结果字段），单击 Configure 进到图 4-10 所示的界面。其中可以看到只有部分字段默认被选中，这些字段能够说明基本测试结果，在长时间运行时只记录这些字段即可，并且有利于提高负载机性能（字段保存得越多，产生的 IO 越大，写磁盘是物理操作，对负载机的 IO 会产生影响，千万别让负载机 IO 产生性能瓶颈）。

图 4-10 Sample Result Save Configuration

图 4-9 所示结果的说明如下。

- Label：取样器别名（或者说是事务名），例如我们提交一笔订单，那么取样器可以命名为“订单提交”。
- #Samples：取样器运行次数（提交了多少笔业务）。
- Average：请求（事务）的平均响应时间。
- Min：请求的最小响应时间。
- Max：请求的最大响应时间。

- Std.Dev.：响应时间的标准偏差。
- Error%：事务错误率。
- Throughput：吞吐率，即常说的 TPS。
- KB/sec：每秒数据包流量，单位为 KB。
- Avg.Bytes：平均数据流量，单位为 Byte。

如果你想保存测试结果，可以在 处指定结果保存路径。如果你在测试计划中加入了多个监听器，请牢记保存测试结果只在一个监听器中设置；如果多个监听器中进行设置会重复写，写的内容其实是一样的，这完全没有必要而且影响负载机性能。

2. Aggregate Report

Aggregate Report（如图 4-11 所示）以表格的形式显示取样器结果，说明如下。

- Label：请求别名。
- #Samples：执行了多少次取样。
- Average：平均响应时间，单位为毫秒。注意，这个平均值是将所有请求的响应时间取平均值。
- Median：响应时间中间值。
- 90% Line：90%事务响应时间范围。
- Min：最小响应时间。
- Max：最大响应时间。
- Error%：出错率。
- Throughput：吞吐量，可以理解成 TPS。
- KB/sec：数据传输量，单位为 KB。

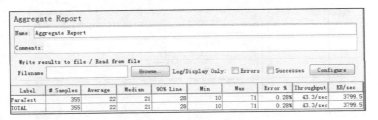

图 4-11　Aggregate Report

3. 开源监听插件

总的来说，JMeter 的监听器还算完整，但相比一些商业性能测试工具来讲，图形化结果还是有所欠缺。作为开源性能测试工具，开源社区弥补了这个缺口。JMeter Plugins 增加了众多的监听器，种类丰富、图形美观、功能强大，而且还可以监听服务器硬件性能（CPU、内存等，但笔者并不建议大家这么做，建议负载发生与监控分开，负载工具仅统计 TPS 与响应时间）。有关 JMeter Plugins 的内容请参考 jmeter-plugins 官网下的 wiki/Start/。

4.4.2　Influx+Grafana 实时监听

非 GUI 方式运行 JMeter 来制造负载时，对于测试结果的监听是十分简陋的，仅仅是在控制台打印，或者存到文件，并不能实时地监控到结果，这种状况当然是不能忍的。近年来，时序数据库崛起，辅以 Dashboard 工具，它们能够高效地对监控数据进行展示。例如，Prometheus+Grafana 的组合在原生云的监控中占据大的份额，JMeter 的测试结果可以利用 Influx+Grafana 的组合来监控。

1. 技术方案

如图 4-12 所示是 JMeter 测试结果投递到 InfluxDB 的监听结构。

（1）用户启动 JMeter。

（2）JMeter 启动后，Sampler 向被测试系统发出请求，模拟负载。Sampler 是 JMeter 中的 Sampler 组件，负载模拟用户请求，如 HTTP Request。

（3）监听器（Listener）把测试结果周期性地发送给数据库（时序库 Influx）。监听器在 JMeter 运行时，监听（回调方式）到测试结果（SamplerResult），按周期写入 Influx 时序库。官方并没有提供此类元件，需要自己开发。幸运的是已经有开源组件实现了此功能。原理是连接 Influx 库，保持长连接，定时往 Influx 中写测试结果。

（4）用户通过时序数据展示工具（Grafana）统计查看测试结果。

（5）Grafana 从数据库（Influx）处获取数据。Grafana 是开源的时序数据展示工具，广泛应用于监控数据展示，不仅支持 Influx，还支持 Elasticsearch、Graphite、Prometheus 等数据源的分析展示。

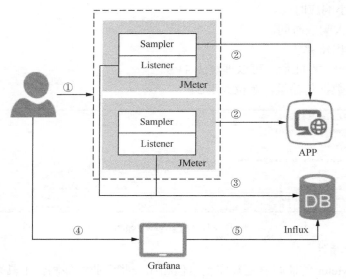

图 4-12 InfluxDB 监听结构

2. 方案落地

（1）前置条件。

我们打算使用容器方式部署 InfluxDB 与 Grafana，因此请安装 Docker 环境；启停及配置均使用 docker-compose 来管理，因此请安装 docker-compose。

（2）镜像获取。

我们需要 2 个镜像，分别是 Influx 和 Grafana。从 Docker 官方仓库下载即可。

```
Influx: docker pull influx
Grafana: docker pull grafana/grafana
```

（3）安装 Grafana。

● 安装代码如下。

```
docker run \
-d \
-p 3000:3000 \
--name=grafana \
-e "GF_INSTALL_PLUGINS=grafana-clock-panel,grafana-simple-json-datasource" \
-e "GF_SERVER_ROOT_URL=http://grafana.server.name" \
-e "GF_SECURITY_ADMIN_PASSWORD=secret" \
grafana/grafana
```

● 访问代码如下。

```
http://[hostip]:3000 用户/密码: admin/secret
```

（4）安装 Influx。

● 参考 https://hub.docker.com/_/influxdb/。

```
$ docker run --rm influxdb influxdb config > influxdb.conf
```

● 获取 Influx 的启动配置，如果不想用默认配置，可以修改此配置文件，例如访问的端口、日志级别修改等。

```
$ docker run -itd -p 8086:8086 -p 8088:8088 -p 8082:8082 -p 2003:2003 \
-e INFLUXDB_ADMIN_ENABLED=true \
-e INFLUXDB_GRAPHITE_ENABLED=true \
-e INFLUXDB_DB=jmeter \
-v $PWD/influxdb.conf:/etc/influxdb/influxdb.conf:ro \
influxdb -config /etc/influxdb/influxdb.conf
----------------------------------------------------------------
-e INFLUXDB_DB=jmeter #启动时创建db jmeter, 如果启动时没有创建库可以事后补救（如图4-13所示）
curl -i -XPOST 'http://localhost:8086/write?db=jmeter'
```

或者

```
docker exec -it [containerId] influx
create database jmeter
```

```
> [root@k8sm01 influxdb]# docker exec -it efa6c338a3d3 influx
Connected to http://localhost:8086 version 1.6.4
InfluxDB shell version: 1.6.4
> show databases;
name: databases
name
----
_internal
> create database jmeter
> show databases;
name: databases
name
----
_internal
jmeter
```

图 4-13　创建 JMeter 数据库

（5）在脚本中配置 Backend Listener。

如图 4-14 所示，在 JMeter 脚本中添加监听器（Backend Listener）。监听器 Backend Listener implementation 选择 org.apache.jmeter.visualizers.backend.influxdb.InfluxdbBackendListenerClient，influxdbUrl 填写上一步建立的 JMeter 数据库。在 Grafana 中配置数据源（DataSource）时也

必须选择上一步建立的 **JMeter** 数据库。

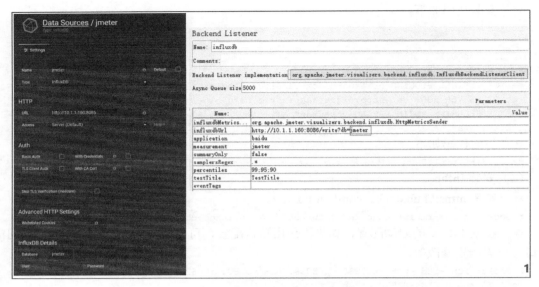

图 4-14 添加 Backend Listener

Influx 相关内容可参考官方网站中的帮助内容（docs.influxdata 官网上的 influxdb/v1.7/
introduction/getting-started）。

（6）Grafana 配置 Data Sources。

访问 Grafana，在配置中心进行数据源（Data Sources）配置（如图 4-15 所示）。

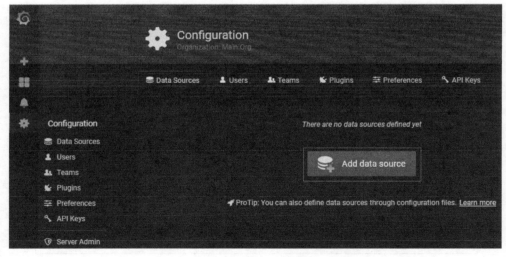

图 4-15 Data Sources 配置

选择 InfluxDB 数据源进行配置，HTTP URL 选择安装的 Influx 地址。上面我们启动时用
的是 docker run -itd -p 8086:8086 -p 8088:8088 -p 8082:8082 -p 2003:2003……因此端口是 8086
（从 Influx 的配置文件中也可以查到）。数据库（Database）填写 "jmeter"（上面第（4）步建
立的时序数据库名）（如图 4-16 所示）。

图 4-16 添加数据源

（7）安装 Dashboards。

Dashboards 有一些开源模板，使用得比较广的 JMeter 结果分析模板是 Apache JMeter Dashboard using Core InfluxdbBackendListenerClient，下载地址是 grafana 官网的 dashboards/5496。

或者自己制作一个 Dashboards，当然您要了解 Grafana 的查询语法，在此我们不展开讲解 Grafana 查询语法，暂且使用上述模板。从官方 Dashboard 仓库 https://grafana.com/dashboards 搜索 jmeter，排第一的就是我们要引用的模板（如图 4-17 所示）。

图 4-17 添加 Dashboards

查看此模板的 ID（如图 4-18 所示）。

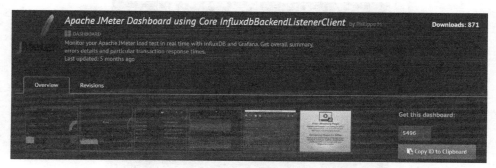

图 4-18　查看 Dashboards ID

　　导入模板（如图 4-19 所示），选择 Import，在图 4-20 所示的界面中填入 JMeter Dashboards 的 ID，模板会自动加载。

图 4-19　导入 Dashboards 模板

图 4-20　填入 Dashboards 的 ID

　　转到图 4-21 所示的页面，选择正确的 DB name（此处是 DataSource 的名称，即上面我们建立的 DataSource 名），然后单击 Import 完成模板导入。

　　导入完成后，在 Dashboards 列表中（如图 4-22 所示）可以找到 Apache-JMeter-Dashboard-using-Core-InfluxdbBackendListenerClient，单击 load_test 即进入 Dashboards 视图（如图 4-23 所示）。

　　黑色的界面很是炫酷（如图 4-23 所示），这个配色也是当前大众最喜欢的颜色。目前是没有数据的，下面我们编写一个测试计划，并把测试结果写入 Influx。

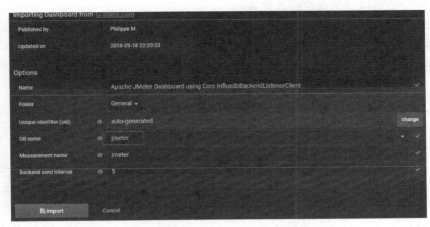

图 4-21　选择 DataSource

图 4-22　Dashboards 列表

图 4-23　Dashboards 视图

（8）编写测试脚本。

测试脚本需要 Backend Listener 的支持，Backend Listener 是 JMeter 自带的监听器，本例配置如图 4-24 所示，influxdbUrl 填入自己部署的 influxdb 地址+库名。application 可以随意填写，当然最好是有业务意义，例如填写被测试接口的项目名。measurement 对应表名，表会自动生成，此处的测试结果就会存入此表。

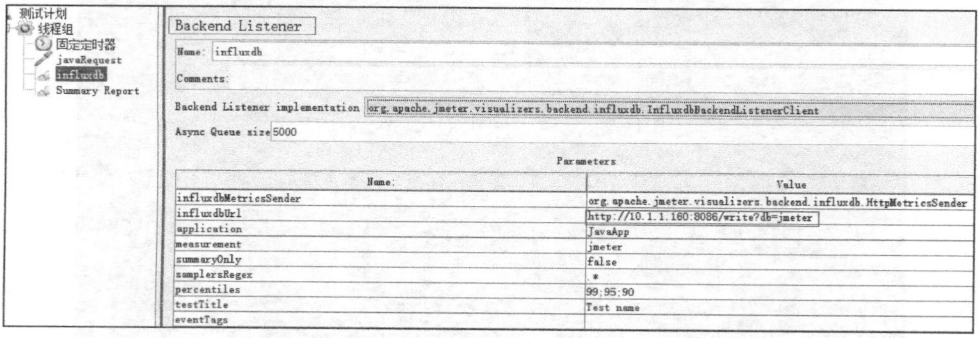

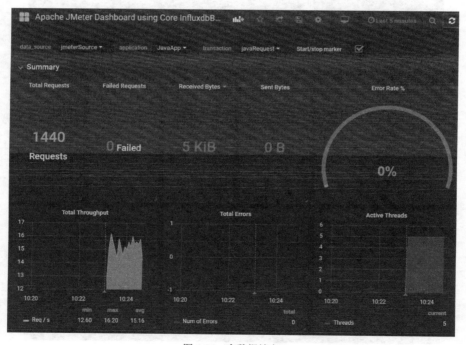

图 4-24　配置 Backend Listener

官方文档是 jmeter.apache 官网中的 usermanual/realtime-results.html，访问此页面并搜索 InfluxDB 关键字即可找到。

（9）执行测试。

用不了多久（一般几秒时间），刷新 Grafana 面页，就可以看到有数据填充进来（如图 4-25 所示）。

图 4-25　有数据填充

其中 application 对应 Backend Listener（如图 4-26 所示）中配置的 application，measurement 是表名。

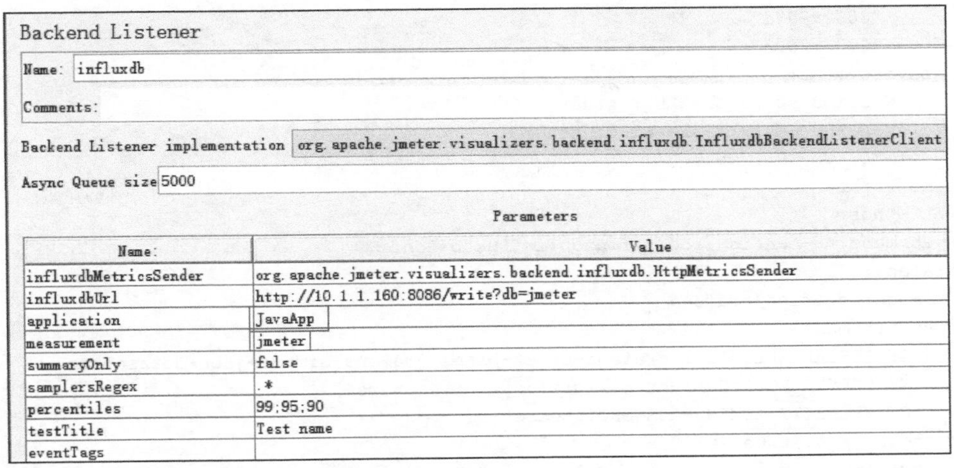

图 4-26　执行测试后的 Backend Listener

可以进入 InfluxDB 使用命令进行查询，show MEASUREMENTS 显示库下面的查询表（如图 4-27 所示）。

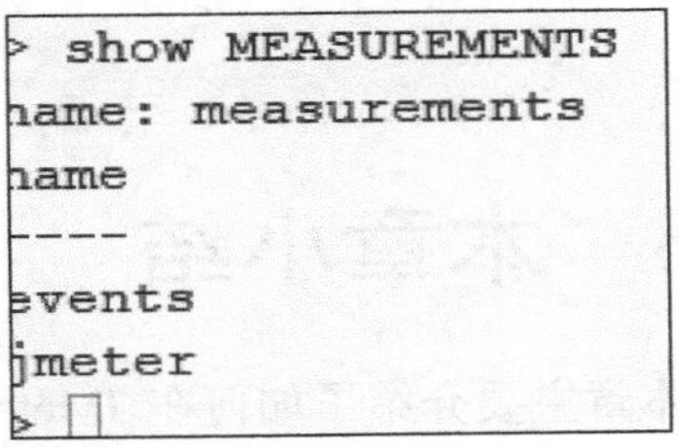

运行 select * from jmeter limit 10 后可显示 10 条记录（如图 4-28 所示）。如想了解 Influx SQL 语法，可以访问 docs.influxdata 官网下的 influxdb/v1.7/introduction/getting-started/。

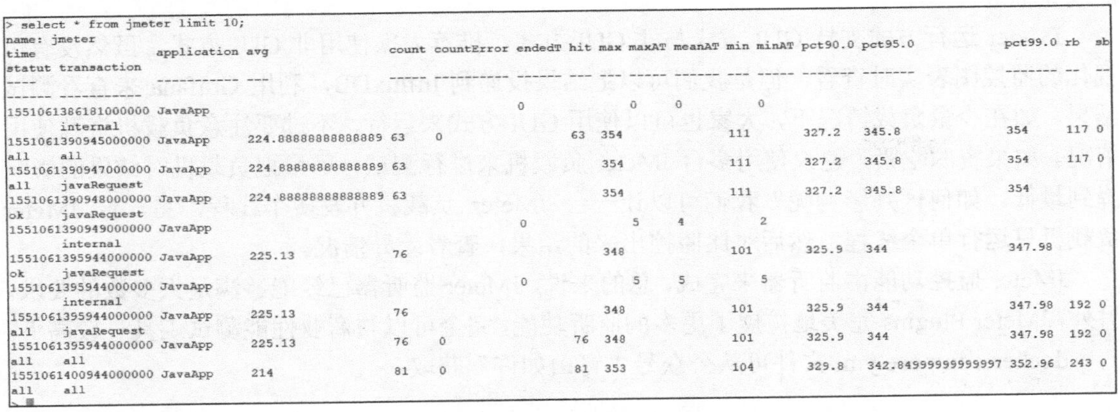

图 4-27　查询表

图 4-28　查询表中的数据

附加内容 docker-compose.yml 如下。

```
version: '2'
services:
  influxdb:
    image: influxdb
    volumes:
      - $PWD/influxdb.conf:/etc/influxdb/influxdb.conf
    ports:
      - "8086:8086"
      - "8088:8088"
```

```
      - "8082:8082"
      - "2003:2003"
    environment:
      INFLUXDB_ADMIN_ENABLED: true
      INFLUXDB_GRAPHITE_ENABLED: true
      INFLUXDB_DB: jmeter
    networks:
      - host
    command:  -config /etc/influxdb/influxdb.conf
grafana:
    image: grafana/grafana
    environment:
      GF_INSTALL_PLUGINS: grafana-clock-panel,grafana-simple-json-datasource
      GF_SERVER_ROOT_URL: http://grafana.server.name
      GF_SECURITY_ADMIN_PASSWORD: secret
    stdin_open: true
    tty: true
    links:
    - influxdb:influxdb
    ports:
    - 3000:3000/tcp
```

4.5　本章小结

　　本章主要介绍了如何在 JMeter 中实现负载模拟，如何利用 JMeter 分布式执行来制造大量负载。JMeter 场景设置比较简陋，想要更复杂的场景设计可以去开源社区获取有关 JMeter 的场景插件。

　　JMeter 运行方式支持 GUI 方式与非 GUI 方式，推荐大家使用非 GUI 方式，虽然没有可视化的监控图表实时查看，但是我们可以把结果投递到 InfluxDB，利用 Grafana 来查看测试结果。如在少量负载情况下，大家也可以使用 GUI 方式来运行，不过要注意负载机资源使用情况。如果资源吃紧，建议使用多台 JMeter 负载机来进行测试，尽量把负载机对结果的影响降到最低。如何评判影响呢？我们可以让一台 JMeter 负载机并发多个线程，另一台 JMeter 负载机只运行单个线程，然后对比监控出来的结果，查看差异情况。

　　JMeter 监控功能由监听器来完成，总的来说，JMeter 监听器已经能够满足大多数的要求。另外，JMeter Plugins 完美地扩展了更多的监听功能，完全可以与商业性能测试工具一较高下。

　　docker-compose.yml 文件可从公众号"青山如许"获取。

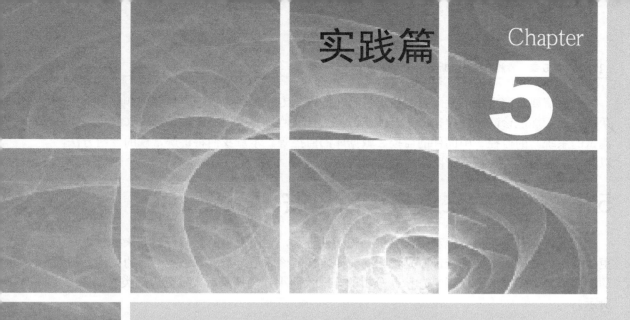

実践篇 Chapter

5

第 5 章

性能监控与诊断

从本章你可以学到：

- ☐ 性能关注点与诊断思路
- ☐ 性能监控与诊断
- ☐ DB 监控之 MySQL 监控
- ☐ JVM 监控
- ☐ 性能诊断小工具
- ☐ 全链路监控

做事情要讲究方法，性能诊断自然也有一些常规方法。医生看病时需要依赖化验报告来帮助确诊，性能诊断时同样也离不开性能监控。性能监控有主机的监控、应用（服务，即被测试的系统）的监控、中间件的监控、数据库的监控等。本章我们将讲解常规的诊断方法，以及如何利用监控数据来帮助诊断性能问题。

5.1　性能关注点与诊断思路

性能优化是为了更好地利用计算机的软硬件资源，使用更少的软硬件资源来提供更好、更多、更优质的服务。性能诊断是优化的前提。性能诊断是一个大课题，不同的架构、不同的应用场景、不同的程序语言，诊断分析的方法大同小异，抽象后大致分为两类（如图 5-1 所示）。

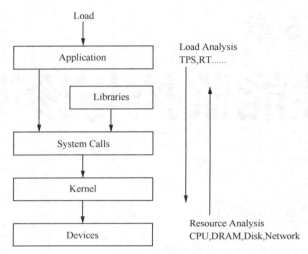

图 5-1　诊断方法

（1）自底向上：通过监控硬件（CPU、内存、磁盘、网络等硬件资源）及操作系统的性能指标来分析性能问题（配置、程序等）。因为用户的请求最终是由计算机硬件设备来完成的，硬件指标反映了资源需求，资源需求导致了性能风险。

（2）自顶向下：通过生成负载来观察被测试的系统性能，例如响应时间、吞吐量；然后从请求为起点，由外及里一层一层地分析，从而找到性能问题所在。

不管是自底向上还是自顶向下，关键点就是生成负载、监控性能指标。与医生诊断类似，先检查、再开药方。一些经验丰富的医生往往是通过病人的症状来进行诊断，此时经验就是能力，而且高效；另外一些医生会查体温、血常规等，然后才能确诊。表 5-1 演示了两种不同诊断方式（可能不严谨，只为说明问题）。

表 5-1　　　　　　　　　　　　　　　　　诊断方式

诊 断 方 式	诊 断 手 段	结　　论
自底向上	白细胞值太高、体温 39.2℃	感冒发烧
自顶向下	头晕、鼻塞、有痰、没胃口	感冒发烧

但是有些病人需要留院观察，这是为什么呢？多数是因为病症复杂，症状及化验结果不足以确诊（存在多种病症的化验结果或者症状相同的情况）；说得通俗点就是没把握，只有进行医疗尝试（尝试不同的药物、不同的手段，观察是否有效）。这就类似于我们分析一些复杂性能问题，对一些怀疑的部分进行试验性修改，看能否提高性能，一一排除可疑之处。

上面我们说了两种方法，大家会问，哪一种方法更好呢？哪种方法更简单一点呢？我想说的是方法无所谓好坏，只是思路不同。对于没有经验的性能测试工作者，提倡自底向上；对于经验丰富的性能测试工作者，先用自顶向下的方式解决掉明显性能问题，再结合自底向上的方式分析更深层次的问题。

业务在变化，数据在变化，技术也在变化，为了更好地服务大众，系统的框架也在变化。以前我们把系统功能集中到一个系统中，使用一个程序包发布（如图 5-2 所示的 Model V1 所示）；后来随着功能增多，开发复杂度变高，我们开始分前后台开发（如图 5-2 所示的 Model V2 所示），开始把大系统拆分为几个小的系统，然后采用负载均衡的方式来增强处理能力。如今海量用户情况下，为了提高性能、方便工程化、增加可靠性，我们把系统拆得更细，也就是现在流行的微服务（如图 5-2 Model V3 所示）。虽然架构在变，但本质不变，不管你用什么结构，最终还是由计算机硬件来处理业务请求，对于导致性能问题的程序的分析还是要分拆到单机，在单机上分析软硬件资源的使用情况。

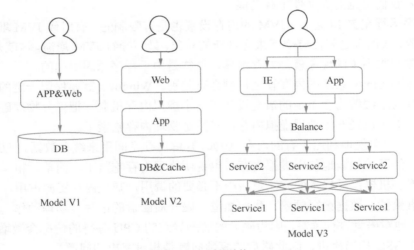

图 5-2　系统结构

在学习监控诊断之前，我们可以先了解一些性能常识，这样有利于指导我们进行监控与诊断。下面我们看一下系统性能的关注点。

5.1.1　系统性能的关注点

1. 系统资源（System Resource）

系统资源包括 CPU、内存、存储介质等，这些是系统运行的基石。虽然不同的应用系统业务不同，但是对系统资源的索求都是一样的，这些硬件资源的利用也相互影响。

　　一般硬件资源瓶颈的表现如下。

　　（1）CPU 利用率过高。CPU 利用率又分为系统 CPU 利用率（以 Linux 系统为例，操作系统占用的 CPU）与用户 CPU 利用率（用户程序占用的 CPU，例如我们运行的应用系统）。CPU 利用率过高的常见原因有：

- 计算量大，如运算、连接查询、数据统计；
- 非空闲等待，如 IO 等待、资源争用（同一资源被不同线程请求，而此资源又需要保持一致性，只能释放前一个后再访问下一个，从而导致等待）；
- 过多的系统调用，系统调用即调用操作系统提供的程序接口，例如，Java 项目中写日志，会调用系统接口进行写操作，这样会导致系统 CPU 使用率比较高；
- 过多的中断，中断是 CPU 用来响应请求的机制，例如，键盘的输入、鼠标的单击等都会产生中断。中断是通知 CPU 有任务需要响应，CPU 停下正在执行的程序来响应当前的中断。

　　（2）内存吃紧。内存吃紧的原因比 CPU 简单得多，多数是过多的页交换与内存泄露。什么是页交换呢？

　　我们知道内存是用来缓解磁盘与 CPU 之间的同步差，在内存中会缓存一些数据，但内存的容量是有限的，内存不够用来存储需要的数据时，操作系统会把原内存中的部分内容释放掉（移除或者存入磁盘），然后再把需要的内容载入，这个过程就是页交换。例如，读取一个大文件，或者我们常见的大文件下载功能。

　　Java 程序运行在 JVM 之上，JVM 的内存设置也是有限制的。有时候 JVM 堆内存中有些对象无法回收，久而久之就没有空间来容纳新的对象，最后导致 JVM 崩溃，这就是内存溢出。这种内存对象回收不了的现象就是内存泄露，往往是由于程序原因引起的。

　　Windows 与 Linux 系统的内存管理机制会有差别。Windows 需要保留一定的物理内存供系统使用，并为了缓解内存不足的情况设计了一个虚拟内存机制，把部分物理磁盘空间虚拟成内存使用。如果已经开始使用虚拟内存，多数是物理内存吃紧了。

　　Linux 则是尽可能地利用所有的内存，例如，开辟内存空间用来缓存数据。但是对于 Linux 来说，如果已经开始频繁地使用虚拟内存，也说明物理内存吃紧了。简单、粗暴的方式就是增加内存、增加机器；最根本的方法是减少不必要的调用，减少内存资源占用。

　　（3）磁盘繁忙，数据读写频繁。我们知道，磁介质磁盘的读写是物理动作，所以速度受限。如果频繁地对磁盘进行读写，因为磁盘的瓶颈导致的 CPU 等待的情况会激增。虽然现在有了 SSD，但 SSD 相当昂贵，因此磁盘的瓶颈问题是相对突出的问题。

　　（4）网络流量过大。高并发系统由于访问量大，带宽需求会比较大，导致网络拥堵。例如一个 PV（访问一个页面的单位）100KB，同一时刻 10 万用户在访问，那么此时占用带宽大约就是：100KB × 100 000/1 024≈977MB，换算成 bit/s 是 977 × 8/1 024≈7.6（Gbit/s）。

　　注：有关 Linux 内存交换可以参考 https://www.linux.com/news/all-about-linux-swap-space/76。

　　2．操作系统（OS）

　　操作系统是系统资源的管理平台，不同的操作系统对运行的应用系统会产生不同的影响。我们简单地把系统分为 Linux 与 Windows 两个阵营。Windows 操作系统倾向于将更多的功能集成到操作系统内部，并将程序与内核相结合；而 Linux 不同于 Windows，它的内核空间与用户空间有明显的界线。

　　Windows 与 Linux 在内存分配上面也有区别。Linux 尽可能地利用可用内存，所以在 Linux 系统中我们一般不讨论内存利用率，需要考虑 Buffer 与 Cache 内存及可用内存；在 Windows 中我们只看一个可用内存就够了。内存够不够用，不能只看上述这些方面，我们还要结合其他的参数，如用页交换、中断、缺页中断等来分析是内存不够用还是磁盘有性能瓶颈。

　　另外，操作系统对线程数量一般都是有控制的，这也会影响服务器提供服务的水平。随着 64 位系统的普及，这方面的影响将变得较小，我们也可以手动调整这个限制。

　　我们在分析系统性能时，多数是通过事务的响应时间来倒推找出性能瓶颈出现的位置，同时也会监控硬件平台及中间件，通过这些监控信息，我们能够确认硬件平台的性能瓶颈在哪里。例如，过多的 CPU 中断及等待很有可能就是内存与磁盘有瓶颈；磁盘与内存已经够快、够大，那么问题就可能出现在上一层，例如，是程序低效，程序读取或者写入了大量的数据，导致内存中页交换频繁，磁盘读写量大。

　　操作系统要关注的是：

　　（1）系统负载：Windows 是 Processor Queue Length，Linux 是 load average。系统负载的意思就是 CPU 的任务队列长度，什么是任务队列呢？例如，我们的 CPU 是一核，同时有多个任务请求，此时 CPU 处理不完，又为了有好的用户体验，我们可以把任务用一个队列来缓存，然后从队列中拿到任务去处理。CPU 任务队列是由操作系统来控制的，所以是操作系统层面的监控项。现在多数系统都已经是多 CPU、多核，在计算 load average 时要考虑 CPU 的个数与核数，例如，主机上有 2 个 CPU，每个 CPU 又是 4 核，那么同时可以处理 8(2 × 4=8) 个任务。load average 大于 1 时就说明系统已经很繁忙了，为 2 时已经在排队了，我们本着最大化"压榨"主机性能的前提，建议 CPU 负载最好小于 2；公式为"任务数/（CPU 个数 × 核心数）≤2"。当然有些企业为了保证系统的安全，会限制 load average，将其控制在 0.7 以下（我们所说的 7 分饱）。

　　（2）系统连接数的控制：操作系统为了安全会限制外部及内部建立 TCP 连接的数量，在服务器环境中，我们需要提供大量的服务，TCP 连接数量会很大，此时需要修改 TCP 连接数的限制。

　　（3）缓存：操作系统一般都会有缓存机制，内存不够时还会有虚拟内存机制，这些都是用来提高 IO 效率的手段。

　　3. 数据库存储

　　当前，绝大多数应用系统都离不开关系型数据库的支持，系统性能的好坏很大一部分是由数据库系统、应用系统数据库设计及如何使用数据库来决定的。我们简单地把这些应用系统分为 OLTP（On-Line Transaction Processing，联机事务处理）与 OLAP（On-Line Analytical Processing，联机分析处理）两种。不同的系统应用决定了不同的设计方法，不同的设计方法将表现出不同的性能。表 5-2 所示为 OLTP 与 OLAP 的粗略比较。

表 5-2　　　　　　　　　　　　　　　　OLTP 和 OLAP 的粗略比较

	OLTP	OLAP
用户	普通用户（员工、客户）	高级管理人员（决策人员）
功能	日常操作	统计分析

续表

	OLTP	OLAP
DB 设计	面向应用	面向主题
数据	当前数据、面向细节	过程数据、多维分析
存取	少量读与写	大量读
工作单位	简单事务	复杂分析查询统计
用户数	多	少
DB 大小	MB 到 GB	GB 到 TB

对于 OLTP 类型，常规办法是：

（1）优化业务过程，尽量减少数据请求，不管是读还是写；

（2）优化 SQL 语句提高效率。

对于 OLAP 类型，常规办法是：

（1）预处理，例如，物化、多维数据，先把数据放在后台统计，生成一个较小的数据集，然后程序对物化后的数据进行访问来减小系统压力；

（2）分而治之，例如，并行查询，利用 Hadoop 处理非结构化数据；

（3）优化语句提高效率。

当前，我们面对的系统大多数都是 OLTP 类型，经常要关注的是：

（1）慢查询；

（2）大事务；

（3）死锁；

（4）DB Time 高；

（5）磁盘 IO 等待时间；

（6）对于一些热点数据，可以置入内存，提高响应速度，常见的缓存如 memcache、redis 等，Hibernate 这种 ORM 模型的框架也提供了二级缓存支持。

近几年，大数据应用技术崛起，各种非关系型数据库也成为主流，例如 Redis、HBase、ElasticSearch、MongoDB 等。这些数据库的特点鲜明，在各自擅长的领域性能优异，同时也会有自己的短板。了解其原理之后对其性能表现能有一个大体印象，更有助于对其进行性能分析。

4. Middleware（中间件）

J2EE 架构的程序多数运行在 Tomcat、Jboss、WebLogic、WebSphere、Jetty 等中间件上。作为 Java 应用程序容器，中间件有其特定的指标项。

● JVM：中间件运行在 JVM 之上，我们需要监控 JVM 堆内存的使用情况，包括 GC 频率、线程状态等。Full GC 操作是对堆空间进行全面回收，此时是停止响应用户请求的（当前新版本 Open JDK 和 Oracle JDK 的回收算法已经可以做到不停止用户响应的情况下进行内存回收），所以频繁地 Full GC 会影响响应时间。监控线程运行状态可以帮助我们了解到线程的繁忙程度，一般我们要关注的是 Blocked 状态的线程，此状态说明当前线程运行相对较慢，长时间的 Blocked 可能是因为线程阻塞（任务繁重或者响应慢），进而造成死锁。

● Thread pool：为了节省建立连接、销毁连接的资源消耗，中间件在接收用户请求时设计建立线程池。我们需要监控其使用情况，一般当超过一定的使用率时可以考虑加大连接池数量。

● DB Connections pool（数据库连接池）：为了节省程序与 DB 建立连接、释放连接的资源消耗，设计了数据库连接池。我们在测试执行过程中也需要监控其使用情况，当超过一定的使用率时可以考虑加大连接数数量。

不管是 ThreadPool 还是 DB Connections Pool，我们都可以通过 netstat 命令统计到其连接数。

5. 应用程序（App Server）

当前的系统多采用分层开发的方式，各层分别完成不同工作。分层不但用来简化工作的复杂度，还用工程思想来组织系统开发运作，方便协作，不同的人员各司其职，层次清晰，方便维护及管理。

不同的架构存在着不同的性能短板，抽象层次越高（底层封装程度越高），则开发效率越高，对开发人员要求越低（基础功能底层已经实现，开发人员专注业务实现），性能风险越大。往往性能风险都会集中在这一层次。

我们常见的 SSH（Spring Struts Hibernate）架构是 MVC 模型，结构如图 5-3 所示。展现层 View（V）负责展现内容，Controller（C）负责请求接收、前台逻辑跳转；Model（M）层实现业务逻辑，返回数据；数据层负责与数据库打交道。这里我们把业务逻辑与数据访问归类到应用程序部分，展现层归到 Web 服务层（Web Server）。

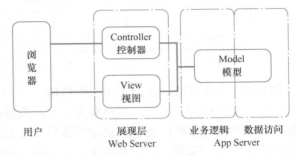

图 5-3　MVC 模型的结构

在应用程序这一层，性能问题多数表现在程序逻辑混乱、调用复杂，甚至是设计不合理，总而言之就是低效程序或者是相对低效程序。

例如 App Server 提供了 I 接口，性能测试时我们可以直接调用这个接口进行测试，自然可以精确衡量其响应时间，然后分析其性能。不过，一般并不需要这样做，我们可以通过排除法来分析是否是 App Server 的问题。

如图 5-3 所示，展现层不参与业务逻辑处理，性能问题基本不在此层；如果事务的响应时间长，我们可以先看一下 DB 的情况；如果 DB 响应较快，那业务层或者数据层的性能问题的嫌疑就比较大，此时分析线程栈的信息来找出问题程序。

现在流行前后端分离的开发方式，用大量 JS（JavaScript）来构造前端页面，前端也变得非常重，又回到了 N 年前的富客户端状态，因此，前端性能也是一个不可忽视的部分。

6. Web 服务（Web Server）

按照分层开发的理论，这一层仅是页面跳转控制与结果的渲染（如图 5-3 所示的展现层）。当前前端技术的多样化，展现的内容也更加丰富，内容多也导致了一些前端性能问题。

此层关注的问题如下。

（1）页面 Size，动态数据、CSS、JS、图片等的大小。

（2）隐藏的、无用的数据传输：开发过程中为了方便，会继承一些基类，我们需要考虑成本，最好不要有大对象生成。我们在做 SQL 查询时，只查询需要的字段，对于无用字段排除，避免不必要的数据传输。

一般，对于 Web 服务性能优化的方向如下。

（1）页面静态化。例如，新浪的新闻，先进行静态化，然后提供访问，减小 DB 负担。

（2）缩小页面 Size。

- 图片变得更小。
- CSS 合并。
- JS 精减等。
- 压缩页面。从图 5-4 中可以看到 Accept-Encoding:gzip，这就是对页面内容进行了压缩。
- 客户端缓存图片、样式及 JS。

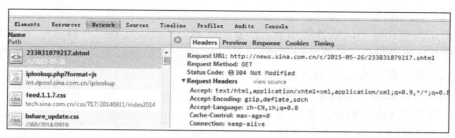

图 5-4　系统分层

（3）取消无用请求，以及无用数据传输。

（4）对数据做异步处理。事情分为多步，先完成优先级高的事情。这就是异步的好处，体验提高，用户停留时间更长，刺激更多消费。大家可以试用去哪儿网站，我们在这个网站查询机票时都是一部分、一部分加载的，采用了动态加载方式（后台以 JSON 的方式传输数据，前台使用 JS 动态加载渲染这些数据），尽量只传输动态数据，并异步处理请求（多个请求分开传输）。

（5）智能 DNS 及 CDN 加速，让响应数据离用户更近，回避网络瓶颈问题。

5.1.2　性能诊断方法

1．集中式系统分析方法

集中式系统（如图 5-2 中 Model V1 所示）把业务处理逻辑程序与数据展示程序都放在一个程序包中（以 Java 开发的系统为例），整个包运行在中间件（如 Tomcat、Jetty、Jboss 等）上，数据存储在 DB（MySQL、Oracle 等，可能还会用到 Redis 之类的缓存）。十几年前我们开发的进销存系统就是这种结构，如图 5-5 所示。我们列出了进销存系统的几个核心功能，可以预见在入

图 5-5　进销存系统结构

库与出库时都会影响库存，如果是对同一货物进行操作，数据争用是存在的，大量这种情况就会导致等待，给用户的感觉就是系统缓慢。一旦用户量上去，操作的功能模块变多，出现

性能问题的概率就上升。

这类系统我们如何分析呢？

（1）首先我们要能够复现性能现象。

能够复现的性能问题才可控，方便采集性能指标（监控指标）；虽然偶发性的性能问题可能更致命，但不确定性让诊断分析变得困难。考虑成本等因素，参照二八法则，我们优先处理大概率事件。如果是新的系统，我们甚至不知道用户会怎么用，希望用性能测试来诊断分析性能问题再进行调优，那么制造性能瓶颈的场景就尤为重要，这就需要进行场景分析了。哪些场景可能会同时进行？是否有业务关联影响？哪些场景业务无直接关联的影响，但对计算机资源的抢占有相互影响？例如，本例中的"盘点"就是一个耗 CPU 的操作，同时对内存占用也大，如果此时我们再去操作报表分析对系统性能就是一个大的考验了。因为报表分析也是一个计算密集性操作，此时如果导出大量数据，那么内存也会经受严峻考验。因此性能测试的场景很重要，当然测试数据也很重要，所谓量变引起质变。

（2）单个击破，综合考虑。

通常我们监控到某一项业务性能指标差时，才会注意到它。在性能测试分析时，我们可以先采用自顶向下的方式分析。例如监控到业务（事务）的响应时间较长，我们再去查看它的资源占用（CPU、内存、IO 等）情况。如果是 CPU 占用高，我们可以导出其线程栈信息来帮助确定出现的问题程序段；如果是内存占用多，我们可以导出其堆栈信息来帮助确定是哪里占用了大量内存。

但是对于集中式系统，业务功能多，分析问题时往往会受到别的业务干扰，例如，本例中的"盘点"业务与"出库"或者"入库"就会互相干扰，它们都会对库存产生影响，这时候问题分析可能会复杂一点。此时我们可以采用对比法来排除这些干扰，例如，压测时监控到"盘点"慢，我们可以单独对"盘点"进行负载模拟及性能分析，此时不进行与它有业务关联的操作。先定位解决"盘点"功能的性能风险，然后再把它与其他业务一起运行。

这个过程是先混合场景（模拟用户使用场景，多个业务可能会同时进行），后独立场景（只针对单一功能进行测试），再混合场景。在混合场景中先暴露出问题，在独立场景中复现，然后诊断分析。如果此功能仅混合场景有问题，在单独场景中没问题，则说明它受其他功能影响；反之是独立场景真的有问题，当然需要优化。这种影响也可以分为两类：

● 有业务关联。本例中的"盘点"与"出库"都要访问库存，"入库"与"出库"甚至会产生数据争用，死锁都有可能。

● 无业务关联。仅仅是由于占用的硬件资源出现的此涨彼消的问题，例如"报表查询"与"盘点"，它们都会占用大量内存空间，很容易造成内存不足，此时执行任何其他的操作系统都会被拖慢。

对于集中式的系统来说，通常是一些业务系统，利用关系型数据库来存储数据。早年很多业务逻辑都是在数据库中使用存储过程来处理的，数据库的性能问题尤为突出，因此 DBA（数据库管理员）这个职位相当热门，性能诊断对数据库知识要求颇多。重点是了解 SQL 的执行计划，学会围绕索引来设计优化；基于数据库的存储特性来做物理（库存表）设计；合理地配置数据库的各项参数，例如缓存大小、SGA（Oracle 数据库中的 System Global Area）、PGA（Oracle 数据库中的 Process Global Area）等。

可以看到，集中式系统的性能干扰突出，分析时相对麻烦；一旦业务量增大，到最后系统将变得脆弱，所以自然会改变系统结构，减少系统的复杂度。

2. 前后端分离系统的分析

如图 5-2 中 Model V2 所示的 Web 服务+应用服务+DB 的结构可以说是多少年来的黄金结构。我们以 J2EE 应用为例来进行分析，如图 5-6 所示是我们常见的 J2EE 应用架构，一般分为 Web 层（请求接入、负载均衡、页面渲染等）、应用层（业务逻辑实现）、持久化层（数据记录）。我们的分析思想也是大道至简，基于经验从监控数据中快速分析明显的问题，然后逐层分析排除，如图 5-7 所示。我们画了一个诊断过程，在表 5-3 中进行了说明。

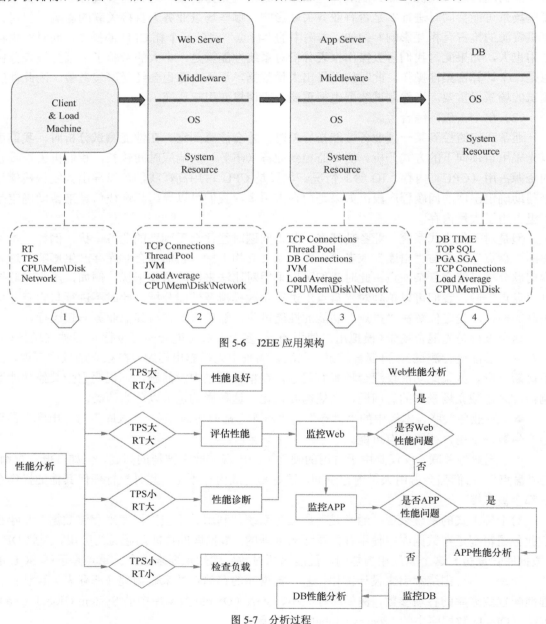

图 5-6　J2EE 应用架构

图 5-7　分析过程

表 5-3   **性能分析过程**

序号	步骤名称	说明
1	检查 RT	模拟用户发起负载后，采用自顶向下的方式首先分析 RT（响应时间）
2	检查 TPS	TPS 大，RT 小，说明性能良好；TPS 大，RT 大，有可能是负载过量，在系统性能的拐点附近，此时需要评估一下性能；TPS 小，RT 也小，则可能是负载不够
3	检查负载	（1）确认测试脚本没有性能问题，不会造成结果统计的不准确 （2）检查 CPU 使用率，CPU 负载（Load Average），确认是用户 CPU 占用高还是系统 CPU 占用高 （3）检查内存使用情况，确认并发内存泄露风险，不会造成结果统计的不准确 （4）排除负载机的性能问题，确保测试结果可参考 （5）加大负载 如何快速确认负载是否足够呢？ 设 RT=100 毫秒，服务器 CPU 为 8 核可以算出一个 CPU 时间约完成 10 个事务，8 核在理想状态下 TPS 可以达到 80；如果实际测试出来的 RT≤100 毫秒，而 TPS<80 时，负载大概率是不够的。要么负载工具问题，要么负载太小
4	监控 Web	（1）检查 CPU 使用率，确认用户 CPU 与系统 CPU 占用情况 （2）检查内存使用情况 （3）检查磁盘使用情况 （4）检查占用的带宽 （5）分析 Web 页面响应的时间组成，确认是什么请求影响了性能，也可能是页面渲染问题
5	Web 性能分析	（1）中间件性能监控，线程数，连接池使用情况，限额配置项 （2）自底向上，由 CPU、内存、IO 定位到性能产生的程序段
6	监控 APP	（1）检查 CPU 使用率，确认用户 CPU 与系统 CPU 占用情况 （2）检查内存使用情况 （3）检查 IO 情况 如果性能与 APP 程序有关，监控数据定会异常
7	APP 性能分析	（1）中间件性能监控，线程数，连接池使用情况，限额配置项 （2）自底向上，由 CPU、内存、IO 定位到性能产生的程序段
8	监控 DB	（1）CPU 消耗，CPU 负载 （2）内存消耗 （3）IO 繁忙程度 （4）数据库监控
9	DB 性能分析	（1）定位最不合理的 SQL 占比 （2）索引是否正常引用 （3）检查共享 SQL 是否在合理范围 （4）检查解析是否合理 （5）检查数据 ER 结构是否合理 （6）检查数据热点问题 （7）检查数据分布是否合理 （8）检查碎片整理等 （9）网络阻塞、磁盘 IO 瓶颈等

实际上，当前结构系统的分析过程与集中式系统并无太大区别，只不过是减少了一些性能干扰，性能问题分散在不同的部分，更易于分析。但这种结构不适合当前的大规模系统的应用，当今典型（如电商、支付）的面向亿级别用户的系统选择了可方便水平扩展的微服务框架。

3. 微服务的性能诊断分析

如今微服务成了事实上的企业应用服务架构，微服务解决了服务水平扩展问题，能够支持巨大的负载，对于性能测试来说影响最大的是性能问题的分析路径加深。系统的性能风险分散在多个子服务（系统）中，如果没有好的监控工具，我们要剥茧抽丝，有时候可能面对的是一团乱麻，很考验测试人员的耐心。不过这已经成为过去，在 5.6 节中我们将讲解全链路监控工具 Skywalking，其使微服务的服务监控变得容易，我们很容易找到哪个业务（事务）的响应时间长，是调用哪一个服务造成的。如图 5-8 所示，响应时间最长的是 server02 方法，我们所要做的就是诊断分析这一个服务的性能问题,从服务消耗的资源情况来定位问题所在,参照下文讲解的性能诊断小工具你可以迅速地找到有问题的程序段。

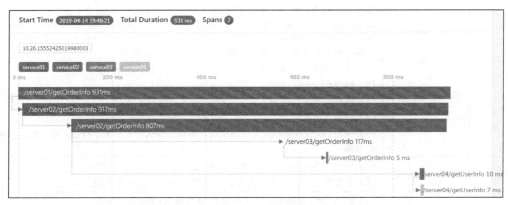

图 5-8　服务调用

4. 性能分析之大同

不管系统结构如何复杂，性能的诊断分析最终还是围绕资源消耗（CPU、内存、IO 等）来分析，可以说性能分析就是真对主机性能的分析。我们掌握好基础知识，按照分析步骤，积累经验，多数性能问题都是可以顺利解决的。我们需要重点掌握（包括但不限于）下面几部分内容。

（1）硬件知识（CPU、RAM、Disk、Net 等）。

（2）系统知识（OS——Linux、Windows）。

（3）中间件知识（JVM、Tomcat、Jboss、WebLogic、WebSphere 等）。

（4）持久化知识（MySQL、SQL Server、Oracle、DB2、Sysbase、Redis、HBase 等）。

（5）网络知识（如截包分析）。

（6）程序知识（如 Java 程序），如何让程序更高效。

（7）架构知识（如 SSH 架构、微服务等）。

不过大家不用担心，现在都是团队协作，大型系统的性能问题已经不是一个人所能解决的事情；大型系统分工会比较详细，由专职人员分别负责某一部分。上面提到的 7 个部分就可以对应多个岗位（运维、程序员、架构师、DBA 等），每个岗位又配置专业人员，类似医院中的各科室医生、各类化验室等。性能分析时从他们那里获取性能指标数据，这些信息汇总后用来判断是否有性能问题。对于性能测试工程师来说，我们首先要做到的是知道监控哪些指标，这些指标反映什么问题，什么时候去关注这些监控信息。在性能测试执行与分析时你就是总设计师，负责协调这些事项。

5.2 性能监控与诊断

以下我们简单描述一个 HTTP 请求的处理过程，以 J2EE 技术栈为例（如图 5-9 所示）。

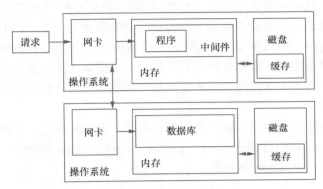

图 5-9 HTTP 请求过程

（1）用户的请求通过网卡传送到服务器（中断信号），用户与服务器建立 TCP/IP 连接。也就是我们常说的 TCP 三次握手。既然是连接，就有限制，有限制就会有性能风险。在此我们可以监控网络 IO 的流量、网络中断、网络连接数来分析网络状况。

（2）用户请求发送到监听端口（中间件的监听端口），中间件帮我们实现了通信及端口监听功能。我们去热门餐厅吃饭时，排队是常态，此时通常会有一个接待人员帮我们叫号或者发号。如果用户请求过多时，中间件是不是也得有一个类似的机制帮助维护请求队列？没错，中间件有这个功能，甚至"接待人员"也不止一名，可以是多名。在此我们可以监控请求的连接数、当前连接的状态来分析繁忙程度，导出连接跟踪数据（如线程栈信息）来分析线程的处理过程。

（3）中间件把请求构造成 HttpServletRequest 对象（就是一个类的实例）。程序员开发的"程序"通过 HttpServletRequest 来识别用户请求，例如，用户要保存数据。在此可以监控到请求的整个处理时间。

（4）"程序"处理完请求返回一个 HttpServletResponse 对象，然后中间件处理剩下的工作，把处理完的结果回传给用户。如果"程序"处理得比较慢，请求源源不断进来，TCP/IP 连接数会被塞满，先请求的用户等待响应，后请求的用户根本连接不上，这种情况如何处理呢？连接池、异步 IO 就产生了。在此可以监控连接数及线程状态（同第（2）步）。

（5）如果请求需要的数据内存中没有，优先从缓存中获取，缓存可以是内存，也可以是磁盘缓存（虚拟缓存）。如果缓存中没有，那可能需要从磁盘读取。我们知道磁盘读写是物理操作，大量读写自然效率不高。因此我们监控到大量 IO，特别是磁盘的 IO 时，通常都会有优化的可能。在此可以监控磁盘的 IO、内存使用状况，分析构成 IO 的程序，从而找到问题所在。

（6）如果请求的数据需要从数据库获取（刚好是另一台机器），"程序"会请求数据库连接，连接当然是要经过网卡的，这就又面临一个连接数据的限制问题了。在此可以监控数据连接的数量、状态，帮助分析数据库的繁忙程度。

（7）数据库的数据查询与存储就涉及数据库的读取与存储机制，我们需要监控诊断数据库；就是我们常说的 SQL 执行计划分析，缓存分析，IO 分析；SQL 优化，结构优化。

不管是中间件，还是"程序"，都是要消耗 CPU 资源的。CPU 从内存中获取数据进行运算，内存是有限的，内存资源的紧缺会导致 CPU 等待，内存资源紧张又可能是内存被占用过多（开辟的线程多）或者内存无法回收（内存泄露）。如果 CPU 要获取的数据不在内存中，就会从磁盘读取，磁盘读取相对内存读取在时间上是有很大差距的，CPU 会产生 IO 等待。由此可见，CPU、内存、IO（磁盘 IO 及网络 IO）是相互影响的。有时候某一资源的瓶颈也许是另一个资源瓶颈导致的。木桶理论告诉我们，一个团队的能力是由短板决定的，牵一发而动全身。我们通过监控关键性能指标来定位程序问题，发挥计算机的长处，弥补或者绕过短处来提高系统性能。

图 5-10 所示是应用广泛的 Linux（下面的讲解限于 Linux 体系）系统监控命令图谱，例如，CPU 的监控分析，我们可以使用 top、pidstat、mpstat、dstat 等命令，内存的监控分析可以使用 vmstat、dstat、free、top 等命令。

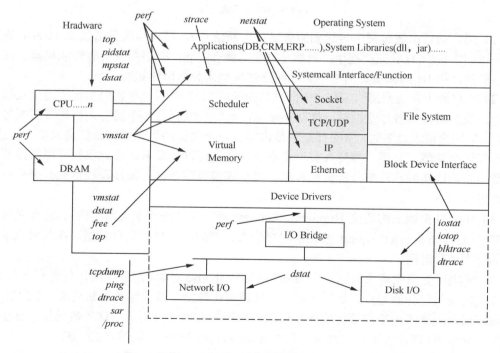

图 5-10　Linux 系统监控命令图谱

本书不打算详细讲解主机的监控命令，主要结合分析思路来穿插介绍几个命令，综合应用这些命令进行监控诊断。

5.2.1　CPU 风险诊断

1. CPU 关键性能指标

（1）CPU 负载。

什么是负载？简而言之就是 CPU 的任务数。系统的负载决定了系统的忙碌程度，负载由 CPU 来处理，CPU 的个数为定值，所以最大负载也为定值。当超出最大负载就会出现事务阻塞。CPU 的负载实际上是由操作系统来组织的，我们可以通过 top、vmstat 等命令监控。

（2）CPU 利用率。

当前主流 Linux 系统对于 CPU 资源的分配多数是采用时间片的方式。任务线程（也可以是进程）获得 CPU 时间片后，CPU 开始处理任务，整个时间片的时间都由当前任务占有；这个时间片中 CPU 的繁忙程度就是 CPU 的利用率，即这个时间片中 CPU 到底利用多少时间。例如，当前任务处理时主动睡眠（sleep）了或者需要等待另一个资源，此时 CPU 就空闲下来了，自然没有充分利用上当前时间片。典型的场景有 IO 等待（等待从磁盘读取数据）导致的 CPU 等待，叫作 CPU 非空闲等待，即申请到了时间片，没有充分利用上。这种现象在监控 CPU 时可以捕获，实际上是 IO 的性能风险。

在 Linux 中，CPU 利用率还可以一分为二，分别是用户 CPU 利用率与系统 CPU 利用率。

- 用户 CPU 利用率：顾名思义就是用户占用的 CPU 利用率，即我们在主机上发布一个应用程序，这个应用程序运行时占用的 CPU 利用率（%CPU）。
- 系统 CPU 利用率：字面来讲是操作系统在运行时占用的 CPU，以维护整个主机的正常运行，协调资源。例如，应用程序的 IO 请求由操作系统的 API 去操作磁盘，来自网络的请求由网卡中断告之操作系统，然后由 CPU 去处理。这些操作是在操作系统层面完成的，这些 API 的调用就叫作系统调用，占用的 CPU 资源就是系统 CPU。

综上所述，我们从以下两个方面关注 CPU 的性能风险。

- CPU 利用率。当%CPU≥50%时，需要引起注意；当%CPU≥70%时，就需要密切关注了，如果是测试，此时需要分析原因；当%CPU≥90%时，就处于危险状态，此状态不应该成为一个常态，在测试时就必须分析原因了。
- 负载（load average），当 load average>CPU 核心数×1 时，工作负载已经比较重了，需要分析原因；当 load average>CPU 核心数 ×2 时，已经是高负载，需要排查原因。

2. 定位方法

应用程序在运行时通常以进程或者线程的形态存在，Java 语言开发的程序运行在 JVM（Java 虚拟机）上，JVM 的一个实例是一个进程，进程中又有若干个线程，线程是处理任务的单位，JVM 中以线程进行运算调度。线程需要申请内存空间（线程栈）来记录程序（函数）的调用过程、存储变量（成员变量、内部变量）。所以我们可以通过分析线程栈的信息来了解当前线程的执行状态，执行到哪个方法、哪条语句等。所以我们可以有如下方式来分析 CPU 的性能问题。

（1）找到 CPU 利用率大的进程。

（2）找到这个进程中占 CPU 大的线程。

（3）得到当前线程的栈信息（线程快照）。

（4）分析程序执行过程。

3. 实践示例

（1）找到 CPU 利用率大的进程。

top 命令能够很好地胜任这个任务，如图 5-11 所示，Java 进程（进程 ID 为 1，PID=1）占用的 CPU%（CPU 利用率）最大，达到 101%，似乎超载了啊。

按下数字键盘中的"1"，显示从图 5-11 变为图 5-12 所示的内容，当前示例显示机器 CPU 为 4 核，实际平均%CPU 只有 24.1%（是用户 CPU 利用率），101%是一个合计值，所以 CPU 利用率不算大。另外可以看到负载（Load average）是 1.10，因为有 4 个核心，所以负载并不大。

```
top - 01:57:25 up 17 min,  0 users,  load average: 1.16, 1.11, 0.75
Tasks:   3 total,   1 running,   2 sleeping,   0 stopped,   0 zombie
%Cpu(s): 24.1 us,  0.1 sy,  0.0 ni, 75.8 id,  0.0 wa,  0.0 hi,  0.0 si,  0.0 st
KiB Mem :  4039168 total,  2777792 free,   695168 used,   566208 buff/cache
KiB Swap:        0 total,        0 free,        0 used.  3061284 avail Mem

  PID USER      PR  NI    VIRT    RES    SHR S  %CPU %MEM     TIME+ COMMAND
    1 root      20   0 3391812 253828  15232 S 101.0  6.3  10:41.96 java
   65 root      20   0   11772   2936   2652 S   0.0  0.1   0:00.14 bash
   80 root      20   0   51888   3744   3236 R   0.0  0.1   0:00.32 top
```

图 5-11 top 命令

```
top - 01:52:57 up 12 min,  0 users,  load average: 1.10, 0.99, 0.58
Tasks:   3 total,   1 running,   2 sleeping,   0 stopped,   0 zombie
%Cpu0  :  0.3 us,  0.3 sy,  0.0 ni, 99.3 id,  0.0 wa,  0.0 hi,  0.0 si,  0.0 st
%Cpu1  :  0.7 us,  0.3 sy,  0.0 ni, 99.0 id,  0.0 wa,  0.0 hi,  0.0 si,  0.0 st
%Cpu2  :100.0 us,  0.0 sy,  0.0 ni,  0.0 id,  0.0 wa,  0.0 hi,  0.0 si,  0.0 st
%Cpu3  :  0.0 us,  0.0 sy,  0.0 ni,100.0 id,  0.0 wa,  0.0 hi,  0.0 si,  0.0 st
KiB Mem :  4039168 total,  2780364 free,   693024 used,   565780 buff/cache
KiB Swap:        0 total,        0 free,        0 used.  3063684 avail Mem

  PID USER      PR  NI    VIRT    RES    SHR S  %CPU %MEM     TIME+ COMMAND
    1 root      20   0 3391812 251400  15232 S 100.7  6.2   6:13.09 java
   80 root      20   0   51888   3744   3236 R   0.3  0.1   0:00.17 top
   65 root      20   0   11772   2936   2652 S   0.0  0.1   0:00.14 bash
```

图 5-12 top 命令显示核心数

抛开数据量说性能不靠谱（和抛开规模说效益不靠谱一样），当前 CPU 利用率及负载高不高是相对的。图 5-12 所示的负载只有 1.1，而我们用的机器是 4 核 CPU，理论负载可以达到 4。CPU 使用情况是只有一个 CPU 达到了 100%，而其他 3 个 CPU 基本空闲。如果平均 CPU 利用率达到 100%，也就是每个核心的 CPU 利用率都是 100%，那么 CPU 就有性能风险了。此时我们要做的就是监控 CPU，找到占 CPU 大的进程。

（2）找到这个进程中占 CPU 大的线程（如果有，如 JVM 中）。

还是可以使用 top 命令实现（见图 5-13）。

```
top -Hp [进程号]
```

如图 5-13 所示，load average 变为 2.13（加大了负载），然后监听到忙碌的线程有 2 个，线程号分别是 28 与 27。除了命令 top 外，还可以使用如下 ps 命令（如图 5-14 所示）。

```
ps -Leo pid,lwp,user,comm,pcpu|grep [进程号] |sort -r -k 5
```

本例程序发布在 Docker 容器中，主机名是 2866706ed9be。利用 ps 命令也可以筛选出 CPU

利用率高的 top 线程。

```
top - 02:16:42 up 36 min,  0 users,  load average: 2.13, 1.89, 1.60
Threads:  56 total,   2 running,  54 sleeping,   0 stopped,   0 zombie
%Cpu(s): 49.2 us,  0.1 sy,  0.0 ni, 50.6 id,  0.0 wa,  0.0 hi,  0.2 si,  0.0 st
KiB Mem :  4039168 total,  2802504 free,   669808 used,   566856 buff/cache
KiB Swap:        0 total,        0 free,        0 used.  3085548 avail Mem

  PID USER      PR  NI    VIRT    RES    SHR S %CPU %MEM     TIME+ COMMAND
   28 root      20   0 3393868 226604  14752 R 99.9  5.6   3:01.75 java
   27 root      20   0 3393868 226604  14752 R 99.9  5.6   4:54.46 java
    1 root      20   0 3393868 226604  14752 S  0.0  5.6   0:00.13 java
   10 root      20   0 3393868 226604  14752 S  0.0  5.6   0:02.87 java
```

图 5-13　top -Hp

```
[root@2866706ed9be tomcat7]# ps -Leo pid,lwp,user,comm,pcpu|grep 1 |sort -r -k 5
    1    27 root      java           99.7
    1    28 root      java           82.4
    1    20 root      java            1.3
    1    19 root      java            1.1
    1    10 root      java            0.4
    1    29 root      java            0.1
```

图 5-14　ps 命令

（3）得到当前线程的栈信息。

本例使用的是 HotSpot JVM（Oracle jdk 8），线程栈信息的导出可以使用 jdk 自带的命令 jstack。

jstack 命令格式如下：

```
jstack [进程号] >[文件名]
jcmd [进程号] >[文件名]        //jdk 8 引入
本例命令：jstack 1 >thread.info
```

文件可以使用文本编辑器打开，例如 vi、vim 等，线程信息如图 5-15 所示。

```
"http-bio-8080-exec-1" daemon prio=10 tid=0x00007f55682a1000 nid=0x1b runnable [0x00007f55604d2000]
   java.lang.Thread.State: RUNNABLE
        at net.jforum.view.forum.ForumAction.delay(ForumAction.java:361)
        at net.jforum.view.forum.ForumAction.show(ForumAction.java:174)
        at sun.reflect.NativeMethodAccessorImpl.invoke0(Native Method)
        at sun.reflect.NativeMethodAccessorImpl.invoke(NativeMethodAccessorImpl.java:57)
        at sun.reflect.DelegatingMethodAccessorImpl.invoke(DelegatingMethodAccessorImpl.java:43)
        at java.lang.reflect.Method.invoke(Method.java:606)
        at net.jforum.Command.process(Command.java:114)
        at net.jforum.JForum.processCommand(JForum.java:217)
        at net.jforum.JForum.service(JForum.java:200)
        at javax.servlet.http.HttpServlet.service(HttpServlet.java:731)
        at org.apache.catalina.core.ApplicationFilterChain.internalDoFilter(ApplicationFilterChain.java:303)
        at org.apache.catalina.core.ApplicationFilterChain.doFilter(ApplicationFilterChain.java:208)
        at org.apache.tomcat.websocket.server.WsFilter.doFilter(WsFilter.java:52)
        at org.apache.catalina.core.ApplicationFilterChain.internalDoFilter(ApplicationFilterChain.java:241)
        at org.apache.catalina.core.ApplicationFilterChain.doFilter(ApplicationFilterChain.java:208)
        at net.jforum.util.legacy.clickstream.ClickstreamFilter.doFilter(ClickstreamFilter.java:59)
        at org.apache.catalina.core.ApplicationFilterChain.internalDoFilter(ApplicationFilterChain.java:241)
        at org.apache.catalina.core.ApplicationFilterChain.doFilter(ApplicationFilterChain.java:208)
        at org.apache.catalina.core.StandardWrapperValve.invoke(StandardWrapperValve.java:218)
        at org.apache.catalina.core.StandardContextValve.invoke(StandardContextValve.java:110)
        at org.apache.catalina.authenticator.AuthenticatorBase.invoke(AuthenticatorBase.java:506)
        at org.apache.catalina.core.StandardHostValve.invoke(StandardHostValve.java:169)
        at org.apache.catalina.valves.ErrorReportValve.invoke(ErrorReportValve.java:103)
        at org.apache.catalina.valves.AccessLogValve.invoke(AccessLogValve.java:962)
        at org.apache.catalina.core.StandardEngineValve.invoke(StandardEngineValve.java:116)
        at org.apache.catalina.connector.CoyoteAdapter.service(CoyoteAdapter.java:445)
        at org.apache.coyote.http11.AbstractHttp11Processor.process(AbstractHttp11Processor.java:1115)
        at org.apache.coyote.AbstractProtocol$AbstractConnectionHandler.process(AbstractProtocol.java:637)
        at org.apache.tomcat.util.net.JIoEndpoint$SocketProcessor.run(JIoEndpoint.java:316)
        - locked <0x00000000ec2fc8d8> (a org.apache.tomcat.util.net.SocketWrapper)
        at java.util.concurrent.ThreadPoolExecutor.runWorker(ThreadPoolExecutor.java:1145)
        at java.util.concurrent.ThreadPoolExecutor$Worker.run(ThreadPoolExecutor.java:615)
        at org.apache.tomcat.util.threads.TaskThread$WrappingRunnable.run(TaskThread.java:61)
```

图 5-15　线程信息

http-bio-8080-exec-1：线程名称，通常由中间件（如 Tomcat）默认设置，如果程序中自己定义了一个线程池，可以指定线程名的格式，性能诊断时不关注此字段。

daemon：守护线程，程序在中间件上发布，以线程形态存在，监听到用户请求后进行处理，线程并不会因为处理完当前任务就销毁掉，会继续驻留，分配到任务就继续执行，这就是我们常说的线程池中的线程（守护线程）。

prio=10：在多任务的情况下，线程是会争用资源的，可以赋予线程一个优先级。

tid：Thread id，线程 id，这里是以十六进制来显示的。

nid：native Thread id，tid 是在 JVM 范围中的概念，nid 是操作系统层面的线程 id，也就是我们可以用 top 命令（或者 ps 命令）查看到的线程 ID，本例中的 0x1b 对应的十进制数是27，图 5-13 中忙碌的线程中有一个 ID 为 27 的，所以图 5-15 所示是 27 号线程的栈信息。

runnable：当前线程的状态，目前是运行状态。Java 程序的线程状态有多种，通常我们比较关注的是 RUNNABLE、BLOCKED 状态。

java.lang.Thread.State:RUNNABLE：线程状态，同上。

（4）分析程序执行过程。

上面已经获取到了线程的栈信息，可以知道程序当前运行在哪个方法中（哪一行），问题就变成分析代码了。在代码清单 5-1 中，我们从上往下看，当前线程是 RUNNABLE 状态，表示正在运行中，程序执行到了 ForumAction.delay 方法，当前运行在 ForumAction.java 的第361 行，导致 CPU 利用率高的原因就在 delay 方法中，因此着重分析此方法。

代码清单 5-1

```
java.lang.Thread.State: RUNNABLE
at net.jforum.view.forum.ForumAction.delay(ForumAction.java:361)
at net.jforum.view.forum.ForumAction.show(ForumAction.java:174)
at sun.reflect.NativeMethodAccessorImpl.invoke0(Native Method)
at sun.reflect.NativeMethodAccessorImpl.invoke(NativeMethodAccessorImpl.java:57)
at sun.reflect.DelegatingMethodAccessorImpl.invoke(DelegatingMethodAccessorImpl.java:43)
at java.lang.reflect.Method.invoke(Method.java:606)
at net.jforum.Command.process(Command.java:114)
at net.jforum.JForum.processCommand(JForum.java:217)
at net.jforum.JForum.service(JForum.java:200)
```

为了演示 CPU 利用率高的现象，本例 delay()方法中在做开方运算（参看代码清单 5-2），是一个消耗 CPU 的运算。

代码清单 5-2

```
public void delay()
{
    do
        Math.sqrt(10000D);
    while(true);
}
```

4．过程简化

上面的例子只需要用 4 步就可以诊断到高 CPU 利用率的问题，这个过程可以利用 shell脚本来完成，这样大大提高了分析效率。shell 脚本如代码清单 5-3。

代码清单 5-3

```bash
#!/bin/bash
# @Function
# TOP CPU Thread INFO.
#
PROG='basename $0'

usage() {
    cat <<EOF
Usage: ${PROG} [OPTION]...
Java top cpu  print the stack of these threads.
Example: ${PROG} -c 10

Options:
    -p, --pid        java process(use jps find)
    -c, --count      set the thread count to show, default is 5
    -h, --help       display this help and exit
EOF
    exit $1
}

ARGS='getopt -n "$PROG" -a -o c:p:h -l count:,pid:,help -- "$@"'
[ $? -ne 0 ] && usage 1
eval set -- "${ARGS}"

while true; do
    case "$1" in
    -c|--count)
        count="$2"
        shift 2
        ;;
    -p|--pid)
        pid="$2"
        shift 2
        ;;
    -h|--help)
        usage
        ;;
    --)
        shift
        break
        ;;
    esac
done
count=${count:-5}

redEcho() {
    [ -c /dev/stdout ] && {
        # if stdout is console, turn on color output.
        echo -ne "\033[1;31m"
        echo -n "$@"
        echo -e "\033[0m"
    } || echo "$@"
}
```

```
    ## Check the existence of jstack command!
    if ! which jstack &> /dev/null; then
        [ -n "$JAVA_HOME" ] && [ -f "$JAVA_HOME/bin/jstack" ] && [ -x "$JAVA_HOME/bin/jstac
k" ] && {
            export PATH="$JAVA_HOME/bin:$PATH"
        } || {
            redEcho "Error: jstack not found on PATH and JAVA_HOME!"
            exit 1
        }
    fi

    uuid='date +%s'_${RANDOM}_$$

    cleanupWhenExit() {
        rm /tmp/${uuid}_* &> /dev/null
    }
    trap "cleanupWhenExit" EXIT

    printStackOfThread() {
        while read threadLine ; do
            pid='echo ${threadLine} | awk '{print $1}''
            threadId='echo ${threadLine} | awk '{print $2}''
            threadId0x='printf %x ${threadId}'
            user='echo ${threadLine} | awk '{print $3}''
            pcpu='echo ${threadLine} | awk '{print $5}''

            jstackFile=/tmp/${uuid}_${pid}

            [ ! -f "${jstackFile}" ] && {
                jstack ${pid} > ${jstackFile} || {
                    redEcho "Fail to jstack java process ${pid}!"
                    rm ${jstackFile}
                    continue
                }
            }

            redEcho "The stack of busy(${pcpu}%) thread(${threadId}/0x${threadId0x}) of java
            process(${pid}) of user(${user}):"
            sed "/nid=0x${threadId0x}/,/^$/p" -n ${jstackFile}
        done
    }

    [ -z "${pid}" ] && {
        ps -Leo pid,lwp,user,comm,pcpu --no-headers | awk '$4=="java"{print $0}' |
        sort -k5 -r -n | head --lines "${count}" | printStackOfThread
    } || {
        ps -Leo pid,lwp,user,comm,pcpu --no-headers | awk -v "pid=${pid}" '$1==pid,$4=="java"
{print $0}' |
        sort -k5 -r -n | head --lines "${count}" | printStackOfThread
    }
```

脚本运行示例（脚本保存为 top.sh）：

```
./top.sh -p [进程 ID] -c [显示的线程信息条数]
./top.sh -p 1 -c 2     //表示对进程为 1 的 JVM 进行分析,显示出 top 2 的高 CPU 利用率线程栈信息,如图 5-16
```

//所示，打印出两个线程栈信息，nid=0x1b 正好是我们例子中的线程号为 27 的线程栈信息

```
[root@2866706ed9be tomcat7]# ./top.sh -p 1 -c 2
The stack of busy(99.9%) thread(27/0x1b) of java process(1) of user(root):
"http-bio-8080-exec-1" daemon prio=10 tid=0x00007f55682a1000 nid=0x1b runnable [0x00007f55604d2000]
   java.lang.Thread.State: RUNNABLE
        at net.jforum.view.forum.ForumAction.delay(ForumAction.java:361)
        at net.jforum.view.forum.ForumAction.show(ForumAction.java:174)
        at sun.reflect.NativeMethodAccessorImpl.invoke0(Native Method)
        at sun.reflect.NativeMethodAccessorImpl.invoke(NativeMethodAccessorImpl.java:57)
        at sun.reflect.DelegatingMethodAccessorImpl.invoke(DelegatingMethodAccessorImpl.java:43)
        at java.lang.reflect.Method.invoke(Method.java:606)
        at net.jforum.Command.process(Command.java:114)
        at net.jforum.JForum.processCommand(JForum.java:217)
        at net.jforum.JForum.service(JForum.java:200)
        at javax.servlet.http.HttpServlet.service(HttpServlet.java:731)
        at org.apache.catalina.core.ApplicationFilterChain.internalDoFilter(ApplicationFilterChain.java:303)
        at org.apache.catalina.core.ApplicationFilterChain.doFilter(ApplicationFilterChain.java:208)
        at org.apache.tomcat.websocket.server.WsFilter.doFilter(WsFilter.java:52)
        at org.apache.catalina.core.ApplicationFilterChain.internalDoFilter(ApplicationFilterChain.java:241)
        at org.apache.catalina.core.ApplicationFilterChain.doFilter(ApplicationFilterChain.java:208)
        at net.jforum.util.legacy.clickstream.ClickstreamFilter.doFilter(ClickstreamFilter.java:59)
        at org.apache.catalina.core.ApplicationFilterChain.internalDoFilter(ApplicationFilterChain.java:241)
        at org.apache.catalina.core.ApplicationFilterChain.doFilter(ApplicationFilterChain.java:208)
        at org.apache.catalina.core.StandardWrapperValve.invoke(StandardWrapperValve.java:218)
        at org.apache.catalina.core.StandardContextValve.invoke(StandardContextValve.java:110)
        at org.apache.catalina.authenticator.AuthenticatorBase.invoke(AuthenticatorBase.java:506)
        at org.apache.catalina.core.StandardHostValve.invoke(StandardHostValve.java:169)
        at org.apache.catalina.valves.ErrorReportValve.invoke(ErrorReportValve.java:103)
        at org.apache.catalina.valves.AccessLogValve.invoke(AccessLogValve.java:962)
        at org.apache.catalina.core.StandardEngineValve.invoke(StandardEngineValve.java:116)
        at org.apache.catalina.connector.CoyoteAdapter.service(CoyoteAdapter.java:445)
        at org.apache.coyote.http11.AbstractHttp11Processor.process(AbstractHttp11Processor.java:1115)
        at org.apache.coyote.AbstractProtocol$AbstractConnectionHandler.process(AbstractProtocol.java:637)
        at org.apache.tomcat.util.net.JIoEndpoint$SocketProcessor.run(JIoEndpoint.java:316)
        - locked <0x00000000f32a4960> (a org.apache.tomcat.util.net.SocketWrapper)
        at java.util.concurrent.ThreadPoolExecutor.runWorker(ThreadPoolExecutor.java:1145)
        at java.util.concurrent.ThreadPoolExecutor$Worker.run(ThreadPoolExecutor.java:615)
        at org.apache.tomcat.util.threads.TaskThread$WrappingRunnable.run(TaskThread.java:61)
        at java.lang.Thread.run(Thread.java:745)

The stack of busy(99.5%) thread(28/0x1c) of java process(1) of user(root):
"http-bio-8080-exec-2" daemon prio=10 tid=0x00007f55682a3000 nid=0x1c runnable [0x00007f55603d1000]
   java.lang.Thread.State: RUNNABLE
        at net.jforum.view.forum.ForumAction.delay(ForumAction.java:361)
```

图 5-16 线程栈信息

另外，也可以利用商业分析工具，如 **JProfiler**。如图 **5-17** 所示是另一个分析例子，可以准确看到是程序中哪一个方法占用了大量 CPU。

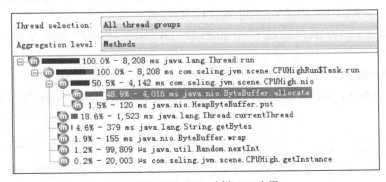

图 5-17 用 JProfiler 分析 CPU 占用

5. 认识线程状态

以 JVM 中的线程状态为例，线程在执行时的状态变化展示了任务的工作状态。在本例中我们诊断到线程占 CPU 资源多，导出的线程栈信息显示线程的状态是 RUNNABLE 状态，也就是正在执行中。那线程的状态能不能反映出性能风险呢？先来看一下线程的状态转换图（如图 5-18 所示）。

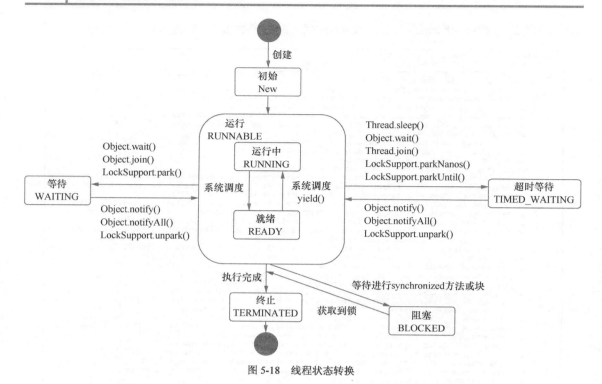

图 5-18　线程状态转换

New：线程对象被创建后的状态，例如，Thread thread = new Thread()。

RUNNABLE：可执行状态，当调用线程对象的 start() 方法时即进入就绪状态，处于就绪状态的线程，随时可能被 CPU 调度执行；当执行时即进入 RUNNING 状态，调用 yield() 方法会从 RUNNING 状态变为 READY 状态，同时让出 CPU 资源。

WAITING：线程处于等待状态（如图 5-19 所示），正在无期限地等待另一个线程来执行某一个特定的操作，例如，等待另一个线程执行任务完成后再执行当前线程的任务。调用如下方法可让线程从 RUNNABLE 状态到 WAITING 状态。

（1）Object.wait() 方法，线程栈中显示为 java.lang.Thread.State: WAITING(on object monitor)。

（2）Object.join() 方法。

（3）LockSupport.park() 方法，线程栈中显示为 java.lang.Thread.State: WAITING(on object monitor)。

```
"http-bio-8080-exec-4" daemon prio=10 tid=0x00007f5568256000 nid=0x1e waiting on condition [0x00007f55601d0000]
   java.lang.Thread.State: WAITING (parking)
        at sun.misc.Unsafe.park(Native Method)
        - parking to wait for  <0x00000000ec004c00> (a java.util.concurrent.locks.AbstractQueuedSynchronizer$ConditionObject)
        at java.util.concurrent.locks.LockSupport.park(LockSupport.java:186)
        at java.util.concurrent.locks.AbstractQueuedSynchronizer$ConditionObject.await(AbstractQueuedSynchronizer.java:2043)
        at java.util.concurrent.LinkedBlockingQueue.take(LinkedBlockingQueue.java:442)
        at org.apache.tomcat.util.threads.TaskQueue.take(TaskQueue.java:104)
        at org.apache.tomcat.util.threads.TaskQueue.take(TaskQueue.java:32)
        at java.util.concurrent.ThreadPoolExecutor.getTask(ThreadPoolExecutor.java:1068)
        at java.util.concurrent.ThreadPoolExecutor.runWorker(ThreadPoolExecutor.java:1130)
        at java.util.concurrent.ThreadPoolExecutor$Worker.run(ThreadPoolExecutor.java:615)
        at org.apache.tomcat.util.threads.TaskThread$WrappingRunnable.run(TaskThread.java:61)
        at java.lang.Thread.run(Thread.java:745)
```

图 5-19　WAITING 状态

TIMED_WAITING：有等待时间（超时等待）的等待状态，例如 Sleep 一个指定时间（如

图 5-20 所示）。调用如下方法可进入 TIMED_WAITING 状态。

（1）Thread.sleep()。

（2）Object.wait()。

（3）Thread.join()。

（4）LockSupport.parkNanos()。

（5）LockSupport.parkUntil()。

```
"com.mchange.v2.async.ThreadPoolAsynchronousRunner$PoolThread-#1" daemon prio=10 tid=0x00007f551c206800 nid=0x36 in Object.wait()
   java.lang.Thread.State: TIMED_WAITING (on object monitor)
       at java.lang.Object.wait(Native Method)
       - waiting on <0x00000000ee0e95a0> (a com.mchange.v2.async.ThreadPoolAsynchronousRunner)
       at com.mchange.v2.async.ThreadPoolAsynchronousRunner$PoolThread.run(ThreadPoolAsynchronousRunner.java:534)
       - locked <0x00000000ee0e95a0> (a com.mchange.v2.async.ThreadPoolAsynchronousRunner)
```

图 5-20 TIMED_WAITING 状态

BLOCKED：阻塞状态，等待资源并且独享，通常就是进入同步块（或者同步方法），线程栈中显示为 java.lang.Thread.State: BLOCKED (on object monitor)，阻塞情况一般分以下 3 种。

（1）等待阻塞：调用线程的 wait()方法，当前线程等待某任务的完成。

（2）同步阻塞：线程获取 synchronized 同步锁失败（因为资源被其他线程锁定），进入同步阻塞状态。

（3）其他阻塞：调用线程的 sleep()方法、join()方法或者发出了 IO 请求时（IO 时间长，通常会有 IO 等待，此时线程呈阻塞状态），线程进入到阻塞状态。当 sleep()状态超时、join()等待线程终止或者超时，或者 IO 处理完毕，线程重新转入 RUNNABLE 状态。

TERMINATED：线程终止状态。

下面来看一下图 5-21 所示的线程信息，线程状态处于 BLOCKED。Thread-1 因为等待对象 0x29e617b0 而处于 BLOCKED，而 0x29e617b0 被 Thread-0 锁定；Thread-0 因等待 0x29e617b8 而处于 BLOCKED，而 0x29e617b8 被 Thread-1 锁定；所以 Thread-1 与 Thread-0 是相互争用对象，互锁，需要的资源都等不到，于是就死锁了。

```
"Thread-1" prio=6 tid=0x05b84800 nid=0x660 waiting for monitor entry [0x063bf000]
   java.lang.Thread.State: BLOCKED (on object monitor)
       at com.road.threadDead.ThreadDead.run(ThreadDead.java:40)
       - waiting to lock <0x29e617b0> (a java.lang.Object)
       - locked <0x29e617b8> (a java.lang.Object)
       at java.lang.Thread.run(Thread.java:724)

   Locked ownable synchronizers:
       - None

"Thread-0" prio=6 tid=0x05b84000 nid=0xfb8 waiting for monitor entry [0x0613f000]
   java.lang.Thread.State: BLOCKED (on object monitor)
       at com.road.threadDead.ThreadDead.run(ThreadDead.java:29)
       - waiting to lock <0x29e617b8> (a java.lang.Object)
       - locked <0x29e617b0> (a java.lang.Object)
       at java.lang.Thread.run(Thread.java:724)

   Locked ownable synchronizers:
       - None
```

图 5-21 BLOCKED 状态

　　结合线程状态及我们的分析实例，可以看到线程在 BLOCKED 状态，这要引起我们特别关注，BLOCKED 状态通常有等待发生，这自然会影响任务的时间。RUNNABLE 状态是一个常见状态，一般并不能由此状态而确定线程是否太慢，要结合实际的业务响应时间一起来诊断。本节的分析实例中线程为 RUNNABLE 状态，响应时间很慢，CPU 占用大；所以我们要分析其线程信息，从线程信息中得知程序执行到哪一行，结合源码分析到程序问题。

　　6. vmstat 命令

　　本节我们在分析实例时监控到的负载（load average）为 2.13，是通过 top 命令来监听的，我们还可以利用 vmstat 命令来监听（如图 5-22 所示）。

```
[root@2866706ed9be tomcat7]# vmstat 2
procs -----------memory---------- ---swap-- -----io---- -system-- ------cpu-----
 r  b   swpd   free   buff  cache   si   so    bi    bo   in   cs us sy id wa st
 6  0      0 2709188   2104 587792    0    0     3     0  125   44 49  0 51  0  0
 2  0      0 2709188   2104 587792    0    0     0     0 2537  213 50  0 50  0  0
 2  0      0 2709188   2104 587792    0    0     0     0 2495  205 50  0 50  0  0
 2  0      0 2709188   2104 587792    0    0     0     0 2557  199 50  0 50  0  0
 2  0      0 2709188   2104 587792    0    0     0     0 2534  204 50  0 50  0  0
 2  0      0 2709188   2104 587792    0    0     0     0 2518  206 50  0 50  0  0
 2  0      0 2709188   2104 587792    0    0     0     0 2523  195 50  1 50  0  0
 2  0      0 2709188   2104 587792    0    0     0     0 2486  196 50  0 50  0  0
```

图 5-22　vmstat 命令监听

　　r：表示运行和等待 CPU 时间的进程数，当此数量持续大于 CPU 核心数 ×2，代表负载过高，系统性能可能有风险。

　　b：表示阻塞的进程，在等待资源的进程数，例如正在等待 IO；阻塞进程多，自然响应时间慢，系统性能风险可能性大。

　　swpd：虚拟内存已使用的大小（单位为 KB）。如果大于 0，表示机器物理内存不足了；如果不是程序内存泄露的原因，那么该升级内存或者把耗内存的任务迁移到其他机器。这个值要看过程值，如果不是长时间大于 0 是没问题的。

　　free：空闲的物理内存的大小（单位为 KB）。

　　buff：作为 buffer cache 的内存数量（单位为 KB），例如权限等的缓存。

　　cache：作为 page cache 的内存数量（单位为 KB）。cache 直接用来记忆我们打开的文件，给文件做缓冲，Linux/UNIX 把空闲的物理内存的一部分拿来做文件和目录的缓存，是为了提高程序执行的性能，如果 cache 较大，说明用到 cache 的文件较多；如果此时 IO 中 bi 比较小，说明文件系统效率比较高。

　　si：数据从虚拟内存（Swap）或者磁盘读到的内存（RAM）（单位为 KB）。如果这个值大于 0，表示物理内存不够用或者内存泄露了，要查找耗内存进程并解决掉。

　　so：数据从内存（RAM）读到虚拟内存（Swap）或者磁盘（单位为 KB）。如果这个值大于 0，同上。

　　bi：从块设备（磁盘、磁带等）每秒接收（读磁盘）的块数量（以 block 为单位）。

　　bo：块设备每秒发送（写磁盘）的块数量，例如我们读取文件，bo 就要大于 0。bi 和 bo 一般都要接近 0，不然就是 IO 过于频繁，需要调整，而且 wa 值较大应该考虑均衡磁盘负载，可以结合 iostat 输出来分析（以 block 为单位）。

　　in：每秒系统中断数，系统通过中断机制来传递命令给 CPU，例如敲击键盘，网络 IO

都会产生系统中断，通常中断数可以说明系统的繁忙程度。

cs：每秒上下文切换的次数。例如我们调用系统函数就要进行上下文切换，线程的切换也要进行上下文切换，这个值要越小越好。如果太大了，要考虑调低线程或者进程的数目。系统调用也是，每次调用系统函数，代码就会进入内核空间，导致上下文切换，这是很耗资源的，因此也要尽量避免频繁调用系统函数。上下文切换次数过多，表示 CPU 大部分浪费在上下文切换，导致 CPU 干正经事的时间少了。

us：显示了用户方式下所花费 CPU 时间的百分比。此值比较高时，说明用户进程消耗的 CPU 时间多，但是如果长期处于高位，需要考虑优化用户的程序。

sy：系统 CPU 时间。如果太高，表示系统调用时间长，例如 IO 操作频繁。

id：空闲 CPU 时间。一般来说，id+us+sy=100，id 是空闲 CPU 使用率，us 是用户 CPU 使用率，sy 是系统 CPU 使用率。

wa：显示了 IO 等待所占用的 CPU 时间的百分比。wa 参考值为 30%，如果超过 30%，说明 IO 等待严重，可能是磁盘大量随机访问造成，也可能是磁盘或者磁盘访问控制器的带宽瓶颈造成的（如磁盘传输率）。

st：被虚拟机所占用的 CPU 使用状态。

7. top 命令

top 命令在性能分析诊断中是一个重要的命令，它提供了丰富的监控信息，既有 CPU 信息，也有内存信息。图 5-23 所示是 top 监控数据，下面我们来讲一下各项的含义。

```
top - 01:57:25 up 17 min,  0 users,  load average: 1.16, 1.11, 0.75
Tasks:   3 total,   1 running,   2 sleeping,   0 stopped,   0 zombie
%Cpu(s): 24.1 us,  0.1 sy,  0.0 ni, 75.8 id,  0.0 wa,  0.0 hi,  0.0 si,  0.0 st
KiB Mem :  4039168 total,  2777792 free,   695168 used,   566208 buff/cache
KiB Swap:        0 total,        0 free,        0 used.  3061284 avail Mem

  PID USER      PR  NI    VIRT    RES    SHR S  %CPU %MEM     TIME+ COMMAND
    1 root      20   0 3391812 253828  15232 S 101.0  6.3  10:41.96 java
   65 root      20   0   11772   2936   2652 S   0.0  0.1   0:00.14 bash
   80 root      20   0   51888   3744   3236 R   0.0  0.1   0:00.32 top
```

图 5-23　top 监控数据

● **任务队列信息**

top - 01:57:25 up 17 min, 0 users, load average: 1.16, 1.11, 0.75

当前的系统时间是 01:57:25，运行了 17 分钟；当前没有登录用户（登录到主机，例如使用 SSH 方式登录一个 docker 用户）；系统负载平均长度分别为 1.16、1.11、0.75，分别是 1 分钟、5 分钟、15 分钟到当前的平均负载值，系统是 4 核（按数字键 1 显示），所以系统的负载不大。

小提示

top 给出的系统运行时间，反映了当前系统存活时长，对于某些应用而言，系统需要保证 7×24 小时的高可用性，这个字段信息就能很好地衡量系统的高可用性。

● 进程状态信息

```
Tasks: 3 total,  1 running,  2 sleeping,  0 stopped,  0 zombie
```

此信息显示进程状态汇总信息,在 Linux 操作系统中进程一般有 5 种状态(如表 5-4 所示)。

表 5-4　　　　　　　　　　　　　进程状态信息描述

状　　态	名　　称	说　　明
D	不可中断的睡眠态	Uninterruptible sleep,通常出现在 IO 阻塞
R	运行态	Running or runnable
S	睡眠态	Interruptible sleep
T	被跟踪或已停止	Stopped
Z	僵尸态	process

进程在运行时不同的阶段会变换不同的状态,在 Linux 系统中进程的状态切换如图 5-24 所示。

★　运行状态睡眠变成不可中断的睡眠状态（D）。

★　运行状态中断变为可中断的睡眠状态（S）。

★　睡眠状态（S/D）被某个任务触发从而再次变成就绪状态以及运行状态（R）。

★　运行状态被暂停从而变成暂停状态（T）。

★　当暂停状态的进程收到继续的指令后,就会变成就绪状态（R）。

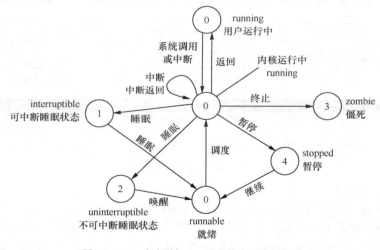

图 5-24　top 命令详解——进程状态切换示意图

● CPU 信息

```
%Cpu(s): 24.1 us,  0.1 sy,  0.0 ni,  75.8 id,  0.0 wa,  0.0 hi,  0.0 si,  0.0 st
```

此信息显示 CPU 状态信息,含义如表 5-5 所示。

表 5-5　　　　　　　　　　　　CPU 状态描述信息

项　　目	说　　明
24.1%us	用户空间占用 CPU 百分比
0.1%sy	内核空间占用 CPU 百分比

续表

项　目	说　明
0.0%ni	用户进程空间内改变过优先级的进程占用 CPU 百分比
75.8id	空闲 CPU 百分比
0.0wa	等待输入/输出的 CPU 时间百分比
0.0hi	硬中断占用 CPU 百分比
0.0si	软中断占用 CPU 百分比

通常关注 us、sy、hi、si、id、wa 这 6 项，其中 id 表示系统目前空闲的 CPU 的百分比，在这里我们需要注意的指标如下。

（1）CPU（s），表示当前 CPU 的平均值，默认的 top 命令配置是显示平均的 CPU 使用情况，如果按下数字键 1 可以显示各颗逻辑 CPU 的使用情况（如图 5-25 所示），读者在使用过程中应了解如何进行各颗 CPU 的使用情况和平均 CPU 使用情况间的切换。

```
top - 01:52:57 up 12 min,  0 users,  load average: 1.10, 0.99, 0.58
Tasks:   3 total,   1 running,   2 sleeping,   0 stopped,   0 zombie
%Cpu0  :  0.3 us,  0.3 sy,  0.0 ni, 99.3 id,  0.0 wa,  0.0 hi,  0.0 si,  0.0 st
%Cpu1  :  0.7 us,  0.3 sy,  0.0 ni, 99.0 id,  0.0 wa,  0.0 hi,  0.0 si,  0.0 st
%Cpu2  :100.0 us,  0.0 sy,  0.0 ni,  0.0 id,  0.0 wa,  0.0 hi,  0.0 si,  0.0 st
%Cpu3  :  0.0 us,  0.0 sy,  0.0 ni,100.0 id,  0.0 wa,  0.0 hi,  0.0 si,  0.0 st
KiB Mem :  4039168 total,  2780364 free,   693024 used,   565780 buff/cache
KiB Swap:        0 total,        0 free,        0 used.  3063684 avail Mem

  PID USER      PR  NI    VIRT    RES    SHR S  %CPU %MEM     TIME+ COMMAND
    1 root      20   0 3391812 251400  15232 S 100.7  6.2   6:13.09 java
   80 root      20   0   51888   3744   3236 R   0.3  0.1   0:00.17 top
   65 root      20   0   11772   2936   2652 S   0.0  0.1   0:00.14 bash
```

图 5-25　top 命令详解——各颗 CPU 的使用情况

（2）统计空闲的 CPU 利用率时，我们直接统计%id 的计数即可，当 id 持续过低的时候，表示系统迫切需要解决 CPU 资源问题。

（3）统计使用的 CPU 利用率需要通过 1-%id 获取。

（4）wa：使用率过高时，我们要考虑 IO 的性能是否有瓶颈，可以再用 iostat、sar 等命令做进一步分析。

（5）hi：硬中断，使用率过高时表示当前硬件中断占用很大的百分比。对于一般硬件中断，我们可以分析文件/proc/interrupts、/proc/irq/pid/smp_affinity、服务 irqbalance 是否配置，以及 CPU 的频率设置，通过这些可以优化系统的硬件中断。

（6）si：Linux kernel 通过一种软件的方法（可延迟函数）来模拟硬件的中断模式，通常叫作软中断。常见的软件中断一般都和网络相关。如表 5-6 所示，从网卡到 IP 层的数据报文收发都是由软件中断来处理的。除此之外，长时间地写日志也可能产生软件中断。

表 5-6　　　　　　　　　　　　　　软件中断描述

软　中　断	说　明
NET_TX_SOFTIRQ	把数据包传送到网卡
NET_RX_SOFTIRQ	从网卡接收数据包

当软件中断出现瓶颈的时候，系统有个进程叫作 ksoftirqd，每个 CPU 都有自己对应的

ksoftirqd/n（n 为 CPU 的逻辑 ID），每个 ksoftirqd 的内核线程都会去运行对应的 ksoftirqd()函数来处理自己的中断队列上的软件中断。所以当网络出现阻塞的时候，软件中断程序 ksoftirqd 肯定会出现瓶颈。此时，我们可以通过 ps 命令查看进程 ksoftirqd 的使用信息 ps aux | grep ksoftirqd。

（7）ni，优先级（priority）。操作系统用来决定 CPU 分配的参数，Linux 使用 round-robin 的算法来做 CPU 排程，优先序越高，可能获得的 CPU 时间就越多。但是我们可以通过 nice 命令以更改过的优先级来执行程序，如果未指定程序，则会打印出目前的排程优先级，内定的 adjustment 为 10，范围为−20（最高优先级）～19（最低优先级）。

（8）如图 5-26 所示的场景，该系统的 CPU 利用率不是 84.6%us，我们需要加上 4.7%sy，以及 2.2%si 的信息。一般来说，监控分析时获取系统 CPU 使用情况应该是用 1-%id 的数据，即该系统使用的 CPU 利用率是 91.5%。

```
top - 00:56:52 up 23 days, 23:51,  8 users,  load average: 1.72, 1.93, 1.36
Tasks: 633 total,   1 running, 632 sleeping,   0 stopped,   0 zombie
Cpu(s): 84.6%us,  4.7%sy,  0.0%ni,  8.5%id,  0.0%wa,  0.0%hi,  2.2%si,  0.0%st
Mem:  32963960k total, 13628996k used, 19334964k free,   334172k buffers
Swap:  4095992k total,        0k used,  4095992k free,  9415332k cached

  PID USER      PR  NI  VIRT  RES  SHR S %CPU %MEM    TIME+  COMMAND
21206 root      20   0 24.0g 2.5g 9808 S 1276.5  8.0 788:40.60 java
 4766 mysql     20   0 12.4g 257m 6040 S 943.1  0.8 1242:43 mysqld
21652 root      20   0 15488 1696  952 R  0.7  0.0  0:04.63 top
   13 root      20   0     0    0    0 S  0.3  0.0  0:01.25 ksoftirqd/2
   53 root      20   0     0    0    0 S  0.3  0.0  0:00.82 ksoftirqd/12
    1 root      20   0 19400 1564 1256 S  0.0  0.0  0:02.05 init
    2 root      20   0     0    0    0 S  0.0  0.0  0:00.00 kthreadd
    3 root      RT   0     0    0    0 S  0.0  0.0  0:00.00 migration/0
    4 root      20   0     0    0    0 S  0.0  0.0  0:00.45 ksoftirqd/0
```

图 5-26　top 命令详解——top 监控场景

● 内存信息

```
KiB Mem:  4039168 total,  2777792 free,   695168 used,   566208 buff/cache
KiB Swap:       0 total,        0 free,        0 used,  3061284 avail Mem
```

如表 5-7 所示，top 命令显示了内存相关的使用情况，除了显示物理内存的使用情况以外，它还显示了虚拟内存的使用情况，能帮助用户很好地了解系统内存 RAM+SWAP 的资源。这里我们可以得出下面的一些结论帮助读者进行分析。

（1）buffer 和 cache 的作用是缩短 IO 系统调用的时间，例如读、写等。一般对于一个系统而言，如果 cache 的值很大，说明 cache 中的文件数多。如果频繁访问的文件都能被命中，很明显会比读取磁盘调用快，磁盘的 IO 必定会减小。

表 5-7　　　　　　　　　　　　　　　　　top 内存数据展示

项　　目	说　　明
Mem: 4039168 total,	物理内存总量
Mem: 2780364 used,	使用的物理内存总量
Mem: 693024 free,	空闲内存总量
Mem: 565780 buffers	用作内核缓存的内存量
Swap:0 total	交换区总量
Swap:0 free	空闲交换区总量
Swap: 0 used,	使用的交换区总量
Swap: 3063684 avail Mem	可用内存总量

注意

cache 的命中率很关键，如果频繁访问的文件不能被命中，对 cache 而言是个比较大的资源浪费，此时应考虑 drop cache 并且提升对应的 cache 命中率。

（2）从字面的意义来说，系统的 **mem.free** 表示的是空闲内存总量，但需要注意的是，虽然 buffer/cache 会占用一定的物理内存，但是当系统需要内存的时候，这些内存可以立即释放出来，也就是说 buffer/cache 可以被看成可用内存。具体 drop cache 的操作如图 5-27 所示。

```
[root@localhost ~]# free -m
              total       used       free     shared    buffers     cached
Mem:            498        361        137          0        155         82
-/+ buffers/cache:         124        374
Swap:          2047          4       2043
[root@localhost ~]# sync
[root@localhost ~]# sync
[root@localhost ~]# echo 3 > /proc/sys/vm/drop_caches
[root@localhost ~]# echo 3 > /proc/sys/vm/drop_caches
[root@localhost ~]# free -m
              total       used       free     shared    buffers     cached
Mem:            498        133        356          0          0         15
-/+ buffers/cache:         117        381
Swap:          2047          4       2043
```

图 5-27　drop cache 释放内存

如图 5-27 所示，最开始的时候，系统使用了物理内存 361MB，剩余可用的物理内存只有 137MB；当执行内核同步和 drop_cache 内核调用后，再次通过 free 命令查看发现使用的内存只有 133MB 了，剩余的有 356MB。通过对比可以发现 buffer 的内存释放了 155MB，cache 也释放了 67MB。一般来说，我们习惯通过 free 命令来监控内存，这里我们总结对应的公式如下。

公式

物理内存总数：
Mem_total = Mem_used+Mem_free
实际使用的物理内存数：
−buffers/cache = used−buffers−cache
实际可用的物理内存数：
+buffers/cache = free+buffers+cache
交换分区对应的内存总数：
Swap_total = swap_used+swap_free

（3）清理 cache/buffer 是一个把物理内存的数据同步到磁盘的过程，为了保证在执行 drop cache 的过程中不丢失数据，需要执行 sync 命令。sync 命令执行同步避免丢失数据。

● 进程信息

```
PID USER   PR  NI   VIRT     RES    SHR  S  %CPU  %MEM   TIME+    COMMAND
1   root   20   0  3391812  251400  15232 S  100.7  6.2  6:13.09   java
```

如表 5-8 所示为进程信息。top 命令给出了对应的进程号、进程所有者、进程优先级、进程使用的虚拟内存、实际物理内存、共享内存、CPU、命令行等信息。下面解释一下。

（1）top 命令默认显示的是进程信息，如要显示线程级的信息，可以通过 ps 命令获取，也可以使用 top –Hp [进程号]显示，参照本节中的"实践示例"部分。

（2）进程实际使用的内存要查看 RES 那一列的信息，VIRT 表示进程使用的虚拟内存的数据，SHR 表示共享内存的数据。

表 5-8 top 进程信息

PID	进程信息
USER	进程所有者的用户名
PR	优先级
NI	nice 值，负值表示高优先级，正值表示低优先级
VIRT	进程使用的虚拟内存总量，单位为 KB，VIRT=SWAP+RES
RES	进程使用的、未被换出的物理内存大小，单位为 KB，RES=CODE+DATA
SHR	共享内存大小，单位为 KB
%CPU	上次更新到现在的 CPU 时间占用百分比
%MEM	进程使用的物理内存百分比
TIME+	进程使用的 CPU 时间总计
COMMAND	命令名/命令行

（3）TIME+表示进程使用的 CPU 时间的总计，而非进程的存活时间，且 TIME+默认精确到 1/100 秒。由于 TIME+显示的是 CPU 时间，所以可能存在 TIME+大于程序运行时间，也可能小于程序运行时间，这两个没有必然的关系，完全取决于该程序所能分配到的 CPU 时间。

（4）%CPU 表示进程所占用的 CPU 的百分比，通过这个可以得出进程的 CPU 利用率。

（5）默认情况下，系统不会显示进程分布在哪几颗 CPU 上，如想分析各颗 CPU 对应的应用程序，可以修改 top 的默认配置，添加字段 Last used CPU 即可。

（6）上面几行信息分别描述了 top 命令各字段的含义，但默认的 top 命令配置并不能满足我们日常的需求，我们可以自定义一些 top 配置，来更好地帮我们分析系统。下面我们一起看看常见的一些 top 配置。用户输入 top 命令后，按下 H 键可以看到对应的 top 配置帮助（如图 5-28 所示），您也可以使用 man top 来查看 top 命令的帮助。具体的使用方式请自己实验。

8．ps 命令

ps 是基础的进程查看命令，可以确定有哪些进程正在运行，是什么状态，有没有"僵尸"进程，哪些进程占用了过多的资源等。基础命令使用广泛，在此不做详细讲解，仅列出笔者使用较多的命令组合供参考。

（1）找出消耗内存最多的前 10 名进程：

```
ps -auxf | sort -nr -k 4 | head -10
```

（2）找出使用 CPU 最多的前 10 名进程：

```
ps -auxf | sort -nr -k 3 | head -10
```

```
Help for Interactive Commands - procps-ng version 3.3.10
Window 1:Def: Cumulative mode Off.  System: Delay 3.0 secs; Secure mode Off.

  Z,B,E,e    Global: 'Z' colors; 'B' bold; 'E'/'e' summary/task memory scale
  l,t,m      Toggle Summary: 'l' load avg; 't' task/cpu stats; 'm' memory info
  0,1,2,3,I  Toggle: '0' zeros; '1/2/3' cpus or numa node views; 'I' Irix mode
  f,F,X      Fields: 'f'/'F' add/remove/order/sort; 'X' increase fixed-width

  L,&,<,> .  Locate: 'L'/'&' find/again; Move sort column: '<'/'>' left/right
  R,H,V,J .  Toggle: 'R' Sort; 'H' Threads; 'V' Forest view; 'J' Num justify
  c,i,S,j .  Toggle: 'c' Cmd name/line; 'i' Idle; 'S' Time; 'j' Str justify
  x,y     .  Toggle highlights: 'x' sort field; 'y' running tasks
  z,b     .  Toggle: 'z' color/mono; 'b' bold/reverse (only if 'x' or 'y')
  u,U,o,O .  Filter by: 'u'/'U' effective/any user; 'o'/'O' other criteria
  n,#,^O  .  Set: 'n'/'#' max tasks displayed; Show: Ctrl+'O' other filter(s)
  C,...   .  Toggle scroll coordinates msg for: up,down,left,right,home,end

  k,r        Manipulate tasks: 'k' kill; 'r' renice
  d or s     Set update interval
  W,Y        Write configuration file 'W'; Inspect other output 'Y'
  q          Quit
             ( commands shown with '.' require a visible task display window )
Press 'h' or '?' for help with Windows,
Type 'q' or <Esc> to continue
```

图 5-28　top 命令详解——top 帮助

5.2.2　内存风险诊断

1. 内存关键性能指标

在影响系统性能因素中，内存的大小也是一个非常核心的指标。当可用的内存太小，系统进程就会被阻塞，应用也将会变得非常缓慢，有时候会失去响应，严重的甚至会触发系统的 OOM（内存溢出）从而引起应用程序被系统杀死，更严重的情况可能会引起系统重启；当机器的内存太大的时候，有时候也是一种浪费，这时候我们可以考虑做一些缓存服务器去提升系统性能。关于内存的分析，一般情况下我们希望内存一定要足够大，尤其是现在计算机内存大部分都是 8GB 以上的，但假如我们的系统是 32 位处理器的操作系统，由于系统在 32 位的系统寻址范围有限，会导致系统无法使用那么"大"的内存。这也是现在大部分服务器使用 64 位操作系统的原因——64 位的系统没有这类问题。

虚拟内存也是内存里面我们需要考虑的性能指标。在系统的设计中，当系统的物理内存不够用的时候，就需要将物理内存中的一部分程序释放出来腾出空间，以供当前运行的程序使用。那些被释放的程序可能来自一些很长时间没有什么操作的程序，这些被释放的程序被临时保存到虚拟内存空间中，等到那些程序要运行时，再从虚拟内存中恢复保存的数据到物理内存中。这样，系统总是在物理内存不够时，才进行内存之间的交换。有时可以越过系统性能瓶颈，节省系统升级费用。在做性能分析的时候，我们也要考虑系统有无设置虚拟内存，以及虚拟内存的使用情况。就虚拟内存的设定而言，因为以前的系统内存普遍偏小，通常建议虚拟内存是物理内存的两倍，但随着物理内存的增大，很多服务器的 RAM 已经是 64GB、128GB，如果虚拟内存再设置成它的两倍，就有点浪费磁盘空间了。

```
Mem:   232600k total,   224688k used,     7912k free,   8508k buffers
Swap: 2097144k total,    62052k used,  2035092k free,  46264k cached
```

表 5-9 所示是系统内存的使用数据，我们可以通过 top、free 等命令获取。当前系统的物理内存大约为 230MB，已使用了 224MB，可以看出当前的物理内存已经不够，好在系

统划分了 2GB 的虚拟内存空间, 有一部分数据已置换到 swap 分区, 从而保证了系统的正常运行。

表 5-9　　　　　　　　　　　　　　系统内存的使用数据

项　　目	说　　明
Mem: 232600k total	物理内存总量
Mem: 224688k used	使用的物理内存总量
Mem: 7912k free	空闲内存总量
Mem: 8508k buffers	用作内核缓存的内存量
Mem: 46264k cached	缓冲的交换区总量
Swap: 2097144k total	交换区总量
Swap: 62052k used	使用的交换区总量
Swap: 2035092k free	空闲交换区总量

2.　定位方法

如表 5-10 所示, 在系统的内存分析定位过程中, 当系统内存的利用率大于 50%的时候, 我们就需要注意了; 当系统的内存利用率大于 70%的时候, 就需要密切关注; 当系统内存的利用率高于 80%的时候, 情况就比较严重了。我们可以用 vmstat、sar、dstat、free、top、ps 等命令来进行统计分析。

表 5-10　　　　　　　　　　　　　　系统内存分析定位

模块	类型	度 量 方 法	衡 量 标 准
内存	使用情况	(1) free 命令查看使用情况 (2) vmstat 命令查看使用情况 (3) sar –r 命令查看使用情况 (4) ps 命令查看使用情况	注意≥50% 告警≥70% 严重≥80%
	满载	(1) vmstat 的 si/so, 辅助 swapd 和 free (2) sar –W 查看次缺页数 (3) 查看内核日志有无 OOM 机制 kill 进程 (4) dmesg | grep killed	(1) so 数值大, 且 swapd 已经占比很高, 内存肯定已经饱和 (2) sar 命令次缺页多意味已经在不停地和 swap "打交道", 证明内存已经饱和 (3) 当内存不够用会触发内核的 OOM 机制
	错误	(1) 查看内核有无 physical failures (2) 通过工具如 valgrind 等进行检查	有计数

通过以上命令可以帮我们分析内存的不足, 但这还不够, 我们需要分析导致内存不够的代码。以 JVM 的内存分析为例, 步骤如下:

(1) 找到占内存大的 JVM 进程;

(2) dump 此 JVM 的堆信息;

(3) 分析堆信息定位程序。

3.　实践示例

(1) 找到占内存大的 JVM 进程。

通过 top 命令看到本例主机上只有一个 JVM 进程 (如图 5-29 所示), 实验中持续对 JVM 上的服务进行压测, 我们监控到响应时间较慢 (如图 5-30 所示, 响应时间为 3.546 秒)。通过 top 命令一览可能的性能风险, 可以看到%CPU 在高位, %Mem 还不到 50%, 所以优先查看 CPU 风险。

```
PID USER      PR  NI    VIRT    RES    SHR S  %CPU %MEM    TIME+  COMMAND
  1 root      20   0 3393868 1.091g 15264 S 388.7 28.3  15:01.85 java
132 root      20   0 2176496  31284 14676 S   0.3  0.8   0:01.08 jstat
 65 root      20   0   11772   2756  2476 S   0.0  0.1   0:00.06 bash
 81 root      20   0   51892   3780  3256 R   0.0  0.1   0:00.18 top
 82 root      20   0   11772   3080  2692 S   0.0  0.1   0:00.07 bash
```

图 5-29　top 命令

Label	# Samples	Average	Min	Max	Std. Dev.
/jforum-2.1.8/f...	278	3546	23	194813	25830.69
TOTAL	278	3546	23	194813	25830.69

图 5-30　事务响应时间

通过 top –Hp 来定位高 CPU 的线程，如图 5-31 所示，可以看到有 4 个线程高 CPU 占用。

```
PID USER      PR  NI    VIRT    RES    SHR S  %CPU %MEM    TIME+  COMMAND
 13 root      20   0 3393868 1.091g 15264 R  94.7 28.3   4:04.39 java
 11 root      20   0 3393868 1.091g 15264 R  94.3 28.3   4:04.40 java
 10 root      20   0 3393868 1.091g 15264 R  92.7 28.3   4:04.52 java
 12 root      20   0 3393868 1.091g 15264 R  92.0 28.3   4:04.22 java
 14 root      20   0 3393868 1.091g 15264 S   5.3 28.3   0:12.81 java
 21 root      20   0 3393868 1.091g 15264 S   0.3 28.3   0:00.37 java
```

图 5-31　top –Hp 命令

（2）dump 此 JVM 的堆信息。

dump 栈信息，然后匹配 pid，从栈文件中找到了 4 个线程信息（参看代码清单 5-4）。

代码清单 5-4　线程栈信息

```
"VM Thread" prio=10 tid=0x00007fa074069000 nid=0xe runnable
"GC task thread#0 (ParallelGC)" prio=10 tid=0x00007fa07401e800 nid=0xa runnable
"GC task thread#1 (ParallelGC)" prio=10 tid=0x00007fa074020800 nid=0xb runnable
"GC task thread#2 (ParallelGC)" prio=10 tid=0x00007fa074022800 nid=0xc runnable
"GC task thread#3 (ParallelGC)" prio=10 tid=0x00007fa074024800 nid=0xd runnable
```

从中可以看到有 4 个线程忙着做 GC 操作，主机的 CPU 刚好是 4 核，所以开了 4 个线程做 GC，说明 JVM 的堆内存在风险。利用 jstat 命令监控 GC 状况，如图 5-32 所示，可以看到平均 3 秒一次 Full GC(jstat 命令后的 3000 是设置 3 秒打印一次 GC 信息，可以看到 FGC 每 3 秒会多一次，所以平均 3 秒就有一次 Full GC)，"持久带"持续被占满。高 CPU 是频繁 GC 导致的，再次访问服务无响应，服务已经崩溃，根本不响应，这就是常说的内存溢出。

```
[root@6d13488324bc tomcat7]# jstat -gcutil 1 3000
 S0     S1     E      O      P      YGC     YGCT    FGC    FGCT     GCT
0.00   0.00 100.00  97.97  98.02     21    2.951   1153 2635.990 2638.941
0.00   0.00 100.00  97.97  98.02     21    2.951   1154 2638.182 2641.132
0.00   0.00 100.00  97.97  98.02     21    2.951   1155 2640.286 2643.237
0.00   0.00 100.00  97.97  98.02     21    2.951   1157 2644.448 2647.399
0.00   0.00 100.00  97.97  98.02     21    2.951   1158 2646.622 2649.573
0.00   0.00 100.00  97.97  98.02     21    2.951   1159 2649.005 2651.956
```

图 5-32　jstat 命令

所以我们要 dump 堆信息，分析堆中是什么数据占用了大量内存，需要频繁地做 GC 操作，使用 jmap 命令可以 dump 堆信息（如图 5-33 所示）。

```
[root@6d13488324bc tomcat7]# jmap -dump:live,format=b,file=heap.info 1
Dumping heap to /usr/java/tomcat7/heap.info ...
Heap dump file created
```

图 5-33　jmap 命令

jstat 命令监控了堆的回收情况，那堆到底有多大呢？可以利用 jmap 命令来统计（参看代码清单 5-5）。

代码清单 5-5　堆信息

```
[root@6d13488324bc tomcat7]# jmap -heap 1
Attaching to process ID 1, please wait...
Debugger attached successfully.
Server compiler detected.
JVM version is 24.79-b02

using thread-local object allocation.
Parallel GC with 4 thread(s)

Heap Configuration:
   MinHeapFreeRatio = 0
   MaxHeapFreeRatio = 100
   MaxHeapSize      = 1035993088 (988.0MB)
   NewSize          = 1310720 (1.25MB)
   MaxNewSize       = 17592186044415 MB
   OldSize          = 5439488 (5.1875MB)
   NewRatio         = 2
   SurvivorRatio    = 8
   PermSize         = 21757952 (20.75MB)
   MaxPermSize      = 85983232 (82.0MB)
   G1HeapRegionSize = 0 (0.0MB)

Heap Usage:
PS Young Generation
Eden Space:
   capacity = 117964800 (112.5MB)
   used     = 45355808 (43.254669189453125MB)
   free     = 72608992 (69.24533081054688MB)
   38.44859483506944% used
From Space:
   capacity = 113770496 (108.5MB)
   used     = 0 (0.0MB)
   free     = 113770496 (108.5MB)
   0.0% used
To Space:
   capacity = 112721920 (105.5MB)
   used     = 0 (0.0MB)
   free     = 112721920 (105.5MB)
   0.0% used
PS Old Generation
   capacity = 690487296 (658.5MB)
   used     = 690478472 (658.491584777832MB)
```

```
    free      = 8824 (0.00841522216796875MB)
    99.99872206193349% used
PS Perm Generation
    capacity = 41418752 (39.5MB)
    used      = 24463856 (23.330551147460938MB)
    free      = 16954896 (16.169448852539062MB)
    59.064686449268194% used

14591 interned Strings occupying 1889760 bytes.
```

（3）分析堆信息定位程序。

我们可以借助工具做堆信息的分析，JDK 有自带的工具 JVisualVM，也可以使用 IBM 开源工具 MAT 以及商业工具 Jprofiler。本例使用 MAT 来分析。

使用 MAT 打开堆文件，MAT 会自动分析堆信息，并给出提示（如图 5-34 所示）。

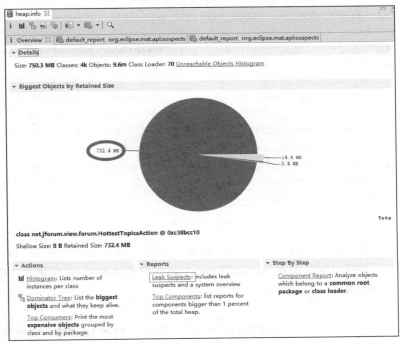

图 5-34　MAT 会自动分析堆信息

Leak Suspects 给出内存溢出风险提示，指明了 HottestTopicsAction.java 导致的内存溢出问题（如图 5-35 所示），单击 Details 进到类关联界面，如图 5-36 所示。

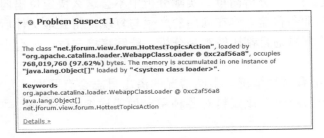

图 5-35　风险提示

Class Name	Shallow Heap	Retained Heap
java.lang.Object[4102267] @ 0xeb680000	16,409,088	768,019,728
elementData java.util.ArrayList @ 0xc38bcc70	24	768,019,752
UserList class net.jforum.view.forum.HottestTopicsAction @ 0xc38bcc10	8	768,019,760
<class> net.jforum.view.forum.HottestTopicsAction @ 0xf2079158	40	40
<Java Local> org.apache.tomcat.util.threads.TaskThread @ 0xc3d71df0 http-bio-8080-exec-10 Thread	112	33,672
clazz java.lang.reflect.Method @ 0xf2079468 public net.jforum.view.forum.HottestTopicsAction.list() »	80	224
[795] java.lang.Object[1280] @ 0xc38a0f18 »	5,136	5,136
∑ Total: 3 entries		

图 5-36　类关联

在 HottestTopicsAction 的实例中有一个集合对象 ArrayList，其中关联的堆内存（Retained Heap 768 019 752）有 700MB 左右（如图 5-37 所示）。

Class Name	Shallow Heap	Retained Heap	Percentage
class net.jforum.view.forum.HottestTopicsAction @ 0xc38bcc10	8	768,019,760	97.62%
java.util.ArrayList @ 0xc38bcc70	24	768,019,752	97.62%
java.lang.Object[4102267] @ 0xeb680000	16,409,088	768,019,728	97.62%
net.jforum.entities.User @ 0xdd84ef90	168	240	0.00%
net.jforum.entities.User @ 0xc5b45c00	168	240	0.00%
net.jforum.entities.User @ 0xd4d14c48	168	240	0.00%
net.jforum.entities.User @ 0xdd84f080	168	240	0.00%
net.jforum.entities.User @ 0xcf0429d8	168	240	0.00%
net.jforum.entities.User @ 0xc891e638	168	240	0.00%

图 5-37　内存统计

数组中是 313 万（3 131 711）多个 User 对象，如图 5-38 所示。这么多的对象不被回收，自然会内存溢出，所以问题就出在 HottestTopicsAction 中的 ArrayList 变量上，由于变量中存放的 User 对象未被回收。

Label	Number of Objects	Used Heap Size	Retained Heap Size
net.jforum.entities.User First 10 of 3,131,711 objects	3,131,711	526,127,448	751,610,640

图 5-38　User 对象统计

当然，本例问题突出，分析简单。实际分析中不会这么快定位出问题的，通常需要长时间的压测，充分的业务覆盖。难在问题的产生与复现，得到堆文件后就可按照既定方式去操作了。内存溢出问题通常都比较容易分析，能够直接定位，只有少量的刁钻问题需要深入分析。

JVM 内存的溢出有多种情况，不同情况的溢出日志会有区别，大家可以参考 plumbr 官网上的 outofmemoryerror，该资料对各种溢出做了详细介绍，图 5-39 所示是堆溢出的介绍。

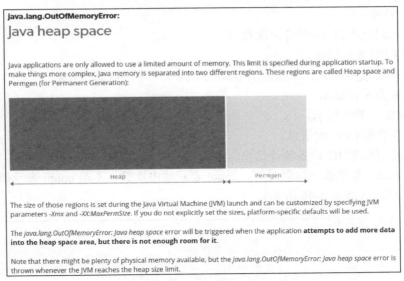

图 5-39　堆溢出的介绍

5.2.3　IO 风险诊断

应用系统离不开 IO（数据读写），IO 的读写性能直接影响系统性能，而磁盘 IO 是系统短板。CPU 处理频率较磁盘的物理操作快几个数量级，CPU 从磁盘读取数据和从内存读取数据的差别是秒到毫秒的区别。IO 比较频繁时，如果 IO 得不到满足会导致应用的阻塞（也叫 IO 等待或者叫非空闲等待）。针对 IO 的场景模型，我们要考虑的有 IO 的 TPS、平均 IO 数据、平均队列长度、平均服务时间、平均等待时间、IO 利用率（磁盘 Busy Time%）等指标。

1.　IO 定位分析手段

如表 5-11 所示，衡量系统 IO 的使用情况时，我们可以使用 sar、iostat、iotop 等命令进行系统级的 IO 监控分析。当发现 IO 的利用率大于 40% 时，就需要注意了；当使用率大于 60%，则处于告警阶段；当大于 80% 时，IO 就会出现阻塞了。

表 5-11　　　　　　　　　　　　　　　　系统 IO 定位分析

模　块	类　　型	度　量　方　法	衡 量 标 准
IO	使用情况	（1）iostat –xz , "%util" （2）sar -d, "%util" （3）iotop 的利用率很高 （4）cat /proc/pid/sched | grep iowait	注意≥40% 告警≥60% 严重≥80%
	满载	（1）iostat -xnz 1, "avgqu-sz" >1 （2）iostat await > 70	IO 或已经满载
	错误	（1）dmesg 查看 IO 错误 （2）smartctl /dev/sda	有信息

2.　iostat 命令

iostat 命令能够报告 CPU 的统计信息，以及各种设备、分区及网络文件系统输入/输出的统计信息，在 Linux 下使用 man iostat 可以查看到帮助。下面我们只介绍性能分析时常用的命令组合，供参考。

格式：iostat [选项] [<间隔>] [<次数>]

-c：显示 CPU 使用情况。

-d：显示磁盘使用情况，单独输出 Device 结果，不包括 CPU 结果。

-k：以 KB 为单位显示。

-m：以 MB 为单位显示。

-t：显示终端和 CPU 的信息。

-x：输出更详细的 IO 设备统计信息。

interval/count：每次输出间隔时间，count 表示输出次数，不带 count 表示循环输出。

（1）概览信息（如图 5-40 所示）。

```
[root@localhost ~]# iostat
Linux 5.0.7-1.el7.elrepo.x86_64 (localhost.localdomain)        06/05/2019      _x86_64_       (4 CPU)

avg-cpu:  %user   %nice %system %iowait  %steal   %idle
           0.79    0.00    0.35    0.45    0.00   98.42

Device:            tps    kB_read/s    kB_wrtn/s    kB_read    kB_wrtn
sda               4.98       249.25        12.44     470674      23499
dm-0              4.80       242.01        11.70     456994      22096
dm-1              0.05         1.44         0.00       2712          0
```

图 5-40　概览信息

avg-cpu：CPU 使用总体情况统计信息，对于多核 CPU，这里为所有 CPU 使用情况的平均值。

%user：CPU 处在用户模式下的时间百分比。

%nice：CPU 处在带 nice 值的用户模式下的时间百分比。

%system：CPU 处在系统模式下的时间百分比。

%iowait：iowait 值，表示 CPU 等待 IO 时间占整个 CPU 周期的百分比，如果 iowait 值超过 50%，或者明显大于%system、%user 以及%idle，表示 IO 可能存在问题。

%steal：管理程序维护另一个虚拟处理器时，虚拟 CPU 的无意识等待时间百分比。

%idle：CPU 空闲时间百分比。

Device：各磁盘设备的 IO 统计信息。各列含义如下。

● Device。以 sdX 形式显示的设备名称。

● tps。每秒进程下发的 IO 读、写请求数量。

● kB_read/s。每秒从驱动器读入的数据量，单位为 KB。

● kB_wrtn/s。每秒从驱动器写入的数据量，单位为 KB。

● kB_read。读入数据总量，单位为 KB。

● kB_wrtn。写入数据总量，单位为 KB。

（2）间隔显示 IO 情况。

iostat –xkd 2　//每隔 2 秒输出磁盘 IO 状态，如图 5-41 所示。

```
[root@localhost ~]# iostat -xkd 2
Linux 5.0.7-1.el7.elrepo.x86_64 (localhost.localdomain)        06/05/2019      _x86_64_       (4 CPU)

Device:         rrqm/s   wrqm/s     r/s     w/s    rkB/s    wkB/s avgrq-sz avgqu-sz   await r_await w_await  svctm  %util
sda               0.01     0.04    4.22    0.55   245.47    12.56   108.03     0.04    9.48   10.23    3.69   0.99   0.47
dm-0              0.00     0.00    4.00    0.59   238.11    11.79   108.89     0.04    9.38   10.23    3.68   1.00   0.46
dm-1              0.00     0.00    0.05    0.00     1.46     0.00    63.81     0.00   38.33   38.33    0.00   0.68   0.00
```

图 5-41　iostat 命令

rrqm/s：每秒对该设备的读请求被合并次数，文件系统会对读取同块（block）的请求进行合并。

wrqm/s：每秒对该设备的写请求被合并次数。

r/s：每秒完成的读次数。

w/s：每秒完成的写次数。

rkB/s：每秒读数据量（单位为 KB）。

wkB/s：每秒写数据量（单位为 KB）。

avgrq-sz：平均每次 IO 操作的数据量（扇区数为单位）。

avgqu-sz：平均等待处理的 IO 请求队列长度，即 IO 等待个数。

await：平均每次 IO 请求等待时间（包括等待时间和处理时间，单位为毫秒）。

svctm：平均每次 IO 请求的处理时间（单位为毫秒）。

%util：即 IO 队列非空的时间比率，例如一秒中有百分之多少的时间用于 IO 操作，或者说一秒中有多少时间 IO 队列是非空的，一般该值超过 70%表示该磁盘可能处于繁忙状态。

3．pidstat 命令

pidstat 是 sysstat 工具的一个命令（需要先安装 sysstat），主要用于监控进程占用系统资源（CPU、内存、设备 IO、任务切换）的情况，不仅可以监控进程的性能情况，也可以监控线程的性能情况。pidstat 首次运行时显示自系统启动开始的各项统计信息，之后运行 pidstat 将显示自上次运行该命令以后的统计信息。用户可以通过指定统计的次数和时间来获得所需的统计信息。在此不详细讲解 pidstat 的用法及各种参数，仅展示笔者常用的命令组合供参考。

格式：pidstat [选项] [<间隔>] [<次数>]

-d：显示各个进程的 IO 使用情况。

-p：指定进程号。

-r：显示各个进程的内存使用统计。

-w：显示每个进程的上下文切换情况。

-t：显示选择任务的线程的统计信息外的额外信息。

（1）监听进程的 IO 使用情况。

pidstat –d -p 4036 5　//监听 id 为 4036 的进程，每 5 秒输出一次，如图 5-42 所示。

```
[root@localhost ~]# pidstat -d -p 4036 5
Linux 5.0.7-1.el7.elrepo.x86_64 (localhost.localdomain)        06/05/2019      _x86_64_      (4 CPU)

09:21:14 AM   UID       PID   kB_rd/s   kB_wr/s kB_ccwr/s  Command
09:21:19 AM    27      4036      0.00      0.00      0.00  mysqld
09:21:24 AM    27      4036      0.00      0.00      0.00  mysqld
09:21:29 AM    27      4036      0.00      9.60      0.00  mysqld
09:21:34 AM    27      4036      0.00      0.00      0.00  mysqld
09:21:39 AM    27      4036      0.00      0.00      0.00  mysqld
09:21:44 AM    27      4036      0.00      0.00      0.00  mysqld
09:21:49 AM    27      4036      0.00     31.20      0.00  mysqld
09:21:54 AM    27      4036      0.00      1.60      0.00  mysqld
^C
Average:       27      4036      0.00      5.30      0.00  mysqld
```

图 5-42　pidstat 监听进程的 IO 使用情况

PID：进程 id。

kB_rd/s：每秒从磁盘读取的 KB。

kB_wr/s：每秒写入磁盘 KB。

kB_ccwr/s：任务取消的写入磁盘的 KB。当任务截断"脏"的 pagecache 的时候会发生。

Command：task 的命令行。

（2）监听进程的 CPU 使用情况。

pidstat -p 5285 2　//监听 id 为 5285 的进程，每 2 秒输出一次，如图 5-43 所示。

```
[root@localhost ~]# pidstat -p 5285 2
Linux 5.0.7-1.el7.elrepo.x86_64 (localhost.localdomain)       06/05/2019      _x86_64_      (4 CPU)

09:25:01 AM   UID       PID    %usr %system  %guest    %CPU   CPU  Command
09:25:03 AM     0      5285  100.00    1.50    0.00  100.00     2  java
09:25:05 AM     0      5285  100.00    2.50    0.00  100.00     2  java
09:25:07 AM     0      5285  100.00    2.00    0.00  100.00     2  java
09:25:09 AM     0      5285  100.00    3.00    0.00  100.00     2  java
09:25:11 AM     0      5285  100.00    2.00    0.00  100.00     2  java
09:25:13 AM     0      5285  100.00    2.00    0.00  100.00     2  java
^C
Average:        0      5285  100.00    2.17    0.00  100.00     -  java
```

图 5-43　pidstat 监听进程的 CPU 使用情况

PID：进程 id。

%usr：进程在用户空间占用 CPU 的百分比。

%system：进程在内核空间占用 CPU 的百分比。

%guest：进程在虚拟机占用 CPU 的百分比。

%CPU：CPU 被占用的总的百分比。

CPU：处理进程的 CPU 编号。

Command：当前进程对应的命令。

（3）监听进程的内存使用情况，如图 5-44 所示。

pidstat -r -p 5285 2

```
[root@localhost ~]# pidstat -r -p 5285 2
Linux 5.0.7-1.el7.elrepo.x86_64 (localhost.localdomain)       06/05/2019      _x86_64_      (4 CPU)

09:37:28 AM   UID       PID  minflt/s  majflt/s     VSZ      RSS   %MEM  Command
09:37:30 AM     0      5285      0.00      0.00 3393868   291284   7.21  java
09:37:32 AM     0      5285      1.00      0.00 3393868   291284   7.21  java
09:37:34 AM     0      5285      0.00      0.00 3393868   291284   7.21  java
^C
Average:        0      5285      0.33      0.00 3393868   291284   7.21  java
```

图 5-44　pidstat 监听进程的内存使用情况

minflt/s：任务每秒发生的次要错误，不需要从磁盘中加载页。

majflt/s：任务每秒发生的主要错误，需要从磁盘中加载页。

VSZ：虚拟地址大小，虚拟内存的使用（单位为 KB）。

RSS：常驻集合大小，非交换区物理内存的使用（单位为 KB）。

（4）监听进程的上下文切换，如图 5-45 所示。

pidstat -w -p 5285 2

```
[root@localhost ~]# pidstat -w -p 5285 2
Linux 5.0.7-1.el7.elrepo.x86_64 (localhost.localdomain)

09:40:02 AM   UID       PID   cswch/s nvcswch/s  Command
09:40:04 AM     0      5285      0.00      0.00   java
09:40:06 AM     0      5285      0.00      0.00   java
09:40:08 AM     0      5285      0.00      0.00   java
09:40:10 AM     0      5285      0.00      0.00   java
09:40:12 AM     0      5285      0.00      0.00   java
```

图 5-45　pidstat 监听进程的上下文切换

cswch/s：每秒主动任务上下文切换的数量。

nvcswch/s：每秒被动任务上下文切换的数量。

（5）线程信息统计，如图 5-46 所示。

```
pidstat -t -p 5285
```

```
[root@localhost ~]# pidstat -t -p 5285
Linux 5.0.7-1.el7.elrepo.x86_64 (localhost.localdomain)         06/05/2019      _x86_64_        (4 CPU)

09:45:59 AM    UID      TGID       TID    %usr %system  %guest    %CPU   CPU  Command
09:45:59 AM      0      5285         -  100.00    0.62    0.00  100.00     2  java
09:45:59 AM      0         -      5285    0.00    0.00    0.00    0.00     2  |__java
09:45:59 AM      0         -      5326    0.05    0.00    0.00    0.05     2  |__java
09:45:59 AM      0         -      5327    0.00    0.00    0.00    0.00     0  |__java
09:45:59 AM      0         -      5328    0.00    0.00    0.00    0.00     3  |__java
09:45:59 AM      0         -      5329    0.00    0.00    0.00    0.00     0  |__java
09:45:59 AM      0         -      5330    0.00    0.00    0.00    0.00     3  |__java
09:45:59 AM      0         -      5331    0.00    0.01    0.00    0.01     1  |__java
09:45:59 AM      0         -      5332    0.00    0.00    0.00    0.00     2  |__java
09:45:59 AM      0         -      5333    0.00    0.00    0.00    0.00     1  |__java
09:45:59 AM      0         -      5334    0.00    0.00    0.00    0.00     1  |__java
09:45:59 AM      0         -      5335    0.27    0.00    0.00    0.28     1  |__java
09:45:59 AM      0         -      5336    0.23    0.00    0.00    0.24     1  |__java
09:45:59 AM      0         -      5337    0.00    0.00    0.00    0.00     3  |__java
09:45:59 AM      0         -      5338    0.02    0.04    0.00    0.06     0  |__java
09:45:59 AM      0         -      5339    0.00    0.00    0.00    0.00     1  |__java
09:45:59 AM      0         -      5351    0.01    0.00    0.00    0.02     1  |__java
09:45:59 AM      0         -      5352    0.11    0.01    0.00    0.12     1  |__java
09:45:59 AM      0         -      5353    0.03    0.00    0.00    0.03     1  |__java
09:45:59 AM      0         -      5354    0.00    0.00    0.00    0.00     1  |__java
09:45:59 AM      0         -      5355    0.00    0.00    0.00    0.00     2  |__java
09:45:59 AM      0         -      5356   42.06    0.18    0.00   42.25     1  |__java
```

图 5-46　pidstat 线程信息统计

TGID：进程 id。

TID：线程 id。

5.2.4　网络风险诊断

系统应用之间的交互，尤其是跨机器之间的，都是要基于网络，因此网络带宽、响应时间、网络延迟、阻塞等都是影响系统性能的因素。如果应用在不稳定、不安全的网络下，则会导致应用程序的超时、丢弃、阻塞、波动率大，这些在系统中都是不能接受的。我们需要一个可靠的、稳定的、能满足我们的应用程序在机器 A 和 B 之间畅通无阻地运行。这些需要测试工程师、网络管理员、系统管理员等一起完善系统的网络。

在系统中，我们要考虑对应的网络是否可达、防火墙是否开启、端口的访问是否允许、带宽是否被限制、路由的寻址是否可行、网络的时延是否可接受等问题。所以在做性能测试时要做好规划，尽量减少网络对测试结果的影响，减轻诊断难度。如果测试环境在局域网内，这些问题就变得简单了，因此通常会建议大家在局域网内建立测试环境，将系统的性能测试与网络的性能测试分开，降低测试难度。

1. 网络定位分析手段

通常我们使用表 5-12 所示的方法来衡量系统网络的使用情况，常用命令有 sar、ifconfig、netstat 等。通过查看收发包的吞吐率是否达到网卡的最大上限，网络数据报文是否有因为这类原因而引发丢包、阻塞等现象来证明当前网络是否存在瓶颈。

表 5-12　　　　　　　　　　　　　　系统网络定位分析

模　块	类　型	度　量　方　法	衡　量　标　准
网络	使用情况	（1）sar -n DEV 的收发计数大于网卡上限 （2）ifconfig RX/TX 带宽超过网卡上限 （3）cat /proc/net/dev 的速率超过上限 （4）nicstat 的 util 基本满负荷	（1）收发包的吞吐速率达到网卡上限 （2）有延迟 （3）有丢包 （4）有阻塞
	满载	（1）ifconfig dropped 有计数 （2）netstat –s "segments retransmited"有计数 （3）sar -n EDEV rxdrop txdrop 有计数	统计的丢包有计数证明已经满了
	错误	（1）ifconfig, "errors" （2）netstat -i, "RX-ERR"/"TX-ERR" （3）sar -n EDEV, "rxerr/s" "txerr/s" （4）ip -s link, "errors"	错误的计数

2. sar

sar（System Activity Reporter，系统活动情况报告）是 Linux 上最为全面的系统性能分析工具之一。sar 能够分析包括文件的读写情况、系统调用情况、磁盘 IO、CPU 效率、内存使用状况、进程活动及 IPC 有关的活动等。可以使用 man sar 查看帮助。我们仅就常用的分析参数加以说明，以供参考。

sar <间隔> <次数>：CPU 和 IOWAIT 统计状态。

sar -b <间隔> <次数>：IO 传送速率。

sar -B <间隔> <次数>：页交换速率。

sar -C <间隔> <次数>：进程创建的速率。

sar -d <间隔> <次数>：块设备的活跃信息。

sar -n DEV <间隔> <次数>：网络设备的状态信息。

sar -n SOCK <间隔> <次数>：SOCK 的使用情况。

sar -n ALL <间隔> <次数>：所有的网络状态信息。

sar -P ALL <间隔> <次数>：每颗 CPU 的使用状态信息和 IOWAIT 统计状态。

sar -q <间隔> <次数>：队列的长度（等待运行的进程数）和负载的状态。

sar -r <间隔> <次数>：内存和 swap 空间使用情况。

sar -R <间隔> <次数>：内存的统计信息（内存页的分配和释放、系统每秒作为 BUFFER 使用的内存页、每秒被 cache 到的内存页）。

sar -u <间隔> <次数>：CPU 的使用情况和 IOWAIT 信息（同默认监控）。

sar -v <间隔> <次数>：inode, file and other kernel tablesd 的状态信息。

sar -w <间隔> <次数>：每秒上下文交换的数目。

sar -W <间隔> <次数>：SWAP 交换的统计信息(监控状态同 iostat 的 si so)。

3. netstat

netstat 命令用于显示与 IP、TCP、UDP 和 ICMP 协议相关的统计数据，性能诊断关注连接状态、传输率。另外可以通过进程获取到端口号，由端口号获取到程序名。系统中没有此命令时需要先安装，请在 CentOS7 下运行 yum install net-tools 安装。下面介绍常用参数，供参考。

（1）获取处于监听状态的连接及端口。

netstat –nlpt   #如图 5-47 所示。

n：默认情况下，netstat 会通过反向域名解析技术查找每个 IP 地址对应的主机名，这会降低查找速度。如果你觉得 IP 地址已经足够，而没有必要知道主机名，就使用-n 选项禁用域名解析功能。

l：列出正在监听的套接字。

p：查看进程信息。

t：列出 TCP 协议的连接。

```
[root@a771765e35a0 tomcat7]# netstat -nlpt
Active Internet connections (only servers)
Proto Recv-Q Send-Q Local Address          Foreign Address        State       PID/Program name
tcp        0      0 127.0.0.1:8005         0.0.0.0:*              LISTEN      1/java
tcp        0      0 0.0.0.0:8009           0.0.0.0:*              LISTEN      1/java
tcp        0      0 0.0.0.0:8080           0.0.0.0:*              LISTEN      1/java
```

图 5-47　netstat -nlpt

（2）由进程名找端口。

netstat -nap|grep java|grep LISTEN   #如图 5-48 所示

a：列出所有当前的连接

```
[root@a771765e35a0 tomcat7]# netstat -nap|grep java|grep LISTEN
tcp        0      0 127.0.0.1:8005         0.0.0.0:*              LISTEN      1/java
tcp        0      0 0.0.0.0:8009           0.0.0.0:*              LISTEN      1/java
tcp        0      0 0.0.0.0:8080           0.0.0.0:*              LISTEN      1/java
```

图 5-48　netstat 由进程名找端口

（3）有无丢包。

netstat –i 或者 netstat –ie   #如图 5-49 所示。

RX 为收包，TX 为发包；要特别关注 RX-ERR、TX-ERR，分别为收包、发包的错误数，就是丢了多少包。

```
[root@a771765e35a0 tomcat7]# netstat -i
Kernel Interface table
Iface      MTU    RX-OK RX-ERR RX-DRP RX-OVR    TX-OK TX-ERR TX-DRP TX-OVR Flg
eth0      1500     6462      0      0 0          5624      0      0      0 BMRU
lo       65536        0      0      0 0             0      0      0      0 LRU
[root@a771765e35a0 tomcat7]# netstat -ie
Kernel Interface table
eth0: flags=4163<UP,BROADCAST,RUNNING,MULTICAST>  mtu 1500
        inet 172.17.0.3  netmask 255.255.0.0  broadcast 172.17.255.255
        ether 02:42:ac:11:00:03  txqueuelen 0  (Ethernet)
        RX packets 6485  bytes 13359150 (12.7 MiB)
        RX errors 0  dropped 0  overruns 0  frame 0
        TX packets 5647  bytes 5350974 (5.1 MiB)
        TX errors 0  dropped 0 overruns 0  carrier 0  collisions 0

lo: flags=73<UP,LOOPBACK,RUNNING>  mtu 65536
        inet 127.0.0.1  netmask 255.0.0.0
        loop  txqueuelen 1000  (Local Loopback)
        RX packets 0  bytes 0 (0.0 B)
        RX errors 0  dropped 0  overruns 0  frame 0
        TX packets 0  bytes 0 (0.0 B)
        TX errors 0  dropped 0 overruns 0  carrier 0  collisions 0
```

图 5-49　netstat -i

netstat –s 可用来列出所有网络包的情况（参看代码清单 5-6）。

代码清单 5-6

```
[root@a771765e35a0 tomcat7]# netstat -s
Ip:
```

```
        6299 total packets received
        0 forwarded
        0 incoming packets discarded
        6299 incoming packets delivered
        5477 requests sent out
Icmp:
        0 ICMP messages received
        0 input ICMP message failed.
        ICMP input histogram:
        0 ICMP messages sent
        0 ICMP messages failed
        ICMP output histogram:
Tcp:
        42 active connections openings
        30 passive connection openings
        0 failed connection attempts
        1 connection resets received
        10 connections established
        6259 segments received
        7860 segments send out
        26 segments retransmited
        0 bad segments received.
        20 resets sent
Udp:
        40 packets received
        0 packets to unknown port received.
        0 packet receive errors
        122 packets sent
        0 receive buffer errors
        0 send buffer errors
UdpLite:
TcpExt:
        39 TCP sockets finished time wait in fast timer
        96 delayed acks sent
        4 delayed acks further delayed because of locked socket
        Quick ack mode was activated 243 times
        2672 packet headers predicted
        456 acknowledgments not containing data payload received
        1729 predicted acknowledgments
        1 times recovered from packet loss by selective acknowledgements
        1 congestion windows recovered without slow start by DSACK
        TCPLostRetransmit: 20
        2 fast retransmits
        26 other TCP timeouts
        TCPLossProbes: 1
        TCPBacklogCoalesce: 27
        243 DSACKs sent for old packets
        3 DSACKs received
        3 connections aborted due to timeout
        TCPSackShifted: 1
        TCPSackShiftFallback: 2
        TCPRcvCoalesce: 765
        TCPAutoCorking: 3
        TCPOrigDataSent: 4507
        TCPHystartTrainDetect: 12
```

```
    TCPHystartTrainCwnd: 202
    TCPDelivered: 4542
IpExt:
    InOctets: 13262764
    OutOctets: 5267444
    InNoECTPkts: 13673
```

（4）统计不同连接状态的连接数。

netstat -ant|awk '{print $6}'|sort|uniq -c   #如图 5-50 所示。

```
[root@a771765e35a0 tomcat7]# netstat -ant|awk '{print $6}'|sort|uniq -c
      3 CLOSE_WAIT
     10 ESTABLISHED
      1 Foreign
      3 LISTEN
      1 established)
```

图 5-50　netstat-ant

以下代码可统计 ESTABLISHED 状态与 TIME_WAIT 状态连接数（如图 5-51 所示）。

```
netstat -n | awk '/^tcp/ {++y[$NF]} END {for(w in y) print w, y[w]}'
```

```
[root@a771765e35a0 tomcat7]# netstat -n | awk '/^tcp/ {++y[$NF]} END {for(w in y) print w, y[w]}'
CLOSE_WAIT 3
ESTABLISHED 10
TIME_WAIT 8
```

图 5-51　netstat 统计 ESTABLISHED 状态与 TIME_WAIT 状态连接数

在 TCP/IP 通信中，HTTP 请求是 3 次握手后开始请求包的传送，状态为 ESTABLISHED。当包传送完毕，客户端请求断开连接，然后是 4 次挥手的过程，在客户端连接的最后一个状态是 TIME_WAIT（等待足够的时间以确保远程 TCP 接收到连接中断请求的确认）。TIME_WAIT 默认是 2MSL（maximum segment lifetime，最大分节生命期，默认是 2 分钟），如果有过多的 TIME_WAIT 状态不被释放会导致连接不够用，所以这是一个高负载情况下的典型性能问题。通常做法是调整内核参数。

```
vim /etc/sysctl.conf
net.ipv4.tcp_syncookies = 1
net.ipv4.tcp_tw_reuse = 1
net.ipv4.tcp_tw_recycle = 1
net.ipv4.tcp_fin_timeout = 30
#执行 /sbin/sysctl -p 让参数生效。
```

● net.ipv4.tcp_syncookies = 1：表示开启 SYN Cookies。当出现 SYN 等待队列溢出时，启用 Cookies 来处理，可防范少量 SYN 攻击，默认为 0，表示关闭。

● net.ipv4.tcp_tw_reuse = 1：表示开启重用。允许将 TIME-WAIT sockets 重新用于新的 TCP 连接，默认为 0，表示关闭。

● net.ipv4.tcp_tw_recycle = 1：表示开启 TCP 连接中 TIME-WAIT sockets 的快速回收，默认为 0，表示关闭。

● net.ipv4.tcp_fin_timeout=30：修改系统默认的 TIMEOUT 时间。

5.3　DB 监控之 MySQL 监控

我们可以通过官方提供的客户端来实现 MySQL 监控，也可以通过命令或者 SQL 来完成监控任务。考虑到每个测试人员对数据库的掌握程度不一样，大家可以选择商业版的监控分析工具，如 Spotlight® on MySQL、SQL Diagnostic Manager for MySQL（由 webyog 公司提供，此公司还提供一个名为 SQLyog 的 MySQL 客户端，通过 GUI 的方式来管理 MySQL）。

　　商业版本的工具让监控诊断变得简单。SQL Diagnostic Manager for MySQL 可以监控线程状态、执行 SQL、帮助断言慢查询、统计临时表、监控数据库主机、提供优化建议等（如图 5-52 所示）。

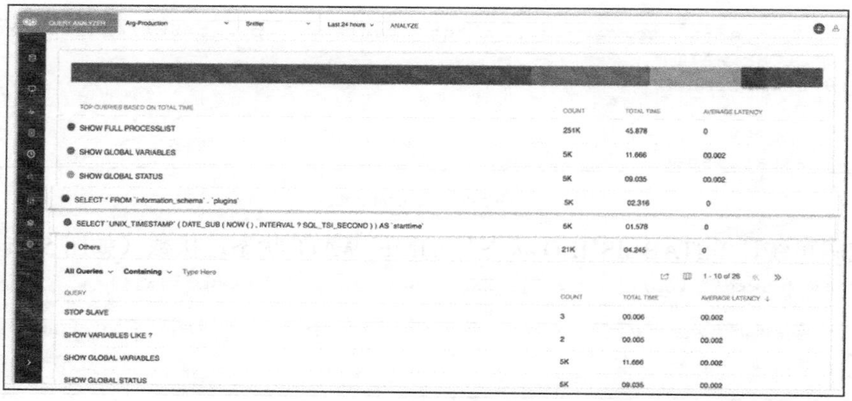

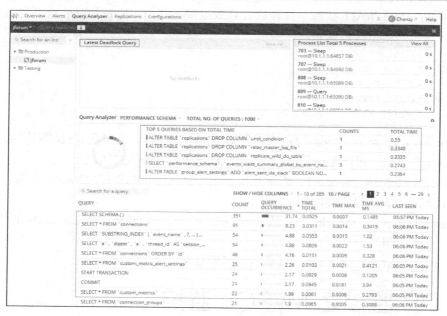

图 5-52　监控面板

　　很多人都在使用 Navicat 作为 UI 来管理 MySQL 数据库。Navicat Monitor 是一家公司推出的 MySQL 监控工具，虽然是收费版本，但也提供试用。如图 5-53 所示，Navicat Monitor 提供慢查询分析、top 线程分析、死锁分析等功能。容器部署只需要运行如下命令。

```
docker run -d -p 3000:3000 navicat/navicatmonitor
```

图 5-53　Navicat Monitor 监控面板

　　不管使用商业工具还是直接用 SQL 及其他监控命令来监控 MySQL，最重要的是需要知道监控哪些指标？这些指标代表什么意思？

　　表 5-13 中列出了 MySQL 常见的监控项目。

表 5-13　　　　　　　　　　　　MySQL 常见的监控项目

类别	计 数 器	描 述
MySQL	查询缓存	SQL:show variables like '%Query_cache%';
	Qcache_free_blocks	如果 Qcache_free_blocks 大致等于 Qcache_total_blocks/2，则说明碎片非常严重。如果 Qcache_lowmem_prunes 的值正在增加，并且有大量的自由块，这意味着碎片导致查询正在被从缓存中永久删除
	缓存碎片率	缓存碎片率 = Qcache_free_blocks / Qcache_total_blocks * 100% 如果查询缓存碎片率超过 20%，可以用 FLUSH QUERY CACHE 整理缓存碎片
	缓存利用率	缓存利用率 =（query_cache_size − Qcache_free_memory）/ query_cache_size * 100% 如果缓存利用率在 25%以下，说明 query_cache_size 设置值过大，可适当减小；如果缓存利用率在 80%以上而且 Qcache_lowmem_prunes > 50，说明 query_cache_size 可能有点小，要不就是碎片太多
	thread_cache_size	SQL:show variables like 'thread%'; 缓存在 Cache 中的线程数量
	DB 已连接线程数	SQL:show status like 'Connections';
	当前连接线程状态	SQL:show status like '%thread%';
	索引缓存大小	SQL:show variables like 'key_buffer_size';
	连接缓存命中率 Threads_Cache_Hit	Threads_Cache_Hit=（Connections-Threads_created）/Connections*100% 建议 90%左右甚至更高
	索引缓存未命中率 key_cache_miss_rate	key_cache_miss_rate = Key_reads / Key_read_requests * 100% 1%即每 100 个索引中有 1 个在缓存中找不到，要直接从硬盘读取 SQL:show global status like 'key_read%'; 建议<0.1%
	索引缓存命中率	key_buffer_read_hits=（1-Key_reads/Key_read_requests）*100% key_buffer_write_hits=（1-Key_writes/Key_write_requests）*100% 当然是越大越好。SQL：show global status like 'key_%';
	索引读取统计 key_blocks	Key_blocks_unused 表示未使用的缓存簇（blocks）数，Key_blocks_used 表示曾经用到的最大的 blocks 数，如果缓存都用到了，要么增加 key_buffer_size，要么就是过度索引了，把缓存占满了。比较理想的设置： Key_blocks_used /（Key_blocks_unused + Key_blocks_used）* 100%≈80% SQL:show global status like 'key_blocks_u%'
	并发连接数	max_connections：允许的最大连接数，一般来说值在 500～800 是比较合适的，SQL:show variables like 'max_connections';
		Max_used_connections:服务器响应的最大连接数 SQL:show global status like 'Max_used_connections'; Max_used_connections/max_connections<=85%
		Connections:当前连接数 SQL:show global status like 'Connections';
		max_user_connections：每个用户允许的最大连接数；是针对单个用户的连接限制，不常用

续表

类别	计 数 器	描　　述
MySQL	并发连接数	back_log：类似于线程队列，当无法响应请求时，就让线程排队，这个值就是队列长度。SQL:show variables like 'back_log' 越小越好
		max_connect_errors：默认值为 10，如果受信账号错误连接次数达到 10，则自动堵塞，需要 flush hosts 来解除
	临时表 TmpTable	SQL:show global status like 'created_tmp%'; 临时表比较大无法在内存中完成时就不得不使用磁盘文件。如果 Created_tmp_tables 非常大，则可能是系统中排序操作过多，或者是表连接方式不是很优化。如果 Created_tmp_disk_tables 与 Created_tmp_tables 的占比过高，如超过 10%，则需要考虑 tmp_table_size 这个系统参数是否设置得足够大。当然，如果系统内存有限，也就没有太好的解决办法了
	MySQL 服务器对临时表的配置	SQL:show variables where Variable_name in（'tmp_table_size','max_heap_table_size'）; 当临时表空间小于 max_heap_table_size 时，才能全放入内存
	表扫描情况	SQL:show global status like 'handler_read%'; show global status like 'com_select'; 表扫描率 = Handler_read_rnd_next / Com_select 如果表扫描率超过 4 000，说明进行了太多表扫描，很有可能索引没有建好，增加 read_buffer_size 值会有一些好处，但最好不要超过 8MB

5.4　JVM 监控

目前企业级应用系统的开发多数会使用 Java 语言，并且使用 Oracle J2EE（收购 Sun 后的）架构。Java 程序运行在 HotSpot VM（就是我们常说的 JVM，也包括 OpenJDK）之上，通过对 JVM 的监控，我们可以度量 Java 程序效率，分析程序性能问题。

对于 JVM 的监控，并不需要我们借助第三方工具，JDK 自带的监控命令就已经很强大，这些工具随 JDK 一起发布，随时可以用它们监控 JVM，而且这些工具也比较好用，下面讲解几个常用的监控命令和一个可视化监控工具（JvisualVM）。由于历史原因（老系统兼容、版权等原因），大多数公司的 JDK 版本还在使用 JDK 7，所以以 JDK 7 版本（后面也会叙述 JDK 8 与 JDK 7 在监控上的差别）为主讲解 JVM 的监控，有关 JDK 的相关基础知识，读者可以从网上获取，限于篇幅在此不详述。

5.4.1　jps

我们要知道机器上运行的 JVM 进程号可以由 jps 得到。jps 命令返回当前系统中的 Java 进程号（如图 5-54 所示）。

jps 命令的参数说明如下。

-l：返回 Java 进程全路径。

-q：仅显示进程 ID。

-v：返回 JVM 参数，例如堆大小，此命令方便我们查看 JVM 大小，不用去找配置文件。

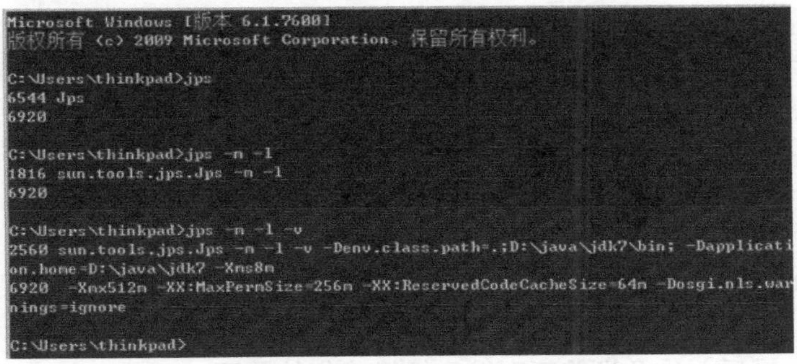

图 5-54 jps 命令

jps [ip]：列出远程机器上的 Java 进程信息，不过这需要安全授权，在远程机器 %JAVA_HOME%/bin/目录下存储 jstatd.all.policy 文件，内容如下。

```
grant codebase "file:${java.home}/../lib/tools.jar" {
    permission java.security.AllPermission;
};
```

然后，在远程机器下启动命令（如图 5-55 所示）进行注册。

```
jstatd -J-Djava.security.policy=jstatd.all.policy
```

为了方便，我们可以做一个批处理文件 jstatd.bat，内容如下。

```
%JAVA_HOME%\bin\jstatd -J-Djava.security.policy=jstatd.all.policy
```

然后，在本地机器就可以使用 jps 访问远程机器上的 JVM（如图 5-56 所示）。

图 5-55 开启 jstatd

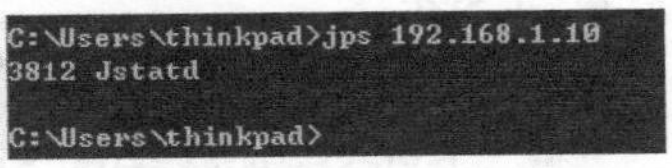

图 5-56 jps 访问远程机器

远程机器 jstatd 启动后，也可以使用 JVisualvm 在本地机器对远程 JVM 进行监控，操作界面如图 5-57 所示，图 5-58 所示是 JVisualvm 连接上远程机器的 Tomcat。

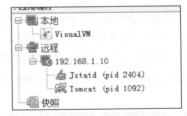

图 5-57 JVisualvm

图 5-58 JVisualvm 连接

有关 jps 其他详细信息读者可以查阅官方文档，地址如下。

```
http://docs.oracle.com/javase/1.5.0/docs/tooldocs/share/jps.html
```

当机器上有多个 JVM 进程时，如何确定自己访问的服务对应哪一个 Java 进程？在访问服务器时，URL 中会有端口号（默认为 80），Linux 下可以通过 ps 命令得知进程号与端口号。

5.4.2 jstat

JVM 内存不够用、内存溢出通过监控 JVM Heap 信息进行分析，jstat 可以用来查看 JVM

堆的统计信息，命令格式如下。

```
jstat [ generalOption | outputOptions vmid [ interval[s|ms] [ count ] ]
```

generalOption 代表选项，常用的选项有以下几个。

- class：用于查看类加载情况的统计。
- compiler：用于查看 HotSpot 中即时编译器编译情况的统计。
- gc：用于查看 JVM 中堆的垃圾收集情况的统计。
- gccapacity：用于查看新生代（young）、老年代（old）及持久代（permanent）的存储容量情况。
- gccause：最后一次及当前正在发生垃圾收集的原因。
- gcnew：用于查看新生代垃圾收集的情况。
- gcnewcapacity：用于查看新生代的存储容量情况。
- gcold：用于查看老年代及持久代发生 GC 的情况。
- gcoldcapacity：用于查看老年代的容量。
- gcpermcapacity：用于查看持久代的容量。
- Printcompilation HotSpot：编译方法的统计。
- gcutil：GC 统计。

outputOptions 代表输出格式，参数 interval 和 count 代表查询间隔和查询次数。

如图 5-59 所示，先通过 jps 获取到 Java 进程号，然后由 jstat 来统计 JVM 中加载的类的数量与 Size。

- Loaded：加载类的数目。
- Bytes：加载类的 Size，单位为 Byte。
- Unloaded：卸载类的数目。
- Bytes：卸载类的 Size，单位为 Byte。
- Time：加载与卸载类花费的时间。

jstat -gccapacity [java 进程号]。

jstat -gccapacity -h5 [java 进程号] 1000。

- -h5：每 5 行显示一次表头。
- 1000：每一秒显示一次，单位为毫秒。

如图 5-60 所示，用 gccapacity 统计 JVM 垃圾回收信息，下面是表头信息说明。

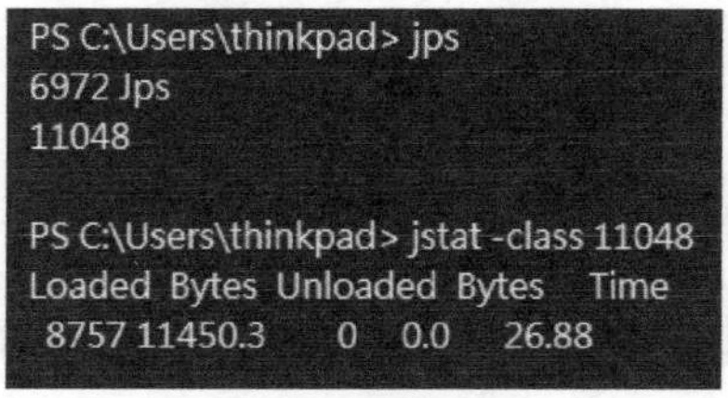

图 5-59　jstat 统计类信息

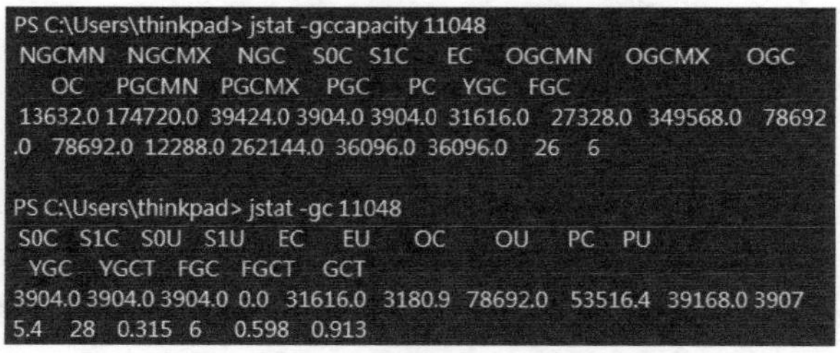

图 5-60　gccapacity 统计 JVM 垃圾回收信息

- NGCMN：新生代中初始化大小（单位为 Byte）。
- NGCMX：新生代的最大容量（单位为 Byte）。

- NGC：新生代中当前的容量（单位为 Byte）。
- S0C：新生代中第一个 survivor（幸存区）的容量（单位为 Byte）。
- S1C：新生代中第二个 survivor（幸存区）的容量（单位为 Byte）。
- EC：新生代中 Eden（伊甸园）的容量（单位为 Byte）。
- OGCMN：老年代中初始化大小（单位为 Byte）。
- OGCMX：老年代的最大容量（单位为 Byte）。
- OGC：老年代当前大小（单位为 Byte）。
- PGCMN：持久代中初始化大小（单位为 Byte）。
- PGCMX：持久代的最大容量（单位为 Byte）。
- PGC：持久代当前新生成的容量（单位为 Byte）。
- S0U：新生代中第一个 survivor（幸存区）目前已使用的空间（单位为 Byte）。
- S1U：新生代中第二个 survivor（幸存区）目前已使用的空间（单位为 Byte）。
- EU：新生代中 Eden（伊甸园）目前已使用的空间（单位为 Byte）。
- OC：老年代的容量（单位为 Byte）。
- OU：老年代目前已使用的空间（单位为 Byte）。
- PC：持久代的容量（单位为 Byte）。
- PU：持久代目前已使用的空间（单位为 Byte）。
- YGC：JVM 启动到采样时新生代中 gc 的次数。
- YGCT：JVM 启动到采样时新生代中 gc 所用的时间（单位为秒）。
- FGC：JVM 启动到采样时老年代（Full gc）gc 的次数。
- FGCT：JVM 启动到采样时老年代（Full gc）gc 所用的时间（单位为秒）。
- GCT：JVM 启动到采样时 gc 用的总时间（单位为秒）。

Full gc 会暂停用户响应，也就是不处理用户请求，等待 Full gc 完成后响应用户请求，这个等待时间过大就会影响用户体验，所以 Full gc 是 JVM 调优的重点。

如图 5-61 所示，用 gcutil 统计 GC 情况，表头信息说明如下。

```
PS C:\Users\thinkpad> jstat -gcutil 11048
 S0    S1    E    O    P   YGC  YGCT  FGC  FGCT  GCT
100.00 0.00 12.38 68.01 99.77  28  0.315   6  0.598 0.913
```

图 5-61　gcutil 统计 GC 情况

- S0：新生代中第一个 survivor（幸存区）已使用的占当前容量百分比。
- S1：新生代中第二个 survivor（幸存区）已使用的占当前容量百分比。
- E：新生代中 Eden（伊甸园）已使用的占当前容量百分比。
- O：老年代已使用的占当前容量百分比。
- P：持久代已使用的占当前容量百分比，JDK 8 之后取消了持久代，改为元数据，列名为 M。
- YGC：JVM 启动到采样时新生代中 gc 的次数。
- YGCT：JVM 启动到采样时新生代中 gc 所用的时间（单位为秒）。
- FGC：JVM 启动到采样时老年代（全 gc）gc 的次数。
- FGCT：JVM 启动到采样时老年代（全 gc）gc 所用的时间（单位为秒）。
- GCT：JVM 启动到采样时 gc 用的总时间（单位为秒）。

图 5-61 中可以看到 FGCT 有 6 次，用时 598 毫秒，平均 99 毫秒一次，需要结合 JVM 运

行时长来看这个 Full gc 是否合理。例如一天才 6 次，且 99 毫秒一次，对于平均响应时间 1 秒的应用来说这完全没问题；如果是 1 小时 6 次，对于响应时间几十毫秒的应用，这就有影响了。因此 GC 的时间消耗是否合理是相对的。

与 jps 一样，jstat 也支持远程监控（如图 5-62 所示），同样也需要开启安全授权，方法参照 jps。

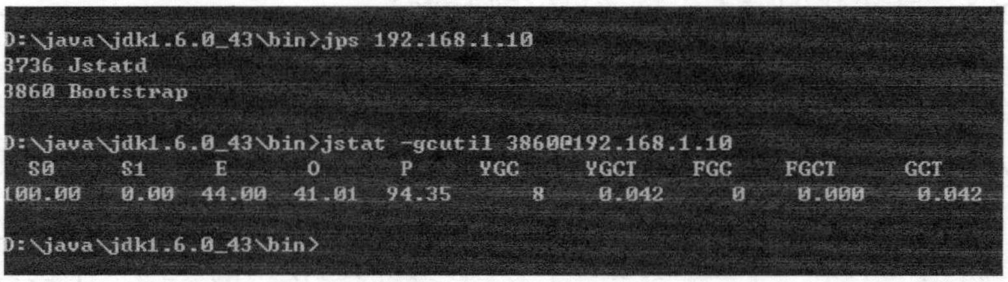

```
D:\java\jdk1.6.0_43\bin>jps 192.168.1.10
3736 Jstatd
3860 Bootstrap

D:\java\jdk1.6.0_43\bin>jstat -gcutil 3860@192.168.1.10
  S0     S1     E      O      P     YGC     YGCT    FGC    FGCT     GCT
100.00   0.00  44.00  41.01  94.35      8    0.042     0    0.000    0.042

D:\java\jdk1.6.0_43\bin>
```

图 5-62　jstat 远程监控 1

每一秒获取一次（如图 5-63 所示），后面的时间是以毫秒为单位的，1000 就是 1 秒。

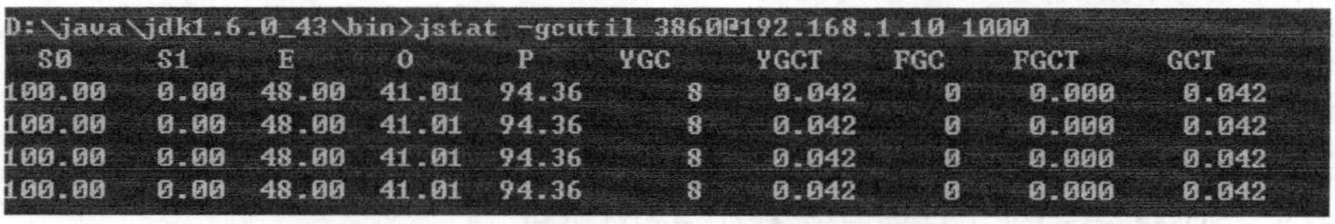

```
D:\java\jdk1.6.0_43\bin>jstat -gcutil 3860@192.168.1.10 1000
  S0     S1     E      O      P     YGC     YGCT    FGC    FGCT     GCT
100.00   0.00  48.00  41.01  94.36      8    0.042     0    0.000    0.042
100.00   0.00  48.00  41.01  94.36      8    0.042     0    0.000    0.042
100.00   0.00  48.00  41.01  94.36      8    0.042     0    0.000    0.042
100.00   0.00  48.00  41.01  94.36      8    0.042     0    0.000    0.042
```

图 5-63　jstat 远程监控 2

长时间监控会输出很多条记录，表头会滚到上方，这样不方便查看，我们可以使用-h 参数来指定打印表头的频率，格式如下。

```
jstat -<option> [-t] [-h<lines>] <vmid> [<interval> [<count>]]
```

例如，jstat –gcutil –h5 386 5000，意思是每 5 行（-h5）打印一次表头，5 000 毫秒打印一次监控数据，386 是 Java 进程 id，gcutil 监听内存回收。

上面我们只是简单地讲解了 jstat 的相关用法，有兴趣的读者可以访问如下链接，参考官方文档。

```
http://docs.oracle.com/javase/1.5.0/docs/tooldocs/share/jstat.html
```

JDK 8 的相关参考，可以访问如下链接获得。

```
https://docs.oracle.com/javase/8/docs/technotes/tools/unix/jstat.html
```

5.4.3 jstack

在 5.2.1 节的实例中已经用到了 jstack 命令，jstack 用于生成 Java 虚拟机当前时刻的线程信息（快照）。快照信息主要用来了解线程出现长时间停顿的原因，如死锁、死循环、IO 等待、请求外部资源导致的长时间等待等。从快照信息可以知道线程执行到哪个方法，甚至哪一行，帮助我们快速定位程序问题。

jstack 命令格式：

```
jstack [-l] <pid>
```

如果 dump 的 JVM 进程处于 Hung 的状态，可以添加-F 参数。

```
jstack -F [-m] [-l] <pid>
```

jstack 命令不仅可以 dump 本机的线程信息，还可以 dump 远程的 JVM 中的线程信息，格式如下。

```
jstack [-m] [-l] [server_id@]<remote server IP or hostname>
```

远程使用 dump 需要配置 jstatd。

5.4.4 jmap

jmap 命令可以用来统计 JVM 内存状况，也可以为 JVM 生成快照（通常说的 dump 堆内存信息）。如图 5-64 所示，为进程 id 是 2568 的 JVM 生成快照，快照文件 D:\heap.hprof。

```
C:\Users\thinkpad>jmap -dump:format=b,file=d:\heap.hprof 2568
Dumping heap to D:\heap.hprof ...
Heap dump file created

C:\Users\thinkpad>jmap -histo 2568 >d:\instances.txt
```

图 5-64　jmap 命令

典型获取方式是：

```
jmap -dump:format=b,file=d:\heap.hprof [pid]
```

heap.hprof 是堆快照文件，打开此文件需要特定的工具。为了方便，我们使用 JVisualvm 来打开（JDK 自带不用安装），下面讲解用 JVisualvm（Java VisualVM）查看堆快照。

在%JAVA_HOME%/bin 下找到 JVisualvm 并双击打开，选择"文件（F）"→"装入（L）"，文件类型是 hprof；然后选择刚才 dump 的文件并打开（如图 5-65 所示）。

在"类"视图中（如图 5-66 所示），可以找到笔者的示例程序 cn.seling.www.outMem. PermGen。

图 5-65　JVisualvm 打开堆快照

图 5-66　JVisualvm "类" 视图

选中 cn.seling.www.outMem.PermGen，然后右键选择"在实例视图中显示"（如图 5-67 所示），就可以看到 PermGenClass 在堆中的具体信息（如图 5-68 所示）。PermGen 对象持有一个 list 对象，一般来说内存溢出往往是因为大对象不能回收造成

图 5-67　关联到实例视图

的，这些大对象往往就是集合对象，例如 PermGen 对象中的 list，如果 list 中的对象足够多就会造成内存溢出。

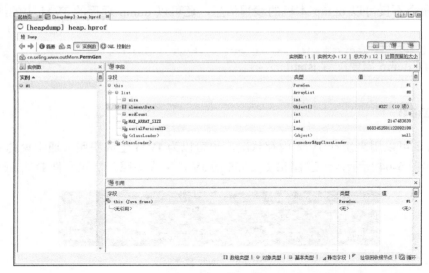

图 5-68　堆信息分析

　　在"实例数"视图中可以统计出实例化的对象数目，分组统计排序就能够知道哪些对象实例化得多，然后分析对象的引用就可以找到是谁在实例化此对象，从而找到产生大对象的原因，这就是寻找大对象、分析内存溢出的方法。

5.4.5　JVisualvm

　　JVisualvm 是 JDK 自带的 JVM 可视化监控工具，它能提供强大的分析能力，可以使用 JVisualvm 监控堆内存变化情况、线程状态、CPU 使用情况、分析线程死锁等。JVisualvm 可以监控本地 JVM，也可以监控远程的 JVM，本地监控无需进行配置，远程监控一般以 JMX 的方式进行。下面主要讲解远程监控，这也与实际运用相符合（在测试或者运营中基本都是远程监控）。

　　1. 启动远程监控

　　（1）在远程中间件的启动文件中配置如下字串。

```
-Djava.rmi.server.hostname=[自己填]
-Dcom.sun.management.jmxremote
-Dcom.sun.management.jmxremote.port=9008
-Dcom.sun.management.jmxremote.authenticate=false
-Dcom.sun.management.jmxremote.ssl=false
```

　　如果你使用的中间件是 Tomcat，那么要修改的是%TOMCAT_HOME%\bin\catalina.bat/sh 文件，图 5-69 所示是 Windows 系统下 Tomcat 启动文件中的 JMX 配置示例。

```
rem Execute Java with the applicable properties
SET CATALINA_OPTS= -Xms128m -Xmx800m
set JAVA_OPTS = %JAVA_OPTS% -Djava.rmi.server.hostname=192.168.1.10 -Dom.sun.management.jmxremote -
Dcom.sun.management.jmxremote.port=9008 -Dcom.sun.management.jmxremote.authenticate=false  -
Dcom.sun.management.jmxremote.ssl=false
```

图 5-69　Tomcat catalina.bat jmx 配置

　　上面是 JMX 的连接方式，另外一种就是利用 jstatd 来进行远程监控，jstatd 配置启动参照 5.4.2 节内容。这种方式不能监控 JVM 中的 CPU 使用情况，一般来说，JVM 的 CPU 使用情况也不用监控，通常是监控系统层面的用户 CPU 使用情况。

（2）启动远程服务，以 Tomcat 为例就是启动 Tomcat 服务，即运行 catalina.bat 或者是 startup.bat。

（3）JVisualvm 配置 JMX 连接（如图 5-70 所示），在%JAVA_HOME%\bin 目录下找到 jvisualvm.exe ，然后双击启动，在图 5-70 中的"连接"框中填写远程主机 IP，注意端口号是刚才在 catalina.bat 中配置的 9008 端口，然后单击"确定"按钮，即可连接成功。

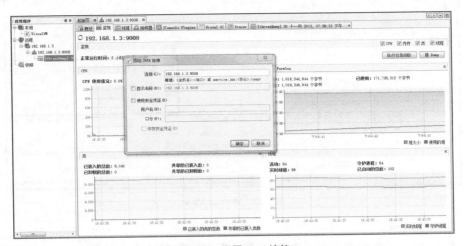

图 5-70　配置 JMX 连接

2. 监控界面

（1）Summary View。

在此可以查看到 JVM 的启动参数及系统属性，可以对 JVM 的运行环境有所了解，在图 5-71 中可以看到 JVM：JavaHotSpot（TM）Server VM（21.0-b16,mixed mode），这表明 Tomcat 是以 Server 方式在运行。如果测试的 Java 应用不是以 Server 方式运行，就要修改，通常情况下 Sever 方式较 Client 方式性能好。

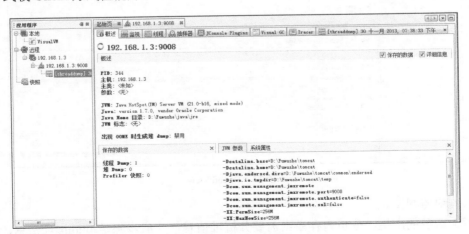

图 5-71　Summary View

（2）Monitor View。

在此显示了 JVM CPU 利用率，堆与非堆内存使用情况，加载了多少类，有多少线程数；可以做 dump 操作，查看堆内存明细。堆的回收曲线能够直观反映堆内存回收频率，是否有内存溢出等问题。从图 5-72 中可以看到堆经历了 3 次回收，类加载不到 10 000，CPU 使用率几乎为零，线程数也不到 100，所以 JVM 还是比较空闲的。

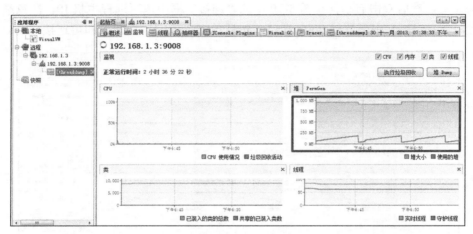

图 5-72　Monitor View

（3）Thread View。

如图 5-73 所示，在此监控线程状态，查看哪些线程有风险，对于 Blocked（监控状态）线程可以在 dump 后分析线程活动，确定是否有性能问题。在此视图中我们主要关心的是那些"监视"状态的线程，单击"线程 dump"可以导出 JVM 当前的线程栈信息，通过分析这些信息定位到程序问题。

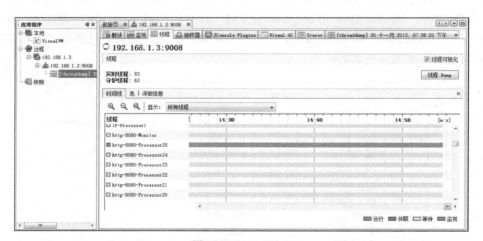

图 5-73　Thread View

（4）堆快照视图。

分析大对象的产生、分析内存溢出需要分析堆信息，一般步骤是 dump 堆信息，然后在堆快照视图中进行分析，分析方法请参照 5.4.3 节的部分内容。如图 5-74 所示，可在堆快照中查看对象具体信息，并看到此对象的属性，PermGen 对象持有一个 list 对象，这个对象并没有引用对象。

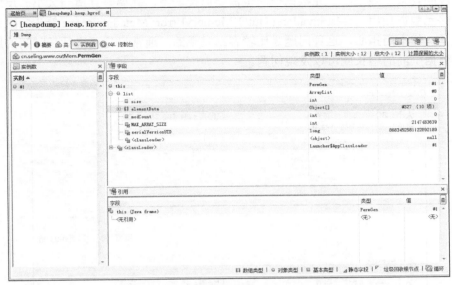

图 5-74　堆快照分析

5.4.6　JDK 8 与 JDK 7 在监控方面的变化

虽然推出很多年了，但 JDK 8 的广泛使用还是在近几年。相对于前面的版本，JDK 8 带来了一些新特性，例如 Lambda 表达式、Stream API、Date Time API、加入了新的 JavaScript 引擎 Nashorn 等（具体参考 Java 官网）。这些与测试工程师关系似乎并不紧密，我们最需要了解的是 JDK 8 在 JVM 上的变化。

1. 元数据

JDK 8 取消了持久代，取而代之的是元数据。如图 5-75 所示，Permanent Generation 将取消掉，Metadata 取而代之，使用 JVisualvm 监控时可以清楚地看到不再有 PermGen 部分，而是用 Metaspace 代替（如图 5-76 所示）。

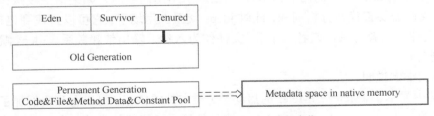

图 5-75　JDK 7/JDK 8 JVM 内存空间变化

使用元数据代替持久代的好处是 java.lang.OutOfMemoryError: PermGen 的空间溢出问题不复存在了。元数据直接使用系统内存，当然系统内存也有不够用的时候，也就是并没消除类和类加载器的内存泄露问题，只是把问题抛给系统内存了。当然，元数据内存的大小还可以使用指令来限制（通过-XX:MetaspaceSize 和-XX:MaxMetaspaceSize 来进行调整），避免对系统资源无限制地占用，当到达-XX:MetaspaceSize 所指定的阈值后会触发对死亡对象和类加载器的垃圾回收来缩减空间。元数据空间也需要监控一下，并调整到适当大小。反之当系统内存都不够元数据使用，会报 java.lang.OutOfMemoryError: Metadata space 错误，这是比较极端的问题了，但不用担心，这种问题是比较容易发现的。通常只需要进行长时间的压测，监控记录元数据空间的增长就可以发现问题。

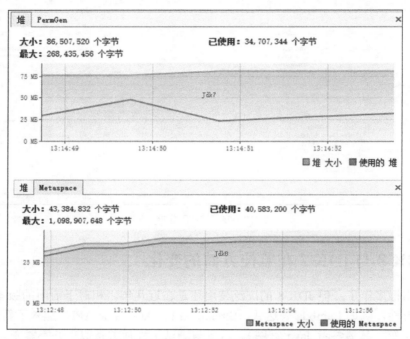

图 5-76　JVisualvm 监控 JDK 7 与 JDK 8 的不同处

2. 类依赖分析器 jdeps

jdeps 可以显示 Java 类的包级别或类级别的依赖关系。这有什么好处呢？

我们知道，Java 程序开发方便是因为其类库非常多，这些类库可能功能相似，可能功能相同但版本不同，可能名称或者包名相同但功能不同。例如 JSON 的工具包，有的用 fastjson，有的用 gson，还有的用 jackson。当依赖引用出问题时，如果语法没报错，但运行时出错了，我们需要查找并分析问题。此时 jdeps 就派上用场了，它可以查找到包依赖关系，接受.class 文件，或者目录，或者一个 jar 文件作为入参，输出依赖关系。jdeps 默认把结果输出到控制台。

下面我们举例说明。

图 5-77 中显示了 JMeter（JMeter 的启动类）类文件的依赖，可以看到我们加了-cp 参数，指定了查找的包为 ApacheJMeter_core.jar，这只是显示了依赖的类的包名。如果我们想看清楚此包下的哪些类被依赖呢？我们可以加-verbose:class 参数，如图 5-78 所示（由于依赖比较多，有 118 行，所以只截取了部分内容）。

```
D:\jmeter\jmeter5\apache-jmeter-5.0\lib\ext> jdeps.exe -cp .\ApacheJMeter_core.jar org.apache.jmeter.JMeter
ApacheJMeter_core.jar -> D:\java\jdk8\jre\lib\rt.jar
ApacheJMeter_core.jar -> 找不到
   org.apache.jmeter (ApacheJMeter_core.jar)
      -> com.thoughtworks.xstream.converters              找不到
      -> java.awt
      -> java.awt.event
      -> java.io
      -> java.lang
      -> java.lang.invoke
      -> java.net
      -> java.nio.charset
      -> java.text
      -> java.util
      -> java.util.function
      -> java.util.stream
      -> javax.script
      -> javax.swing
      -> javax.swing.tree
      -> org.apache.commons.cli.avalon                     找不到
      -> org.apache.commons.io                             找不到
      -> org.apache.commons.lang3                          找不到
      -> org.apache.jmeter.control                         ApacheJMeter_core.jar
      -> org.apache.jmeter.engine                          ApacheJMeter_core.jar
      -> org.apache.jmeter.exceptions                      ApacheJMeter_core.jar
      -> org.apache.jmeter.gui                             ApacheJMeter_core.jar
      -> org.apache.jmeter.gui.action                      ApacheJMeter_core.jar
      -> org.apache.jmeter.gui.tree                        ApacheJMeter_core.jar
      -> org.apache.jmeter.gui.util                        ApacheJMeter_core.jar
      -> org.apache.jmeter.plugin                          ApacheJMeter_core.jar
      -> org.apache.jmeter.report.config                   ApacheJMeter_core.jar
      -> org.apache.jmeter.report.dashboard                ApacheJMeter_core.jar
      -> org.apache.jmeter.reporters                       ApacheJMeter_core.jar
      -> org.apache.jmeter.rmi                             ApacheJMeter_core.jar
      -> org.apache.jmeter.samplers                        ApacheJMeter_core.jar
      -> org.apache.jmeter.save                            ApacheJMeter_core.jar
      -> org.apache.jmeter.services                        ApacheJMeter_core.jar
      -> org.apache.jmeter.testelement                     ApacheJMeter_core.jar
      -> org.apache.jmeter.threads                         ApacheJMeter_core.jar
      -> org.apache.jmeter.util                            ApacheJMeter_core.jar
      -> org.apache.jorphan.collections                    找不到
      -> org.apache.jorphan.gui                            找不到
      -> org.apache.jorphan.reflect                        找不到
      -> org.apache.jorphan.util                           找不到
      -> org.apache.logging.log4j                          找不到
      -> org.apache.logging.log4j.core.config              找不到
      -> org.slf4j                                         找不到
```

图 5-77 JMeter 依赖的类的包名

```
D:\jmeter\jmeter5\apache-jmeter-5.0\lib\ext> jdeps.exe -verbose:class -cp .\ApacheJMeter_core.jar org.apache.jmeter.JMeter
ApacheJMeter_core.jar -> D:\java\jdk8\jre\lib\rt.jar
ApacheJMeter_core.jar -> 找不到
   org.apache.jmeter.JMeter (ApacheJMeter_core.jar)
      -> com.thoughtworks.xstream.converters.ConversionException  找不到
      -> java.awt.Component
      -> java.awt.event.ActionEvent
      -> java.awt.event.ActionListener
      -> java.io.File
      -> java.io.FileInputStream
      -> java.io.FileNotFoundException
      -> java.io.FileReader
      -> java.io.IOException
      -> java.io.InputStream
      -> java.io.PrintStream
      -> java.io.Reader
      -> java.lang.CharSequence
      -> java.lang.Class
      -> java.lang.ClassNotFoundException
      -> java.lang.Exception
      -> java.lang.IllegalArgumentException
      -> java.lang.IllegalStateException
      -> java.lang.Integer
      -> java.lang.Long
      -> java.lang.Object
      -> java.lang.Runnable
      -> java.lang.Runtime
      -> java.lang.String
      -> java.lang.StringBuilder
      -> java.lang.System
      -> java.lang.Thread
      -> java.lang.Thread$UncaughtExceptionHandler
```

图 5-78 JMeter 依赖的类

在命令后加上 **-h** 参数也可以看到帮助（如图 5-79 所示）。

```
D:\jmeter\jmeter5\apache-jmeter-5.0\lib\ext> jdeps.exe -h
用法: jdeps <options> <classes...>
其中 <classes> 可以是 .class 文件、目录、JAR 文件的路径名,
也可以是全限定类名。可能的选项包括:
  -dotoutput <dir>                      DOT 文件输出的目标
  -s              -summary              仅输出被依赖对象概要
  -v              -verbose              输出所有类级别被依赖对象
                                        等同于 -verbose:class -filter:none。
  -verbose:package                      默认情况下输出程序包级别被依赖对象,
                                        不包括同一程序包中的被依赖对象
  -verbose:class                        默认下只输出类级别被依赖对象,
                                        不包括同一程序包中的被依赖对象
  -cp <path>      -classpath <path>     指定查找类文件的位置
  -p <pkgname>    -package <pkgname>    查找与给定程序包名称匹配的被依赖对象
                                        (可多次指定)
  -e <regex>      -regex <regex>        查找与指定模式匹配的被依赖对象
                                        (-p 和 -e 互相排斥)
  -f <regex>      -filter <regex>       筛选与指定模式匹配的被依赖对象
                                        如果多次指定,则将使用最后一个被依赖对象。
  -filter:package                       筛选位于同一程序包内的被依赖对象 (默认)
  -filter:archive                       筛选位于同一档案内的被依赖对象
  -filter:none                          不使用 -filter:package 和 -filter:archive 筛选
                                        通过 -filter 选项指定的筛选仍旧适用。
  -include <regex>                      将分析限制为与模式匹配的类
                                        此选项筛选要分析的类的列表。
                                        它可以与向被依赖对象应用模式的
                                        -p 和 -e 结合使用
  -P              -profile              显示配置文件或包含程序包的文件
  -apionly                              通过公共类 (包括字段类型、方法参数
                                        类型、返回类型、受控异常错误类型
                                        等) 的公共和受保护成员的签名
                                        限制对 API (即被依赖对象)
                                        进行分析
  -R              -recursive            通归遍历所有被依赖对象。
                                        -R 选项表示 -filter:none。如果指定了 -p, -e, -f
                                        选项,则只分析匹配的
                                        被依赖对象。
  -jdkinternals                         在 JDK 内部 API 上查找类级别的被依赖对象。
                                        默认情况下,它分析 -classpath 上的所有类
                                        和输入文件,除非指定了 -include 选项。
                                        此选项不能与 -p, -e 和 -s 选项一起使用。
                                        警告: 在下一个发行版中可能无法访问
                                        JDK 内部 API。
  -version                              版本信息
```

图 5-79　jdeps 帮助

5.4.7　trace 跟踪

在测试时一个业务可能会调用多个方法,那到底哪一个方法耗时最长呢?通常我们的解决办法是在程序架构上做文章,利用切面的方式统计每个方法的执行用时,再把统计数据输出到日志。但是在做性能压测时,日志数据势必很多,查找日志数据很困难。有没有工具可以解决这个问题呢?当然有,例如 anatomy,这是一个开源的性能跟踪程序,利用字节码注入的方式给方法加上一个拦截,从而统计出方法的耗时。

anatomy 的 trace 功能统计整个调用链路上的所有性能开销和追踪调用链路,帮助定位和查找某一接口响应较慢,主要损耗在哪一个环节。

(1)安装代码如下。

```
curl -sLk http://ompc.oss.aliyuncs.com/greys/install.sh|sh
```

(2)启动代码如下。

```
greys.sh  <PID>
```

(3)跟踪代码如下。

```
trace -n <显示的条数><类> <方法>
```

类支持正则表达式,下面跟踪 TestActionServiceImpl.start 方法:

```
ga?>trace -n 2 *TestActionServiceImpl start
Press Ctrl+D to abort.
Affect(class-cnt:2 , method-cnt:2) cost in 158 ms.
 '---+Tracing for : thread_name="http-nio-7001-exec-2" thread_id=0x27;is_daemon=true;priority=5;
     '---+[601,601ms]com.chinatele.manage.service.impl.TestActionServiceImpl:start()
```

```
        +---[0,0ms]com.chinatele.manage.form.PlanActionForm:getPlanId(@82)
        +---[0,0ms]java.lang.String:length(@82)
        +---[0,0ms]com.chinatele.manage.form.PlanActionForm:getPlanId(@83)
        +---[6,5ms]com.chinatele.manage.service.TestPlanService:getTestPlanById(@83)
        +---[6,0ms]com.chinatele.manage.entity.TestPlanEntity:getVu(@84)
        +---[6,0ms]com.chinatele.manage.entity.TestPlanEntity:getVu(@87)
        +---[11,5ms]com.chinatele.manage.service.TestPlanService:buildJmxFile(@88)
        +---[11,0ms]com.chinatele.cmeter.common.result.Result:getSuccess(@89)
        +---[11,0ms]com.chinatele.manage.entity.TestPlanEntity:getDelayTime(@93)
        +---[11,0ms]com.chinatele.manage.entity.TestPlanEntity:getPlanId(@109)
        '---[601,590ms]com.chinatele.manage.service.impl.TestActionServiceImpl:run(@109)

    '---+Tracing for : thread_name="http-nio-7001-exec-2" thread_id=0x27;is_daemon=true;pri
ority=5;
        '---+[601,601ms]com.chinatele.manage.service.impl.TestActionServiceImpl:start()
        +---[0,0ms]com.chinatele.manage.form.PlanActionForm:getPlanId(@82)
        +---[0,0ms]java.lang.String:length(@82)
        +---[0,0ms]com.chinatele.manage.form.PlanActionForm:getPlanId(@83)
        +---[6,5ms]com.chinatele.manage.service.TestPlanService:getTestPlanById(@83)
        +---[6,0ms]com.chinatele.manage.entity.TestPlanEntity:getVu(@84)
        +---[6,0ms]com.chinatele.manage.entity.TestPlanEntity:getVu(@87)
        +---[11,5ms]com.chinatele.manage.service.TestPlanService:buildJmxFile(@88)
        +---[11,0ms]com.chinatele.cmeter.common.result.Result:getSuccess(@89)
        +---[11,0ms]com.chinatele.manage.entity.TestPlanEntity:getDelayTime(@93)
        +---[11,0ms]com.chinatele.manage.entity.TestPlanEntity:getPlanId(@109)
        '---[601,590ms]com.chinatele.manage.service.impl.TestActionServiceImpl:run(@109)
```

[]中的部分是时间统计，单位为毫秒。

其他功能请参考官方网站。

5.5　性能诊断小工具

要想做好程序的性能诊断，编码功底必须得补上。是不是没写过程序就无法诊断分析性能了呢？这也不尽然，利用工具、遵循规律找到大多数的性能问题还是有可能的。下面介绍一个开源的分析工具 Arthas（阿尔萨斯），也是效率工具，能减轻诊断分析性能工作量。Arthas能做些什么呢？官方网站介绍如下：

（1）这个类从哪个 jar 包加载的？为什么会报各种类相关的 Exception？

（2）我改的代码为什么没有执行？难道是我没 commit？分支搞错了？

（3）遇到问题无法在线上 debug，难道只能通过加日志再重新发布吗？

（4）线上遇到某个用户的数据处理有问题，但线上同样无法 debug，线下无法重现！

（5）是否有一个全局视角来查看系统的运行状况？

（6）有什么办法可以监控到 JVM 的实时运行状态？

Arthas 的用户文档比较详细，在此不赘述，请参考：

```
https://alibaba.github.io/arthas/
https://github.com/alibaba/arthas/blob/master/README_CN.md
https://github.com/alibaba/arthas
```

5.6　全链路监控

　　目前互联网流行微服务，传统的业务链路被拆分成由多个子系统来完成，由于业务跨子系统，在性能诊断分析时我们需要跨子系统进行性能分析，需要知道业务在每一个系统中的耗时。在运维监控时也需要知道系统的负载状态，方便对系统进行针对性地扩充。完成这种监控需求的工具就是我们常说的 APM（Application Performance Management）工具。

　　多年前，我们团队需要测试由 90 多个子系统组成的支付系统，测试时需要知道业务在每个子系统中调用了哪些方法？耗时多少？为整个支付体系做一次全方位的性能检查。当时我们只能在每个系统中去看日志，苦不堪言。这时我们是多么希望能够有一个全链路监控工具，尤其还是开源的。全链路监控对我们来说只能是一个奢望。我们花了很大精力才把整个系统测试一遍。现在不用这么辛苦了，市面上出现了很多 APM 工具。

　　APM 工具的推动与发展深受 Google Dapper 论文启发，2010 年 Google 发表了论文 *Dapper, a Large-Scale Distributed Systems Tracing Infrastructure*，介绍了 Google 生产环境中大规模分布式系统下的跟踪系统 Dapper 的设计和使用经验。下面我们列举几个流行的 APM 开源工具（参看表 5-14）。

表 5-14　　　　　　　　　　　　　　　　APM 开源工具

工具名称	供应商	类型
Zipkin	twitter	开源
pinpoint	pinpoint	开源
cat	大众点评	开源
hydra	京东	开源
Skywalking	个人	开源

　　Google Dapper 论文获取地址：http://research.google.com/pubs/pub36356.html。

　　基于社区活跃度及个人喜好，笔者比较推荐 Skywalking 作为性能测试时的监控工具。

Skywalking

　　Skywalking 是国人（吴晟）主导的开源项目，现在已经是 Apache 的开源项目，支持 Java、C#、PHP、Node.js、Go 等语言的程序监听。Skywalking 采用字节码注入的方式介入程序，前期对程序员开发代码无任何侵入，使用时只需要在启动的时候加上探针。加上探针后对于原程序的性能损耗（吞吐量 TPS）在 5% 左右（与施加的负载当量及主机性能有关），如果担心在生产环境影响性能，可以只部署少量的探针。网上也有一些 APM 工具性能的对比，大家感兴趣可以搜索一下，也可以自己进行实测。

　　图 5-80 所示是官方给出的 Skywalking 架构。探针（Tracing）采集到监控数据后传送到平台进行存储（支持多种结构的存储，例如 ElasticSearch、MySQL 等，我们通常是选择 ElasticSearch 进行存储，毕竟检索是它的强项）。用户通过 Skywalking UI（采用 React、Antd 前端框架）来检索监控结果，其能够把子系统间的调用关系、时间消耗关联显示出来，还可

以对 JVM 等进行监听，另外也支持插件开发，以开发适合自己企业的监控。具体技术方案、实现原理在此不做赘述，请参看官方的指导文档进行开发。

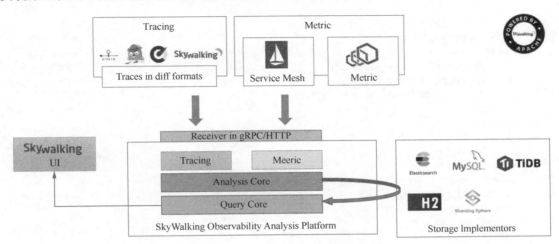

图 5-80　Skywalking 架构

Skywalking 官方演示地址可从 https://github.com/apache/skywalking 获取，Skywalking 的版本迭代还是比较快的，撰写本章时 Skywalking 还是 5.0 版本，等到一年后进行审核时，Skywalking 已经到了 7.x 的版本（只能默默心疼自己的 15 页内容要删掉），文档也已经很完善，官网提供 docker-compose.yml 文件帮助快速部署，在 kubernetes 中使用 helm 部署更方便。

1.　快速部署 Skywalking

实验环境中我们采用单机部署 Skywalking 和 ElasticSearch，拓扑结构如图 5-81 所示。第一部分部署 Skywalking UI 与后端，第二部分部署存储（ElasticSearch），第三部分部署应用，并使用探针收集其性能数据。

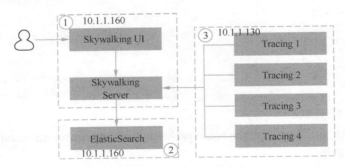

图 5-81　Skywalking 拓扑结构

实验时建议使用 docker-compose 快速部署，官方的 docker-compose.yml 配置了 Skywalking UI、Backend（后端程序 OAP）、ES 的启动。

```
cat > docker-compose.yml <<EOF
version: '3.3'
services:
  elasticsearch:
```

```
      image: docker.elastic.co/elasticsearch/elasticsearch:6.8.1
      container_name: elasticsearch
      restart: always
      ports:
        - 9200:9200/tcp
        - 9300:9300/tcp
      environment:
        - discovery.type=single-node
        - bootstrap.memory_lock=true
        - "ES_JAVA_OPTS=-Xms512m -Xmx512m"
      ulimits:
        memlock:
          soft: -1
          hard: -1
  oap:
      image: apache/skywalking-oap-server:6.6.0-es6
      container_name: oap
      depends_on:
        - elasticsearch
      links:
        - elasticsearch
      restart: always
      ports:
        - 11800:11800/tcp
        - 12800:12800/tcp
      environment:
        SW_STORAGE: elasticsearch
        SW_STORAGE_ES_CLUSTER_NODES: elasticsearch:9200
  ui:
      image: apache/skywalking-ui:6.6.0
      container_name: ui
      depends_on:
        - oap
      links:
        - oap
      restart: always
      ports:
        - 8080:8080/tcp
      environment:
        SW_OAP_ADDRESS: oap:12800
EOF
docker-compose -f docker-compose.yml up -d
```

访问方式 http://[ip]:8080

helm chart 获取地址：https://github.com/apache/skywalking/tree/master/install/kubernetes/helm。

2．Java 程序监控

Java 程序的监控原理是采用字节码注入的方式，要为 Java 程序部署一个探针程序，目录结构如图 5-82 所示。

skywalking-agent.jar 放入程序的环境变量，随 Java 程序一起启动，完成字节码的注入。

Tomcat 中的加入方式如下。

```
+-- agent
    +-- activations
        apm-toolkit-log4j-1.x-activation.jar
        apm-toolkit-log4j-2.x-activation.jar
        apm-toolkit-logback-1.x-activation.jar
        ...
    +-- config
        agent.config
    +-- plugins
        apm-dubbo-plugin.jar
        apm-feign-default-http-9.x.jar
        apm-httpClient-4.x-plugin.jar
        .....
    +-- optional-plugins
        apm-gson-2.x-plugin.jar
        .....
    +-- bootstrap-plugins
        jdk-http-plugin.jar
        .....
    +-- logs
    skywalking-agent.jar
```

图 5-82 Skywalking 目录结构

Windows 系统：

```
set "CATALINA_OPTS=-javaagent:/path/to/skywalking-agent/skywalking-agent.jar"
```

Linux 系统：

```
CATALINA_OPTS="$CATALINA_OPTS -javaagent:/path/to/skywalking-agent/skywalking-agent.jar
"; export CATALINA_OPTS
```

其他类型探针启动方式请参照官方网站：https://github.com/apache/incubator-skywalking/blob/master/docs/en/setup/service-agent/java-agent/README.md。

上面只是配置了注入，还需要把收集到的数据传给 Skywalking 后端（由 ES 来存储），通过修改 config/agent.conf 来配置数据去向。

```
# 给你的服务配置一个服务名，在 Skywalking UI 搜索时区分服务
collector.servers =[server name]
# 监听数据投递到 Skywalking 后端
collector.backend_service =[ip]:11800
# 其他参数请参考：https://github.com/apache/skywalking/blob/master/docs/en/setup/service-
# agent/java-agent/README.md
```

以上配置完成后启动服务即可，稍后就可以在 Skywalking 中搜索到监控结果，Skywalking 提供服务调用拓扑图、服务追踪分析（如图 5-83 所示）、告警等服务。

3．监控示例

（1）准备应用。

笔者准备了 4 个 Java 程序，调用顺序如图 5-84 所示，用户在 UI 上访问 http://url:7001/server01/getOrderInfo?orderId=1002&userId=1008，server01 会调用 server02 的接口，sever02 会调用 server03 与 server04 的接口。

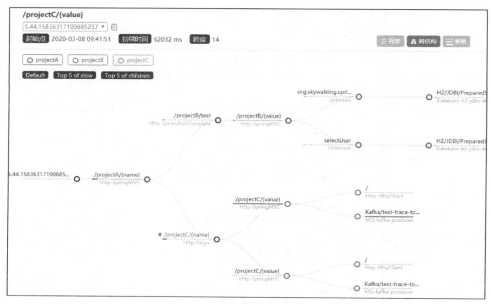

图 5-83　服务追踪分析

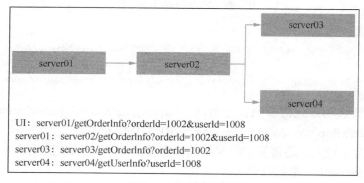

图 5-84　程序调用顺序

示例程序可以从 https://github.com/selingchen/skywalking-test.git 获取。mvn clean package 会生成 4 个 jar 包（参看表 5-15）。

表 5-15　　　　　　　　　　　　　　　　生成的 4 个 jar 包

包　　名	默认访问端口
server01-0.0.1-SNAPSHOT.jar	7001
server02-0.0.1-SNAPSHOT.jar	7002
server03-0.0.1-SNAPSHOT.jar	7003
server04-0.0.1-SNAPSHOT.jar	7004

启动方式：java –jar [包名].jar，例如 java –jar server01-0.0.1-SNAPSHOT.jar。

我们把这 4 个 jar 包放在一个主机上启动（如果你想分布在多台主机，请修改项目中的 application.properties 文件，其中 server02.url、server03.url、server04.url 指定调用的应用的访问地址）。

（2）给应用部署探针。

从 http://skywalking.apache.org/downloads/ 下载 Skywalking APM 的二进制文件，解压后目录结构如图 5-85 所示，复制 agent 目录到 server01。

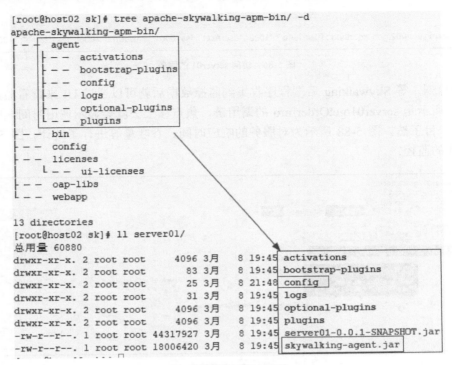

图 5-85　解压后目录结构

我们有 4 个应用，所以需要复制 4 份 agent 来配置 config/agent.config。下面的代码我们只需要修改两个地方（加粗部分）：

● 给应用指定一个别名，server01 服务用 service01 作为名字，同理，server02 用 service02 命名。

● 指定探针把数据投递到服务端的地址。

```
agent.service_name=demo
# Backend service addresses.
#collector.backend_service=${SW_AGENT_COLLECTOR_BACKEND_SERVICES:127.0.0.1:11800}
collector.backend_service=127.0.0.1:11800    #本例在一台主机上进行，UI，Backend，ES 同主机
# Logging file_name
logging.file_name=${SW_LOGGING_FILE_NAME:skywalking-api.log}
# Logging level
logging.level=${SW_LOGGING_LEVEL:DEBUG}
```

修改完成后就可以启动应用注入探针。我们的应用是 Springboot 项目，可以直接运行 jar 包，启动命令如下：

```
nohup java -javaagent:/root/sk/server01/skywalking-agent.jar -jar /root/sk/server01/server01-0.0.1-SNAPSHOT.jar >server1.out 2>&1 &
nohup java -javaagent:/root/sk/server02/skywalking-agent.jar -jar /root/sk/server02/server02-0.0.1-SNAPSHOT.jar >server2.out 2>&1 &
nohup java -javaagent:/root/sk/server03/skywalking-agent.jar -jar /root/sk/server03/server03-0.0.1-SNAPSHOT.jar >server3.out 2>&1 &
nohup java -javaagent:/root/sk/server04/skywalking-agent.jar -jar /root/sk/server04/server04-0.0.1-SNAPSHOT.jar >server4.out 2>&1 &
```

本例 server01 对应 server01，server02 对应 server02，依次类推，4 个服务分别对应自己

的探针配置与程序。启动完 4 个 jar 包，稍等片刻（探针要以字节码的形式注入），就可以访问应用，我们只需要访问 server01 的服务（如图 5-86 所示）即可调用其他 3 个应用。

图 5-86　访问 server01 的服务

稍等片刻，等 Skywalking 后端程序收集到监控数据后就可以通过 UI 来查看监控数据。如图 5-87 所示是 server01/getOrderInfo 的调用链，焦点移上去就会显示调用时间，哪个服务消耗时长一目了然。图 5-88 所示为对服务的响应时间、吞吐量等进行了统计。图 5-89 所示是对 JVM 的监控。

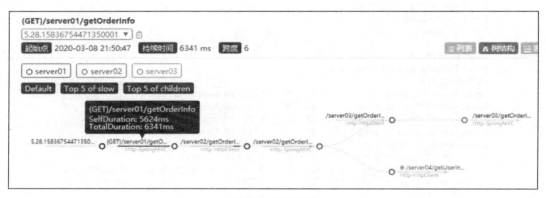

图 5-87　服务追踪

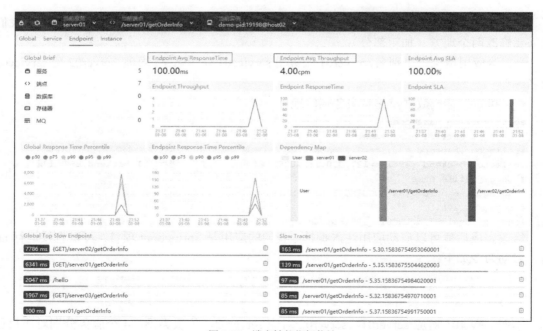

图 5-88　端点性能指标统计

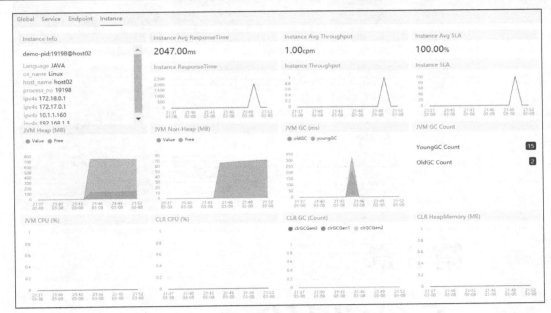

图 5-89 JVM 的监控

5.7 本章小结

本章主要讲解性能测试时需要监控哪些指标，用什么工具或者命令去监控，如何从这些指标分析性能问题，涉及系统硬件、操作系统、中间件、JDK、数据库等多方面，性能测试工程师要对操作系统内核有一定了解，明白 CPU、内存、磁盘、网络之间的联动关系，通过监控数据的本质反推性能问题。对于 Java 的应用来讲，JVM 的性能反映了 Java 程序的性能。JVM 的监控分两大类：一是堆内存，二是线程；从堆内存可以分析大对象与内存溢出等问题，从线程状态及线程信息可以分析出低效程序，解决的是 CPU 资源占用的问题。

有些读者的性能测试环境可能比较复杂，无论是机器网络环境还是机器数量都会比较多，监控会比较麻烦。这种情况往往出现在规模较大的企业，这种企业都会有专业的运维团队，因此可以借助运维团队的帮助进行性能测试。运维团队一般都会部署诸如 Zabbix、Nagios 这样的监控平台，性能测试工程师直接复用这个平台就可以省不少工作量。

微服务流行，系统调用关系复杂，性能测试时迫切需要全链路监控，如果不想对程序有侵入性，注入式的 APM 工具是首选。用户可以使用 Skywalking 这种全链路的监控工具，从而简单化业务性能分析。

性能分析要求的知识体系不但广，而且深，有时还需要团队协作，工作效率更高，尤其是系统复杂度高的生态系统（子系统繁多，一起组成一个生态链，例如支付、电商、金融等）。性能测试工程师可以不精通某一方面的知识，但一定要了解，正如我们要了解需要监控哪些性能指标一样。

docker-compose.yml 文件可从公众号"青山如许"获取。

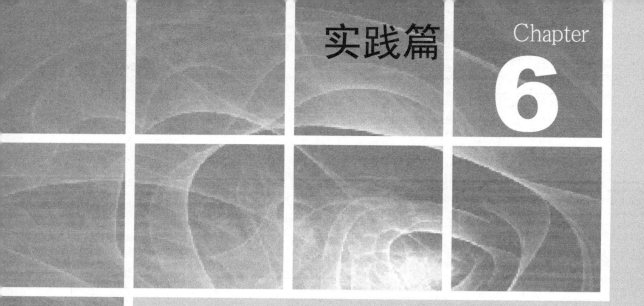

第 6 章
系统调优

从本章你可以学到:

- 单机性能调优
- 数据结构优化
- 结构优化

　　高可用性、高可靠性、可扩展性及运维能力是高并发系统的设计要求（当然也要顾及成本）。可扩展性希望服务能力（或者容量）的增长与增加的硬件数量是线性关系。例如一台服务器服务能力是 100QPS，增加一台同样的机器后容量应该接近 200QPS，这种线性的容量伸缩方式就是常说的水平伸缩。大家最为熟悉的电商（天猫、京东等）、网络支付（支付宝、微信等）、即时通信（QQ、微信等）都具备良好的水平扩展能力。以微信朋友圈发红包的功能为例，2016 年除夕当日，微信红包的参与人数达到 4.2 亿人，收发总量达 80.8 亿个，最高峰发生在 00：06：09，每秒收发 40.9 万个红包，系统依然稳定运行。此例就很好地演示了系统的可运维性，其线上公测收放自如，也证实了微信具备高可用性、高可靠性、可扩展性。互联网企业现在拼的不仅仅是商业模式，也在拼技术，性能已经是系统设计首要考虑的问题了。

　　性能分析与调优旨在帮助客户打造一个高可用、高可靠的系统。性能分析的目的是找出性能瓶颈与风险所在；性能调优就是要用更少的资源提供更好的服务，使效益最大化。

　　随着业务规模的扩大，传统的单机服务已经不能够满足性能要求。单机性能总有上限（就好比一个人的能力再强，也无法完成所有事情），于是就出现了集群方案。传统的集群方案后来也不能满足互联网的高并发要求，阿里开展的去 IOE（IBM 服务器、Oracle 数据库、EMC 的专业存储设备）化正是基于成本与性能的考虑。一方面是因为 IOE 的成本高，另一方面是因为成本高还不能满足性能要求，所以分而治之成为必然选择。于是，分布式集群方案开始大行其道，其水平扩展能力是传统架构无法比拟的。围绕分布式主题也诞生了不少分布式的框架与产品（例如 dubbo、dubbox、jd-hydra、memcache/redis），相应的性能分析与调优也面临着调整，不仅要关注单个系统的性能，还要关注整个分布式框架体系下的各组成部分的性能。

　　多数人都会觉得性能调优是一个高深的话题，但其本质并不复杂。我们可以从很多的生活实例中得到启发。例如一根绳子拉不起重物时，我们可以用多根绳子，这就是集群思想；火车分班次运行，集齐一车人之后才运行一个班次，而不是来一个客人就运行一个班次，这就是批处理。性能调优的常规手段有如下几种。

　　（1）空间换时间。内存缓存就是典型的空间换时间的例子。利用内存缓存从磁盘上取出数据，CPU 请求数据时直接从内存中获取，从而获取比从磁盘读取数据更高的效率。

　　（2）时间换空间。当空间成为瓶颈时，切分数据并分批次处理，用更少的空间完成任务处理。上传大附件时经常用这种方式。

　　（3）分而治之。把任务分开执行，也方便并行执行来提高效率。Hadoop 中的 HDFS、mapreduce 都是应用这个原理。

　　（4）异步处理。业务链路上有的任务消耗时间较长，可以拆分业务，甚至使用异步方式，减少阻塞影响，这就是我们常说的解耦。常见的异步处理机制有 MQ（消息队列），目前在互联网应用中大量使用。

　　（5）并行。并行指用多个进程或者线程同时处理业务，缩短业务处理时间。例如，我们在银行办业务时，在排队人数较多时，银行会加开窗口。Spark 对数据的分析就可以配置作业并行处理。

　　（6）离用户更近一点。例如 CDN 技术，把用户请求的静态资源放在离用户更近的地方。

　　（7）一切可扩展，业务模块化、服务化（无状态、幂等）、良好的水平扩展能力。

本章我们分 3 部分来讲解系统调优：

（1）单机性能调优；

（2）数据结构优化；

（3）结构（分布式、业务拆分）优化。

> **注意**
>
> 高可用性：通常来描述一个系统经过专门的设计，可以减少停工时间，从而保持其服务的高度可用性。
>
> 高可靠性：产品在规定的条件下、在规定的时间内完成规定的功能的能力。
>
> 可扩展：易于扩大规模，尤其是具有良好的水平扩展能力，处理能力与机器数量呈线性关系。
>
> 下面所有讲解都是针对 Java 应用，下面内容中出现的 JDK 1.7 与 JDK 7 是同一个版本，类似 JDK 1.8 与 JDK 8 也是同一个版本。

6.1 单机性能调优

顾名思义，我们要在单机上对系统的性能进行调优。不管你的应用使用的是什么框架、什么技术，性能都会显现在对系统软硬件资源的需求上。程序问题可能在前端，可能在后端，或者是存储（数据库或者文件存储，如 MySQL、Redis）。通过单机性能调优，降低了问题的复杂度，更利于解决问题。下面从几个方面讲解常用的单机性能调优方式。

6.1.1 程序优化

程序调优是治本的手段，当前的性能测试往往在集成测试完成后进行，性能问题暴露得太晚，这个时候去修改代码，风险较大。我们需要考虑关联业务的相互影响，因此我们要重新进行集成测试、性能回归测试等一长串的测试工作。这势必会加长项目周期，时间成本又是不能回避的问题，尤其是敏捷开发，系统实时性很强。诸多的不确定性导致了我们不敢、不能、不提倡去做"伤筋动骨"的程序调整，只能局限在小范围之内。这样做导致的结果往往就是随着对问题的深入研究，发现需要做许多的调整，甚至可能推翻先前的设计，以及对业务实现的改动，这就很费事了。由此可见，性能测试往往要提前规划，先架构、后程序优化（先整体后个体）。

● 系统框架选择

SSH（Struts/Spring MVC、Spring、Hibernate）架构是当下流行的 MVC 模型。SSH 架构为我们提供了明晰的层次结构，各层协同完成业务实现，简化了程序设计过程，加快了程序交付进程。架构丰富的组件虽然给我们带来了便利，但也有它的短板。

例如，对于大型的业务系统，特别是大数据量的分析计算过程，我们如果把大量的数据从数据库取出后利用应用程序（Java）来进行分析计算，势必会增加网络的传输，而且在程序中进行处理可能并不是最佳实践。如果换成在数据库中进行处理，我们可以进行连接查询、批处理等操作，不断减少网络传输，性能也会得到提升。因此我们不能为了遵循架构，为了开发方便而唯架构论，应该根据不同的应用场景选择更合适的处理方式。

- 程序优化

低效代码优化，这里说的低效代码排除上面说到的架构问题，纯粹是程序逻辑及算法低效。例如逻辑混乱、调用继承不合理、内存泄露等。常用的解决方法如下。

（1）表单压缩。

压缩表单，减少网络的传输量，以达到提高响应速度的效果。

（2）局部刷新。

页面中采取局部内容获取的方式，减少向服务器的请求，服务器由于负载小就能更快地响应客户请求，客户的体验也会更好。

（3）仅取所需。

只向服务器请求必要的内容，并只向客户端发送必要的表单内容，以减少网络传输，减轻服务器负担。

（4）逻辑清晰。

程序逻辑清晰，方便维护和分析问题；不做错误及多余调用。

（5）谨慎继承。

开发过程中要了解系统架构，特别是一些基类、公共组件，实现合理利用，减少大对象产生的可能。

（6）程序算法优化。

试着用算法来提高程序效率，例如，我们可以用二分法来做物料计划（不用扫描整个库存数据与物料需求做对比，我们只需要找到满足需要的库存数据即可停止遍历，这样做的效率至少可以提高一个数量级，当然也取决于库存数量与需求的物料种类及数量）。

（7）批处理。

对于大批量的数据处理，最好能够做成批处理，这样就不会因为单次操作而影响系统的正常使用。

（8）延迟加载。

对于大对象的展示，可以采用延迟加载的方式，层层递进地显示明细。例如，我们分页显示列表内容，往往只显示主表的内容，附表的内容在查看明细时才去请求。

（9）防止内存泄露。

内存泄露是由于对象无法回收造成的，特别是一些长生命周期的对象风险较大。例如，用户登录成功后，系统往往会把用户的状态保存在 Session 中，同一用户再次登录时（前一次并没退出），我们会在 Session 中检查一下此用户是否已经在线，如果是就更新 Session 状态，不是就记录 Session 信息。另外，我们还会做一个过滤器，对于长时间不活动的用户进行 Session 过期处理。笔者以前碰到过系统不做这样的处理，最后导致内存溢出。

（10）减少大对象引用。

防止在程序中声明及实例化大对象，不能为了方便而设计出大对象。例如，有些工程师为了图方便，会把用户的功能权限、数据权限、用户信息都放在一个对象中，其占用的堆空间自然就大。而实际上系统中多数用户并不一定都要用这些信息，所以这个对象中存放这么多信息就是浪费。因此，我们可以将其拆分成多个更小的类，或者使用如 Redis 这样的缓存去存储而不是放在堆内存中。

（11）防止争用死锁。

如果出现线程同步的场景，不同线程对同一资源的争用通常会导致等待，处理不当会导致死锁。可以适当采用监听器、观察者模式来处理这类场景，核心思想就是同步向异步转化。如果是 OLTP 系统，在程序优化的背后还有数据库的优化，涉及表结构、索引、存储过程及内存分配等的优化。

（12）索引：编写合理的 SQL，尽量利用索引。

（13）存储过程：为了减少数据传输到应用程序层面，一般会在数据库层面利用存储过程来完成数据的逻辑运算，只需要回传少量结果给应用层。当然，现在的分布式数据库并不主张用存储过程，数据库仅仅用来做存储，并从物理设计、并发处理方面来提升性能。

（14）内存分配：合理地分配数据库内存，以 Oracle 为例，我们合理设置 PGA 与 SGA 的大小；当然我们在操作数据库的同时也要避免冲击内存的上限，例如，对于大数据，不提供 Order by 的操作，避免 PGA 区域被占满，即使允许排序，也要限定查询条件来减小数据集的范围。

（15）并行：使用多个进程或者线程来处理任务，例如，Oracle 中的并行查询，Tomcat 的线程池。当然也要避免并行时的数据争用而导致的死锁，OLTP 类型系统并行及数据争用的概率比较大，尤其要注意提高程序效率，减少争用对象的等待。程序要防止互锁（甲需要资源 A、B，乙需要 B、A；此时甲占有 A 等待 B，正好乙占有 B 等待 A，此时就容易互锁）。

（16）异步：例如，用 MQ（消息中间件）来解耦系统之间的依赖关系，减少阻塞。

（17）使用好的设计模式来优化程序，例如，用回调来减少阻塞，使用监听器来阻塞依赖。

（18）选择合适的 IO 模式，如 NIO、AIO 等。

（19）缓存：把经常引用的数据缓存到内存中，提高读取的响应速度。这就是常说的空间换时间的概念。

（20）分散压力：在性能优化中也可以分散数据来缓解压力。

例如我们每秒要处理 200 万条日志数据，分析这 200 万条数据中藏着的业务机会。我们首先想到的是把数据分而治之，例如，分成 20 个处理队列，这样每队处理 10 万条数据，分别进行分析。这样似乎没有问题，但仔细想想：这样性能够好吗？10 万条数据按规则处理通常也得 10 秒左右（这已经是很快了），能够更快吗？当然可以。可以预见不是每一条数据都有意义或者说能够产生商机，我们可以先排除无效数据，然后再进行分析，自然效率会更高。就如上面说的，把压力分散在各个环节，验证数据时去除掉一部分无效数据，要分析的样本就变少了，性能自然就上去了。

6.1.2　配置优化

配置优化主要包括 JVM、连接池、线程池、缓存机制、CDN 等优化手段，这些优化提高了资源利用率，最大限度地提升了服务器性能。

JVM 配置优化：合理地分配堆与非堆的内存，配置适合的内存回收算法，提高系统服务能力。

连接池：数据库连接池可以减少建立连接与关闭连接的资源消耗。

线程池：通过缓存线程的状态来减少新建线程与关闭线程的开销，一般是在中间件中进行配置，如在 Tomcat 的 server.xml 文件中进行配置。

缓存机制：通过数据的缓存来减少磁盘的读写压力，缩小存储与 CPU 的效率差。

数据库配置优化：例如，在使用 MySQL 数据库时，我们可以设置更大的缓存空间。

6.1.3　数据库连接池优化

数据库连接池存在的意义是让连接复用，通过建立一个数据库连接池（缓冲区）以及一套连接的使用、分配、管理策略，使得该连接池中的连接可以得到高效、安全的复用，避免了数据库连接频繁建立、关闭的开销。

连接池的好处及如何建立我们不再赘述，直接进入大家最关心的问题：

（1）配置连接池参数；

（2）配置连接池数量；

（3）监控连接池。

连接池原理大同小异，在此我们以 C3P0 为例进行讲解。

1．配置连接池参数

在实际运用中，我们常利用数据库线程池来提高连接的效率，C3P0 是常见的连接池实现。代码清单 6-1 是典型的 Spring+Hibernate+C3P0 的配置，具体含义也进行了注释，大家也可以参照 Mchange 官网的说明进一步理解。

代码清单 6-1　C3P0 连接池配置示例

```
    <bean id="dataSource" class="com.mchange.v2.c3p0.ComboPooledDataSource" destroy-method=
"close">
    <property name="driverClass" value="oracle.jdbc.driver.OracleDriver"/>
    <property name="jdbcUrl" value="jdbc:oracle:thin:@localhost:1521:ORCL"/>
    <property name="user" value="selling"/>
    <property name="password" value="seling"/>
    <!-- 连接关闭时默认将所有未提交的操作回滚。默认为 false -->
    <property name="autoCommitOnClose" value="true"/>
    <!-- 连接池中保留的最小连接数-->
    <property name="minPoolSize" value="2"/>
    <!-- 连接池中保留的最大连接数。默认为 15 -->
    <property name="maxPoolSize" value="15"/>
    <!-- 初始化时获取的连接数，默认为 3 -->
    <property name="initialPoolSize" value="3"/>
    <!-- 最大空闲时间，超过空闲时间的连接将被丢弃。为 0 或负数则永不丢弃。默认为 0 秒 -->
    <property name="maxIdleTime" value="60"/>
    <!-- 当连接池中的连接用完时，C3P0 一次性创建新连接的数目，默认为 3 -->
    <property name="acquireIncrement" value="3"/>
    <!-- 定义在从数据库获取新连接失败后重复尝试获取的次数，默认为 30 -->
    <property name="acquireRetryAttempts" value="3"/>
    <!-- 当连接用完时客户端调用 getConnection()后等待获取新连接的时间，超时后将抛出 SQLException，如设
为 0 则无限期等待。单位毫秒，默认为 0 -->
    <property name="checkoutTimeout" value="10000"/>
    </bean>

    <bean id="sessionFactory" class="org.springframework.orm.hibernate3.LocalSessionFactoryBean">
```

```
<property name="dataSource" ref="dataSource" />
<property name="mappingDirectoryLocations">
        <list>
        </list>
</property>
<property name="hibernateProperties">
        <props>
            <prop key="hibernate.dialect">org.hibernate.dialect.OracleDialect</prop>
            <prop key="hibernate.show_sql">true</prop>
            <prop key="hibernate.format_sql">false</prop>
            <prop key="hibernate.generate_statistics">true</prop>
            <prop key="hibernate.connection.release_mode">auto</prop>
            <prop key="hibernate.autoReconnect">true</prop>
            <prop key="hibernate.transaction.flush_before_completion">true</prop>
            <prop key="hibernate.cache.use_second_level_cache">false</prop>
            <prop key="hibernate.cache.use_query_cache">false</prop>
        </props>
</property>
</bean>
```

2．配置连接池数量

上面我们列出了 C3P0 连接池的相关配置，那么到底配置多少个连接合适呢？

配置原则：按需分配，够用就好。

配置公式：没有精确的计算公式，可以通过测试来估算。例如，以单位时间的业务量或者并发数为单位，监控使用了多少连接数，再以此为单位进行放大。一般来说，数据库连接池的数量要小于中间件线程池的连接数量。

3．监控连接池

通过对中间件的监控来监控数据库连接池。如图 6-1 所示，我们通过 Probe（用来监控 Tomcat，有兴趣的读者可以从 https://github.com/psi-probe/psi-probe 获取）来监控连接池，其中 3 个连接都是 BLOCKED，说明此时连接正忙。如果长时间不释放，后续的请求就获取不到连接，直到等待超时。

	15	C3P0PooledConnectionPoolManager-Helper Thread-#0	com.mysql.jdbc.ServerPreparedStatement.realClose (ServerPreparedStatement.java:895)	BLOCKED	false
	16	C3P0PooledConnectionPoolManager-Helper Thread-#1	com.mysql.jdbc.ServerPreparedStatement.realClose (ServerPreparedStatement.java:895)	BLOCKED	false
	17	C3P0PooledConnectionPoolManager-Helper Thread-#2	com.mysql.jdbc.ServerPreparedStatement.realClose (ServerPreparedStatement.java:895)	BLOCKED	false

图 6-1　监控数据库连接池

监控工具有多种，如 Probe、PL/SQL 等。我们既可以用命令进行查询，也可以用监控工具监控其状态。下面我们直接用命令来查询 MySQL 的连接状态。

如图 6-2 所示，如果 Command 列一直是 Execute，就代表连接一直在执行任务。如果连接数全占满，后续请求就只有等待，要么等到释放后有空的线程，要么超时报错。读者可到 MySQL 官方网站搜索有关 MySQL 线程状态的知识。

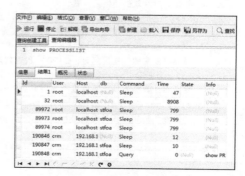

图 6-2　MySQL 线程监控

6.1.4 线程优化

线程的优化本来属于配置的优化，把线程优化作为一小节是为了清楚地说明线程优化方法。

1. 线程池优化

为什么要有线程池？线程池是为了减少创建新线程和销毁线程所造成的系统资源消耗。系统性能差一般有以下两种明显的表现：

第一种是 CPU 使用率不高，用户感觉交易响应时间很长；

第二种是 CPU 使用率很高，用户感觉交易响应时间很长。

第一种情况可能是由于系统的某一小部分造成了瓶颈，导致了所有的请求都在等待。例如，线程池的数量太小，没有可用的线程使用，所有的请求都在排队等待进入线程池，导致交易响应时间很长。

第二种情况产生的原因比较复杂，可能是硬件资源不够，也可能是应用系统中产生了较多的大对象，还可能是程序算法等问题。

2. CPU 处理能力

线程池配置数量与 CPU 处理能力相关。我们知道，单核 CPU 同一时刻是只能处理一个任务，那么对于一个 4 核 CPU，理论上线程池配置数量是 4（4 个连接）。如果一个任务处理只需要 100 毫秒，单核一秒可以处理 10 个任务，4 核可以处理 40 个任务，那么单核 CPU 配置 40 个连接，任务就可以处理完吗？这就矛盾了，到底配置多少呢？

我们可以这样理解，只要你发送请求够快，4 个连接是可以在 1 秒完成 40 个任务的处理的（为了方便说明，忽略 CPU 的中断与切换时间、网络延时等）；如果配置 40 个连接，请求就会排队，处理不完就是过载，CPU 还得花时间接收这些任务，让它们排队或者直接拒绝，反而占用了 CPU 用来处理任务的时间。对于这个例子来说，最佳的性能就是 40TPS（或者 QPS），考虑到 CPU 的中断与切换及网络延时，根据实际测试时的连接状态可以再多加几个连接，4 个只能是一个理论参考。下面我们推导一下并得到一个公式。

有这样一个服务，用户请求到 App Server，然后 App Server 要从数据库获取数据。在 App Server 中，我们配置线程池时要受制于数据库的处理能力。例如，App Server 处理请求 CPU 耗时 20ms，数据库处理耗时 40ms，那么整个查询请求至少耗时 20+40=60ms（这里不考虑网络传输的耗时）。也就是说在整个 60ms 过程中 CPU 可以有 40ms 的空闲，利用这 40ms 的时间就可以处理两个查询请求（也就是说 CPU 等待别的资源返回数据的过程中可以去处理另外的任务，统筹安排时间，不考虑 CPU 中断切换的耗时）。因此当前的情况下 CPU 可以应付 3 个线程（查询请求），那么线程池就可以配置为 3 个，这样线程池的 Size 就大于 CPU 的数量了。

由此得出公式：

服务器端最佳线程数量=[（线程等待时间+线程 CPU 时间）/线程 CPU 时间]× CPU 数量

线程等待时间就是上面例子中的 40ms（数据库处理请求的耗时），线程 CPU 时间就是 20ms 的 App Server 处理时间，现在都是多核 CPU，所以还要乘以 CPU 数量。

计算示例：

具有 4 核 CPU 的服务器一台，服务器运算时间为 20ms，DB 查询产生 IO 的时间为 40ms。

如果数据库是整个业务链路上的瓶颈，App Server 要等待数据库返回结果（App Server 处理能力强，但数据库处理慢，任务阻塞在数据库，间接导致 App Server 阻塞），按木桶原理，线程 CPU 时间就是 40ms。

线程数量计算如下：

线程数量=4×（40+20）/40 =6。原先线程 CPU 时间为 20ms 时，线程数=4×（40+20）/20=12。

可以看到，数据库瓶颈的线程数量要减小一半，此时我们对性能调整首先要从数据库开始。

IO 开销较多的应用其 CPU 线程等待时间会比较长，所以线程数量可以多一些，CPU 可以腾出时间来处理别的线程任务，相反则线程数量要少一些。

CPU 开销较多的应用一般只能开到 CPU 个数的线程数量。这种应用的 TPS 似乎不高，但如果计算相当快，此应用的 TPS 也可以很高。下面我们来分析一下线程数与 TPS 的关系（如图 6-3 所示）。

（1）在达到最佳线程数之前，TPS（见图 6-3 ①TPS 线）和线程数是互相递增的关系。到了最佳线程数之后，随着线程数的增长，TPS 不再上升，甚至略有下降，同时 RT（响应时间）（见图 6-3②RT 线）持续上升。

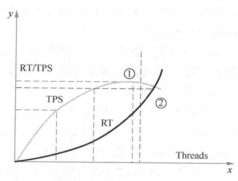

图 6-3 线程数与 TPS 的关系

（2）就同一个系统而言，支持的线程数越多（最佳线程数越多而不是配置的线程数越多），TPS 越高。

3. 内存容量

每一个线程的实例都会占用一定的内存（栈空间）空间，这个值是累加的，我们可以很快计算出服务器到底能支持多少线程。

例如：一个线程如果需要开辟 256KB 内存（Heap 栈的大小）来保存其运行时的状态，那么 1GB 内存就可以支持 4 096 个线程。

笔者进行了一个实验，验证在 Java 环境下不同堆空间时能够开启的线程数，如代码清单 6-2 所示，我们指定线程栈的大小为 1MB，在本机上可以开启 1 801 个线程；把线程栈大小设为 128KB，则可以开启 13 401 个线程（注意有的操作系统对线程数会有限制）。

代码清单 6-2　线程实验

```
-Xms32M -Xmx64M -Xss1M -XX:+HeapDumpOnOutOfMemoryError
counts: 1801
Exception in thread "main" java.lang.OutOfMemoryError: unable to create new native thread

//把 Xmx 设大可以建立的线程数反而变小
-Xms64M -Xmx128M -Xss1M -XX:+HeapDumpOnOutOfMemoryError
counts: 1601
Exception in thread "main" java.lang.OutOfMemoryError: unable to create new native thread
```

```
//把 Xss 设小线程数反而更多
-Xms16M -Xmx32M -Xss128K -XX:+HeapDumpOnOutOfMemoryError
counts: 13401
Exception in thread "main" java.lang.OutOfMemoryError: unable to create new native thread
```

也就是说，内存对于线程数的影响，我们可以通过加大内存容量及调整 JVM 堆空间大小来调节。那为什么会与 JVM 相关呢？

这是因为在 JVM 内存空间中每开辟一个线程时，操作系统相应地也开辟一个线程与之对应，所以有下面的计算公式：

```
Number of threads = (MaxProcessMemory-JVMMemory-ReservedOsMemory)/ThreadStackSize
```

MaxProcessMemory：系统识别的最大内存，例如 32 位系统识别 2GB 内存空间，64 位系统识别的内存空间基本无上限。

JVMMemory：JVM 内存。

ReservedOsMemory：保留给操作系统运行的内存大小。

ThreadStackSize：线程栈的大小，例如 JDK 6 默认的线程栈大小是 1MB。

图 6-4 所示为 SQL Server 官方对于线程数的推荐配置，可以作为参考。

SQL Server

select max_workers_count from sys.dm_os_sys_info

CPU 数	32 位计算机	64 位计算机
<= 4 个处理器	256	512
8 个处理器	288	576
16 个处理器	352	704
32 个处理器	480	960

注意

我们建议将 1024 作为 32 位 SQL Server 的最大线程数，将 2048 作为 64 位 SQL Server 的最大线程数。

图 6-4 SQL Server 官方推荐配置的线程数

4. 系统线程数限制

（1）Linux 下查看线程：

```
ps -efL | grep [进程名] | wc -l
```

（2）Linux 下查看系统线程数限制：

```
/proc/sys/kernel/pid_max
/proc/sys/kernel/thread-max
max_user_process(ulimit -u)
/proc/sys/vm/max_map_count
```

（3）Windows 下查看线程：

最简单的方式就是在任务管理器中查看（如图 6-5 所示），注意有一个“线程数”列。如果无法看到，大家可以到“选择进程页列”中勾选“线程数”选项。也可以用命令行的方式查询，如 tasklist（需要下载安装）。

（4）Windows 下查看线程数限制：

在注册表中查找 TcpNumConnections 这个键（现在的 Windows 7 已经没有限制了）。

线程调整总结：

线程数的控制基本就是一个漏斗模型（如图6-6所示）。我们要从漏斗模型的每一个关节加以分析，上层开口大，下层开口小，当下层有瓶颈而处理不了时就会造成业务阻塞。在经过了上面的各项计算与预想后，我们还要进行实际的测试，以验证线程数是否合适。

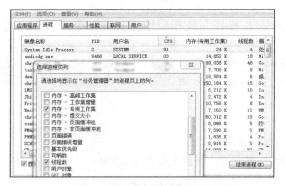

图6-5　Windows下线程数查看

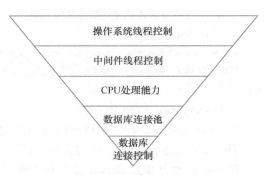

图6-6　线程限制模型

如果觉得实验来确定线程数的设置太复杂，可以使用经验值来进行配置，后期密切监控。

例如，如果有8个处理器，它们都同时运行，并出现堵塞线程，为了提高效率就要降低线程数。为了适当地提高客户体验，可以容忍部分线程排队，也就是让acceptCount（Tomcat中线程池配置参数）数量的线程排队。

6.1.5　DB（数据库）优化

对使用数据库通常有3个要求：性能好、数据一致性有保障、数据安全可靠。数据库优化的前提也是这3个要求。有一句玩笑话叫作"少做少犯错，不做不犯错"。DB优化的思路就是少做：减少请求次数，减少数据传输量，减少运算量（查询、排序、统计）。以Oracle为例，大体从下面几个方向进行优化。

（1）优化物理结构。数据库逻辑设计与物理设计要科学高效，例如分区设置，索引建立，字段类型及长短、冗余设计等。

（2）共享SQL、绑定变量、降低高水位。

共享SQL、绑定变量旨在减少SQL语句的编译分析时间；降低高水位旨在减少遍历范围，提高查询效率。

（3）优化查询器。特殊情况下调整执行计划，指定的执行计划加快查找速度。例如连接查询时指定驱动表，减少表的扫描次数。

（4）优化单条SQL。对单条SQL进行优化分析，例如查询条件选择索引列。

（5）并行SQL。对数据量巨大的表的数据遍历，用多个线程分块处理任务。

（6）减少资源争用（锁、闩锁、缓存）。可以提高IO效率，减小响应时间，从而提高吞吐量来缓解争用，例如用缓存，可以用物理拆分把热点数据分布在不同表空间。

（7）优化内存、减少物理IO访问。

● SGA（缓存高频访问数据），例如我们把客户信息加载到内存中。

- PGA（排序、散列）。
- AMM（自动内存管理）人工干预。

（8）优化 IO，进行条带化、读写分离、减少热点等。

> **注意**
>
> 单系统性能分析的思路是通过现象结合监控锁定性能问题（程序、配置、IO 等）。
> 单系统性能调优的思路是减少资源占用，减少请求。

6.1.6　空间换时间

性能优化时我们常会听到"空间换时间"的说法，这种优化手段被广泛使用。例如计算机中内存的作用就是拿空间来换时间，内存缓存 CPU 需要的数据，CPU 需要的数据尽量从内存获取而不是直接从磁盘读取。现在的系统中大量使用 Redis，用来存储频繁访问的数据，甚至我们会使用 Redis 来构建一个分布式的持久化存储，例如用户信息及用户状态，一些公共配置信息，这都是拿空间来换取时间。所以我们在系统调优时，也可以尝试用这种方法。例如电商平台可以把用户信息存放在缓存中，用户"鉴权"时直接查询缓存完成，这样可以提高吞吐量。使用数据库时，我们应学会使用索引，这样查询更快，无疑这也是一种空间换时间的做法。

6.1.7　时间换空间

利用时间来换取空间显然不是一个高效的办法，时间都增加了还谈什么性能呢？但有时候我们不妨试一下，充分利用某一资源的长处来弥补另一资源的短处。例如用 CPU 时间来换取内存空间，我们查询数据时经常有分页的操作，大家也可能听说过真分页与假分页，真分页是每页只取定量的记录条数，假分页是记录全取，但只是在前端显示定量的记录，真分页实际上就是一种时间换空间的做法。我们不可能把数据库中的数据全取出来，如果有上千万条数据，网络传输就是一个大问题，解决的办法是，我们多次去取数据，每次取少量。

6.1.8　数据过滤

系统中通常会有一些统计和分析的功能，以前我们主要针对结构化数据（关系型数据库存储）进行分析，利用 SQL 语句来做处理。我们会利用过滤条件来过滤数据，这些过滤条件最好能够利用上索引，或者利用上内存临时表来做运算，这些都是优化性能的手段。

现在大数据是热点，对于从事大数据分析的从业者来说，好的算法能够提高运算效率。但算法也不是万能的，数据多到一定量级，总会遇到瓶颈。此时我们不仅要在算法上下功夫，还要在业务上下功夫。

当你在享受快乐假期时，可能会收到周围商圈的推荐信息，有没想过为什么会选中您呢？是巧合吗？您是被大数据分析过的用户，被打上标签了。这是大数据分析的商业案例之一——精准营销。那么问题来了，这和性能优化有什么关系？和数据过滤有什么关系？对于您个体来说，知道您在哪儿很简单，但对于服务商来说，商户的潜在客户是您，在商户周边多少千米范围之内的和您一样的游客是商户要推送消息的目标，过亿的移动电话用户，不断移动的位置，商户几分钟之内就能定位到具体位置。若希望用有限的资源、在有限的时间内来完成数据的分析，性能问题就变得棘手了。我们是以商户为中心去查找用户在不在周边呢？还是以用户为中心去查看周边的商户呢？通常我们会去建立一个用户的索引（基于经纬度，通常会选择 Redis 地理位置方案），这个索引周期性地更新，因为人是在移动的，然后以商户的位置为条件去查询用户索引，过滤出目标对象，过滤时的精度（商户与用户的距离）会严重影响性能，所以我们会有精度上的折中，在生成或者修改用户索引时就考虑到精度，帮助快速过滤掉非目标用户。我们同时可以把用户所在的位置信息按省份分别建立索引，以商户位置为条件检索时范围进一步缩小。

我们换另外一个场景，例如服务商帮我们搜索周边美食的场景。我们并不需要服务商主动推送信息，而是希望手机中的 App 根据位置信息定位我们的坐标（经纬度），然后可以主动用坐标去向服务商查询周边的商家；或者我们给商家的经纬度算出一个值（可以利用 Hash 算法来算出一个值），把我们的位置也算出一个值，然后来匹配这两个值的相似性，高度的相似代表距离更近。其实 Redis 已经有这种地理位置支持，建立地理位置索引，把用户的位置（经纬度）作为条件去查询。

6.1.9　服务器与操作系统优化

我们常说：让专业的人做专业的事，对于服务器来说也有其擅长的方面。例如运行 AI 算法时，我们会选择使用具有 GPU 的机器，数据库服务器我们会选择磁盘效率高、CPU 强劲、内存大的服务器。所以服务与业务要匹配，要有侧重点。

即使你选择对了服务器，能不能发挥好服务器性能也是一个问题。服务器硬件资源的调动是由操作系统来控制的，操作系统为了满足复杂的资源调度需求，也会有很多的可选、可配的操作。例如我们在使用 kubernetes 时，会要求关闭 swap 内存。由于 kubernetes 会管理很多 pod，打开的文件句柄自然会很多，调整可打开的文件数很必要；反之，服务器的硬件资源的利用率可能会很低。为了提高 pod 间服务的互访效率，我们理所当然地会想到在同一宿主机上的 pod 的互访是否可以在内核中完成通信，所以就有了 ipvs 的方案。

因此，服务器被不同的服务使用时，配置有侧重，操作系统的配置也有侧重。在进行性能压测时，我们定位到了限制，就去修改相应的配置，直到硬件资源利用率达到极致。通常我们要关注的优化包含（但不限于）如下几个方面。

（1）内核能够开启的任务数（kernel.pid_max），针对性能强劲的服务器，例如 64 核 256GB 内存。

（2）系统级别的能够打开的文件句柄的数量（fs.file-max），针对性能强劲的服务器。

（3）用户级别的能够打开的文件句柄的数量（soft nofile/hard nofile）。

（4）进程可以拥有的 VMA（虚拟内存区域）的数量（max_map_count），例如使用 JVM 运行 Java 应用，要支持大量连接，这个值就可以适当扩大。例如 ElasticSearch 的使用中就有一个需要注意的地方，报错类似 max virtual memory areas vm.max_map_count [65530] is too low, increase to at least [262144]。

（5）Tcp 优化，例如：

```
#减小保持在 FIN-WAIT-2 状态的时间，对于短连接多的服务器可以考虑设置
net.ipv4.tcp_fin_timeout = 30
#重用 TIME_WAIT 资源
net.ipv4.tcp_tw_reuse=1
net.ipv4.tcp_tw_recycle=1
```

（6）是否关闭 Swap，例如在使用 kubernetes 时就建议关闭 Swap。

（7）是否设置 CPU 的"亲和性"。

6.1.10　JVM 优化

JVM 的优化在测试同行中一度是一件神秘的事情，如今 JVM 的优化也走进了寻常项目中。JVM 优化的规则是：遵循理论，分析指标。

以下把 JVM 优化的学习分为多个小节，从理论到实践，循序渐进，少使用专业术语，让读者不再为 JVM 优化发愁。先从 JVM 架构开始。

1. JVM 架构

JVM 是 JDK（Java Development Kit）运行的环境，现今 Oracle HotSpot JDK 已经发展到 13 的版本，然而很多企业还在大量使用 Oracle HotSpot JDK 8，甚至是 Oracle HotSpot JDK 7，有以下几方面原因。

（1）需要与旧版本程序兼容。

（2）当前版本已知的问题，这么多年已经差不多解决了，系统运行稳定，不用冒险更换版本。

（3）SUN 被 Oracle 收购后，官方支持延后，新版本官方支持不明朗，使用版本风险很大。

（4）新版本并没有给大多数应用带来根本上的性能提升，增加的一些语法对工程开发效率提升不显著。

由于 Oracle 对 JDK 的政策也导致了很多厂商自己开始维护旧版本，例如 IBM JVM、Dalvik VM、JRockit JVM、OpenJDK。不管 JDK 有多少，这些 JDK 的 JVM 架构大同小异，回收算法、垃圾收集器也都相似。图 6-7 所示是 Oracle HotSpot JVM 架构。

类加载器（Class Loader）：用于加载类文件，程序从 Java 文件编译成类（Class）文件，类加载器把 Class 文件加载到 JVM 的方法区。

方法区（Method Area）：用于存储类的数据，例如字段、常量池、方法数据等；方法区就如一个工厂，有大量模具，也有工具，能够生产出对象。

堆（Heap Area）：堆就像仓库，也像一个"社会"，里面"活动"的是对象，例如，一笔订单数据被抽象成一个对象存在于堆中，一批订单数据（结构相同，属性可能不同）被抽象成对象后存储在集合（ArrayList、Map……）对象中。

Java 虚拟机栈（Stack Area）：如果把人的活动比作一个线程，大脑就是帧栈，帮我们记住今天要干什么？明天要到哪里去？虚拟机栈就是社会。我们取得的成绩，买下的房子，欠下的债，赚到的钱都是对象，会放到堆中存储。Java 线程存储数据的内存单元称为线程栈，每个线程的栈都是私有的，就如我们的人生轨迹是私有的一样，高兴？伤心？快乐？忧郁？都是你的状态数据，都会存入帧栈中，就看你选择把哪些释放掉？Java 栈用于存储

局部变量表、动态链接、操作数、方法出口等信息，也就是线程的运行时态、过程数据都存在此。

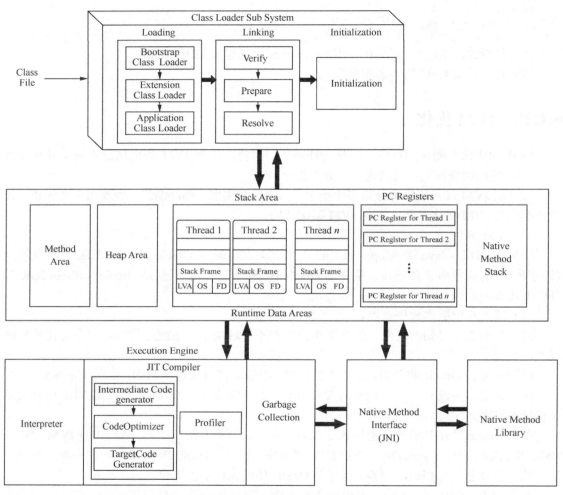

图 6-7　Oracle HotSpot JVM 架构

程序计数器（PC Registers）：顾名思义，用来为程序计数，通俗地说就是记录执行的指令、分支、循环、跳转等，实际是记录当前运行指令的地址以及下一条指令的地址，保证程序能够有序地执行下去。

本地方法栈（Native Method Stack）：Java 虚拟机栈为虚拟机执行 Java 方法（也就是字节码）服务，本地方法栈则是为虚拟机使用 Native 方法服务，什么是 Native 方法呢？就是调用 Windows 平台或者 Linux 平台的函数去处理 IO 读写。

执行引擎（Execution Engine）：包含 JIT（即时）编译器和垃圾收集器编译器，以及解释器。通俗地讲 JIT 编译器就是把字节码转换成机器码，垃圾收集器帮助清除、回收 JVM 中的无用内存。

下面介绍一下 Java 程序的运行过程。

（1）启动 Java 程序，此时类加载器帮我们把程序加载到方法区。

（2）程序启动过程中通常有一些初始化操作，会产生一些对象，这些对象会存放在堆内存中。

（3）Java 程序为了能够快速地完成某些任务，不会任务来了才去找"帮手"（线程），会事先叫来一些"工作人员"（线程）待命，这就是创建 Java 线程池。

（4）执行引擎会把运行区（Runtime Data Areas）的信息转化为机器代码，由机器执行完成。

（5）Java 程序接收到用户请求，线程开始处理用户请求，执行过程的数据会存储在线程栈中。如果执行过程中有对象产生，则会把对象存入堆中，程序计数器帮助记录方法的执行出入口，确保不要"跑偏"（程序异常）；线程在则栈在，线程亡则栈亡（自动清理掉）。

（6）如果有读写磁盘的操作，程序会调用 Native 方法去完成对磁盘 IO 操作。

（7）程序运行过程中，堆中的数据如果不清理则会越存越多，最终会"爆掉"。所以当完成任务后，一些不再被需要的对象是可以被回收掉的。当堆空间占用到一定程度会触发垃圾收集器，如果堆空间不够用，回收后还不够用，此时就会堆溢出，这就是常说的内存泄露，通常报错信息如下：

Exception in thread "main": java.lang.OutOfMemoryError: Java heap space。

（8）如果不断有类被加载到方法区，这个区终究会被占满，直到溢出。通常报错信息如下：

Exception in thread "main": java.lang.OutOfMemoryError: PermGen space。

（9）Java 程序接收到大量请求，每个请求由一个线程来处理，线程的状态和数据由栈中的桢栈来存储。堆内存加栈内存占满整个物理内存，也会内存溢出。通常报错信息如下：

java.lang.OutOfMemoryError: unable to create new native thread。

（10）JVM 中的栈是可以设置大小的，如果栈中的数据激增，也会把栈占满，此时就是栈溢出。通常报错信息为：java.lang.StackOverflowError。

为了避免内存溢出的情况，我们主动进行内存回收管理，这就是我们常听说的垃圾回收，回收当然是讲究方法的，所以就有垃圾回收算法，把回收算法有效地组织起来的机制就是我们常听说的垃圾收集器。我们先看一下回收算法。

2．垃圾回收算法

垃圾回收算法种类并不多，也比较好理解，主要有如下几种。

（1）标记—清除算法（Mark-Sweep）。

这是最原始的垃圾回收算法。算法分两步，第一步对需要回收的对象做标记，第二步对有标记的对象进行清除。算法的弊端是在清理完成后会产生内存碎片，如果有大对象需要连续的内存空间时，还需要进行碎片整理。

（2）复制算法（Copying）。

如图 6-8 所示，对象从 Eden 到 From Survivor0 区，再到 To Survivor1 区，实际上是一个复制过程。复制算法就是把对象从一块复制到另一块，前一块复制完后就可以清理干净。复制算法把空间至少要一分为二，所以空间利用率不高。

（3）标记—整理（或叫压缩）算法（Mark-Compact）。

这种算法先标记不需要进行回收的对象，然后将标记过的对象移动到一起，使得内存连续，减少了碎片。此算法清除的是标记边界以外的内存，比较适用于持久代，因为持久代的对象变动较新生代、老年代都要少，不会高频回收。

（4）分代收集算法。

假设绝大部分对象的生命周期都非常短暂，就把 Java 堆分为新生代和老年代，根据各个年代的特点采用最适当的收集算法。例如，在新生代中，每次垃圾收集时都有大批对象没被引用，会被回收掉。也就是只有少量存活，可以选择复制算法，把存活的复制到 From Surivivor 区，只需要付出少量存活对象的复制成本就可以完成收集。而在老年代中的对象存活机率高，不需要像新生代设置多个区，不需要额外空间去做复制，使用"标记—清除"或"标记—整理"算法进行回收即可。

图 6-8 所示是 HotSpot JVM 的内存结构（参照 JDK 7）。Heap 采用分代的结构，分新生代与老年代。新生代又分 Eden、From Survivor0、To Survivor1 区域，新对象在 Eden 中产生，在垃圾收集器的作用下有幸生存就会复制到 From Survivor0 区，From Survivor0 区中有幸生存的对象就复制到 To Survivor1 区，From Survivor0 与 To Survivor1 周而复始，n 次后还有幸生存就复制到老年代（Old Generation）。有的新生代的对象如果"个头够大"，可以直接跨到老年代，省去在新生代中被频繁复制的过程。这就是常说的分代垃圾回收策略。

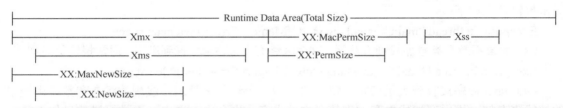

图 6-8 HotSpot JVM 的内存结构

每种回收算法都有其优点与缺点，于是人们把这些回收算法配合一起使用，这就是垃圾收集器。垃圾收集器针对特定的场景来发挥它的优势，用户通过配置垃圾收集器的参数来达到最佳效果。

3. 垃圾收集器

垃圾收集器在工作中会导致用户线程暂停（Stop The World），因此我们要做的不仅是选择合适的垃圾收集器，还要减少收集次数及收集时间（减小停顿时间）。如果没法减小到合适的值，是不是可以适当控制停顿时间呢？

我们先统一几个概念。

（1）用户线程：用来处理用户请求的线程。

（2）垃圾收集线程：用来进行垃圾回收的线程。

现在带有多核 CPU 的计算机已经普及，为了提高垃圾收集效率，开发人员自然会想到采用多线程的方式来进行垃圾收集，这就是我们常说的并行收集。如果能够做到垃圾收集线程与用户线程一起（同时或者交替）运行，这就是并发收集。

（3）并行（Parallel）：多个垃圾收集线程并行工作，全部用在收集工作上，此时用户线程处于等待状态（Stop The World）。

（4）并发（Concurrent）：垃圾收集线程和用户线程同时执行，不一定是并行，也可能是交替执行，总之用户线程继续执行，垃圾收集线程并不干扰用户线程的执行。

图 6-9 所示是常见的垃圾收集器，收集器之间用连线说明它们的配合。

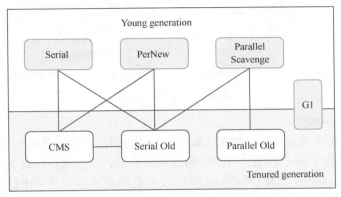

图 6-9　垃圾收集器

下面简单介绍一下几种"久负盛名"的垃圾收集器。

（1）Serial。

它是串行收集器，主要作用于新生代的收集器，单线程运行，并使用复制算法，在进行垃圾回收的时候会将用户线程暂停（Stop The World），如图 6-10 所示。这对于现在高并发的系统来说是不可接受的，对于单 CPU、新生代空间较小及对暂停时间要求不是非常高的应用还是可以的。JDK 有 server 与 client 两类模式，server 模式适合我们部署服务端程序，client 适合我们部署客户端程序，例如 JWT 实现的收银客户端。client 默认的垃圾收集方式是 Serial，可以通过-XX:+UseSerialGC 来强制指定。现在 Serial 这种古老收集器已经很少用了。

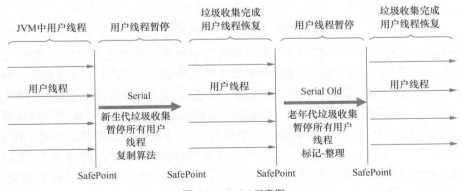

图 6-10　Serial 示意图

（2）ParNew。

它是并行收集器，也是以吞吐量优先的收集器，主要作用于新生代的收集器，可简单理解为 Serial 的多线程版（如图 6-11 所示），所以也是使用复制算法，并可以与 CMS 配合。因此，我们可以选择新生代 ParNew、老年代 CMS。

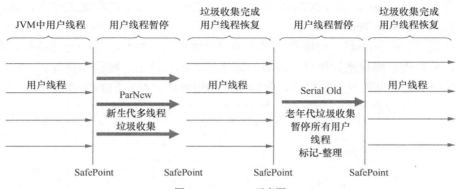

图 6-11 ParNew 示意图

（3）Parallel Scavenge。

它是吞吐量优先收集器，并行收集（如图 6-12 所示），目标就是达到一个可控的吞吐量。Parallel Scavenge 提供了两个参数，用来精确控制吞吐量，分别是控制最大垃圾收集停顿时间的-XX：MaxGCPauseMillis 参数（单位：毫秒），以及直接设置吞吐量大小的-XX：GCTimeRatio 参数（0～100，不包括首尾）。

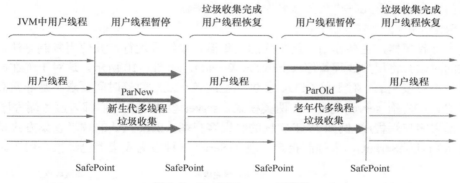

图 6-12 Parallel Scavenge 示意图

Parallel Scavenge 收集器还有一个参数，用来开启垃圾收集的自适应调节策略，只需要将 JVM 基本内存设置好，并且制定上述两个参数中的一个来作为 JVM 的优化目标，JVM 就可以根据当前系统的运行情况收集性能监控信息，动态调整这些参数以提供最合适的停顿时间或者最大吞吐量，这个参数就是-XX：+UseAdaptiveSizePolicy。自适应调节策略也是 Parallel Scavenge 收集器相对于 ParNew 收集器的一个重要区别。ParNew 收集器需要手工指定新生代大小（-Xmn）、Eden 与 Survivor 的比例（-XX:SurvivorRatio）、晋升老年代对象年龄（-XX:PretenureSizeThreshold）等细节参数。可用-XX:+UseParallelGC 来强制指定 Parallel Scavenge 收集器，用-XX:ParallelGCThreads=[整数]来指定垃圾收集线程数。

（4）CMS（Concurrent Mark Sweep）。

它是并发收集器，英文直译是并发标记清除，作用在老年代。我们知道 Serial 有停顿问题，现在高并发系统都希望减少 Stop The World 的情况，CMS 可以帮助减轻这个问题。CMS 收集器是基于"标记—清除"算法实现的老年代并发垃圾收集器（如图 6-13 所示）。

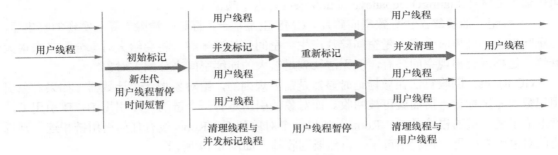

图 6-13　CMS 示意图

并发垃圾收集器的整个运行过程大致分为 4 个步骤：

1）初始标记（CMS initial mark）；

2）并发标记（CMS concurrent mark）；

3）重新标记（CMS remark）；

4）并发清除（CMS concurrent sweep）。

其中初始标记、重新标记这两个步骤仍然需要 Stop The World。初始标记只是标记一下 GC Roots（后面会解释，如图 6-14 所示）能直接关联到的对象，所以速度很快，基本不让我们感觉 Stop The World。

并发标记阶段是进行 GC Roots 根搜索算法的过程，会判定对象是否存活。

重新标记阶段则是为了修正并发标记期间，因用户程序继续运行而导致标记产生变动的那一部分对象的标记记录，意思是我在标记，你还在新增对象或者修改对象。因此要修正标记，这个阶段的停顿时间会比初始标记阶段稍长，但比并发标记阶段短，时间短到你感觉不到。

并发清除，清除时线程与用户线程是并发执行的，不会 Stop The World。

在整个收集器运行过程中耗时最长的是并发标记和并发清除，在这两个阶段中收集器线程都可以与用户线程一起并发工作，所以整体来说，CMS 收集器的内存回收过程是与用户线程一起并发执行的。

CMS 收集器也有如下 3 个缺点。

1）对 CPU 资源非常敏感。在并发阶段，虽然不会导致用户线程停顿，但会因为占用了一部分线程（或者说 CPU 资源）而导致应用程序变慢，总吞吐量会降低。CMS 默认启动的回收线程数是（CPU 数量+3）/4，也就是当 CPU 在 4 个以上时，并发回收时垃圾收集线程不少于 25% 的 CPU 资源，并且随着 CPU 数量的增加而下降。但是当 CPU 不足 4 个时（例如 2 个），CMS 对用户程序的影响就可能变得很大。如果本来 CPU 负载就比较大，还要分出一半的运算能力去执行收集器线程，就可能导致用户程序的执行速度忽然降低了 50%，也让人无法接受。

2）无法处理浮动垃圾（Floating Garbage），可能出现 Concurrent Mode Failure 而导致另一次 Full GC 的产生。由于 CMS 并发清理阶段用户线程还在运行，新的垃圾大概率还会产生。这部分垃圾出现在标记过程之后，CMS 无法在当次收集中处理掉它们，只好放到下一次垃圾收集清理，这部分垃圾就被称为"浮动垃圾"。由于有浮动垃圾存在，我们就不能等到老年代占满再回收，不然还没回收完，浮动垃圾都没位置了，自然内存溢出，所以还得留点空间，可以通过 CMSInitiatingOccupancyFraction 来设置这个阈值。

3）标记—清除算法会导致空间碎片。CMS 正是基于"标记—清除"算法实现的收集器，这意味着收集结束时会有大量空间碎片产生。空间碎片过多时，将会给大对象分配带来很大麻烦，这样就会出现空间还有，但无法找到足够大的连续空间来分配大对象。

GC Roots：回收算法在做标记时显然是需要规则的，给对象加一个计数器，如果对象引用记数为零则标记，后面就可被回收。而对象的引用是有一个链的，A 引用 B，B 引用 C，就形成了链，链的根就是 GC Roots。如果一个对象到 GC Roots 没有任何引用链相连，则说明此对象没有引用，也就不可用，自然要回收掉，如图 6-14 所示。

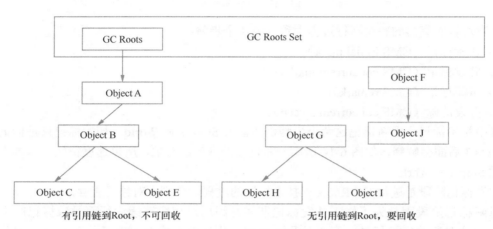

图 6-14　GC Roots 示意图

（5）Parallel Old。

它是并行收集器，作用在老年代（如图 6-15 所示）。Parallel Old 是 Parallel Scavenge 收集器的老年代版本，使用多线程和"标记—整理"算法。如果老年代选择了 Parallel Old，那新生代就只能选择 Parallel Scavenge 收集器。

图 6-15　Parallel Old 示意图

（6）Serial Old。

Serial Old 自然是 Serial 收集器的老年代版本，也是采取"标记—整理"算法，可以作为 CMS 收集器的后备预案，在并发收集发生 Concurrent Mode Failure 的时候使用。

（7）G1（Garbage-First Garbage Collector）收集器。

现在互联网流量非常大，应用响应必须快。看了上面介绍的垃圾收集器，是不是觉得没有一个能适应新应用的？我们是时候弄一个低暂停垃圾收集器了。

G1 收集器又叫作"垃圾优先型垃圾收集器"，作用于新生代与老年代，使用分代回收方式，制定可控暂停时间，回收过程是并发和并行都可以（如图 6-16 所示），目标就是替换掉 CMS 收集器。

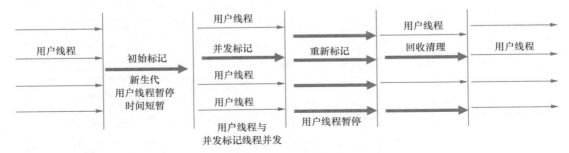

图 6-16 G1 示意图

G1 收集器在 JDK 7 以后才有，主要避免像 CMS 收集器容易产生内存碎片这类问题的发生，所以 G1 收集器采用标记整理算法；为了减小暂停时间，G1 可以控制停顿时间。

G1 的收集过程如下：

- 对象在新生代创建，幸存的对象晋升到老年代；
- 在老年代，当堆占用率超过阈值时，触发标记阶段，并发（并行）标记存活对象；
- 并行地复制压缩存活对象，恢复空闲内存。

G1 主要特点如下。

- 并行与并发，G1 能充分利用多 CPU、多核环境下的硬件优势，使用多个 CPU 来缩短 Stop The World 停顿时间，部分其他收集器原本需要停顿 Java 线程执行的垃圾收集动作，G1 收集器仍然可以通过并发的方式让 Java 程序继续执行。

- 分代收集，与其他收集器一样，分代概念在 G1 中依然得以保留。虽然 G1 可以不需要其他收集器配合就能独立管理整个垃圾收集堆，但它能够采用不同方式去处理新创建的对象和已存活一段时间、"熬过"多次垃圾收集的旧对象来获取更好的收集效果。

- 空间整合，G1 从整体来看是基于"标记—整理"算法实现的收集器，从局部（两个 Region 之间）上来看是基于"复制"算法实现的。这意味着 G1 运行期间不会产生内存空间碎片，收集后能提供规整的可用内存。此特性有利于程序长时间运行，分配大对象时不会因为无法找到连续内存空间而提前触发下一次垃圾收集。

- 可预测的停顿，这是 G1 相对 CMS 的一大优势。降低停顿时间是 G1 和 CMS 共同的关注点，但 G1 除了降低停顿外，还能建立可预测的停顿时间模型，能让使用者明确指定在一个长度为 M 毫秒的时间片段内，消耗在垃圾收集上的时间不得超过 N 毫秒。

- G1 是区域化、分代式垃圾回收器，Java 对象堆（堆）被划分成大小相同的若干区域（这个与以前的收集器都不一样），不存在像复制算法那样要空间减半，回收时也是基于区域的，也不是一次就要回收完，灵活性强，适合管理大堆。所以有很多人建议当堆大于 6GB 时，才推荐用 G1，当然读者的 JDK 最好是 JDK 8 以上。

到此，我们简单介绍了垃圾回收算法、垃圾收集器，是不是想尝试对 JVM 调参了呢？别急，先总结一下垃圾回收器怎么选择？如何设置？

在图 6-9 中列出了垃圾收集器的组合，我们可以知道哪些垃圾收集器是可以存储的，少做无用功。如图 6-17 所示，我们把垃圾收集器组合、适用场景、如何设置列了一张表。

垃圾收集器	串行/并行/并发	新生代/老年代	算法	目标	适用场景	设置方式
Serial	串行	新生代	复制算法	响应速度优先	单CPU环境下的client模式	-XX:+UseSerialGC
Serial Old	串行	老年代	标记——整理	响应速度优先	单CPU环境下的client模式、CMS的后备预案	-XX:+UseSerialGC 或 -XX:+UseParNewGC
ParNew	并行	新生代	复制算法	响应速度优先	多CPU环境时在server模式下与CMS配合	-XX:+UseParNewGC 或 -XX:+UseConcMarkSweepGC 或 -XX:+UseParNewGC
Parallel Scavenge	并行	新生代	复制算法	吞吐量优先	在后台运算而不需要太多交互的任务	-XX:+UseParallelOldGC
Parallel Old	并行	老年代	标记——整理	吞吐量优先	在后台运算而不需要太多交互的任务	-XX:+UseParallelOldGC
CMS	并发	老年代	标记——清除	响应速度优先	集中在互联网站或B/S系统服务端上的Java应用	-XX:+UseParNewGC -XX:+UseConcMarkSweepGC 或 -XX:-UseParNewGC -XX:+UseConcMarkSweepGC
G1	并发	Both	标记——整理+复制算法	响应速度优先	面向服务端应用	-XX:+UseG1GC

图 6-17　垃圾收集器选择

例如，响应时间是关键指标，我们需要减少停顿时间，可以选择 CMS 垃圾收集器，-XX:+UseConcMarkSweepGC（该参数隐式启用-XX:+UseParNewGC）。

同样是响应时间优先，如果您的 JDK 版本是 JDK 8 或 JDK 8 以上，并且 JVM 内存大于 6GB，也可以选择 G1。

例如，吞吐量是关键指标，可以选择 Parallel Scavenge 垃圾收集器，-XX:+UseParallelOldGC（该参数隐式启用-XX:+UseParallelGC）。

4．JDK 性能参数

数据是存储在堆内存中的，虽然我们知道如何选择垃圾收集器，但堆的设置也很关键。通常来说，堆越大，存放的对象越多，性能理应更好。实际也是差不多，但也有个度，我们知道人少好管理，堆也如此；堆大到一定程度，回收效率也会下降，所以适度则好。接下来我们认识一下这些性能参数，知道用哪些参数设置堆及给堆分配合适的区，如何开启指定的垃圾收集器，帮助大家成为调参能手。

（1）大小设置类。

● **-Xmn**

此选项设置新生代的堆的初始大小和最大值，在字母后面加上 k 或 K 表示千字节，加上 m 或 M 表示兆字节，加上 g 或 G 表示千兆字节。Oracle 建议用户将新生代的大小保持在整个堆大小的 1/2 到 1/4 之间。下面是设置堆内存为 256MB 的几种表达方式。

```
-Xmn256m;
-Xmn262144k;
-Xmn268435456。
```

可以使用-XX:NewSize 设置初始大小和-XX:MaxNewSize 设置最大值。

- -Xms

此选项设置堆的初始大小。此值必须是 1 024 的倍数且大于 1 MB。在字母后面加上 k 或 K 表示千字节，m 或 M 表示兆字节，g 或 G 表示千兆字节。

以下是设置堆初始大小为 6 MB 的几种方式。

```
-Xms6291456;
-Xms6144k;
-Xms6m。
```

如果未设置此项，则初始大小为老年代和新生代大小之和。

- -Xmx

此选项指定堆的最大值，单位与-Xms 一致，可以使用 K、M、G 来表示，等价于 -XX:MaxHeapSize。设置-Xms 与-Xmx 一样大，可以有效减少对象迁移。

- -Xss 大小

此选项设置线程栈大小，可以使用 K、M、G 来表示，默认值取决于平台。

```
Linux / ARM（32 位）: 320 KB;
Linux / i386（32 位）: 320 KB;
Linux / x64（64 位）: 1024 KB;
OS X（64 位）: 1024 KB;
Oracle Solaris / i386（32 位）: 320 KB;
Oracle Solaris / x64（64 位）: 1024 KB。
```

设置方式：-Xss1m 或者-Xss1024k，等效于-XX:ThreadStackSize。当连接数多，内存紧张时，可以适当把线程栈减小一点，这样可以容纳更多的线程（连接）。

- -XX:InitialSurvivorRatio

此选项设置吞吐量垃圾收集器（Parallel）使用的初始幸存者空间比率（由-XX: +UseParallelGC 和/或- XX:+UseParallelOldGC 选项启用）。默认情况下，吞吐量垃圾收集器通过使用-XX:+UseParallelGC 和-XX:+UseParallelOldGC 选项来启用自适应大小调整，并根据应用程序的行为从初始值开始调整幸存者空间的大小。如果禁用了自适应大小调整（使用 -XX:-UseAdaptiveSizePolicy 选项），-XX:SurvivorRatio 则使用该选项来设置整个应用程序执行过程中幸存者空间的大小。以下公式可用于根据新生代（Y）的大小和初始幸存者空间比率（R）计算幸存者空间的初始大小（S）。

$$S = Y/(R + 2)$$

等式中的 2 表示两个幸存者空间（Survivor）。指定为初始生存空间（Eden）比率的值越大，初始生存空间尺寸就越小。默认情况下，初始生存者空间比率设置为 8。

以下示例是将初始幸存者空间比率设置为 4。

```
-XX:InitialSurvivorRatio = 4
```

- -XX:MaxGCPauseMillis

此选项设置最大垃圾收集暂停时间的目标（以毫秒为单位）。这是一个目标值。默认情况下，没有最大暂停时间值。下面的示例显示如何将最大目标暂停时间设置为 500 毫秒。

```
-XX:MaxGCPauseMillis = 500
```

- -XX:MaxHeapFreeRatio

此选项设置垃圾收集事件后允许的最大可用堆空间百分比（0%～100%）。如果可用堆空间扩展到该值以上，则堆将缩小。默认情况下，此值设置为 70%。

下面显示如何将最大可用堆比率设置为 75%。

```
-XX:MaxHeapFreeRatio = 75
```

- -XX:PermSize

此选项设置分配给持久代的空间，如果超出该空间，则会触发垃圾回收。此选项在 JDK 8 中已弃用，并已由-XX:MetaspaceSize 选项取代。

- - XX:MaxPermSize

此选项设置最大持久代空间大小。此选项在 JDK 8 中已弃用，并由-XX:MaxMetaspaceSize 选项取代。

- -XX:MaxMetaspaceSize

此选项设置可以分配给元数据的最大内存（不占 JVM 内存，直接占用主机内存）。默认情况下，大小不受限制。应用程序的元数据量取决于应用程序本身、其他正在运行的应用程序以及系统上可用的内存量。下面的示例显示如何将最大元数据大小设置为 256MB。

```
-XX:MaxMetaspaceSize = 256m。
```

平常我们可以这样设置。

```
JDK7: -XX: PermSize=128m -XX:MaxPermSize=512m
```

持久代一般不会太多，默认 64MB，现在内存一般够用，保险起见可以设置得大一点，如果实际占用太大，程序有问题的概率比较大。

```
JDK8: -XX:MetaspaceSize=128m -XX:MaxMetaspaceSize=512m
```

可以做个保护设置，设置 MaxMetaspaceSize 可以占用的最大值，这样就不会无限制占用内存，否则程序有问题的概率比较大。

- -XX:MaxTenuringThreshold

对象在 Survivor 区最多"熬过"多少次 Young 后晋升到老年代，并行（吞吐量）收集器的默认值为 15，而 CMS 收集器的默认值为 6。以下示例显示如何将最大期限阈值设置为 10。

```
-XX:MaxTenuringThreshold = 10
```

- -XX:MetaspaceSize

此选项设置分配的元数据空间的大小。

- -XX:MinHeapFreeRatio

此选项设置垃圾收集事件后允许的最小可用堆空间百分比（0%～100%）。如果可用堆空间低于此值，那么堆将被扩展。默认情况下，此值设置为 40%。

下面的示例显示如何将最小可用堆比率设置为 25%。

```
-XX:MinHeapFreeRatio = 25
```

- -XX:NewRatio

此选项设置新生代与老年代内存大小比率。默认情况下，此选项设置为 2。下面的示例演示如何将新生代/老年代比率设置为 1。

```
-XX:NewRatio = 1
```

- -XX:ParallelGCThreads

此选项设置新生代与老年代中用于并行垃圾回收的线程数。默认值取决于 JVM 可用的 CPU 数量。例如，要将并行垃圾收集的线程数设置为 2，请指定以下选项。

```
-XX:ParallelGCThreads = 2
```

可以参照下面的公式。

$$ParallelGCThreads = 8 + (Processor - 8) (5/8)$$

$$ConcGCThreads = (ParallelGCThreads + 3)/4$$

ConcGCThreads 为线程数，小于 8 个处理器时，ParallelGCThreads 按处理器数量处理，反之则按上述公式处理。

例如 24Processor、ParallelGCThreads=15、ConcGCThreads=5

● -XX:ConcGCThreads = 线程

此选项设置用于并发垃圾收集的线程数。默认值取决于 JVM 可用的 CPU 数量。例如，要将并行 GC 的线程数设置为 2，请指定以下选项。

```
-XX:ConcGCThreads = 2
```

● -XX:SurvivorRatio

此选项设置 Eden 空间大小与 Survivor 空间大小之间的比率。默认情况下，此选项设置为 8。以下示例显示如何将 Eden/Survivor 空间比率设置为 4。

```
-XX:SurvivorRatio = 4
```

● -XX:TargetSurvivorRatio

此选项设置垃圾回收后所需的剩余空间百分比（0%～100%）。默认情况下，此选项设置为 50%。以下示例显示如何将 Survivor to 空间比率设置为 30%。

```
-XX:TargetSurvivorRatio = 30
```

● -XX:+AlwaysPreTouch

在 JVM 初始化期间启用对 Java 堆上每个页面的接触，简单地说就是把要加到内存中的数据都加进去，要分配的内存都分配到位，好比战士上战场前，该准备的东西都要准备好。默认情况下此选项是禁用的，建议打开，无非就是启动慢点，但后面访问时会更流畅。例如，页面会连续分配，或不会在新生代晋升到老年代时才去访问页面使得垃圾收集停顿时间加长。

（2）垃圾收集器配置类。

● -XX:+UseG1GC

此选项启用 G1 垃圾收集器，适用于具有大量 RAM 的多处理器计算机。设置时尽量满足垃圾收集暂停时间目标，同时保持良好的吞吐量。建议将 G1 收集器用于大堆（大小约为 6GB 或更大）且对垃圾收集暂停时间要求较高的应用程序。默认情况下，此选项是禁用的，并且将根据计算机的配置和 JVM 的类型自动选择收集器。

● -XX:G1HeapRegionSize

此选项设置使用 G1 收集器时将 Java 堆细分为 Region 的大小。取值范围是 1 MB～32 MB。默认区域大小是根据堆大小确定的。下面的示例显示设置 Region 大小为 16MB。

```
-XX:G1HeapRegionSize = 16m
```

● -XX:G1ReservePercent

此选项设置堆内存的预留空间百分比，用于降低晋升失败的风险，此选项设置为 10%。下面的示例显示如何将预留空间设置为 20%。

```
-XX:G1ReservePercent = 20
```

● -XX:+ UseParallelGC

此选项设置使用并行垃圾收集器（也称为吞吐量收集器），以利用多个处理器来提高应用程序的性能。默认情况下，此选项是禁用的，并且将根据计算机的配置和 JVM 的类型自动选择收集器。如果启用此选项，也会同时自动开启-XX:+UseParallelOldGC，除非您明确禁用它。

- -XX:+ UseParallelOldGC

此选项设置使用并行垃圾收集器，新生代与老年代都有。默认情况下，此选项是禁用的。启用它会自动启用-XX:+UseParallelGC 选项。

- -XX:+ UseParNewGC

此选项设置在新生代中使用并行线程进行收集。默认情况下，此选项是禁用的。设置-XX:+UseConcMarkSweepGC 选项后，它将自动启用。

- -XX:+ UseSerialGC

此选项设置使用串行垃圾收集器。对于不需要垃圾回收，具有任何特殊功能的小型和简单应用程序，通常是最佳选择。默认情况下，此选项是禁用的，并且将根据计算机的配置和 JVM 的类型自动选择收集器。

- UseConcMarkSweepGC

此选项设置使用 CMS（并发垃圾收集器）垃圾收集器。当吞吐量（-XX:+UseParallelGC）垃圾收集器无法满足应用程序延迟要求时，Oracle 建议用户使用 CMS 垃圾收集器。G1 垃圾收集器（-XX:+UseG1GC）是另一种选择，对大内存的效果更好（6GB 或以上）。默认情况下，此选项是禁用的，并且将根据计算机的配置和 JVM 的类型自动选择收集器。启用此选项后，-XX:+UseParNewGC 选项将自动设置，并且用户不应禁用它。JDK 8 中已弃用此选项组合-XX:+UseConcMarkSweepGC -XX:-UseParNewGC。

通常按如下方式设置。

```
-XX:+UseConcMarkSweepGC -XX:CMSInitiatingOccupancyFraction=75 -XX:+UseCMSInitiatingOccupancyOnly
```

监控内存达到 75%就开始垃圾回收，不要等到有浮动垃圾导致内存溢出。为了让这个设置生效，需要设置-XX:+UseCMSInitiatingOccupancyOnly，否则 75%只被用来做开始的参考值。

- -XX:CMSInitiatingOccupancyFraction

此选项触发 CMS 的老年代使用率，默认值−1。以下示例显示如何将使用率设置为 20%。

```
-XX:CMSInitiatingOccupancyFraction = 20
```

- CMSScavengeBeforeRemark

此选项在 CMS 做标记（remark）之前做一次 YGC（新生代垃圾收集），减少 GC Roots 扫描的对象数，从而提高 remark 的效率。这也有可能增加垃圾收集时间，例如 YGC 回收效果并不理想，后面还得跟一次 Full 垃圾收集，这样整个垃圾收集时间就被拉长了，视情况决定是否开启。

- -XX:+ ExplicitGCInvokesConcurrent

此选项允许程序中调用 System.gc()来做 Full 垃圾收集，默认情况下处于禁用状态，并且只能与-XX:+UseConcMarkSweepGC 选项一起启用。

5. 诊断参数

诊断参数主要帮助做诊断，例如打印一下垃圾收集日志，内存溢出时把堆导出来供分析。

（1）-XX:+ HeapDumpOnOutOfMemoryError。

此选项指 java.lang.OutOfMemoryError 引发异常时，使用堆分析器（HPROF）将 Java 堆转储到当前目录。您可以使用-XX:HeapDumpPath 设置堆转储文件的路径和名称。默认情况下，禁用此选项。

（2）-XX:HeapDumpPath。

此选项指设置-XX:+HeapDumpOnOutOfMemoryError 选项时，设置堆转储文件的路径和名称，下面示例把堆转储到 jforum.hprof 文件。

```
-XX:HeapDumpPath=jforum.hprof
```

（3）-XX:LogFile。

此选项设置写入日志数据的路径和文件名。默认情况下，该文件在当前工作目录中创建，并且名为 hotspot.log。以下示例显示如何将日志文件设置为/var/log/java/hotspot.log。

```
-XX:LogFile = / var / log / java / hotspot.log
```

（4）-XX:+ PrintClassHistogram。

此选项启用在 Control+C 事件（SIGTERM）之后打印类实例直方图的功能。默认情况下，此选项是禁用的。设置此选项等效于运行 jmap -histo 命令或 jcmd pid GC.class_histogram 命令，其中 pid 是当前 Java 进程标识符。

（5）-XX:+ PrintGC。

每次垃圾收集都打印垃圾收集消息，默认情况下此选项禁用。

（6）-XX:+ PrintGCApplicationConcurrentTime。

此选项打印自上次暂停（如垃圾收集暂停）以来经过的时间。默认情况下此选项禁用。

（7）-XX:+ PrintGCApplicationStoppedTime。

此选项允许打印暂停（如垃圾收集暂停）持续了多长时间。默认情况下此选项禁用。

（8）-XX:+ PrintGCDateStamps。

此选项设置每次垃圾收集打印日期戳。默认情况下此选项禁用。

（9）-XX:+ PrintGC 详细信息。

此选项设置每次垃圾收集打印详细消息。默认情况下此选项禁用。

（10）-XX:+ PrintGCTaskTimeStamps。

此选项设置垃圾收集工作线程启动时的时间戳打印。默认情况下此选项禁用。

（11）-XX:+ PrintGCTimeStamps。

此选项设置每次垃圾收集打印的时间戳。默认情况下此选项禁用

（12）-XX:+ G1PrintHeapRegions。

此选项设置打印有关 G1 收集器分配了哪些区域以及回收了哪些区域。默认情况下此选项禁用。

6. 参考配置

了解完上面的参数，大家可以参照图 6-9 中的垃圾收集器类型组合来进行设置。每种垃圾收集器都有自己的特性，我们在使用时可以根据业务需求、内存形态来设置各种内存的大小，例如，堆要多大、新生代与老年代多大、经历多少次 YGC 一个新生代的对象才能到达老年代。

（1）如果设置了垃圾收集器，JDK 会有默认的参数，使用下面两条命令可以查看这些参数。

```
java -XX:+PrintCommandLineFlags -version
java -XX:+PrintGCDetails -version
[root@75ed2bb63940 bin]# java -XX:+PrintCommandLineFlags -version
-XX:InitialHeapSize=64626688 -XX:MaxHeapSize=1034027008 -XX:+PrintCommandLineFlags -XX:
+UseCompressedClassPointers -XX:+UseCompressedOops -XX:+UseParallelGC
openjdk version "1.8.0_212"
```

```
    OpenJDK Runtime Environment (Zulu 8.38.0.13-linux64)-Microsoft-Azure-restricted (build
1.8.0_212-b04)
    OpenJDK 64-Bit Server VM (Zulu 8.38.0.13-linux64)-Microsoft-Azure-restricted (build 25.
212-b04, mixed mode)
    [root@75ed2bb63940 bin]# java -XX:+PrintGCDetails -version
    openjdk version "1.8.0_212"
    OpenJDK Runtime Environment (Zulu 8.38.0.13-linux64)-Microsoft-Azure-restricted (build
1.8.0_212-b04)
    OpenJDK 64-Bit Server VM (Zulu 8.38.0.13-linux64)-Microsoft-Azure-restricted (build 25.
212-b04, mixed mode)
    Heap
     PSYoungGen        total 18432K, used 635K [0x00000000eb700000, 0x00000000ecb80000, 0x000
0000100000000)
      eden space 15872K, 4% used [0x00000000eb700000,0x00000000eb79ed08,0x00000000ec680000]
      from space 2560K, 0% used [0x00000000ec900000,0x00000000ec900000,0x00000000ecb80000]
      to   space 2560K, 0% used [0x00000000ec680000,0x00000000ec680000,0x00000000ec900000)
     ParOldGen         total 42496K, used 0K [0x00000000c2400000, 0x00000000c4d80000, 0x00000
000eb700000)
      object space 42496K, 0% used [0x00000000c2400000,0x00000000c2400000,0x00000000c4d80000)
     Metaspace        used 2206K, capacity 4480K, committed 4480K, reserved 1056768K
      class space     used 240K, capacity 384K, committed 384K, reserved 1048576K
```

UseParallelGC 代表新生代和老年代都使用并行垃圾收集器，即：

Parallel Scavenge（新生代）+Parallel Old（老年代）。

JDK 7、JDK 8、JDK 9 的默认垃圾收集器是：

JDK 7 默认垃圾收集器 Parallel Scavenge（新生代）+Parallel Old（老年代）。

JDK 8 默认垃圾收集器 Parallel Scavenge（新生代）+Parallel Old（老年代）。

JDK 9 默认垃圾收集器 G1。

（2）还可以使用 java -XX:+PrintFlagsInitial 来查看有哪些初始值可以设置，PrintFlagsFinal 检查有哪些默认值。

```
    java -XX:+PrintFlagsFinal -version| grep ParallelGCThreads
```

```
[root@k8sm01 ~]# java -XX:+PrintFlagsInitial|grep ParallelGCThreads
    uintx ParallelGCThreads                 = 0                          {product}
[root@k8sm01 ~]# java -XX:+PrintFlagsFinal -version| grep ParallelGCThreads
    uintx ParallelGCThreads                 = 4                          {product}
java version "1.8.0_121"
Java(TM) SE Runtime Environment (build 1.8.0_121-b13)
Java HotSpot(TM) 64-Bit Server VM (build 25.121-b13, mixed mode)
```

（3）如果已经设置了垃圾收集器，也设置了堆的大小，怎么才能验证是否设置正确。可以通过 jinfo –flags [进程号]来获取启动参数用以验证。下面我们参照 JMeter 5.2（JDK 1.8 64bit）在 Windows 上的启动参数。

```
-XX:+HeapDumpOnOutOfMemoryError  #内存溢出时输出 Heap Dump 文件
-Xms1g  #初始堆大小
-Xmx1g  #最大堆大小，与 Xms 一致一步到位，减少堆扩充时的性能消耗
-XX:MaxMetaspaceSize=256m  #元数据最大空间
-XX:+UseG1GC  #使用 G1 垃圾收集器
-XX:MaxGCPauseMillis=100 # 垃圾收集最大暂停时间，到时间收集不完也放弃
-XX:G1ReservePercent=20  #预留堆大小防止对象晋升时无空间
```

上述是 JMeter 的启动文件配置的一些参数，但还有很多的默认参数会生效，使用 jinfo –flag [进程号]获取的其他参数如图 6-18 所示。

```
C:\Users\Think>jinfo -flags 13796
Attaching to process ID 13796, please wait...
Debugger attached successfully.
Server compiler detected.
JVM version is 25.111-b14
Non-default VM flags: -XX:CICompilerCount=4 -XX:ConcGCThreads=2 -XX:G1HeapRegionSize=1048576 -XX:G1Reser
vePercent=20 -XX:+HeapDumpOnOutOfMemoryError -XX:InitialHeapSize=1073741824 -XX:MarkStackSize=4194304 -X
X:MaxGCPauseMillis=100 -XX:MaxHeapSize=1073741824 -XX:MaxMetaspaceSize=268435456 -XX:MaxNewSize=64382566
4 -XX:MinHeapDeltaBytes=1048576 -XX:+UseCompressedClassPointers -XX:+UseCompressedOops -XX:+UseFastUnord
eredTimeStamps -XX:+UseG1GC -XX:-UseLargePagesIndividualAllocation
Command line: -XX:+HeapDumpOnOutOfMemoryError -Xms1g -Xmx1g -XX:MaxMetaspaceSize=256m -XX:+UseG1GC -XX:
MaxGCPauseMillis=100 -XX:G1ReservePercent=20 -Djava.security.egd=file:/dev/urandom -Duser.language=en -D
user.region=EN -Djavax.net.ssl.trustStore=D:\java\jdk8\jre\lib\security\cacerts
```

图 6-18　JMeter 5.2 的其他参数

运行 JMeter 时可以这样写：

```
java -XX:+HeapDumpOnOutOfMemoryError -Xms1g -Xmx1g -XX:MaxMetaspaceSize=256m -XX:+UseG1
GC -XX:MaxGCPauseMillis=100 -XX:G1ReservePercent=20 -jar ApacheJMeter.jar
```

以下整理图 6-18 中的参数，其中斜体部分参数是自动生成的，带下划线的参数是默认配置。因此有些参数根本不需要我们去配置，我们只需要配置一些影响大的参数。

```
-XX:CICompilerCount=4
-XX:ConcGCThreads=2
-XX:G1HeapRegionSize=1048576
-XX:G1ReservePercent=20
-XX:+HeapDumpOnOutOfMemoryError
-XX:InitialHeapSize=1073741824
-XX:MarkStackSize=4194304
-XX:MaxGCPauseMillis=100
-XX:MaxHeapSize=1073741824
-XX:MaxMetaspaceSize=268435456
-XX:MaxNewSize=643825664
-XX:MinHeapDeltaBytes=1048576
-XX:+UseCompressedClassPointers
-XX:+UseCompressedOops
-XX:+UseFastUnorderedTimeStamps
-XX:+UseG1GC
-XX:-UseLargePagesIndividualAllocation
-XX:+HeapDumpOnOutOfMemoryError
-Xms1g
-Xmx1g
-XX:MaxMetaspaceSize=256m
-XX:+UseG1GC
-XX:MaxGCPauseMillis=100
-XX:G1ReservePercent=20
```

（4）另外，使用 Oracle JDK 自带的 jconsole（jvisualvm.exe）也可以查看到启动参数（如图 6-19 所示）。

（5）同样是使用 jconsole，还可以在 MBean 选项卡下面找到垃圾收集信息（如图 6-20 所示）。

（6）通过 JMX 可以访问 GarbageCollerctor 对象，并可以写程序来获取垃圾收集器。

```
List<GarbageCollectorMXBean> gcList = ManagementFactory.getGarbageCollectorMXBeans();
    if ( null != gcList) {
        for (int i = 0; i < gcList.size(); i++) {
            GarbageCollectorMXBean garbageCollectorMXBean = gcList.get(i);
                if (i == 0){
                    System.out.println("young gc:" + garbageCollectorMXBean.getName());
                }else if (i == 1){
```

```
        System.out.println("old gc:" + garbageCollectorMXBean.getName());
    }
}
}
```

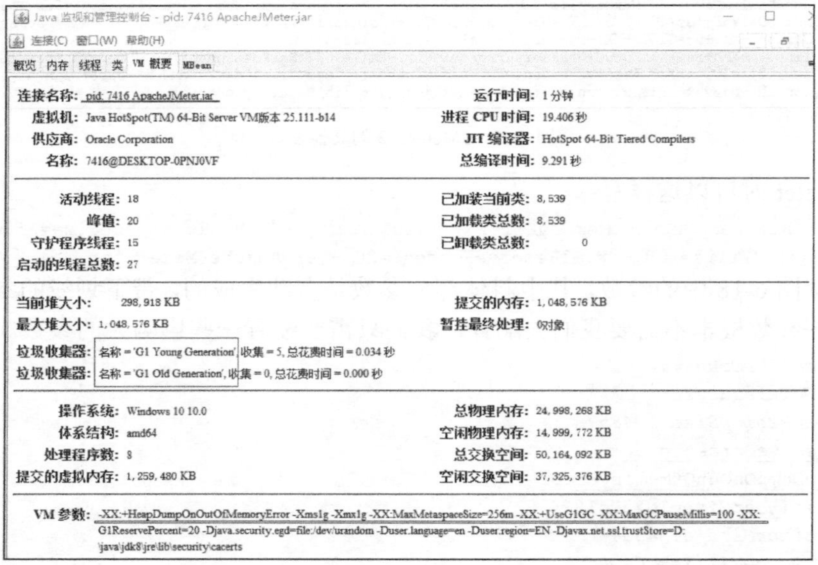

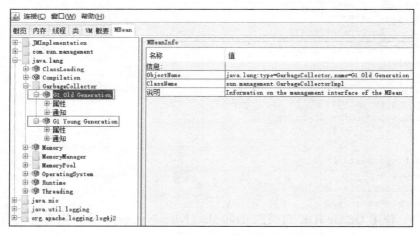

图 6-19 启动参数

图 6-20 在 MBean 选项卡下面找到垃圾收集信息

（7）上面我们说过 G1 垃圾收集器最好适用于大内存，下面把 G1 垃圾收集器改为 CMS 垃圾收集器比较一下哪种能使系统性能提升一些，CMS 参考配置如下。

```
-XX:+HeapDumpOnOutOfMemoryError    #内存溢出时输出 Heap Dump 文件
-Xms1g  #初始堆大小
-Xmx1g  #最大堆大小，与 Xms 一致一步到位，减少堆扩充时的性能消耗
-XX:MaxMetaspaceSize=256m  #元数据最大空间
-XX:+UseConcMarkSweepGC  #使用 CMS 垃圾收集器
-XX:+UseParNewGC  # 新生代并行回收
-XX:+CMSInitiatingOccupancyFraction=75  #老年代占用 75%触发回收
-XX:+UseCMSInitiatingOccupancyOnly  # 与上面配置组合
```

```
-XX:MaxGCPauseMillis=100 #垃圾收集最大暂停时间，到时间收集不完也放弃
-XX:G1ReservePercent=20   #预留堆大小防止对象（浮动垃圾）晋升时无空间
```

我们参考 Elasticsearch 的启动配置，Elasticsearch 对性能提升很高。

```
## CMS 垃圾回收器配置
8-13:-XX:+UseConcMarkSweepGC
8-13:-XX:CMSInitiatingOccupancyFraction=75
8-13:-XX:+UseCMSInitiatingOccupancyOnly

## G1 和 CMS 垃圾回收器配置
# to use G1GC, uncomment the next two lines and update the version on the
# following three lines to your version of the JDK
# 8-13:-XX:-UseConcMarkSweepGC
# 8-13:-XX:-UseCMSInitiatingOccupancyOnly
14-:-XX:+UseG1GC
14-:-XX:G1ReservePercent=25
14-:-XX:InitiatingHeapOccupancyPercent=30 #堆占用多少开始触发标记，默认占用率是整个 Java 堆的 45%
```

上述 G1 的配置基本是按官方的建议来配置的。

（1）新生代大小。避免使用 -Xmn 选项或 -XX:NewRatio 等其他相关选项显式设置新生代大小。固定新生代的大小会覆盖垃圾收集暂停时间目标。

（2）垃圾收集暂停时间目标。每当对垃圾回收进行评估或调优时，都会涉及延迟与吞吐量的权衡。G1 是增量垃圾收集器，暂停时间统一，同时应用程序线程的开销也更多。G1 的垃圾收集暂停时间目标是 90%的应用程序时间和 10%的垃圾回收时间。Java HotSpot VM 的垃圾收集暂停时间目标是 99%的应用程序时间和 1%的垃圾回收时间。因此，当评估 G1 的吞吐量时，垃圾收集暂停时间目标设置不要太严苛。目标设置太过严苛表示用户愿意承受更多的垃圾回收开销，而这会直接影响到吞吐量。

（3）加上一些辅助配置，例如用 G1ReservePercent、InitiatingHeapOccupancyPercent 来帮助优化性能。

综合我们列举的参数配置，这些参数的设置也是有规律的。使用 JDK 8 时，如果堆内存小于 6GB，选择 CMS 垃圾收集器；如果堆内存为 6GB 及以上，果断选择 G1 垃圾收集器；如果 CPU 不够强，例如不到 4 核，可以选择 UseParallel 垃圾收集器。至于堆到底多大合适，可以在性能压测时监控堆的使用情况，如果堆很快被占满，那么在排除程序问题时，就要考虑设置的堆太小问题，应对堆设置做适当调整，然后再验证效果。

如果用户不想自己配置参数，可以访问 PerfMa 官网去体验其 Java 虚拟机参数分析，帮用户自动生成相对靠谱的参数配置，图 6-21 所示是参数配置生成的页面。

其生成参数配置代码如下。

```
-Xmx10880M
-Xms10880M
-XX:MaxMetaspaceSize=512M      #斜体是重要性能参数
-XX:MetaspaceSize=512M
-XX:+UseG1GC
-XX:MaxGCPauseMillis=100
-XX:+ParallelRefProcEnabled
-XX:+PrintGCDetails      # 打印垃圾收集日志详情，用 Print 开头是为了方便性能分析
-XX:+PrintGCDateStamps
-XX:+HeapDumpOnOutOfMemoryError
-XX:+PrintClassHistogramBeforeFullGC
-XX:+PrintClassHistogramAfterFullGC
```

```
-XX:+PrintCommandLineFlags
-XX:+PrintGCApplicationConcurrentTime
-XX:+PrintGCApplicationStoppedTime
-XX:+PrintTenuringDistribution
-XX:+PrintHeapAtGC
```

图 6-21　JVM 参数配置生成的页面

另外，还有一个工具同样可以用来配置 JVM 参数（如图 6-22 所示）。

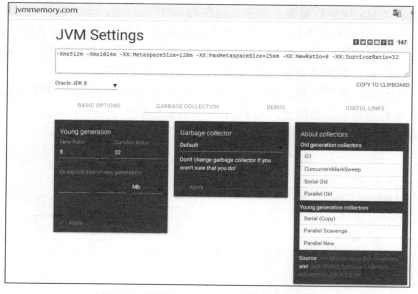

图 6-22　通过 jvmmemory.com 配置 JVM 参数

科技发展让一切都向智能发展，工具能够帮我们做很多事。

6.2　数据结构优化

6.2.1　业务流程优化

准确地说，业务流程优化是业务架构调整。业务架构是整个系统好坏的关键，对此处做调整就是推翻先前的架构设计，风险比较大。架构调整伴随着程序修改、系统测试、性能测试，对于即将上线的项目是不能承受之重（就如同房子建好了，工人告诉我框架有问题，需要推倒重来）。如果要做调整，最好是在业务架构设计之初就考虑这些问题。

对于架构师来说，不仅要具备强大的业务分析能力，做出优秀的业务架构，还要能够结合程序实现做出一个高效的程序架构。这显然不是一件容易的事情，我们只有期望在架构设计阶段，不管是业务架构还是程序架构都能够重点考虑性能。而不要为了系统快速上线，不考虑性能，等系统的用户量上去后性能问题爆发，再调整、再重构。

6.2.2　业务异步化

医院的医生看病时，会让病人先做一个检查，接着继续看下一个病人；等到检查结果出来后，病人再去找医生；医生暂停叫号，先看病人的检查报告，然后进行诊断。

以上就是一个时间统筹安排的过程，把这种方式引入系统开发就是异步通信。很多的中间件都在使用异步 IO 机制，像 Tomcat、Jetty、Jboss 等，受其启发，我们把异步也用到业务上，例如 Netty 就是一个高效的异步框架，能够有效地提高吞吐量。我们应该或多或少用到过消息中间件，例如 Kafka、RabbitMQ、JMS 等，这些消息中间件能够很好地帮助我们把业务解耦，这个解耦过程抽象来看也是一个异步的过程。上游系统把请求传给下游，不用去等待响应，继续处理其他请求，这样本系统的吞吐量上去了；下游系统处理完后会返回结果，结果可以由上游系统定时来拿，也可由下游系统通知上游。通知的这种方式我们通常叫回调。有兴趣的读者可以了解一下 Java 的回调函数。

当业务链路较长、性能堪忧时，我们可以考虑拆分业务，把紧密业务解耦来提高效率。现在流行的微服务基本上运用这种思想。

6.2.3　有效的数据冗余

我们先看一个订单的例子。我们在设计订单的数据结构时通常会采用主附表的方式，订单主表记录订单的概要信息，例如客户信息（ID、客户名、电话等），附表记录详细的商品名称、ID、订购数量、价钱等信息。同时有这样一个功能用来显示订单列表（如图 6-23 所示），列表中包括客户信息、订单总额等信息；单击订单编号下拉列表显示订单详细信息。每位用户的订单额是从订单子表中计算出来的，这会导致显示订单列表时不仅要查询主表，还要对子表数据进行统计运算。当数据量变大后，这个显示功能是有严重的性能风险的。我们理想的方式是，显示订单列表不要去查询订单子表，因此我们可以在下订单时把订单额算出来直接存到订单主表的总额字段，查询时直接从主表获取。如果订单修改，这个值重新更新。

订单编号	客户名	联系电话	订单时间	订单状态	订单总额（元）	备注
202002060001	陈志勇	139XXXXXXX	2020-02-26	出库中	190	
商品编号	商品名称	数量	单位	价格(元)	金额（元）	
O101213001	N95口罩	10	包	10	100	
O101213002	500ml 75度酒精	3	瓶	30	90	
202002060018	诚诚	137XXXXXXX	2020-02-12	出库中	680	
商品编号	商品名称	数量	单位	价格(元)	金额（元）	
O101213011	防护衣	100	件	30	300	
O101213002	500ml 75度酒精	6	瓶	30	180	
O101213007	护目镜	10	副	20	200	

图 6-23　订单列表

上面我们举了一个简单的例子，在实际的系统设计过程中我们要心系性能。如果能够用简单的冗余解决的问题，就直接解决。冗余的实现方式有很多种，我们选择适合业务需求，同时能够保证一定性能的方案即可。

6.3　结构优化

业务增长导致的性能问题推动着架构的发展，下面我们沿着系统架构的演变过程来分析系统性能与调优方式。

6.3.1　单机结构

图 6-24 所示是常见的传统架构。Model V1 模型中 Web 服务与 App 服务在一台服务器上（Web 服务做页面渲染，App 应用程序执行业务逻辑）。随着业务的增长，单节点的 Web 服务或者 App 服务不堪重负，毕竟机器硬件提供的性能是有限的。在程序无法优化（基于成本）的情况下，最直接的办法就是增强机器性能，或者如 Model V2 模型，把 Web 服务与 App 服务拆分。同样随着业务的快速增长会继续出现性能瓶颈，尤以 DB 的性能瓶颈最常见。例如 DB 承受的 IO 压力大，导致 IO 等待，从而影响客户体验。对于 Web&App 服务频繁读写文件也会

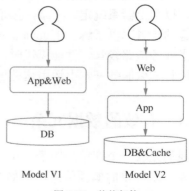

图 6-24　传统架构

导致 IO 瓶颈，例如日志（业务日志、访问日志等）写，实际上多数性能瓶颈最终都落到磁盘瓶颈上。

为了满足性能要求，通常我们会进行性能优化，当我们进行单系统性能调优后仍然无法满足性能要求（假设暂时没有有效的性能优化手段，或者已经优化到极致）时，我们就只有采用分而治之的办法，于是集群结构方案就产生了。

6.3.2 集群结构

如图 6-25 所示，Model V3 结构中 Web&App 服务都可以用多台机器来进行负载分担，DB 的瓶颈也可以采用分区、分库、分表的方式来缓解（分库、分区、分表的宗旨是减小遍历范围，提高响应速度）。

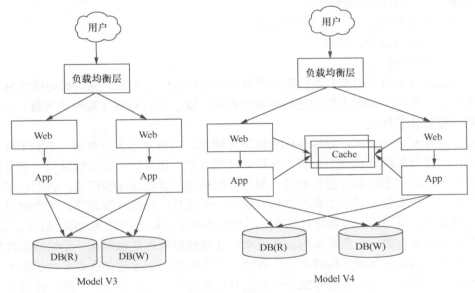

图 6-25　集群架构

另外，还可以采用读写分离的方式来减轻单台服务器的 IO 负担，相当于增加了机器的处理能力。读写分离比较适合以读操作为主的应用，可以减轻写服务器的压力，但是读服务器会有一定的延迟。当一些热点数据过多时，我们还可以对这些热点数据进行缓存（如图 6-25所示的 Model V4）。

对于负载均衡层，目前主要是在 TCP\IP 协议的四层与七层进行负载分发。四层负载流行的有 LVS（LVS 集群采用 IP 负载均衡技术和基于内容请求分发技术，目前互联网公司大量使用此技术，如阿里、京东等）、F5（强大的商业交换机，好处是快，但就是贵）。七层流行的有 Tengine、Nginx、Haproxy、Vanish、ATS、Squid 等。目前互联网企业多采用 LVS+Tengine/Nginx的组合来实现负载均衡。

Model V3、Model V4 的集群架构基本能够解决多数企业的性能问题，但缺点也比较明显。多个 Web 服务器之间的用户请求状态（Session）需要同步（为保证高可用，如果其中一台宕机，另一台服务器能够正常处理用户请求，专业术语叫 Session 黏滞），这会消耗不少的 CPU资源。另外，数据库实现读写分离后，数据同步（数据一致性保证）成为一个性能问题，大量数据的同步 IO 会面临瓶颈。而且业务量大以后，数据的安全保障机制也受到挑战，备份问题凸显，因此也催生了分布式的发展。

6.3.3　分布式结构

系统分层、系统服务化（SOA 架构、微服务化等）、服务分布式、DB 分布式、缓存分布式及良好的水平扩展能力是当前分布式架构的典型特征。哪一个服务性能不佳，直接增加机器即可，性能与机器数量呈线性增长关系，从而解决前面架构遇到的问题。下面先关注以下 4 个问题：

（1）为什么要服务化？

（2）DB 分布式的好处有哪些？

（3）为什么要使用缓存，缓存哪些数据？

（4）怎样具有良好的扩展性？

● 为什么要服务化？

采用 Model V4 的架构基本能够解决多数企业的业务性能需求，但是如果换成 BAT（百度、阿里巴巴、腾讯）这种大的互联网企业的系统，以它们的 QPS（每秒请求数）来说，这样的架构支撑就比较勉强了。

首先，业务复杂度变高，导致程序实现难度增加，出错率也大大增加，不利于代码的维护与管理；大量业务融合在一个系统中导致耦合度太差，运营管理也比较麻烦；业务相互影响，其中一部分出问题时很可能导致另一部分也出问题。要解决这些问题，我们自然会想到进行业务隔离，把系统中若干主要功能拆分成多个子项目，降低开发难度，更方便维护。使用不同的 War 包、不同的服务器进行发布，每个服务器完成特定的业务功能，这就是服务化。

其次，我们也会遇到一些较长的业务链路，往往性能问题是由于某一个功能的性能低下导致的，这就造成在运维及分析时都极不方便。如果把长的业务链路拆成多个子业务，在分析时就方便了。例如一个业务既有复杂计算又有简单操作，我们可以把复杂计算拆分出来部署在运算能力较强的服务器上，简单操作部署在普通服务器上。

业务拆分后将会面临着系统间的集成。如果业务链路上有一个服务比较耗时，而请求是阻塞式，那么我们要一直等待响应结果，这样的用户体验并不好，那么我们可以使用消息机制来解耦，上游系统请求发送到消息中间件，下游系统从消息中间件获取消息然后处理，解放上游系统，节省上游系统在等待时浪费的资源，从而利用这些资源来提高业务处理能力。

● DB 分布式的好处有哪些？

Modle V3/V4 的结构最终都会面临庞大的数据存储及运算问题，存储在 DB 中的数据与类别越来越多，DB 设计会变得异常复杂，管理将是一件十分头疼的事。DB 主、从服务器的数据同步问题也是一个突出问题。总之，大数据会导致性能低下、维护成本高等问题；而且不要忘记业务关联复杂也会导致表的物理设计提升了难度等级，性能自然也会受到影响。

如果当表的数据够多时能够自动水平扩展（分片、分表），自动维护一个有序的索引，在查询时直接可以落到所在分片上进行遍历，而不用整张表遍历，那么效率将会提高不少。分布式 DB 就可以完成这个场景，数据存放时经过 Hash 算法存到指定片区，这个片区可能是某一台机器上的某一个库的某一个表分区，查询时直接 Hash 一下就可以得到数据所在机器、所在的库、所在的表分区。

现在许多公司都基于 Mariadb 来开发自己的分布式数据库。在 Mariadb 的上层建立一个数据访问层，通过 Hash 算法对数据进行分片，均匀打散数据的存储，查询时多任务执行来提高效率。阿里 2019 年"双 11"期间成交 2 684 多亿订单，坊间及官方都流传出它们支持异地多活能力。异地多活的首要难题就是数据的同步速率及数据访问速率。有兴趣的读者可以了解一下阿里开源的 OceanBase。OceanBase 是阳振坤博士领导的一个开源的分布式数据库项目。

● 为什么要使用缓存，缓存哪些数据？

我们知道，从磁盘读取数据相比从内存中读取数据慢很多，所以在实际业务中大量使用缓存，一般缓存的数据以读居多。以 Linux 为例，我们用 vmstat 命令可以看到 buff、cache 的监控信息（如图 6-26 所示）。

```
[root@node1 opt]# vmstat 2
procs -----------memory---------- ---swap-- -----io---- -system-- ------cpu-----
 r  b   swpd   free    buff   cache   si   so    bi    bo   in   cs us sy id wa st
 1  0      0 2593644   1868 1075992    0    0     6    11   18   24  0  0 98  1  0
 0  0      0 2593576   1868 1075992    0    0     0     0   81  116  0  0 100 0  0
 0  0      0 2593576   1868 1075992    0    0     0     0   58   84  0  0 100 0  0
 0  0      0 2593576   1868 1075992    0    0     0     0   70  101  0  0 100 0  0
```

图 6-26　缓存监控信息

buff 对块设备的读写进行缓冲来缓解 CPU 与块设备的速度差，因此 CPU 非空闲等待时间会更少。

cache 给文件做缓冲，直接把内容放在内存，因此 CPU 访问时更快，减少 CPU 的 IO 等待。

例如客户信息、产品信息等，我们在应用系统中可以缓存到内存，不用每次都从 DB 中查询。用过 hibernate 的读者应该知道其支持二级缓存。对于缓存产品，目前流行的、成熟的有 Redis、memcache 等。一些秒杀场景直接使用 Redis 作为数据持久化介质。

另外，缓存也用来保存用户请求状态，Web 服务器之间再也不用同步用户 Session 状态。

● 怎样具有良好的扩展性？

如果一个项目能够很方便地进行部署，例如直接增加一台机器并放上 War 包，启动中间件即可以加入集群提供服务，服务"挂掉"后能够从集群节点上自动删除，这无疑具备了良好的可扩展性。Dubbo 就是这样一个高效的分布式服务框架，使用 Dubbo 框架开发的应用可以通过注册中心（Zookeeper）注册服务。用户请求通过注册中心查找到服务，然后发送请求到目的服务器。用户不用关心是哪台服务器在处理。注册中心能够感知服务是否存活（服务器是否可以提供服务），服务"挂掉"就从注册中心抹掉。

使用 Dubbo 的系统要具备良好的可扩展性，系统需要服务化，业务处理需要无状态。什么叫无状态呢？例如请求被接收后，在任何一台提供相同服务的服务器上处理后的结果都是一致的，不会依赖于请求的某种状态（必须在某一台机器上处理）而产生不同的结果。例如我们在任何一台计算机上用计算器计算 2+2 都等于 4。

图 6-27 所示为当前流行的分布式架构（简化后的，实际项目中更复杂），接下来对此架构进行简单说明。

（1）DNS&CDN 静态加速。

DNS：智能 DNS，用户请求进入后，域名解析服务器智能判断用户请求的线路。如果是电信用户，就解析到电信 IP，联通用户就解析到联通 IP。

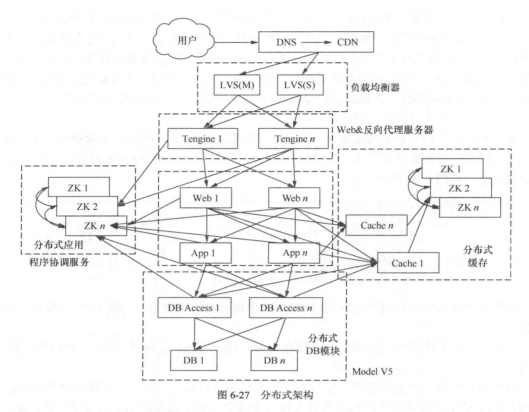

图 6-27 分布式架构

CDN：用户访问 Web 页面时往往会有很多静态资源（图片、样式、JS 等），而这些资源都是比较耗时的。我们希望把这些资源放得离用户更近一点，响应用户就更快一点，这是CDN 的职责。CDN 就是多台静态资源服务器加智能 DNS 的结合体，CDN 服务其实就是把静态页面缓存到不同地区很多台专门的缓存服务器上，然后根据用户线路所在的地区通过CND 服务商的智能 DNS 自动选择一个最近的缓存服务器让用户访问，以此提高速度。这种方案对静态页面效果非常好，同时它也需要智能 DNS 的帮助才能把用户引导到离自己最近的缓存服务器上。

（2）负载均衡器。

负载均衡器的作用是把用户请求按一定规则分发到不同的服务器进行处理。在使用负载均衡集群时，分发负载对性能的要求极高。流行的产品有 LVS、Tengine、Nginx、Apache、F5 等。

LVS：LVS 集群采用 IP 负载均衡技术和基于内容请求分发技术，也就是能够在 TCP/IP层的第四层进行请求分发。LVS 调度器具有很好的吞吐率，将请求均衡地转移到不同的服务器上执行，且调度器自动屏蔽掉服务器的故障，从而将一组服务器构成一个高性能的、高可用的虚拟服务器。整个服务器集群的结构对客户透明，无须修改客户端和服务器端的程序。为此，在设计时需要考虑系统的透明性、可伸缩性、高可用性和易维护性。关键一点是 LVS开源而且效率高，相比商业负载工具 F5，赢在免费，而且效率达到 F5 的 60%。

Tengine：Tengine 是一个强大的高性能反向代理服务器。Tengine 是由淘宝网发起的 Web

服务器项目，它在 Nginx 的基础上针对大访问量网站的需求，添加了很多高级功能和特性。

目前很多公司采用 LVS+Tengine/Nginx 的负载架构来构建自己的负载均衡部分。

（3）Web 服务分布式集群。

Web：Web 服务层，按照 MVC 的设计理念，Web 服务层主要进行页面渲染、Session 保持等工作。这些应用部署在 Tomcat、Jetty、Jboss 容器上。图 6-27 所示为一个典型的分布式 Web 结构（已经简化）。Client 请求通过前端负载均衡器（如 LVS+Tengine）分发到 Web 层，Web 层通过 ZK（Zookeeper）注册中心找到提供业务处理（App 层中的某一个节点）的节点。Web 层请求传送到 App 层的路由器负载算法（用程序实现的负载路由）来实现，通常叫软路由，它能够把请求按一定规则分发到 App 层的各节点上。Dubbo 框架中就内置了这样的软路由。

对于 Web 层来说，请求会话状态（用 Session 来代替）的保持是一个问题，Session 同步是一个容易引起性能问题的地方。在分布式框架中一般会把 Session 信息独立出来放到缓存设备中，例如用 Redis 来存储 Session 信息。当然，以亿来计的 Session 信息如果保存在一台或者少量几台 Redis 中也会造成风险，首先是需要一个大的内存来存储数据，另外要考虑数据安全，当服务器"挂掉"后数据如何恢复？想想一个 200GB 的 Redis 数据集想恢复得花多长时间。本着风险分散原则，还是拆分成多个 Redis 节点保险，所以 Redis 分布式集群也变得很有必要。不少互联网公司会在 Redis 之上加上一个中间层，来构建分布式缓存服务。

> **注意**
>
> Zookeeper：开放源码的分布式应用程序协调服务，是 Hadoop 和 HBase 的重要组件，为分布式应用提供一致性服务，例如配置维护、域名服务、分布式同步、组服务等。

（4）App 服务分布式集群。

App：应用服务层，实现主要的业务逻辑。

应用服务不仅在单机上要具备更优的性能，而且在结构上要易于水平扩展，功能服务化且服务无状态。例如我们网购，选择商品准备结算时，如果没有登录会跳到登录框，提交登录请求会调用会员系统进行身份验证，这是一个服务；会员系统调用账务系统查询余额是另一个服务。这些服务部署多个服务器，任意一台处理请求返回结果都一样（幂等性），这样就具备良好的水平扩展能力。当遇到某一类服务性能吃紧时，直接增加机器就可以了。Dubbo 就是经过实践验证的使用广泛的分布式服务框架，具备良好的水平扩展能力，每天为 2 000+个服务器提供 3 000 000 000+次访问量支持。实际上很多互联网企业都做到了水平自动扩展，有兴趣的读者可以了解一下 Docker，基于 Docker 来进行服务水平扩展是一个不错的选择。

（5）分布式缓存。

Cache：缓存数据到内存，解决热点数据问题。例如 Redis、Memcache 等缓存产品。

在内存中存储数据时，不可忽视的问题是数据的安全性与存储量，当前解决数据安全性的方法主要是数据持久化与数据冗余（主从缓存服务器结构，为了性能会进行读写分离）。解决存储量的问题主要是分而治之，进行分布式存储，每一个存储节点称为分片，例如 100GB

的数据，我们分 5 个片区来存储，每个分片就是 20GB。

图 6-28 所示为常见的分布式缓存架构，Cache 1 与 Cache n 构成分布式缓存集群。以 Redis 为例（假设 Cache 1 由 Redis 担当），Cache 1 是一个分片（物理节点），Cache n 是第 n 个分片（物理节点），Redis 以（Key，Value）结构存储数据（有关 Redis 的知识请自行查阅相关资料）。

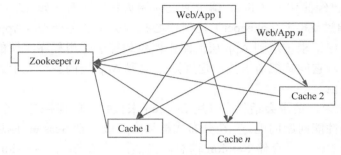

图 6-28 分布式缓存架构

Web/App 服务先从 Zookeeper 中心取得缓存服务器访问地址（如 Cache 1 地址），然后向缓存服务器发起请求（读、写、修改）。缓存服务器由 Zookeeper 来提供一致性服务，这样很方便对缓存服务器数据进行冗余（读写分离），保证数据安全，提高访问效率。当缓存数据过多时，可以水平扩展来提高服务能力。

问题随之而来：

● 如何把数据有序存放到各分片呢？

● 如何访问这些分片呢？怎么知道我要的数据在这个分片上？

Hash 算法将数据映射到具体的节点上，如 key%n（key 就是数据，n 是机器节点数）。这种简单的 Hash 算法有个问题，如果一个机器加入或退出这个集群，则所有的数据映射都无效了。当然我们可以持久化数据，失效后重新载入，但这是要花时间的，Hash 一致性算法可以用来解决这个问题。

1）Hash 算法将机器映射到环中（见图 6-29），node1、node2、node3、node4。

2）Hash（Key1）=k1，Key1 经过 Hash 后值为 k1；k1 沿着顺时针方向找到离它最近的节点 node2，k1 即存入 node2，同理 k2 存入 node2，k3 存入 node3。

3）当 node2 节点"挂掉"或者删除掉，k1、k2 则存入 node3 节点（顺时针方向找最近的节点），这时 node1、node4 不受影响，如图 6-30 所示。

4）当增加一个节点时（数据量太多，加节点分担），k3 就迁移到 node5 节点（见图 6-31），其他 Key 保持

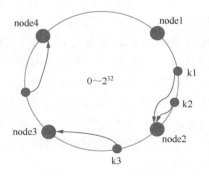

图 6-29 Hash 一致性算法

原有存储位置。一致性 Hash 算法在保持了单调性的同时还使数据的迁移更小，完成速度更快。

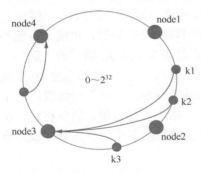

图 6-30　删除节点 node2

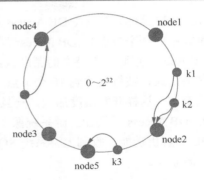

图 6-31　添加节点

5）如果 node2、node3 都"挂掉"时，存在 node2、node3 上的 key 都要迁移到 node4，node4 上存储的数据会激增，相比 node1 来说要多很多，这样 node1、node4 就不平衡了，性能也会有差异。在实际应用中，node4 的风险会很大。在此背景下就产生了虚拟节点这个方案（见图 6-32）。Node 1-1、Node 1-2 实际对应物理节点 Node1，Node 2-1、Node 2-2 实际对应物理节点 Node2，Node 3-1、Node 3-2 实际对应物理节点 Node3，Node 4-1、Node 4-2 实际对应物理节点 Node4；其中一个物理节点删除或者出现故障，其影响被分散，整体性能影响会减小。读者可能会问，这样看来物理节点越多，虚拟节点越多，影响应该越小？是的，理论上是这样，但是物理节点的增多也增加了管理负担，所以还要综合考虑。

以上是分布式缓存的实现原理，基于 Redis、Zookeeper 来开发的分布式缓存架构的服务能力在普通 PC（双核，16GB 内存）上轻松可达 2 万 TPS（每秒请求数）。当然，在实际运用中不只是这么简单，相应地要开发监控管理平台，自适应功能（自动收缩），数据更新持久化策略、安全策略等功能。

分布式缓存不仅解决了热点数据问题，有些企业直接用其作为数据持久化介质，如秒杀。分布式缓存在整个分布式架构中是重要的组成部分。

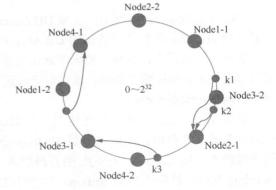

图 6-32　虚拟节点

（6）分布式数据库。

随着数据的激增，传统集中式的数据库结构为提供良好的用户体验，成本也越来越高。对于海量数据，基本上用分区、分表、读写分离这些手段。海量数据的访问使得对 CPU、内存、磁盘的要求更高，最后依然是无法突破瓶颈。我们并不能生产出更强的服务器（暂时办不到，也没必要），就像我们搬不动一堆东西时，我们可以分开搬，也可以几个人一起搬。所以我们可以分而治之，用普通的 PC 来做高端服务器的工作。

分布式数据库是一种趋势，用廉价的普通 PC 设备堆叠出具备高可用性、高扩展性的服务集群，正如本章开篇中说到的去 IOE 化，摆脱对大型设备的依赖，减少运营成本，提高服务能力。

类似上一节中的分布式缓存，在存储数据时通过 Hash 算法把数据均匀分散到各数据库

节点，如图 6-33 所示，数据在 DB Access 层经过 Hash 处理，找到相应的 DB 存储节点（DB1、
DB2、DBn 中的一个节点）。DB Access 层的服务又是可以水平扩展的，也就不用担心它的性
能了。DB Access 层除了在持久时帮助找到存储节点，还要完成 SQL 的解析。例如一张客户
表有 5 亿条记录，被持久化到 10 个节点，上游系统在查询时显然不能够启用 10 个连接，每
个节点去查询（这样开发难度加大，一旦节点数增加或者减少，程序都得修改，这个设计显
然低效）。DB Access 层要让上游系统像使用一个库、一张表那样方便，所以在这一层就需要
实现 SQL 的解析功能，收到上游系统 SQL 语句解析并分发给多个节点进行，最后合并结果
返回给上游系统。

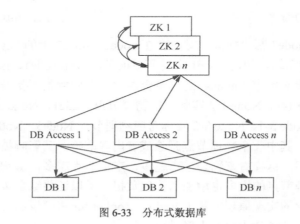

图 6-33　分布式数据库

ZK（Zookeeper）集群用来管理 DB Access 层的服务，与分布式缓存中的 ZK 作用一样，
上游系统通过 ZK 找到可以访问的 DB Access 服务节点。

实际运用过程中，分布式数据库远比笔者讲述得复杂。例如每个节点还要实现冗余功能，
读写分离；热点数据缓存功能；谁也不能保证不出现问题，必须要有问题跟踪机制；运营需要
运维，运维功能不可或缺。

目前使用广泛的分布式持久化工具有 HDFS、HBase、Mariadb 等。HDFS 取自 Hadoop
中的分布式文件存储；HBase 也是 Hadoop 下的一个子项目，是一个适合于非结构化数据存
储的数据库；Mariadb 是 MySQL 的开源版本。有兴趣的读者可以关注一下 Sharding-JDBC。
Sharding-JDBC 是应用框架 ddframe 中的组成部分，从关系型数据库模块 dd-rdb 中分离出来
的数据库水平分片框架，实现透明化数据库分库分表访问。建议读者了解这些产品，扩展知
识面，不断学习新知识是对 IT 从业人员的基本要求。

> **注意**
>
> Dubbo：阿里巴巴出品的分布式服务框架，众多互联网公司在使用。
> Memcache：支持分布式的缓存产品，实际可以当数据库用。
> Redis：支持分布式的缓存产品，实际可以当数据库用，众多秒杀系统中经常用到。
> Mariadb：开源数据库产品。

6.4 本章小结

性能调优是一个复杂课题，关联 IT 领域各个技术，本章我们主要讲述了性能分析的常规方法。通过现象到本质，像剥洋葱一样一层一层地往底层分析，分析前先排除额外影响的干扰（例如负载机的性能导致的测试结果不理想等）。性能分析涉及的知识面比较广，导致性能分析难。对于从事此项工作（性能测试）时间不长的读者来说，性能分析会比较困难。不要太纠结，按照流程分析，取得团队支持，这些工作多数都是可以顺利完成的。

在讲解分析调优过程中，我们提到了 LVS、Tengine、Tomcat、Jetty、Jboss、HDFS、Mariadb、HBase 等开源的项目，开源是主流趋势。建议志在性能调优方面发展的读者，多学习一些开源项目开拓一下思路，多数企业也是基于这些开源的项目来建立自己的分布式架构的。

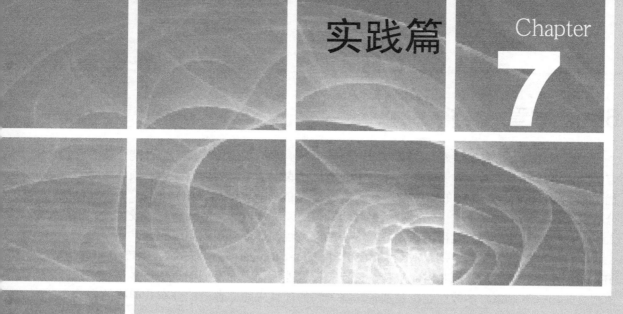

实践篇

Chapter

7

第7章
综合实践之诊断分析与调优

从本章你可以学到：

- ☐ 需求采集与分析
- ☐ 测试模型
- ☐ 测试计划
- ☐ 环境搭建
- ☐ 脚本开发
- ☐ 数据准备
- ☐ 场景设计与实现
- ☐ 测试监控
- ☐ 测试执行
- ☐ 结果分析
- ☐ 测试报告

　　性能测试是一项综合性的工作，致力于发现性能问题，评估系统性能趋势。性能测试工作实质上是利用工具模拟大量用户操作来验证系统能够承受的负载情况，找出潜在的性能问题，对问题进行分析并解决；找出系统性能变化趋势，为后续的生产营运提供参考。显然，性能测试不是录制脚本那么简单的事情（而且现在很多系统无法录制脚本）。

　　前面章节我们介绍了 JMeter 的各种元件，大家可能会觉得元件太多，不知道什么时候用什么元件来完成工作。本章我们以 JForum 论坛作为被测系统来讲解性能测试过程。JForum 是著名的开源论坛，支持数十种语言，包括简体中文。JForum 功能强大，界面美观，代码结构清晰，并采用 BSD 授权。JForum 是用 Java 语言开发的，采用当下流行的 MVC 框架（非 SSH 框架，是自己定义的框架）。

　　我们先来回忆一下第 1 章讲到的性能测试开展过程。图 7-1 所示为性能测试常规流程。

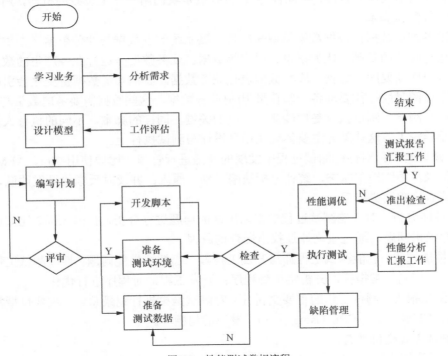

图 7-1　性能测试常规流程

　　（1）学习业务：通过查看文档，咨询产品设计人员，手工操作系统来了解系统功能。

　　（2）分析需求：分析系统非功能需求，圈定性能测试的范围，了解系统性能指标。比如用户规模，用户要操作哪些业务，产生的业务量有多大，业务操作的分布时间，系统的部署结构、部署资源等。测试需求获取的途径主要是需求文档、业务分析人员，包括但不限于产品经理、项目经理等（敏捷过程下，最直接的是从项目的负责人或者产品经理处获取相关需求信息）。

　　（3）工作评估：工作量分解，评估工作量，计划资源投入（需要多少人力，多少工作日来完成性能测试工作）。

　　（4）设计模型：圈定性能测试范围后，把业务模型映射成测试模型。

　　什么是测试模型呢？比如一个支付系统需要与银行的系统进行交互（充值或者提现），由于银行不能够提供支持，我们会开发程序去代替银行系统功能（这就是挡板程序，Mock 程序），保证此功能的性能测试能够开展，这个过程就是设计测试模型。通俗地说就是把测试需求落实，业务可测，可大规模使用负载程序模拟用户操作，具有可操作性、可验证性；根据不同的测试目的组合成不同的测试场景。

（5）编写计划：计划测试工作，在文档中明确列出测试范围、人力投入、持续时间、工作内容、风险评估、风险应对策略等。

（6）开发脚本：录制或者编写性能测试脚本（现在很多被测系统都是无法录制脚本的，我们需要手工开发脚本），开发测试挡板程序，开发测试程序等。如果没有第三方工具可用，甚至需要开发测试工具。

（7）准备测试环境：性能测试环境准备包括服务器与负载机两部分，服务器是被测系统的运行平台（包括硬件与软件、中间件等）；负载机是我们用来产生负载的机器，用来安装负载工具，运行测试脚本。

（8）准备测试数据：根据数据模型来准备被测系统的主数据与业务数据（主数据是保证业务能够运行畅通的基础，比如菜单、用户等数据；业务数据是运行业务产生的数据，比如订单；订单出库需要库存数据，库存数据也是业务数据。我们知道数据量变化会引起性能的变化，在测试的时候往往要准备一些存量/历史业务数据，这些数据需要考虑数量与分布）。

（9）执行测试：测试执行是性能测试成败的关键，同样的脚本，不同的执行人员得出的结果可能差异较大。这些差异主要体现在场景设计与测试执行上。

（10）缺陷管理：对性能测试过程中发现的缺陷进行管理。比如使用 Jira、ALM 等工具进行缺陷记录，跟踪缺陷状态，统计分析缺陷类别、原因；并及时反馈给开发团队，以此为鉴，避免或者少犯同类错误。

（11）性能分析：对性能测试过程中暴露出来的问题进行分析，找出原因。比如通过堆分析找出内存溢出问题，通过查询计划找出慢查询原因。

（12）性能调优：性能测试工程师与开发工程师一起解决性能问题。性能测试工程师找到性能问题，监控到异常指标，分析定位到程序；开发工程师对程序进行优化。

（13）测试报告：测试工作的重要交付件，对测试结果进行记录总结，主要包括常见的性能指标说明（TPS、RT、CPU Using……），发现的问题等。

性能测试主要交付件有：

- 测试计划；
- 测试脚本；
- 测试程序；
- 测试报告或者阶段性测试报告。

如果性能测试执行过程比较长，换句话说性能测试过程中性能问题比较多，经过了多轮的性能调优，需要执行多次回归测试，那么在这个过程中需要提交阶段性测试报告。

（14）评审（准出检查）：对性能报告中的内容进行评审，确认问题、评估上线风险。有些系统虽然测试结果不理想，但基于成本及时间的考虑也会在评审会议中通过从而上线。

下面我们根据流程来讲解性能测试过程。

7.1 需求采集与分析

性能测试需求收集与分析要完成下面两项工作。

（1）采集性能测试需求：采集对象包括业务交易、业务量、业务量趋势、用户信息、系统架构、业务指标、系统硬件指标等。

（2）分析性能测试需求：确定性能测试范围，分析哪些业务纳入性能测试范围及性能指标是什么，另外要分析用户使用行为、业务分布、业务量；估算 TPS 与并发用户数等性能测试执行依据。

我们将性能测试指标分为两类。

（1）业务指标（TPS、RT、事务成功率等）。

（2）硬件性能指标（CPU 使用率、内存利用率、磁盘繁忙度等）。

性能测试需求从哪里获取呢？

一般的获取途径是需求文档，在需求文档中有一部分内容描述的是非功能性需求（一部完整的需求文档一般会包含行为需求、数据需求与非功能需求），但是实际现状是只有极少数的需求文档中能够把这些非功能性需求描述完整，多数需求文档对于性能需求的说明都比较笼统、抽象，通常需要性能测试工程师主动向 BA（业务分析师）了解性能需求。

性能需求的主要采集内容有哪些呢？

（1）系统架构（物理架构与逻辑架构，包括中间件产品与配置、数据库配置），我们在测试环境建立时需要参考。

（2）采集业务并量化业务。我们在计算 TPS 及并发用户数时要用到。

（3）了解业务发展趋势，例如业务年增长率是多少？未来业务量是多少？例如系统的需求中说到要满足未来 3 年的业务增长需求（即 3 年后此系统的性能还要能够满足性能要求），我们在测试时就可能需要生成 3 年的存量业务数据。对于关系型数据库来说，数据量大小对性能的影响还是比较明显的。

（4）了解系统是否会有归档机制？大家知道，数据库中数据量大对性能是有影响的，如果有归档机制，可以把一些无用或者过时的信息移到归档库，这样就减少了当前库中的数据，有利于提高系统性能。

（5）采集业务发生时段，例如一天产生 20 000 订单，而高峰时 1 小时就能完成 10 000 单。此数据主要在估算 TPS 与并发用户数时用到。

（6）采集在线用户数、活动用户数、业务分布。有些系统用户量特别大，会对系统造成性能瓶颈，这时可以通过分析活动用户数和业务分布来分析负载情况。

（7）系统是否与第三方系统有关联关系？这决定在测试时我们是否要做挡板程序（Mock程序，用程序来代替第三方系统功能，不依赖于第三方系统）。

（8）采集业务性能指标，例如响应时间、吞吐量（每秒支持多少业务）等。

（9）采集系统硬件指标，例如 CPU 利用率、内存利用率或者可用内存等。

为了方便大家开展性能测试需求的采集工作，本书也提供了性能测试需求采集模板（搜索"青山如许"公众号获取下载链接）。表 7-1 是其中的一个业务需求采集示例表格。其中我们对业务名称、业务量、未来业务量、响应时间、事务成功率都进行了采集。

表 7-1　　　　　　　　　　　　　　　　　业务需求

业务名称（描述）	业务量	未来业务量	响应时间	事务成功率
客户管理-新增客户	500 万笔/年	1 000 万笔/年	<3 秒	>99%
客户管理-客户跟进	2 000 万笔/年	4 000 万笔/年	<3 秒	>99%
客户管理-提交意向	100 万笔/年	300 万笔/年	<3 秒	>99%
订单管理-提交订单	100 万笔/年	300 万笔/年	<3 秒	>99%
财务管理-生成发票	100 万笔/年	300 万笔/年	<3 秒	>99%
统计报表-订单统计	20 次/年	20 次/年	<10 秒	100%
……				

如何采集性能测试需求呢？

我们把被测试的系统分为 3 类。

（1）新应用类（NP，全新立项系统，没有原型系统）。

（2）升级改造类（CIP，旧系统重构）。

（3）需求变动类（RFC，基于现有业务系统需求变更）。

其中 RFC 有可能存在于新应用中，也可能存在于 CIP 中，所以实际上我们只讨论新应用类与 CIP 两类。针对不同类别的系统，我们的分析方法会有不同，对于新业务（NP 类）系统，我们从需求文档中采集性能需求；对于不完善的内容，我们进行补充。对于升级类系统，我们分析原型系统业务数据即可，最直接的办法就是分析原型系统的数据、统计业务量、业务分布等信息。

7.1.1　需求采集

下面我们以 JForum 论坛为例进行需求采集，首先要了解系统物理架构与逻辑架构。

物理架构指导我们进行测试环境的建立，一般我们会尽量让测试环境与生产环境的架构趋于一致；这样测试结果可比较性会较强，而且比较时相对容易且可靠。

逻辑架构让我们对系统的逻辑组成有所了解，进行测试时能够清楚地划分问题出现的区域。

1．系统架构

（1）生产环境物理架构如图 7-2 所示。

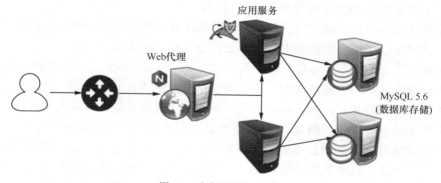

图 7-2　生产环境物理架构

● Web 代理：通常我们会在服务前面加上一个代理，例如用 Nginx 来做反向代理，既可以做负载均衡，也可以增强服务的安全性，还可以把静态资源发布到 Nginx。

● 应用服务：用 Tomcat 7 发布的应用服务，负责业务处理，我们部署 JForum 服务。在线上环境我们为了高可用，通常会部署多个实例。

● 数据库存储：安装 MySQL 5.6，双机热备结构，用来存储数据。

物理架构规定了组成软件系统的物理元素（各种硬件设备）、这些物理元素之间的关系，以及它们部署到硬件上的策略。在建立测试环境时，需要参考物理架构进行配置部署。为了更准确地模拟生产环境负载，在物理架构上建议尽量保持与生产同步。而实际上往往测试环境不能够完全与生产环境匹配，一方面是成本问题（生产环境机器众多），另一方面是区域位置问题（例如生产环境面向全国或者全球）。我们的建议是尽量架构同步，在机器配置及数量上，我们可以缩小比例。这就衍生出另外一个课题，即如何由测试环境来推算生产环境的性能。由于侧重点不同，篇幅所限在此不展开分析，读者可以参考 TPC-E 的标准进行测评。

（2）逻辑架构如图 7-3 所示。

逻辑架构展现的是软件系统中元件之间的关系，例如用户界面、数据库、外部系统接口等。图 7-3 所示是 App（应用服务）的逻辑架构，列出了系统服务组件、邮件服务、权限管理、业务服务（对于 JForum 就是发帖、回帖、浏览帖子）等。Web 层是通过 JSP 与 Velocity Freemark 来展现的。

通过逻辑架构，我们能迅速地了解到系统的主要功能与服务，并且知道其逻辑关系，有助于我们设计测试场景。

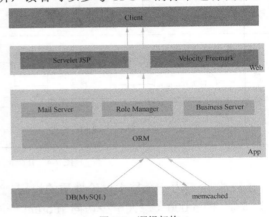

图 7-3　逻辑架构

2. 业务流程

确定了系统的主要业务流程，我们就可以方便地进行写性能测试用例。我们可以从需求文档（SRS）中获取，图 7-4 所示为 JForum 的主要业务流程。

（1）游客。

游客可以直接浏览各类帖子，如果要回复或者发帖，会定向到登录/注册页面；登录或注册完毕再回到回复或者发帖页面。

（2）注册用户。

已经注册过的用户可以直接浏览各类帖子，如果要回复或者发帖，会定向到登录页面；登录完毕再回到回复或者发帖页面。

（3）管理员。

管理员可以浏览审核帖子，对于内容不健康的帖子可以删除。

3. 业务相关性能需求

业务需求一般来自于需求文档，在需求不明确的情况下，我们一般会向需求提供方（BA 团队、产品团队等）去征询。

假设以下是需求文档中有关非功能性需求的说明。

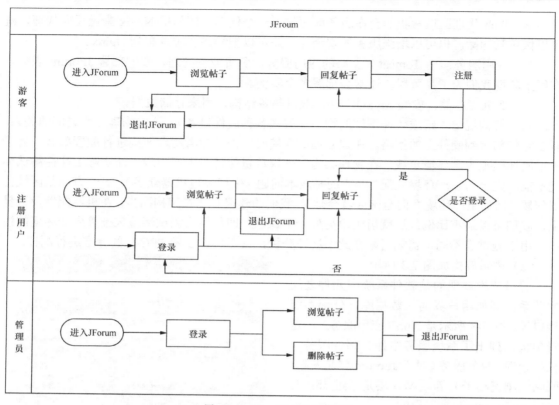

图 7-4　JForum 的主要业务流程

（1）此论坛为一个技术讨论性质的论坛，注册用户规模预计是 10 万，每日活跃用户数预计为 5%，即 5 000（每天至少访问 JForum 一次）。

（2）用户在论坛中的活动以浏览、发帖及回帖为主，日 PV 预计为 2 万。其中浏览、发帖、回帖的比例大约为 7∶1∶2。

PV 即 Page View，用户每访问一个页面统计为一个 PV。图 7-5 所示为从 Alex 获取的 CSDN 论坛的 PV 统计信息。在 2015 年 6 月 24 日前后近一周时间内平均 PV 是 4 486 680；有效 IP 平均每天是 1 452 000，即每个 IP 平均访问约 3 个页面。CSDN 官方网站公布的注册会员为 3 000 万，按 Alex 的统计数据估算每天的活跃用户数大约是 1 452 000/3 000 万≈4.84%。

根据 网站排名 统计数据估算网站 IP & PV 值，以下数据仅做参考之用，根据网站用户类型和比例不同会产生不同误差率				
日均 IP 访问量[一周平均]			日均 PV 浏览量[一周平均]	
≈1,452,000			≈4,486,680	
网站排名 统计的 **中国软件开发网** 国家/地区排名、访问比例 列表				
国家/地区名称 [6 个]	国家/地区代码	国家/地区排名	网站访问比例	页面浏览比例
美国	US	1,498	7.3%	6.9%
日本	JP	5,717	0.5%	0.5%
中国	CN	69	89.2%	87.8%
其他	O	--	1.2%	1.8%

图 7-5　CSDN PV 统计

（3）系统业务增长率为30%，系统在3年内不打算进行分库分表处理，需要系统在性能上能够支撑住，也就是隐性要求在3年内不进行数据归档，在测试时需要3年的存量数据。

（4）要求系统能够提供良好的系统体验，例如浏览帖子、发帖、回帖应该控制在3秒内。

（5）为了系统稳定，要求在日常营运时，CPU使用率<70%，磁盘Disk time<70%且无网络瓶颈。

为了方便阅读，我们以表7-2的形式列出。

表 7-2　　　　　　　　　　　　　　JForum 业务量统计

业务名称（描述）	业务量	业务增长率	响应时间	事务成功率
登录	0.6万 PV/天	≈30%	<3 秒	>99%
浏览帖子	1.4万 PV/天	≈30%	<3 秒	>99%
发新帖	0.2万 PV/天	≈30%	<3 秒	>99%
回复帖子	0.4万 PV/天	≈30%	<3 秒	>99%

怎么解读表7-2中的内容呢？根据第2条，日PV是2万，浏览：发帖：回帖=7：1：2，可以算出它们的业务量分别约为1.4万PV/天、0.2万PV/天、0.4万PV/天。由于发帖与回帖必须要登录，简单累加一下登录的PV约为0.6万PV/天，我们没有考虑有些用户登录后既发新帖也回复帖子，所以实际登录的PV可能会更小。为了留有余地，我们采用保守策略，可以接受把负载计算得稍微大一点。

4．系统硬件指标

系统硬件指标对象是硬件资源，例如CPU、内存、磁盘、网络带宽等。表7-3中列出了主要的硬件指标及阈值。这些指标比较抽象，在监控分析时应该进一步细化，例如CPU的性能指标在Linux中分为用户利用率、系统利用率及平均负载等重要指标。读者实际工作中的性能指标可能不同，这里仅作示例不代表统一标准，这些指标来源于非功能需求、组织要求（公司运维总结出来的可行性指标）或者行业建议标准。

表 7-3　　　　　　　　　　　　　　系统硬件指标及阈值

指标名称	阈值	指标说明
CPU 使用率	<70%	使用率过大会导致服务不稳定
内存利用率	<70%	同上
Disk Time	<70%	使用率过大导致 IO 等待时间变长，服务水平降低
网络带宽利用率	<70%	利用率过大导致网络阻塞，网络延时变长，响应时间变长

7.1.2　需求分析

需求分析的目的是确定性能测试范围，分析哪些业务纳入性能测试范围及性能指标是什么？另外要分析用户使用行为、业务分布、分析业务量；估算出TPS与并发用户数。

1．圈定测试范围

如何圈定测试范围呢？

（1）确定高频次的业务。

（2）确定对系统性能影响大的业务。

（3）确定此功能的可验证性。例如我们使用支付宝来支付商品费用，如果余额不足，会让我们选择使用银行卡（借记卡、信用卡）来支付。这样支付宝会调用银行（银行网关系统）的接口来完成银行账户的扣减。如果银行的接口不提供支持，支付宝性能测试工程师就得想办法模拟银行网关这个过程（一般采用挡板程序来模拟，这个挡板程序又叫 Mock 程序），这就是一个可验证性分析及解决方案，最终采用 Mock 程序来配合测试。

回到上面的实例项目 JForum，从需求采集的数据来看，业务量集中在登录、浏览帖子、发新帖、回复帖子 4 个业务上，我们圈定这些业务参与性能测试。

2. 明确性能指标

（1）吞吐量（PV、TPS）：

每天的 PV 是 2 万，3 年内增长 30%，PV（每天）$=2 \times (1+30\%)^2 \approx 3.38$ 万。

（2）响应时间：要求 3 秒以内。

（3）成功率：99% 以上。

（4）系统稳定性波动正常范围。

（5）其他硬件等性能指标，参照表 7-3。

3. 分析业务量

我们知道，测试数据的多少对测试结果会有影响，特别是系统处理成千万或上亿条数据时，对性能的影响更明显。我们可以想象一下，在 10 个人中找出 1 个人很容易，但如果让你在 10 000 个人中找到一个人就没那么容易了。

在性能测试时，我们除了需要准备一定数量的历史数据，还得关注业务量的增长。我们的实例系统 JForum 需求中说到年业务增长率是 30%，可以理解成年 PV 也会增加 30%。所以在测试时，我们要以第三年的业务量为标准来测试，把问题提前暴露出来。

4. 计算 TPS

TPS 的意思是每秒平均事务数，例如，在我们的实例系统中发一个新帖就是一个事务，回一个帖子也是一个事务。为了方便衡量系统的吞吐量，我们在性能测试时常用 TPS 来表示吞吐量。

上面分析业务量的数据是以 PV 来统计的，现在我们要计算 TPS，需要把 PV 转化成 TPS。实际上一个 PV 就是对服务器的一次请求，我们把一个请求放在一个事务中来统计服务器的响应耗时，响应完成就是一次事务完成，即一个 PV 就是一个事务（PV 并不能直接等同于 TPS，PV 代表了一次客户请求，一次请求可能请求了很多信息，例如图片、样式、JS 信息等，发新帖时我们通常只关心发帖的动作耗时，并不关心页面刷新时 JS、样式的耗时，此时我们就把 PV 等同于 TPS），例如一个功能页面（浏览帖子）1 秒会有 10 个 PV，那么此功能的 TPS 即为 10。

既然讲到 PV 了，下面"插播"一段关于 PV 的知识。大家知道，访问一个页面会有许多资源，例如图片、样式、JS 信息、文字等；而我们的浏览器多数都拥有资源缓存功能，会帮我们把访问的图片、样式、JS 信息等静态资源存储下来，下次访问同样资源时将不会再从远程服务器上下载，这大大加快了响应速度，也提升了用户体验。另外，如果我们在使用代理服务器访问外网资源时，多数代理服务器也会缓存这些静态内容。也就是说每次浏览器与服务器之间实际的交互数据是动态的（不同请求返回不同的响应数据）。而往往动态数据的 Size（大小）会小于静态数据，所以浏览器是否缓存了静态数据对性能测试影响明显。我们在做性能测试时，需要模拟大量的用户请求，其中就有许多的用户可能是新用户，在他们的浏览器上还没有缓存这些静态数据，为了更准确地模拟用户请求，我们有必要不缓存这些静态内容；所以性能测试中是否缓存访问的静态资源要根据业务情况而定。

我们一般要取系统业务高峰期的 TPS 值，虽然系统不是总处在高峰期，但高峰 TPS 才能代表系统的实际处理能力。例如一只木桶，它的最大容积就是装满水时水的体积，虽然平时我们不一定都装满水。要是木桶有一块短板，那么这只木桶最多就只能装到短板处，整个装水体积就受限于短板，这就是我们常打比喻的"木桶理论"，软件的性能也遵循这个理论。

要得到高峰期的 TPS，我们需要分析业务发生时间，图 7-6 所示为百度推广官方网站的一天访问量统计信息，可以看到上午 9～10 点、14～15 点是业务高峰期。图 7-7 所示为近一月的流量统计，可以看到基本是在上午 10 点与 15 点附近业务量处于最高峰。

图 7-6　访问流量统计信息

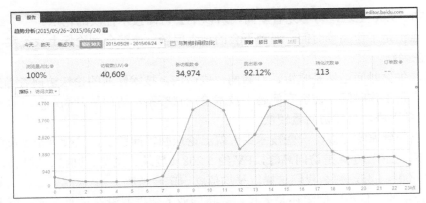

图 7-7　近一月的流量统计

UV 是指一天之内网站的独立访客数（以 Cookie 为依据），一天内同一访客多次访问网站只计算 1 个访客（小于等于 PV）。

回到实例项目 JForum，我们要找出日高峰。表 7-4 是日高峰 JForum 论坛的 PV 数据统计（业务量单位为 PV）。

表 7-4　　　　　　　　　　　　　　　　日高峰统计（单位为 PV）

功能	日高峰业务分布																合计	占比
	8	9	10	11	12	13	14	15	16	17	18	19	20	21	22	23		
登录系统	100	1 000	1 300	960	500	100	1 150	1 250	960	400	350	380	700	650	200	100	10 100	24.8
浏览帖子	200	2 010	2 706	1 800	1 009	200	2 265	2 450	2 000	850	750	780	1450	1350	350	200	20 370	50.1
发送新帖	86	201	526	468	66	56	568	645	318	56	63	78	89	94	63	23	3 400	7.35
回复帖子	101	378	676	568	368	260	787	793	507	164	136	125	893	856	135	53	6 800	16.7

　　如果用折线图表示（见图 7-8），可以看到业务量最高的时间段在上午 10 点与 15 点，20～21 点还有一个小高峰。根据访问习惯来推理一下访问情况。

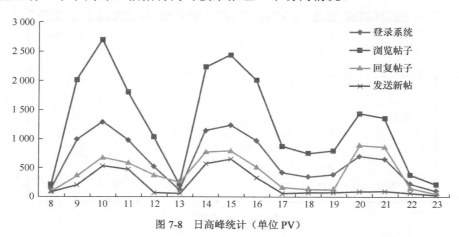

图 7-8　日高峰统计（单位 PV）

　　早上 8:30～9:00 上班，访客先看新闻，所以不会访问技术性质的论坛。

　　10～11 点正是工作高峰时间，遇到不会的技术问题，访客会到论坛上找答案，所以此时论坛访问处在高峰。

　　12 点后，午休时间当然是吃饭、看新闻、刷微信，技术性质的论坛访问者当然比较少。

　　14～15 点是工作时间，访客有问题上技术论坛找答案，访问量升高。

　　5 点后准备下班，自然访问量较低。

　　20～21 点回到家吃完饭，一些技术牛人就上论坛回答问题了，又会有个小高峰。

　　总结一下，上午 10 点是访问高峰，PV 约 5 208（登录、浏览、回帖、发帖），这个时段 TPS=5 208/3 600≈1.45。那么我们这样取平均值就一定合适吗？

　　答案是否定的，1 小时间隔还是太长，采集的业务数据并没有说明在这一个小时中吞吐量是平均的，我们还需要细分。如果我们能够细分到每分钟，那 TPS 的估算就更准确。另外，我们也可以采取别的办法来估算。80/20 原则是广为流传的统计理论，经济学家认为 20% 的人拥有了社会 80% 的财富。在性能测试中可以这样理解，20% 的时间做了 80% 的事情。按 80/20 原则计算 TPS=5 208 × 80%/(3 600 × 20%)≈5.8，具体见表 7-5。

表 7-5   TPS 估算

功　　能	高峰业务量	TPS	响应时间
登录系统	1 300	1.44	<3 秒
浏览帖子	2 706	3	<3 秒
发送新帖	526	0.58	<3 秒
回复帖子	676	0.75	<3 秒

TPS 不但帮我们量化了系统性能指标，还可以帮我们计算并发用户数。

5．分析系统协议

分析完了上述内容，我们开始规划性能测试脚本的实现方式。一般性能测试脚本可以采取录制或者手动开发的方式来完成。录制方式对协议的依赖性相当强，因为录制的方式多数是针对协议来的。

我们一般是先分析被测系统协议，再评估用什么辅助工具来完成脚本录制。例如 HTTP 协议，我们可用 JMeter 进行录制，也可以手动开发，当然很多人也会选择 LoadRunner（简单、易用但费用高）。我们可以运用 JMeter JavaRequest 元件与 JUnit 元件测试 Java 接口。

那么如何分析呢？

（1）我们可以向开发团队咨询，了解程序的架构与协议。

（2）我们可以进行截包分析，常用的截包工具有 HttpWatch、Wireshark、Omnipeek 等，这些工具都比较易用。HttpWatch 主要对 HTTP 协议进行分析。Wireshark 是目前应用最广泛的网络封包分析软件之一，支持市面上大多数的协议（HTTP、HTTPS、TCP、UDP 等）。Omnipeek 能够侦听多种网络通信协议，执行管理、监控、分析、除错及最佳化的工作。

7.1.3　并发数计算

首先要明白为什么要计算并发用户数。在性能测试时，我们通常会遇到这样的性能测试需求：

● 系统要满足多少（如 1 万）人在线；
● 系统要满足多少（如 1 万）人并发。

我们知道，用户在线时是否操作业务，或操作的业务不同，对系统产生的压力是不同的，所以单纯地用一个在线用户数或者并发用户数评判性能是不准确的。

计算并发用户数需要参照业务模型来计算每个业务场景需要多少用户、业务量的匹配关系等。并发数的计算说到底还是一个估算，不可能准确地模拟实际用户操作，在性能测试执行时需要根据实际情况调整。衡量性能指标还是要参照 TPS 实际达到了多少，响应时间是多少，系统硬件（CPU、内存等）指标是否在限定范围内等参数。

业内常用的并发数估算方法有以下 3 种：

（1）由 TPS 来估算并发数；

（2）由在线活动用户数来估算并发数；

（3）根据经验来估算并发数。

我们在此用第一种方法示范。

TPS 反映了系统在每秒可以执行成功的事务数，是由事务数除时间得来，事务由用户完成，所以可以总结出如下公式：

$$Vu（业务名称）=TPS（业务名称）×（RunTime+ThinkTime）$$

注：Vu（业务名称）表示此业务的虚拟用户数。

RunTime 是测试程序/脚本运行（迭代）一次所消耗的时间，包括事务时间+非事务时间。

下面是一个脚本的伪代码（T1、TT、AT 代表时间，单位为秒）。

在测试计划（见图 7-9）中，Login 事务时间=T2，我们用 T（login）表示。Sender topic 发新帖事务时间=T6，我们用 T（Sender topic）表示。

```
Login
    Enter login page(进入登录页面)   T1=0.2
    ThinkTime  （思考时间）  TT1=2
    Declare login transaction （声明登录事务）┐
    Commit fom （提交登录表单）              │ T2=2
    Assert login （检查登录是否成功）AT1      ┘
    Enter default page(进入登录成功后的默认页) T3=0.2
Sender topic
    Enter topic list （进入论坛列表）T4=0.2
    Enter new page for topic （进入新帖编辑页面）T5=0.2
    ThinkTime  （思考时间）  TT2=2
    Declare newTopic transaction （声明新帖事务）┐
    Commit fom （提交新帖）                     │ T6=2
    Assert commit(检查发帖是否成功) AT2          ┘
    Enter topic list （提交新帖后进入论坛列表）T7=0.2
```

图 7-9 示例测试计划

其中断言检查事务是否成功消耗的时间分别为 AT1、AT2，这个时间是包含在事务时间中的，一般都是非常小的，可以忽略。

ThinkTime 是运行过程中的思考时间（模拟用户思考或者填写表单消耗的时间），这里 ThinkTime=TT1+TT2。

Runtime 是迭代一次运行脚本消耗的时间，Runtime=T1+…+T7；ThinkTime 是脚本消耗外的时间，所以不包含在内；迭代一次的总时间就为 Runtime+ThinkTime。每迭代一次，事务只发生一次，而迭代一次的时间会大于事务的响应时间；所以在估算时我们会把这个非事务消耗的时间加入进去。

我们计算一下 Vu，设 TPS 为 5.8（前面内容中计算出的 TPS）。

（1）不包括非事务时间（ThinkTime 与程序消耗时间）情况下计算 Vu。

$$Vu=TPS×T2=5.8×2≈12$$

（2）包括非事务时间情况下计算 Vu。

$$Vu=TPS ×（Runtime+ThinkTime）=5.8 ×（0.2+2+0.2+0.2+0.2+2+0.2+2+2）≈53$$

可以看到两者之间的 Vu 数量相差巨大。如果我们不把 Runtime 与 ThinkTime 加进去，计算出来的 12 个并发用户在测试执行时很有可能无法达到 TPS=5.8 的目标。

业内一般把 ThinkTime 设为 3 秒，3 秒刚好符合用户在页面的停留平均时间。那么我们把上面的 ThinkTime 时间换成 3 秒。测试需求中要求响应时间小于 3 秒，我们以 3 秒为阈值。

$$Vu = TPS \times (Runtime + ThinkTime) = 5.8 \times (T1 + TT1 + T2 + T3 + T4 + T5 + TT2 + T6 + T7)$$

$$= 5.8 (0.2 + 3 + 3 + 0.2 + 0.2 + 0.2 + 3 + 3 + 0.2) \approx 76。$$

表 7-6 把 76 个并发用户按比例分配到各业务中。

表 7-6　　　　　　　　　　　　　　　　并发数估算

业务名称（描述）	高峰业务量	TPS	并发数	响应时间	事务成功率
登录	1 300PV/小时	1.44	20	<3 秒	>99%
浏览帖子	2 706 PV/小时	3.0	40	<3 秒	>99%
发新帖	526PV/小时	0.58	7	<3 秒	>99%
回复帖子	676PV/小时	0.75	10	<3 秒	>99%
合计		5.8	77		

注意

实际分配时，由于有小数点向上取整，所以 76 个并发用户分配后是 77 个。

此时估算出来的 Vu 仅仅是一个估算值，在进行基准测试时，我们会得到相对准确的 Runtime 时间，同时响应时间可能会小于指标中指定的最大响应时间 3 秒，也可能大于 3 秒，此时再计算（调整）Vu 数值会更合理。

另外，根据 TPS 估算并发用户数还有另外一个公式：

$$Vu（业务名称） = TPS \times 响应时间$$

实际上是把 RunTime+ThinkTime 全部归为响应时间，虽然公式写法不一样，但表达的意思没有变。

下面请大家思考一个问题，如果我们估算出来的 TPS 比较小，导致计算出来的 Vu 数值为 1（有小数点时向上取整，所以不会小于 1），那该怎么办？

7.2　测试模型

先了解以下 3 个名词。

● 业务模型：业务流程、业务系统在某个时间段内运行的业务种类及其业务占比，即哪些业务在哪个时间段在运行，业务量是多少。

● 测试模型：从业务模型中分析和整理出来的进行测试的业务，通常是高频业务、高资源占用业务，这些业务需要具有可测性、可验证性。测试模型作为性能测试场景的依据，通常会继承业务模型的大多数业务功能，有时也会因为特殊原因无法测试（例如第三方非开源加密程序，测试程序无法模拟），测试模型中将会去掉这部分业务，或者设计替代等价方案，例如第三方系统可以用挡板程序实现。

● 性能测试场景：参照用户使用习惯设计负载场景，例如哪些业务的测试脚本一起运行，哪些业务有先后顺序，运行多少并发用户等。

实践项目 JForum 的测试模型如图 7-10 所示，与业务模型无异。

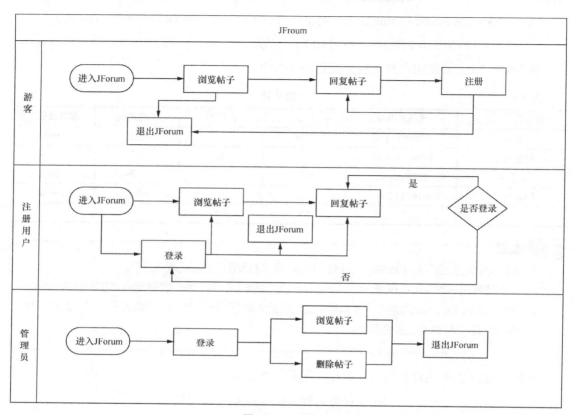

图 7-10   测试模型

7.3   测试计划

测试计划用来规划测试工作，那么测试计划要考虑哪些内容呢？

（1）系统概述：简述系统使命、系统功能，计划往往由一些非专业人士来审核，因此我们需要讲清楚系统是做什么的。

（2）测试环境：系统生产环境、系统测试环境、测试执行环境（就是测试负载机，我们这里是运行 JMeter 的机器）。测试环境对测试结果有直接影响，我们需要告诉非专业人士，这个测试结果是基于什么环境来进行测试的。例如，同样是户外跑 100 米，晴天当然比雨天要跑得快，晴天不用担心摩擦力不够而滑倒，"性能"得以全力释放；雨天就得"收着"跑，小心滑倒。

（3）需求分析：采集系统性能需求，确认性能测试需求范围。

（4）测试策略：表明此次性能测试将用什么样的手段来进行，例如，我们可以采用 JMeter来模拟用户大并发操作，对于第三方系统（系统集成第三方系统，如上面提到的要与银行系统对接，得不到支持时，我们可以开发挡板程序来代替）我们采用挡板程序。实际上是做测试可实施性分析。

（5）测试场景：如何组合业务场景进行性能测试，例如，交通部门测试街道的流量，十字路口作为一个场景进行测试时，我们需要把行人流量与车辆流量都纳入场景，通过调整红绿灯时长间隔来提高通过率。如果有高架桥，我们就不用考虑行人流量了，因为人车已经分流了。

（6）测试准备：测试前的环境准备、数据准备。

（7）时间计划：上面进行了需求分析、测试策略制订，就可以相对合理地估算测试资源及耗时，从而合理地安排测试工作。

（8）测试组织架构：包括测试相关干系人，明确不同干系人的工作职责。例如，性能测试工程师通常是做执行工作，文档记录员帮助整理交付的文档。

（9）交付物清单：包括性能测试计划、性能测试报告、性能测试脚本等交付物。

（10）系统风险：对测试过程中可能涉及的风险加以评估，确定风险应对策略。例如，人力风险可以通过加强人力储备来完成，测试人员相互备份（相互熟知对方工作范围内的工作，一人负主要责任，另一人负次要责任，不会因为其中一人离职导致工作无人能够顶替）。

7.4 环境搭建

前面我们在调研需求时了解到的部署结构是 Nginx 反向代理多个 JForum 实例，这样 JForum 的处理能力会更强大一些。但是在测试时，我们可以只部署 JForum 单实例，这样压测时需要的负载更小，更方便测试，所以示例环境中我们使用 JForum 单实例、db 单实例。我们总在强调测试环境尽量要与生产环境一致，这样做矛盾吗？

我们可以这样来理解，我们让每个实例的运行环境与生产环境尽量一致，不管是硬件还是软件环境。Nginx 的代理做负载均衡能够帮助横向扩展服务性能，但单个实例的性能还是一定的，所以我们还不如拿掉 Nginx 直接压测 JForum，而且是单实例，这样针对性的压测，不管是负载量，还是问题分析，都会变得更容易。

以前我们使用物理机部署服务，后来发展到虚机部署服务，现在又开始流行容器化部署。对于性能测试来说，物理环境最易于排除资源干扰（不管是网络、存储还是 CPU 资源），虚机与容器在测试时受干扰概率大。通常虚机与容器所在的宿主机上都会部署多个虚机或者多个容器实例，虚机甚至还可以"超售"（分配的 CPU、内存等硬件资源超出宿主机，因为是逻辑分配，可以允许"超售"），实例中的程序对于硬件资源的占用可能会干扰别的实例，所以我们在测试时可能有测试结果不稳定的现象，导致压测与分析变得困难。

那测试环境我们到底如何选呢？还是那句话——测试环境尽量要与生产环境一致。虚机也好，云主机也好，容器也好，我们尽量让测试环境与生产环境一致。例如宿主（物理机）配置相当，宿主机上的虚机数或者容器数相当。

另外，我们可以把环境处理分为两步。在性能测试初期，性能压测时尽量使用单一环境，这样便于发现、分析性能问题。待性能达到要求，或者说性能优化得已经不错了，我们可以把服务再部署到虚机或者容器中去，测试出来的结果就接近实际性能，也更接近生产环境。

容器部署已经是大势所趋，所以本次实例我们使用 Docker 来部署服务，这样也方便读者建立环境。笔者是在自己的 Windows 机器上做了一个 CentOS7 的虚机，虚机具有四核和 4GB 内存，然后在虚机上运行 Docker，表 7-7 所示是 JForum 测试环境 List。

表 7-7　　　　　　　　　　　　　　　　　　JForum 测试环境 List

硬件名称	数量	硬 件 配 置	软 件 配 置	备　注
DB Sever	1	CPU：i7-7700 2.8 GHz　4core RAM：4GB DDR4 Disk：HGSH 1T　7 200 转/分 Network：Intel（R）82 579LM Gigabit Network Connection　1 000M	CentOS7 64bit Docker18.09.5 Docker-Compose 1.24.1 MySQL5.6	CentOS7 以虚机方式启动
App Server	1	CPU：i7-7700 2.8 GHz　4core RAM：4GB DDR4 Disk：HGSH 1T　7 200 转/分 Network：Intel（R）82 579LM Gigabit Network Connection　1 000M	CentOS7 64bit Docker18.09.5 Docker-Compose 1.24.1 Tomcat7 JDK8 64bit	CentOS7 以虚机方式启动

使用 Docker 容器来部署服务，先要安装 Docker。为了方便大家建立环境，我们使用 Docker-Compose 来启停服务，并提供容器镜像与 Docker-Compose 配置文件。

（1）Docker 安装。

我们使用 yum 来进行安装，安装命令如下。

```
$ sudo yum install -y yum-utils device-mapper-persistent-data lvm2
# 添加 yum 源
$ sudo yum-config-manager --add-repo \
    https://download.docker.com/linux/centos/docker-ce.repo
# 可以设置阿里源
$ sudo yum-config-manager --add-repo http://mirrors.aliyun.com/docker-ce/linux/centos/docker-ce.repo
#更新源
sudo yum clean all && sudo yum makecache fast
# 安装 docker-ce（Docker 开源版本现在命名为 docker-ce）
$ sudo yum install docker-ce docker-ce-cli containerd.io
#默认安装 docker-ce 的最新版本，可以使用下面的命令查询可安装的版本
sudo yum list docker-ce --showduplicates | sort -r
    #然后使用下面命令指定版本安装
$ sudo yum install docker-ce-<VERSION_STRING> docker-ce-cli-<VERSION_STRING> containerd.io
# 设置操作系统自启并启动 Docker
$ sudo systemctl enable docker && sudo systemctl start docker
    #查看安装是否成功
# docker version
```

国内一些网站提供了一键安装的脚本。

```
# DaoCloud
curl -sSL https://get.daocloud.io/docker | sh
# 阿里源
curl -sSLhttp://acs-public-mirror.oss-cn-hangzhou.aliyuncs.com/docker-engine/internet | sh -
# Docker 官方的一键安装脚本：
curl -sSL https://get.docker.com/ | sh
```

（2）Docker-Compose 安装。

Docker-Compose 是二进制运行，直接下载 Docker-Compose 到/usr/local/bin 目录，命令如下。

```
#使用 curl 下载，也可以使用 wget 下载，没有上述命令请安装（yum install -y curl wget）
curl https://docs.rancher.cn/download/compose/v1.24.1-docker-compose-Linux-x86_64  -o /
usr/local/bin/docker-compose
docker-compose version
```

（3）部署 JForum。

建立 docker-compose.yaml 文件，命令如下。

```
version: '3'
services:
  jforumweb:
    image: seling/jforum:2.1.9-oracle-jdk8-64
    stdin_open: true
    tty: true
    ports:
    - 8089:8080/tcp
    labels:
      service: jforumweb
    links:
    - jforumdb: jforumdb
  jforumdb:
    image: seling/jforumdb:latest
    stdin_open: true
    tty: true
    environment:
      MYSQL_ROOT_PASSWORD: 3.1415926
    volumes:
    - /var/lib/jforumdb:/var/lib/mysql
    ports:
    - 3308:3306/tcp
    labels:
      service: jforumdb
```

启动服务的命令如下。

```
# 启动服务
docker-compose -f docker-compose.yaml up -d
# 停止服务
docker-compose -f docker-compose.yaml stop
# 删除容器
docker-compose -f docker-compose.yaml down
```

启动过程：

● 先到 hub.docker.com 上下载镜像。

```
seling/jforum:2.1.9-jdk7-64 # JForum 镜像
seling/jforumdb:latest            # MySQL 镜像，笔者提供的镜像是有存量数据的
```

● 启动容器。

完成后使用 http://[ip]:8089/jforum-2.1.9 来访问 JForum（见图 7-11），把 IP 替换成自己机器的 IP。

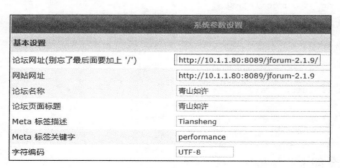

图 7-11 访问 JForum

进去之后建议去后台管理（在页面的底端有一个"进入后台管理"链接）修改"系统设置"（见图 7-12）中的"论坛网址"，这样"返回首页"的链接与表情图片才正确。"网站网址"要链接到你的主站（随便填）。

系统参数设置	
基本设置	
论坛网址(别忘了最后面要加上 '/')	http://10.1.1.80:8089/jforum-2.1.9/
网站网址	http://10.1.1.80:8089/jforum-2.1.9
论坛名称	青山如许
论坛页面标题	青山如许
Meta 标签描述	Tiansheng
Meta 标签关键字	performance
字符编码	UTF-8

图 7-12 系统设置

7.5 脚本开发

前面我们已经规划了测试工作，现在来开发模拟脚本。我们将按照计划中规划好的测试模型来编写测试脚本。下面我们手工开发浏览帖子、回复帖子的脚本。

7.5.1 浏览帖子

浏览帖子的流程如下。

登录→随机选择论坛板块→选择帖子→浏览帖子（见图 7-13）。

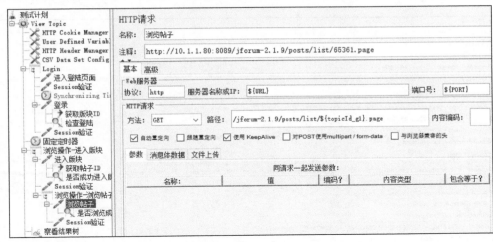

图 7-13　JForum 查看帖子

本例使用 Chrome 的开发者工具（按 F12 调出）协助脚本开发，登录表单如图 7-14 所示。

▼ General
　Request URL: http://10.1.1.80:8089/jforum-2.1.9/jforum.page
　Request Method: POST
　Status Code: ● 302 Found
　Remote Address: 10.1.1.80:8089
　Referrer Policy: no-referrer-when-downgrade
▶ Response Headers (7)
▼ Request Headers　　view source
　Accept: text/html,application/xhtml+xml,application/xml;q=0.9,image/webp,image/apng,*/*;q=0.8,application/signed-exchange;v=b3;q=0.9
　Accept-Encoding: gzip, deflate
　Accept-Language: zh-CN,zh;q=0.9,en;q=0.8
　Cache-Control: no-cache
　Connection: keep-alive
　Content-Length: 177
　Content-Type: application/x-www-form-urlencoded
　Cookie: JSESSIONID=160850F389CDFC1ACC4BF1AD98EF7A7F; jforumUserId=1
　Host: 10.1.1.80:8089
　Origin: http://10.1.1.80:8089
　Pragma: no-cache
　Referer: http://10.1.1.80:8089/jforum-2.1.9/user/login.page
　Upgrade-Insecure-Requests: 1
　User-Agent: Mozilla/5.0 (Windows NT 10.0; Win64; x64) AppleWebKit/537.36 (KHTML, like Gecko) Chrome/80.0.3987.116 Safari/537.36
▼ Form Data　　view source　　view URL encoded
　module: user
　action: validateLogin
　returnPath: http://10.1.1.80:8089/jforum-2.1.9/forums/list.page
　username: admin
　password: Pass1234
　redirect:
　login: 登入

图 7-14　登录表单

（1）登录是一个 post 操作，登录成功后重定向到/forums/list.page，命令如下。

```
returnPath: http://10.1.1.80:8089/jforum-2.1.9/forums/list.page
```

（2）登录页 Cookie 中 JSESSIONID 在/forums/list.page 页会被保留，用户的登录状态由 JSESSIONID 保持（见图 7-15），所以要添加一个 HTTP Cookie Manager，此元件会记下请求过程中的 Cookie 信息。

图 7-15　列表

登录配置如图 7-16 所示。

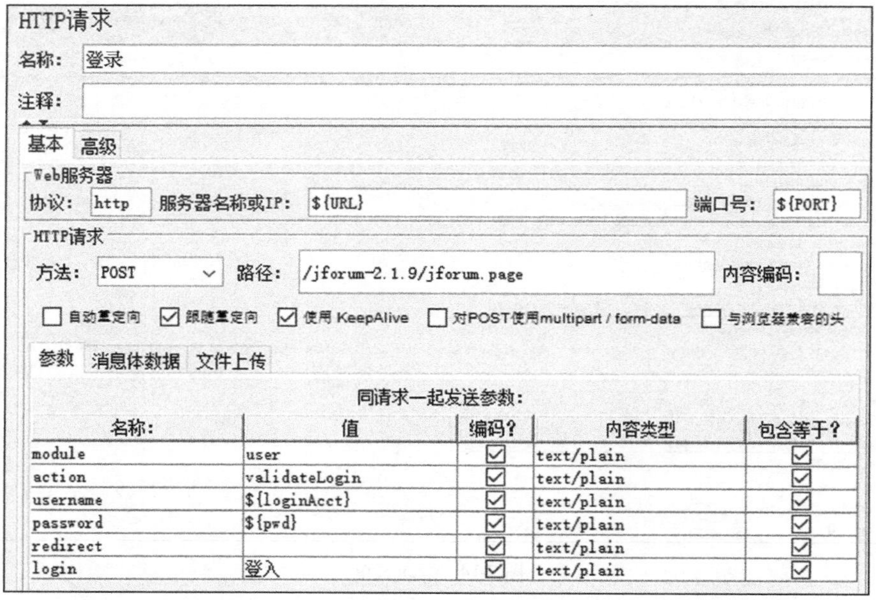

图 7-16　登录配置

　　登录是否成功需要做断言，登录成功后会重定向到版块列表（/forums/list.page）页面，失败则会停留在登录页面。所以可以断言 list.page 中的内容或者断言失败页面的内容。在 list.page 页面会有类似"jforum-2.1.9/forums/show/*page"的内容，其中*代表的就是版块 ID（见图 7-17）。

```
<td class="row1" width="100%" height="50">
    <span class="forumlink"><a class="forumlink" href="/jforum-2.1.9/forums/show/1.page">测试管理</a></span><br />
    <span class="genmed">
        测试管理理论
                                                </span>
    <br />
</td>
<td class="row2" valign="middle" align="center" height="50"><span class="gensmall">38666</span></td>
<td class="row2" valign="middle" align="center" height="50">
    <span class="gensmall">39275</span>
</td>
<td class="row2" valign="middle" nowrap="nowrap" align="center" height="50">
    <span class="postdetails">
        23/02/2020 02:20:11<br />
        <a href="/jforum-2.1.9/user/profile/2.page">Admin</a>

        <a href="/jforum-2.1.9/posts/list/20/2.page#83435"><img src="/jforum-2.1.9/templates/default/images/icon_latest_reply.gif"
    </span>
</td>
</tr>
<tr>
<td class="row1" valign="middle" align="center" height="50">
    <img src="/jforum-2.1.9/templates/default/images/folder_big.gif" alt="[Folder]" />
</td>
<td class="row1" width="100%" height="50">
    <span class="forumlink"><a class="forumlink" href="/jforum-2.1.9/forums/show/2.page">测试管理工具</a></span><br />
    <span class="genmed">
        测试管理工具（任务管理、缺陷生命周期管理）
                                                </span>
    <br />
</td>
```

图 7-17 版块列表

所以我们可以做如图 7-18 所示的断言。

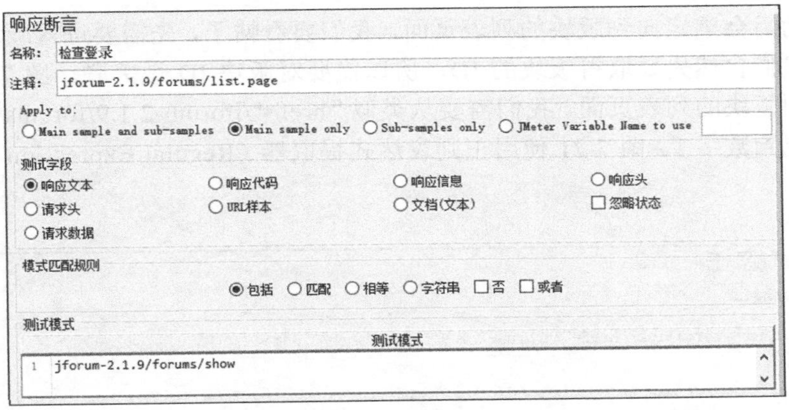

图 7-18 断言登录

当登录失败后，页面显示"请输入您的用户名及密码"（见图 7-19），所以也可以如图 7-20 所示来断言，注意要勾选 Not 选项，找不到"请输入您的用户名及密码"才是登录成功。

```
<table class="forumline" cellspacing="1" cellpadding="4" width="100%" align="center" border="0">
    <tr>
        <th class="thhead" nowrap="nowrap" height="25">请输入您的用户名及密码</th>
    </tr>

    <tr>
        <td class="row1">
            <table cellspacing="1" cellpadding="3" width="100%" border="0">
                <tr>
                    <td align="center" colspan="2"> </td>
                </tr>

                <tr>
                    <td align="center" width="100%" colspan="2">
                        <span class="gen" id="invalidlogin">
                            <font color="red">您输入了无效的用户名或错误的密码</font>
                        </span>
                    </td>
                </tr>
```

图 7-19 登录失败

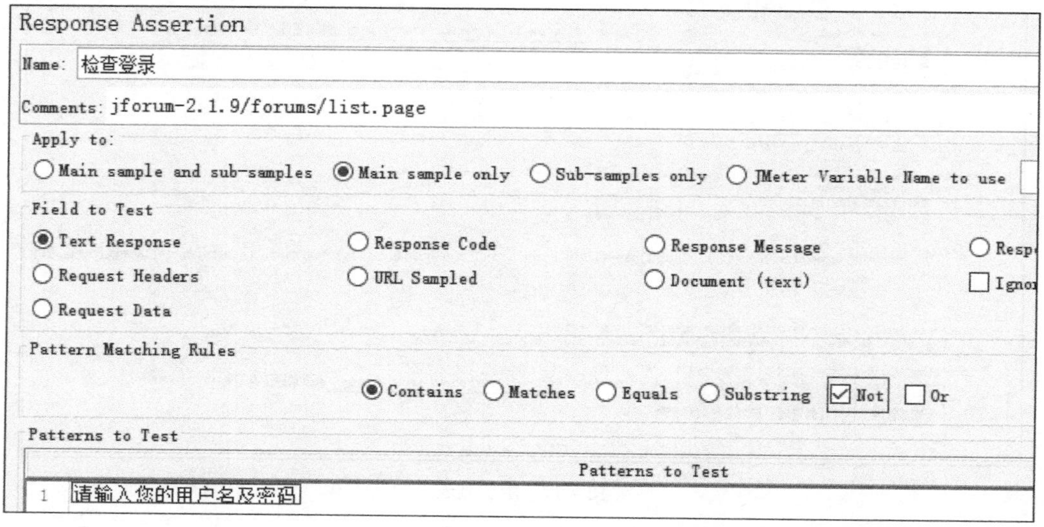

图 7-20　断言登录

　　登录成功后会重定向到版块的列表页面，我们要看帖子，先需要进入版块。因为是用脚本模拟，我们自然先要取得版块的 ID，所以需要对版块 ID 做关联。图 7-17 所示是登录成功后返回版块的列表页面，我们需要从类似 "href="/jforum-2.1.9/forums/show/1.page" 的链接中匹配到数字 1。图 7-21 使用正则表达式提取器（Regular Expression Extractor）做关联。

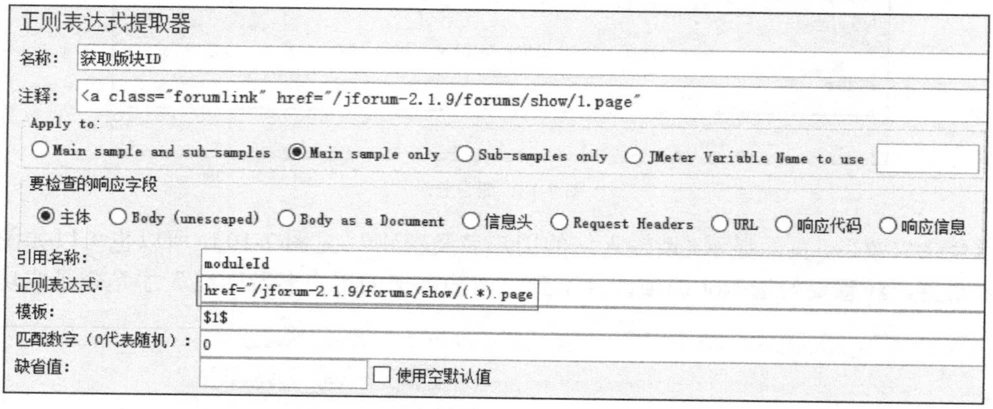

图 7-21　关联

　　取到版块 ID 后，就可以模拟进入版块的操作了，如果获取版块 ID 失败，此后的操作就无意义了，所以我们在进入版块之前先要验证一下版块 ID 是否正确。我们使用条件控制器（If 控制器，如图 7-22 所示）用来判断逻辑，如果没有取到 moduleId（论坛版块 ID）则不用进入论坛版块（停止后续操作，进行下一次迭代）。当${moduleId_g1}取不到值时会返回字符串"${moduleId_g1}"，${moduleId_g1} != "\${moduleId_g1}"用来排除无法取到值，"\" 是转义字符。

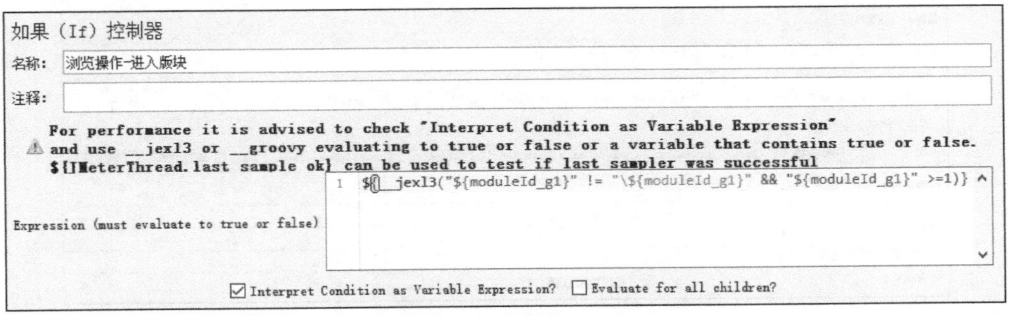

图 7-22 If 控制器控制逻辑

下面进入帖子列表页面，如图 7-23 所示是我们用$\{moduleId\_g1\}$来参数化版块 ID。

图 7-23 进入版块

进入版块后，我们要选择一个帖子查看，先需要获取到帖子 ID，需要继续做关联。如图 7-24 所示，我们要匹配<a href="/jforum-2.1.9/posts/list/2.page">，从中获取.page 前的数字，这个数字是帖子的 ID。例如 Support JForum –Please read 的 ID 是 2，这些 ID 就是我们要关联的数字。

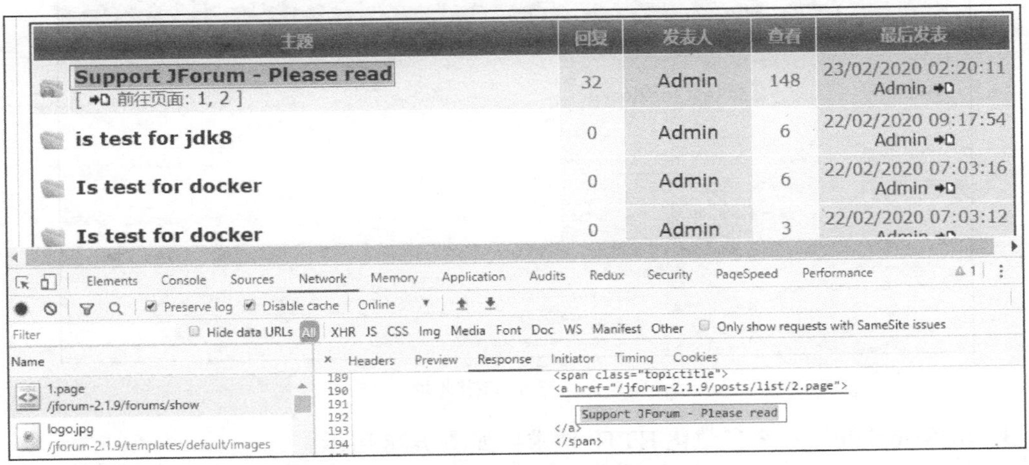

图 7-24 分析需要匹配的内容

继续使用正则表达式提取器来提取，如图 7-25 所示。

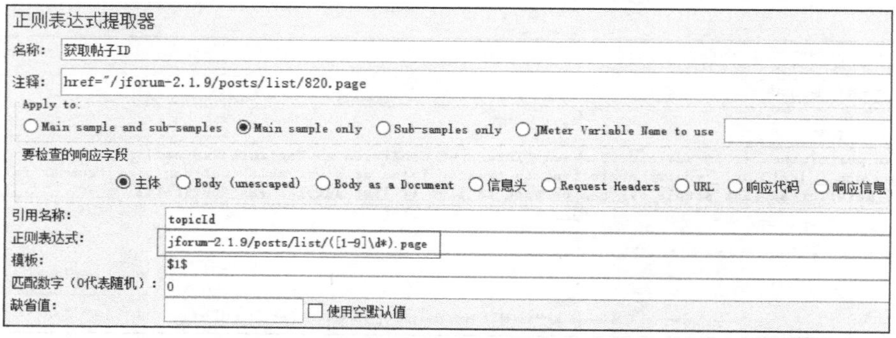

图 7-25　正则表达式进行提取

检查列表获取是否成功，顺便用 If 控制器来控制是否浏览帖子（见图 7-26）。然后从 topicId_g1 中获取一条帖子进行浏览，我们用 Chrome 浏览器来查看一个帖子，从图 7-27 中可以看到请求链接地址是：http://10.1.1.80:8089/jforum-2.1.9/posts/list/65361.page，其中 65361 是帖子保存在数据库中的 ID 值。我们需要关联此 ID，ID 来自于上一步获取的 topicId_g1 值。

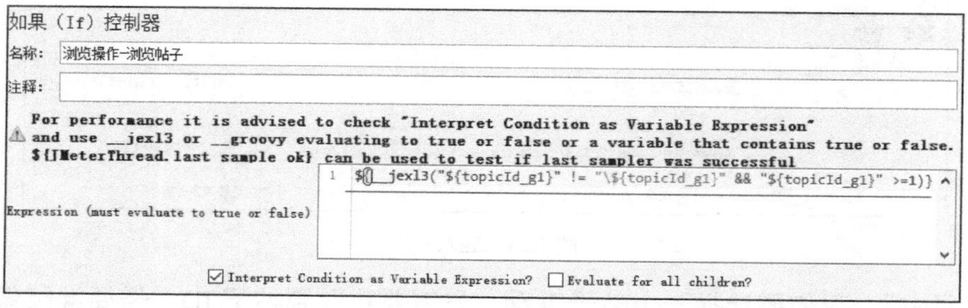

图 7-26　If 控制器

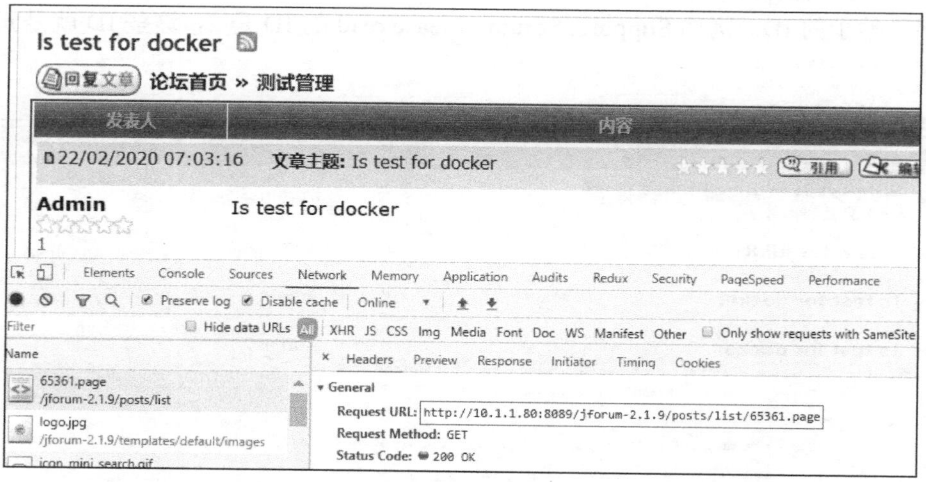

图 7-27　请求链接地址

我们用$\{topicId\_g1\}$来参数化 HTTP 请求，如图 7-28 所示。

最后检查浏览是否成功，选择了响应页面中的链接来断言（图 7-29 中正则表达式"([1-9]\d*)"匹配数字）。

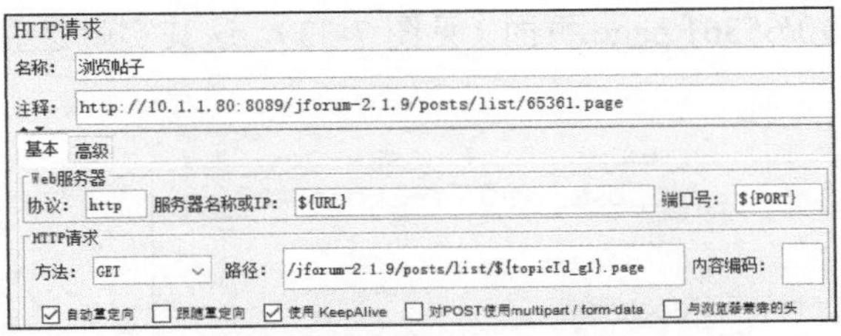

图 7-28　参数化 HTTP 请求 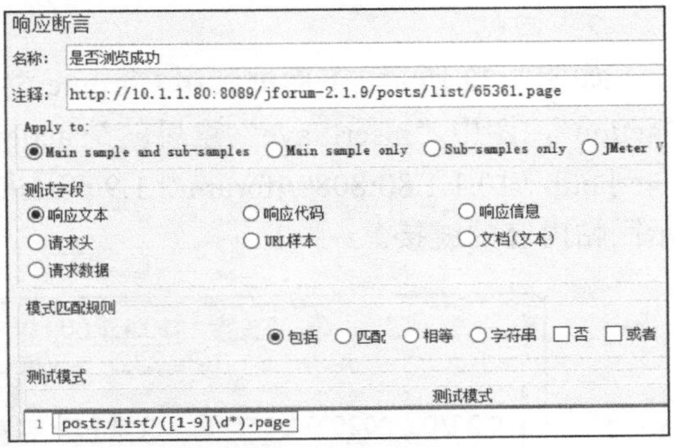　　　　　　　　　图 7-29　断言结果

7.5.2　回复帖子

回复帖子的流程如下：

登录→随机选择论坛板块→选择帖子→查看帖子→进入回帖页面→回帖。

进入回帖页面之前的操作可参考 7.5.1 节的内容。查看帖子脚本的部分内容，我们只需要手工编写"进入回帖页面"与"回帖"两个请求即可。

1.　进入回帖页面

我们同样用 Chrome 浏览器来查看回帖请求的链接地址及传输内容，JForum 回复帖子表单如图 7-30 所示。

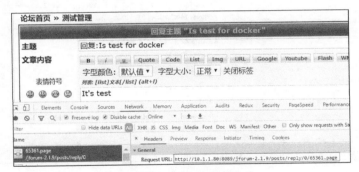

图 7-30　JForum 回复帖子表单

可以看到链接地址是 http://10.1.1.80:8089/jforum-2.1.9/posts/reply/0/65361.page（见图 7-31），而且是 GET 请求，需要参数化 65361 这个 topicId_g1。

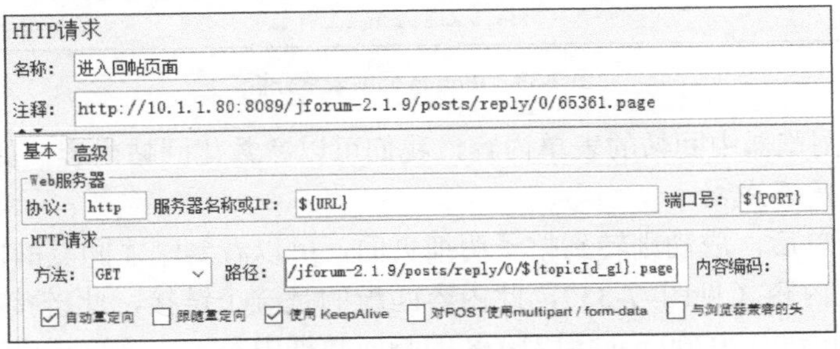

图 7-31　JForum 进入回帖页面

2.　回帖

如图 7-32 所示，下面继续用 Chrome 浏览器来分析表单，可以看到是 POST 请求，name=
"action"，图中 "insertSave" 意思就是 action=insertSave，即调用保存回帖的方法。之后重定
向到 http://10.1.1.80:8089/jforum-2.1.9/posts/list/0/65361.page 页面（见图 7-33），这其实就是显
示回帖内容的链接。

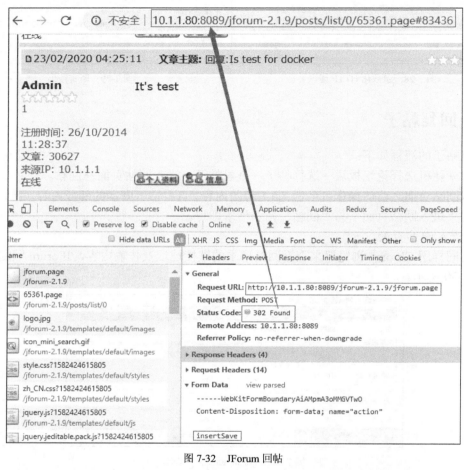

图 7-32　JForum 回帖

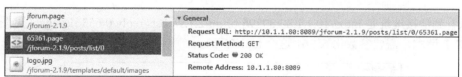

图 7-33　JForum 回帖表单分析

参照 Chrome 浏览器中回帖的表单内容，我们可以参数化回帖内容，如图 7-34 所示。

3.　检查回帖是否成功

当提交回帖表单后，成功则转到帖子明细页面，可以看到刚才回复的内容，响应断言用
正则表达式来匹配内容（见图 7-35），此内容匹配的是一个链接，此链接在 127.0.0.1:8089/
jforum-2.1.9/ posts/list/0/120769.page#121078 的响应数据中。

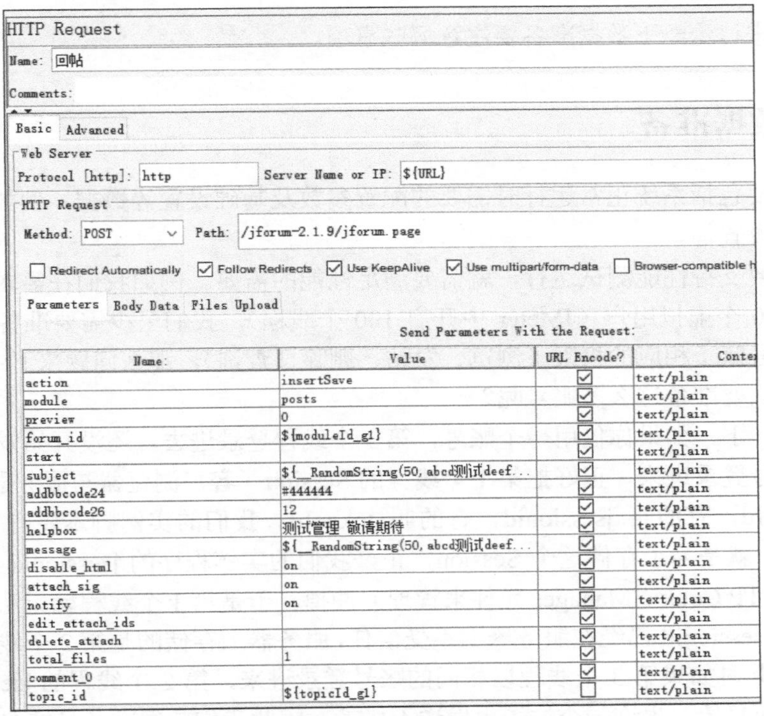

图 7-34 参数化回帖内容

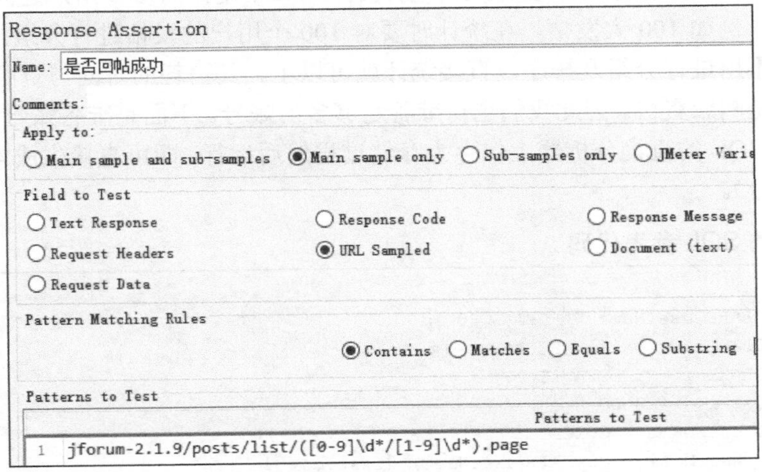

图 7-35 回帖断言

注：完整脚本请从公众号"青山如许"获取。

7.6 数据准备

上一节我们在开发脚本过程中用到了用户信息，登录系统我们看到了论坛版块列表；这些是主数据，保证我们能够正常运行系统。我们进入某一个版块，然后进行发帖，产生的是业务数据。

下面我们来讨论一下数据准备要注意哪些事项。

7.6.1 主数据准备

主数据主要包括系统正常运行时需要的配置参数及基础设置等数据，例如功能菜单、账号、论坛版块设置等。

基础数据要支持性能测试运行，就需要满足性能的需要。例如我们在需求分析中计算出来需要并发 100 个虚拟用户（JMeter 中开启 100 个线程），我们至少需要准备 100 个以上账号，并且对账号赋予相应的权限（浏览、发帖、删除、查询），那么问题来了：

（1）为什么要准备这么多账号呢？

我们设想一下，如果你仅用一个账号，第 1 个线程登录进去，还没开始发帖；第 2 个线程使用相同账号登录进来，正好把第 1 个线程的 Session（客户浏览器与服务器信任的标记，有的叫 sessionId，有的叫 jsessionid，有的叫 tokenId。我们的实例脚本中有 HTTP Cookie Manager 元件，就是为了存储这个 Session，正好我们的实例程序的 jsessionid 存储在 Cookie 中，我们用 HTTP Cookie Manager 元件来管理）冲掉，于是第 1 个线程就无法发送帖子了，因为它发送的 jsessionid 已经在服务器上不受信任，服务器上存储的是第 2 个线程登录时产生的 jsessionid。此时如果第 3 个线程以相同的账号登录进来，第 2 个线程的 jsessionid 也会被冲掉。如此周而复始，也许一个帖子也发送不成功，因此我们就得准备足够多的账号。

另外，如果我们要按账号来统计发帖量并排序，一个用户与多个用户之间还是有比较大的性能差距的。例如 100 人发帖，在统计时要对 100 个用户的发帖进行分组排序统计；而 1 个用户发帖则不用进行分组及排序，直接统计就可以了。其消耗的时间与资源会少很多，用户直观感觉就是响应更快。因此我们也得准备足够多的账号。下面是准备账号的 SQL 参考代码，直接在 MySQL 的查询分析器上保存为存储过程然后运行，即可直接生成 400 个账号（大家可以修改账号）。

准备账号的 SQL 参考代码

```
BEGIN
        DECLARE userName VARCHAR(20);
        DECLARE userMail VARCHAR(20);
        DECLARE i INT DEFAULT 1;
        WHILE i<= 400 DO
        set userName = CONCAT('test',LPAD(i,3,'0'));
        set userMail = CONCAT(userName,'@test.com');
        INSERT INTO jforum_users VALUES (i, '1', userName, '823da4223e46ec671a10ea13
d7823534', '0', '0',
    null, '2015-05-06 09:33:18', null, '0', '', null, '', '%d/%M/%Y %H:%i', '0', '0',
null, null, '0', '1',
        '0', '1', '1', '1', '1', '1', '1', '0', '0', '1', '1', '0', null, '0',userMail,
null, null, null,
        null, null, null, null, null, null, null, null, null, null, null, null, '1', null,
null, null);
        INSERT INTO jforum_user_groups VALUES (3,i);
        SET i = i+1;
```

```
    END WHILE;
END
```

jforum_users 为用户表，记录账号信息。

jforum_users_groups 为权限组表，记录账号对应的权限组；权限组中包括权限（功能菜单及论坛版块），拥有相应权限才可以查看相应的论坛版块。

（2）那准备多少数据够用呢？

图 7-36 所示为一个 RT、TPS 与线程数的变化趋势图，性能测试需求往往会要求我们对系统性能进行定容定量，所以我们在测试中会经历图 7-36 所示的测试过程；我们需要跨过③这个点直到④这个点，也就是至少要准备④这个点对应数量的用户账号。

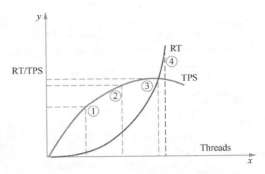

图 7-36　RT、TPS 与线程数变化趋势图

另外，为了更真实地模拟用户使用情况，可以使用尽可能多的模拟用户，通过 ThinkTime 来调节这些模拟用户产生的负载（控制请求数量，从而调整 TPS 大小）大小。

7.6.2　数据制作方法

测试数据准备过程中可以使用工具，也可以使用 SQL 或者存储过程来完成数据生成。个人建议初学者运用 SQL 或者存储过程来生成数据，一方面加强 SQL 的技术积累，另一方面通过直接操作数据库来熟悉数据库的物理设计（索引、字段、范式、反范式等）和 ER 关系。

先来看一下表结构，图 7-37 所示为 JForum 主要数据表的结构。

jforum_forums：记录论坛版块。

jforum_topics：记录发帖标题（帖子 ID，多少人浏览，第一次回帖 ID，最后一次回帖 ID 等）。

jforum_posts：记录发帖及回帖状态。

jforum_posts_text：记录发帖及回帖内容。

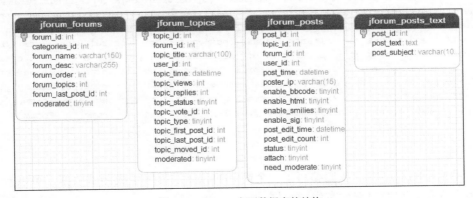

图 7-37　JForum 主要数据表的结构

下面是增加版面的 SQL 语句。其中的数字 5 是 categories_id（版块 ID，就是大的论坛类别 ID），可以人工指定也可以由 MySQL 自动分配，建议人工指定（比较省事的做法，方便在其他地方引用），一般版块 ID 也不会太多；数字 10 是版面 forum_id，同样可以人工指定或由 MySQL 自动分配，建议人工指定。

增加版面

```
-- 版块添加（需要授权并重启 JForum 系统）
INSERT INTO jforum_categories VALUES (5,'持续集成',5,0);
-- 增加版面（需要授权并重启 JForum 系统）
INSERT INTO jforum_forums VALUES (10,5,'Test Forum','This is a test forum',10,1,1,0);
```

下面是新增帖子的 SQL 语句。

新增帖子

```
BEGIN
        DECLARE topicId INT;
        DECLARE postId INT;
        DECLARE topicCount INT;
DECLARE userId INT;
DECLARE forumId INT;
        DECLARE createDate datetime;
        DECLARE i INT DEFAULT 1000053; -- 定义开始生成的帖子 topicId
        WHILE i<=1000055 DO  -- 定义帖子结束的 topicId
        /*--插入用户 ID,我们生成的 ID 是 1~400，下面是 13~373 的 ID*/
        set userId = 13+ceil (rand()*360);
        set createDate = DATE_ADD (now(),INTERVAL -3 DAY); -- 构造一个时间
        set createDate = DATE_ADD (now(),INTERVAL -3 HOUR);
          set forumId =1+ceil (rand()*9);
        SET topicId=i;
        SET postId=i;
    -- 增加帖子
    -- forum_id 是帖子版块 ID, 版块数量可以直接从基础表中获取，测试库中是 1~10
    INSERT INTO jforum_topics VALUES (topicId, forumId ,CONCAT (topicId,'Welcome to
JForum'),userId,createDate,1,0,0,0,0,i,i,0, 0);
    -- 帖子信息
    INSERT INTO jforum_posts VALUES (postId,topicId, forumId,userId,createDate,
'127.0.0.1',1,0,1,1,null,0,1,0,0);
    -- 帖子内容
    INSERT INTO jforum_posts_text VALUES (postId,'[b][color=blue][size=18]Congratulations:
!: [/size][/color][/b]\n\You have completed the installation, and JForum is up and running.
\n\nTo start administering the board, login as [i]Admin / <the password you supplied in the
installer>[/i] and access the [b][url=/admBase/login.page]Admin Control Panel[/url][/b]
using the link that shows up in the bottom of the page. There you will be able to create
Categories, Forums and much more  :D  \n\nFor more information and support, please refer
to the following pages:\n\n:arrow: Community forum: http://www.jforum.net/community.jsp\
n:arrow: Documentation: http://www.jforum.net/doc\n\nThank you for choosing JForum.\n\n
[url=http: //www.jforum.net/doc/Team]The JForum Team[/url]\n\n','Welcome to JForum');
        SET i = i+1;
        END WHILE;
    END
```

在新增帖子的程序中，我们编写了一个简单的存储过程来生成测试数据，可以看到我们定义了多个变量，它们用来动态生成数据。

i 用来控制循环生成多少帖子。

```
DECLARE topicId INT
```

topicId 是帖子 ID，实际是用 i 的值填充的，为了让读者看得清楚，我们特别定义了这个变量，Set topicId=i 用来对它赋值。

DECLARE postId INTpostId 是回帖 ID，实际是用 i 的值填充。

```
DECLARE topicCount INT;
```

WHILE i<=1000055 DO 用来控制循环次数，1000055 减 i 的初始值来控制循环的次数。

```
DECLARE userId INT;
```

userId 是发帖人 ID，在用户表中查询到 ID 是 1～400，所以随机获取这些 ID。即 userId = 13+ceil（rand()*360），我们取 13～373 的 ID。

```
DECLARE createDate datetime;
```

createDate 是提交时间。createDate = DATE_ADD（now(),INTERVAL -3 DAY）用来设置天，

createDate = DATE_ADD（now(),INTERVAL -3 HOUR）用来设置小时。

postSubject 中的内容比较杂乱，实际上是图 7-38 所示的发帖内容。

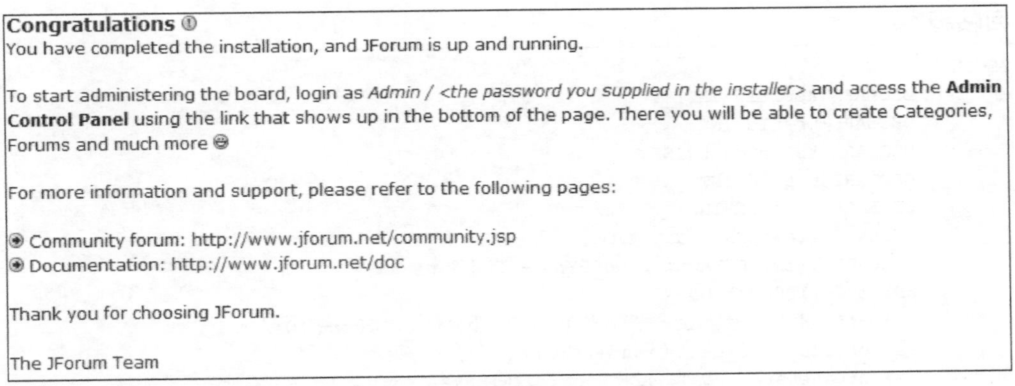

Congratulations ⓘ
You have completed the installation, and JForum is up and running.

To start administering the board, login as *Admin* / *<the password you supplied in the installer>* and access the **Admin Control Panel** using the link that shows up in the bottom of the page. There you will be able to create Categories, Forums and much more ☺

For more information and support, please refer to the following pages:

⦿ Community forum: http://www.jforum.net/community.jsp
⦿ Documentation: http://www.jforum.net/doc

Thank you for choosing JForum.

The JForum Team

图 7-38 发帖内容

这样，我们就可以随机生成帖子信息了。重启一下 JForum 论坛，然后进入版块，此时会出现一个非常奇怪的问题，页面上新增加的帖子数量只有 20 个，手动增加第 21 个，看不到翻页链接。为什么呢？

因为 jforum_forums 中有 forum_topics 与 forum_last_post_id 两个字段（见图 7-39），前者记录帖子总量，后者记录最大的帖子 ID，翻页的计算与之有关。读者会问是如何知道的？当然是分析出来的，由于看不到翻页，逆向分析数据库表就得到了；当然还可以通过分析程序源代码来知道，实际项目中就不用分析了，找相关开发人员了解即可。这个时候我们就只有修改 forum_topics 与 forum_last_post_id 这两个字段了。

图 7-40 中的 SQL 语句用于统计每个论坛版块的帖子数量及最大的 topic_id，回写到图 7-39 的表中，然后重启 JForum 就可以正常看到帖子并且翻页。

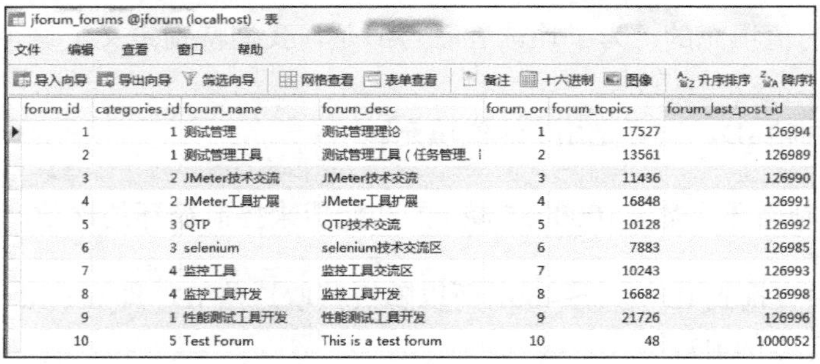

jforum_forums @jforum (localhost) - 表

forum_id	categories_id	forum_name	forum_desc	forum_ord	forum_topics	forum_last_post_id
1	1	测试管理	测试管理理论	1	17527	126994
2	1	测试管理工具	测试管理工具（任务管理、i	2	13561	126989
3	2	JMeter技术交流	JMeter技术交流	3	11436	126990
4	2	JMeter工具扩展	JMeter工具扩展	4	16848	126991
5	3	QTP	QTP技术交流	5	10128	126992
6	3	selenium	selenium技术交流区	6	7883	126985
7	4	监控工具	监控工具交流区	7	10243	126993
8	4	监控工具开发	监控工具开发	8	16682	126998
9	1	性能测试工具开发	性能测试工具开发	9	21726	126996
10	5	Test Forum	This is a test forum	10	48	1000052

图 7-39　论坛版块表

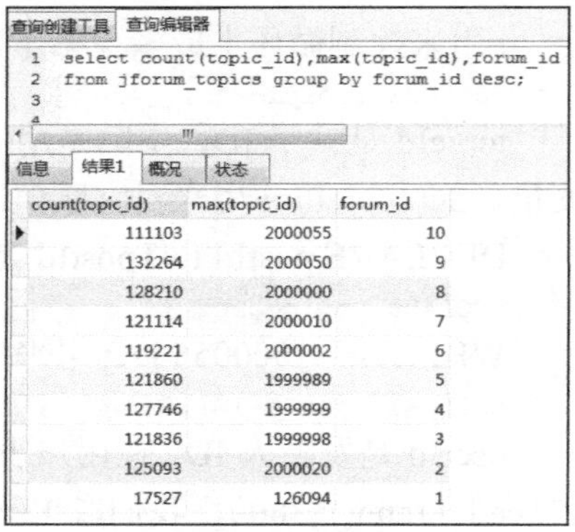

```
select count(topic_id),max(topic_id),forum_id
from jforum_topics group by forum_id desc;
```

count(topic_id)	max(topic_id)	forum_id
111103	2000055	10
132264	2000050	9
128210	2000000	8
121114	2000010	7
119221	2000002	6
121860	1999989	5
127746	1999999	4
121836	1999998	3
125093	2000020	2
17527	126094	1

图 7-40　最大帖子数量统计

这样就满足数据制作要求了吗？

没有，我们只生成了发帖的数据，似乎忘记了回帖的数据。从前面的需求可知，平均回帖数量是发帖数量的 2 倍。为了简单一些，假设每个新帖 2 个回帖，修改一下下面所示的回帖脚本。

回帖脚本

```
BEGIN
        DECLARE topicId INT;
        DECLARE postId INT;
        DECLARE topicCount INT;
        DECLARE userId INT;
        DECLARE forumId INT;
        DECLARE createDate datetime;
        DECLARE i INT DEFAULT 1000053; -- 定义开始生成的帖子
        WHILE i<=1000055 DO
         /*--插入用户 ID,我们生成的 ID 是 1~400, 下面是 13~373 的 ID*/
        set userId = 13+ceil(rand()*360);
        set createDate = DATE_ADD(now(),INTERVAL -3 DAY); -- 构造一个时间
        set createDate = DATE_ADD(now(),INTERVAL -3 HOUR);
      set forumId = 1+ceil(rand()*9);
        SET topicId=i;
        SET postId=i;
-- 增加帖子
-- forum_id是帖子版块 ID, 版块数量可以直接从基础表中获取, 测试库中是 1~10
INSERT INTO jforum_topics VALUES (topicId, forumId ,CONCAT(topicId,'Welcome to
     JForum'),userId,createDate,1,0,0,0,0,i,i+2,0, 0);
-- 帖子信息
INSERT INTO jforum_posts VALUES (postId,topicId,
     forumId,userId,createDate,'127.0.0.1',1,0,1,1,null,0,1,0,0);
-- 第一个回帖
INSERT INTO jforum_posts VALUES (i+1,topicId,
     forumId,userId,createDate,'127.0.0.1',1,0,1,1,null,0,1,0,0);
-- 第二个回帖
INSERT INTO jforum_posts VALUES (i+2,topicId,
     forumId,userId,createDate,'127.0.0.1',1,0,1,1,null,0,1,0,0);
-- 帖子内容
INSERT INTO jforum_posts_text VALUES ( postId,'[b][color=blue][size=18]Congratulations
:!: [/size][/color][/b]\nYou have completed the installation, and JForum is up and running.
```

```
\n\nTo start administering the board, login as [i]Admin / <the password you supplied in the
installer>[/i] and access the [b][url=/admBase/login.page]Admin Control Panel[/url][/b] usin
g the link that shows up in the bottom of the page. There you will be able to create Categor
ies, Forums and much more  :D  \n\nFor more information and support, please refer to the fol
lowing pages:\n\n:arrow: Community forum: http://www.jforum.net/community.jsp\n:arrow: Docum
entation: http://www.jforum.net/doc\n\nThank you for choosing JForum.\n\n[url=http://www.jfo
rum.net/doc/Team]The JForum Team[/url]\n\n','Welcome to JForum');
        -- 第一个回帖内容
        INSERT INTO jforum_posts_text VALUES  ( i+1,'[b][color=blue][size=18]Congratulations :!:
[/size][/color][/b]\nYou have completed the installation, and JForum is up and running. \n\
nTo start administering the board, login as [i]Admin / <the password you supplied in the ins
taller>[/i] and access the [b][url=/admBase/login.page]Admin Control Panel[/url][/b] using t
he link that shows up in the bottom of the page. There you will be able to create Categories
, Forums and much more  :D  \n\nFor more information and support, please refer to the follow
ing pages:\n\n:arrow: Community forum: http://www.jforum.net/community.jsp\n:arrow: Document
ation: http://www.jforum.net/doc\n\nThank you for choosing JForum.\n\n[url=http://www.jforum
.net/doc/Team]The JForum Team[/url]\n\n','Welcome to JForum');
        -- 第二个回帖内容
        INSERT INTO jforum_posts_text VALUES  ( i+2,'[b][color=blue][size=18]Congratulations :!:
[/size][/color][/b]\nYou have completed the installation, and JForum is up and running. \n\
nTo start administering the board, login as [i]Admin / <the password you supplied in the ins
taller>[/i] and access the [b][url=/admBase/login.page]Admin Control Panel[/url][/b] using t
he link that shows up in the bottom of the page. There you will be able to create Categories
, Forums and much more  :D  \n\nFor more information and support, please refer to the follow
ing pages:\n\n:arrow: Community forum: http://www.jforum.net/community.jsp\n:arrow: Document
ation: http://www.jforum.net/doc\n\nThank you for choosing JForum.\n\n[url=http://www.jforum
.net/doc/Team]The JForum Team[/url]\n\n','Welcome to JForum');

            SET i = i+3;
            END WHILE;

    END
```

可以看到上述程序中"第一个回帖""第二个回帖""第一个回帖内容""第二个回帖内容"部分。

多了一个 i+1 与 i+2，分别是第一个回帖与第二个回帖的 post_id，在 jforum_topics 表中要记录回帖的 ID，分别是 topic_first_post_id、topic_last_post_id。如果没有回帖，这两个字段中填写 post_id；如果有回帖，topic_last_post_id 字段填最后一次回帖的 post_id（如图 7-41 所示，topic_first_post_id，topic_last_post_id 被记录）。

图 7-41　jforum_topics 查询

是不是很简单？制作数据并不是一件难事，大家可以自行编写简单、高效的 SQL 语句完成。

7.7 场景设计与实现

7.7.1 场景设计

在建立测试模型时已经确定了测试的业务种类，场景设计是组织虚拟用户、组合业务种类到一个测试单元，根据测试模型与测试目标，整理出表 7-8 所示的测试场景。

表 7-8　　　　　　　　　　　　　测试场景

场 景 编 号	测试类型	涉及业务	业务占比	运行时间	并发数	目　　　的
Sec_101	基准测试	登录	N/A	N/A	1	验证测试环境、验证脚本、性能基准
		浏览帖子	N/A		1	
		发新帖	N/A		1	
		回复帖子	N/A		1	
Sec_102	配置测试	登录	36%	N/A	20	优化配置
		浏览帖子	41%		40	
		发新帖	10%		7	
		回复帖子	13%		10	
Sec_103	负载测试	登录	36%	N/A	20/40/60	分析性能变化趋势 分析性能问题 帮助定容定量
		浏览帖子	41%		40/80/120	
		发新帖	10%		7/14/21	
		回复帖子	13%		10/20/30	
Sec_104	稳定性测试	登录	36%	>12 小时	116	验证系统稳定性
		浏览帖子	41%			
		发新帖	10%			
		回复帖子	13%			

Sec_101 基准测试：主要用来验证测试环境、验证脚本正确性、得到系统的性能基准，为后续的测试执行提供参考。基准测试采用单业务场景、单用户的方式来执行脚本；执行时长视响应时间调整，测试结果采样样本尽量大（例如响应时间 1 秒，1 000 个事务就需要运行 1 000 秒以上；响应时间 200 毫秒，运行 600 秒就可以完成 3 000 个事务的采样）。

Sec_102 配置测试：帮助分析系统相关性能配置，确保系统配置适合于当前性能需求，一般场景为混合场景（多个业务同时执行）。测试过程是一个实验过程，先找出不合理配置，然后进行修改，最后进行验证；如此周而复始直到配置满足要求。

Sec_103 负载测试：负载测试的目的是帮助我们找出性能问题与风险，对系统进行定容定量，分析系统性能变化趋势；为系统优化、性能调整提供数据支撑。负载测试在执行时又分为单场景与混合场景。单场景有利于分析性能问题，因为排除了其他业务的干扰；混合场景更贴近于用户实际使用习惯，是一个综合的性能评估。建议读者先做单场景的性能执行工作，后做混合场景的执行工作。

如图 7-42 所示，曲线是常见的性能变化趋势图。①这个点，通常就是我们估算的满足性能需求的点；②这个点达到系统最大吞吐量，通常是系统拐点（之后性能变差）；③这个点是系统已经过载，吞吐量已经开始减小。负载测试原则上需要找出这 3 个点。在负载测试执行时找出这 3 个点比较麻烦，常常会因为一些配置、程序问题而受到干扰。通常找出这 3 个点需要很多次的测试执行，所以测试执行也是一个耗时的工作。

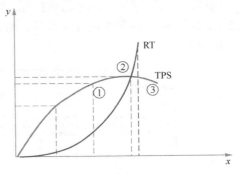

图 7-42　性能变化趋势图

Sec_104 稳定性测试：稳定性测试的目的是验证在当前软硬件环境下，长时间运行一定负载，确定系统在满足性能指标的前提下是否运行稳定，执行时采用混合场景。按惯例要求执行时间不低于 8 小时，在此我们计划运行 12 小时。稳定性测试原则上是时间越长越好，有些隐藏较深的诸如内存溢出的问题是需要长时间运行才能反映出来的。

注：实例 JForum 系统场景比较简单，直接把多个业务组织一起即可；实际工作中会遇到一些场景复杂的业务。例如 WMS（仓库管理系统）中都有盘点功能，此功能就不应该与日常功能混合在一起，因为盘点通常都是一月一次，所以组织场景时尽量要与实际业务情况一致。

7.7.2　场景实现

上一节规划好了测试场景，下面我们尝试在 JMeter 中来设置。以配置测试为例，笔者提供如下方式来实现上面的场景。

（1）只运行一个线程组实现基准测试场景。

通过计算可以得到登录/浏览帖子/发新帖/回复帖子的比例为 20∶40∶7∶10，约为 3∶6∶1∶1.5，差不多每 3 次登录会浏览 6 个帖子，发送一次新帖，回复 1.5 次帖子。这个 1.5 次就不好控制了，我们需要用点小技巧来完成。如图 7-43 所示，用 If 控制器配合线程迭代记数来控制每迭代 3 次发送一个新帖，即${_counter（true,）}%3==0，_counter 是迭代计数器，支持多线程（大家可以理解成多用户），这个计数器可以分开记录线程迭代的次数。我们就是用它来记录迭代次数，然后与 3 取余，如果是 3 的整数倍则运行一次发帖，也就是 3 次迭代发一次帖。JMeter 5 中的"如果（if）控制器"使用表达时建议使用 jexl 脚本或者 groovy 脚本，我们在这里使用 groovy 脚本，"如果（if）控制器"中可以引用 JMeter 内置的函数，我们使用 _counter 计数器。

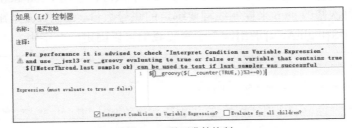

图 7-43　是否发帖控制

同样，是否回帖也用此方法来控制，如图 7-44 所示，每迭代 3 次产生 1.5 个回帖操作（就是 2：1 的关系）。这种情况比较简单，那大家思考一下，如果是每迭代 3 次会产生 2 次回帖，如何控制？

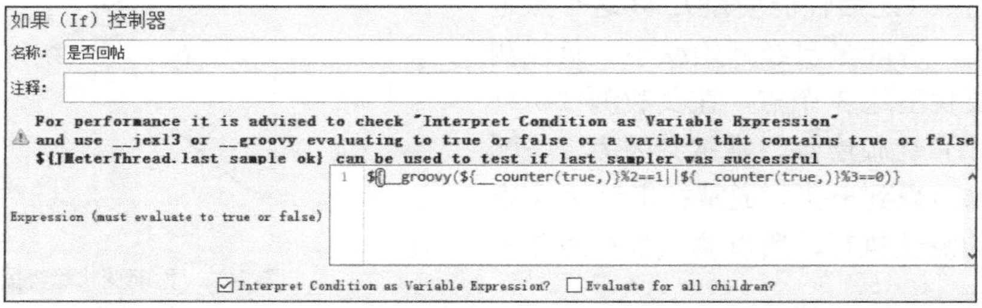

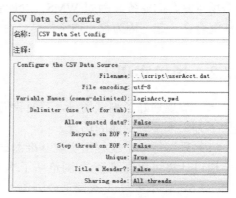

图 7-44　是否回帖控制

每迭代 3 次有 2 次回帖，我们可以用 ${__counter(true,)}%2==1||${__counter(true,)}%3==0 来控制，一个条件无法满足，我们用组合的方式来完成，刚好是每 3 次迭代产生 2 次回帖。可以看到这完全是个数学问题，笔者的处理也只是一个近似值，权当抛砖引玉。

另外还有一个麻烦问题。

登录业务在迭代时每次要取不同的账号，这个容易实现，但是 JForum 系统对用户 Session 有控制，每个账号只能有一个 Session 在线，所以要控制线程与账号一一对应。当并发线程增多时就可能存在两个线程取到同一个账号，后登录的账号会把先登录的账号"踢出去"，导致发帖、回帖失败。而 JMeter 不能保证每个线程取到的参数（账号）唯一（LoadRunner 可以做到）。笔者曾经扩展了 CSV Data Set Config 元件，给 CSV 组件添加 Unique 选项，此选项取值 True 时用来保证每个线程取不同的参数，且能够循环取值（如图 7-45 所示）。

图 7-45　参数化

例如，把登录功能与回帖、发帖功能并列，用一些账号专门来测试登录，其他账号只登录一次，然后循环测试回帖、发帖功能。这种变通就有点与实际业务模型偏离了，会导致少数账号生成的数据多且不均，一些统计功能可能会有性能偏差（本例没什么统计功能）。

例如，可以让用户账号有规则，每个线程绑定一定范围的账号，0 号线程绑定 test0～test9 共 10 个账号，99 号线程绑定 test990～test999 共 10 个账号，使用 Beanshell 前置处理器来拼装（见图 7-46），每次修改 step 来控制线程要绑定的账号数量。userAcct 是账号变量，可以直接在 HttpSampler 中 ${loginAcct} 调用，至于密码我们可以固定一个字串。

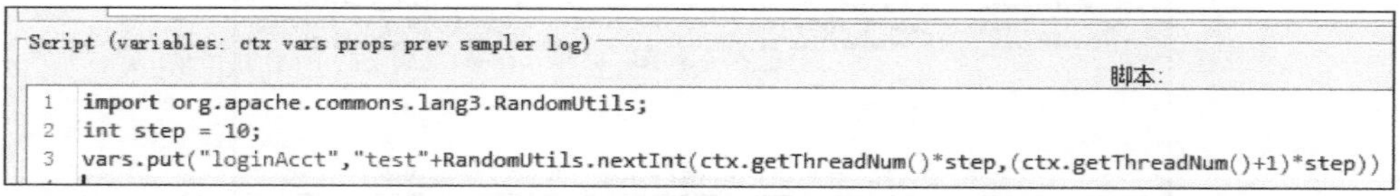

```
Script (variables: ctx vars props prev sampler log)                                          脚本
1   import org.apache.commons.lang3.RandomUtils;
2   int step = 10;
3   vars.put("loginAcct","test"+RandomUtils.nextInt(ctx.getThreadNum()*step,(ctx.getThreadNum()+1)*step))
```

图 7-46　线程绑定账号

采用一个线程组来控制场景的优势是：参数化容易，例如，账号参数化时我们只需要一次配置，要调整线程数时，也只需要调整一个地方。

采用一个线程组来控制场景的劣势是：脚本为顺序执行，相互之间有影响，最慢的业务决定整个性能水平，脚本的复杂度高。

（2）运行多个线程组实现配置测试场景。

图 7-47 中设计了多个线程组，分别是查看帖子、回复帖子、发送新帖操作。通过并发数计算我们知道它们并发数不等，所以要分开设计场景。

在实现场景之前，先搞清楚业务关联关系（登录/浏览帖子/发新帖/回复帖子的比例为 20∶40∶7∶10），发帖与回帖时需

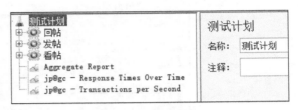

图 7-47　多个线程组

要登录，回帖之前会浏览帖子，浏览帖子是可以不用登录的，发帖与回帖的并发数小于登录，所以部分用户是登录后只浏览帖子。按 20∶40∶7∶10 的比例来算，回帖用户 10 个，发新帖用户 7 个，回帖与发帖都需要登录，这样登录已经有 17 个用户，还需要 3 个用户，可以安排 3 个用户登录后浏览帖子，最后还需要 27 个浏览帖子的用户。27 个用户的来源是 40 个浏览用户减 10 个回帖用户（回帖前会登录及浏览帖子），再减 3 个登录后浏览的用户。

图 7-48 是回帖线程组设置，负载分 3 个阶段加载，分别是并发 10 个、20 个、30 个线程。

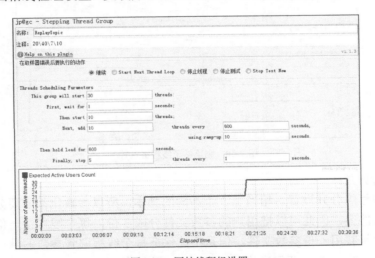

图 7-48　回帖线程组设置

图 7-49 是发帖线程组设置，负载分 3 个阶段加载，分别是并发 7 个、14 个、21 个线程。

图 7-50 是浏览帖子线程组设置，负载分 3 个阶段加载，分别是并发 27 个、54 个、81 个线程。

此方式的优势是：

3 个线程组互不干扰，独立设置（3 个线程组的并发用户之和刚好与只运行一个线程组的场景相等），简单明了，易于维护。

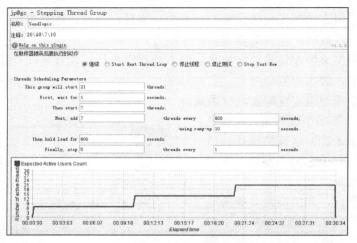

图 7-49　发帖线程组设置

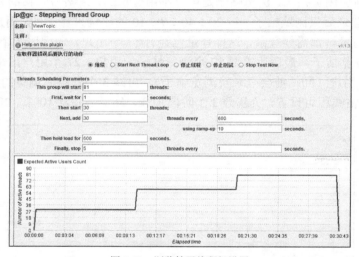

图 7-50　浏览帖子线程组设置

此方式的劣势是：

由于 3 个线程组分开设置，相当于 3 个不同的脚本，所以参数化都需要分开，而且登录账号同样不能有冲突，因此可以把用户的参数文件分成 3 份，每个线程组一份。虽然 JMeter 也支持多个线程组共用一份参数文件，但是不能保证每个线程取到参数的唯一性，同线程组中的参数也不保证唯一性。（要保证唯一性可以参考上面的 Beanshell，也可以扩展一下 JMeter 的 CSV 组件。）

如果要减少业务之间的影响（最慢的业务决定整个业务的吞吐量），可以选择多线程组的方案。

（3）负载场景设计。

以只运行一个线程组为例来设置负载场景。

图 7-51 是一个典型的负载场景，分 3 个阶段运行负载。

● 第一阶段只运行 77 个并发用户，运行 10 分钟。

- 第二阶段再加上 77 个并发用户，共计 154 个用户，运行 10 分钟。
- 第三阶段再加上 77 个并发用户，共计 231 个用户，运行 10 分钟。

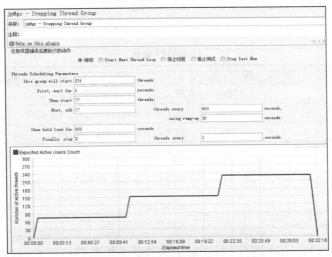

图 7-51　负载场景

这种场景帮助我们来定容定量的测试，最终测试结果整理成图 7-52 所示的性能变化趋势曲线图。当然，在测试执行过程中没有这么巧合，不是测试 3 个点就可以得到结果曲线，常常需不断地试验，切换不同的并发数才可以得到这个曲线。测试过程中结果不稳定是常有的事，这就需要运行更长的时间，尽量取到一个稳定的结果。由此可见，测试执行是一个反反复复的过程，考验耐心。

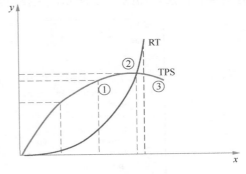

图 7-52　性能变化趋势曲线图

上面我们把测试执行时间定为 10 分钟？这样合理吗？测试执行时间长度当然是越长越好，完成的事务（业务或者交易）越多，样本数据就越多，结果才会更准确。但是时间是有成本的，我们执行测试的原则是在成本范围内尽量执行时间够长，结果趋于稳定（TPS 及响应时间趋于稳定）。例如响应时间为 100 毫秒，并发 100 个用户，我们执行 10 分钟大概可以采样 60 万个样本（完成 60 万个事务），如果 TPS 与响应时间趋于稳定（值的偏差不大），这个执行时长是可接受的；例如响应时间是 10 秒，并发 100 个用户，10 分钟大概是 6 000 个样本，相比较而言，这个采样数据就不够多，执行时间也许还应该加长一些。如果脱离了量谈结果，偶发性风险就会增强，结果很可能不可靠。

7.8　测试监控

经过漫长的准备工作，即将进入测试执行阶段，执行过程中我们通过监控结果来分析系统性能。首先我们要搞清楚监控哪些指标？用什么工具来监控？如何进行分析？这些内容请读者参考第 5 章。内容涉及 Linux 操作系统、Windows 操作系统、Tomcat、MySQL、JVM 等。

　　JForum 由容器部署，宿主操作系统是 CentOS7，容器基础镜像是 CentOS7/JDK 8 64 位/Tomcat 7，数据库 MySQL 也运行在容器中，数据挂载到宿主机目录。需要关注的性能项如表 7-9 所示。

表 7-9　　　　　　　　　　　　　　　　　性能监控项目

指 标 名 称	阈　　值	指 标 说 明
CPU 使用率	<70%	过大会导致响应变慢，服务不稳定
内存利用率	<70%	过大会导致响应变慢，服务不稳定
Disk Time	<70%	过大会导致 IO 等待时间变长，服务水平降低
网络带宽	<70%	过大会导致网络阻塞，网络延时变长，响应时间变长
MySQL 慢查询 CPU、内存等占用率		检查有无慢 SQL 和 MySQL 资源状态
JVM GC		内存回收效率
Tomcat 连接数、线程状态		连接数、线程

　　我们使用 Navicat Monitor 进行 MySQL 的监控，主机监控使用 CentOS 下的 top、vmstat、ps、netstat 等命令，JVM 使用 jstat、jstack、jps 等命令进行监控。在笔者的测试环境下，MySQL 监控有警告信息，如图 7-53 所示，主要是索引问题引起的。

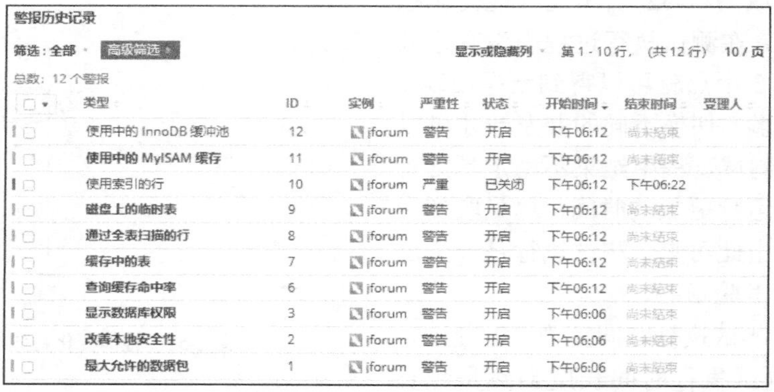

图 7-53　警告信息

　　以"使用索引的行"这条警告为例，Navicat Monitor 给出了说明（见图 7-54）。

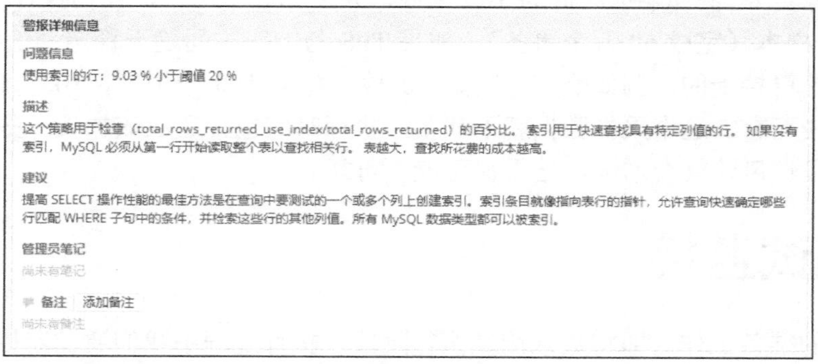

图 7-54　警告详情

我们顺着这些警告信息可以对 MySQL 先进行一轮优化配置，例如，加大 tmp_table_size 来减少磁盘临时表；加大 key_buffer_size 来扩大 MyISAM 的数据缓存，增加内存命中率；扩大 Innodb_buffer_pool_pages_total 来提高 InnoDB 缓冲池的命中率等。如果对 MySQL 优化无经验，可以通过网络搜索相关指标，试验性地进行修改。

7.9　测试执行

前面我们都是在做测试执行的准备工作，现在我们要开始测试执行。一般第三方性能测试会有一个测试准入条件的验证（一般做成 CheckList，检查各项准备工作是否准备好）。如果是，项目组内的性能测试执行就没有这么严格了，但基本内容不会变。

基本内容包括但不限于下面这些项目。

（1）检查网络环境。

确保环境独立，不会对生产系统、外部系统等的使用造成影响。

确保环境可靠，不会因为生产系统、外部系统等而影响测试结果。

为了方便分析问题，排除网络 IO 的影响，测试会在局域网中进行。

（2）检查测试数据。

确保基础数据完整，能够支持性能测试脚本对业务功能的覆盖。

确保基础数据量，能够支持性能测试脚本的参数化要求。

确保存量数据量，能够尽量真实反映系统数据环境。

确保存量数据分布，能够对结果施加有意义的影响。

（3）检查监控设备。

监控工具是否已经准备完毕并可用。

（4）脚本检查。

确认脚本能够模拟业务场景。

确认脚本无性能风险，不影响测试结果。

下面我们根据测试场景来进行性能测试执行。

7.9.1　基准测试

1．测试场景

表 7-10 所示的基准测试场景，我们采用的是单业务场景、单用户的方式来执行脚本，基准测试目的在于验证测试环境、验证脚本，得到一个性能基准。

表 7-10　　　　　　　　　　　　　　　　　基准测试场景

场景编号	测试类型	涉及业务	业务占比	运行时间	并发数	目　　的
Sec_101	基准测试	登录	25%	10分钟	1	验证测试环境 验证脚本 性能基准
		浏览帖子	25%		1	
		发新帖	25%		1	
		回复帖子	25%		1	

对于思考时间的设置，之前业内有一个不成文的规定，在不可定情况下就设置成 3 秒，从现实体验看设置 3 秒不妥，设置 1 秒也许更合适。为什么建议最好要给一个思考时间呢？

一方面，要想达到高负载，通常来说并发数要更多，这样与服务器的连接就会多，有助于触碰到服务器或者负载机的连接数限制，考验网络连接能力。

另一方面，思考时间对于服务器来说不是为了减轻压力。大量负载情况下，对于服务器来说量聚而引起的压力根本就没有什么思考时间可谈。反倒是思考时间给了负载机释缓性能的时间。当服务响应时间很小（例如几毫秒）时，高负载情况下可能有丢包的风险，加上响应时间可以过渡一下，让当前迭代过程中的包接收完整。

因此，给大家两个建议：

● 思考时间还是要有；

● 尽量用更多的并发去压测，例如思考时间放大一点，并发就多一点。单 JMeter 实例线程数建议 200 个左右，视用户的脚本复杂度而定，脚本就一个 sampler，自然可以把线程适当放多一点。脚本庞大到几兆字节，也许 100 个线程时，堆（JMeter 5 默认堆大小 1GB）就差不多满了。当然堆大小可设置，我的做法是宁可开启多个 JMeter 实例也不去改变堆的大小（参考微服务的处理方式），尽量让 JMeter 实例的运行保持高效。

笔者把思考时间设为 10 毫秒是考虑在有限的时间内、有限的可用内存情况下尽量完成更多的业务，读者可以根据实际情况调整思考时间大小；另外，测试执行时间尽可能长，这里示例 10 分钟，您可以自己调整，采样更多，结果更稳定准确。

2．测试执行&测试结果

一般来说，单个线程执行性能不会差，如果正好遇到基准测试时响应时间较长的业务就要进行分析。基准测试尽量执行多次，取相对稳定的结果。通常建议执行 3 次以上，下面是基准测试的结果。

（1）聚合报告（见图 7-55）。

Label	# 样本	平均值	中位数	90% 百分位	95% 百分位	99% 百分位	最小值	最大值	异常 %	吞吐量	接收 KB/sec	发送 KB/sec
回帖	1381	28	24	32	45	143	15	190	0.00%	2.1/sec	43.60	0.00
发帖	1381	23	20	26	53	93	14	127	0.00%	2.1/sec	34.39	8.75
登陆	1	14	14	14	14	14	14	14	0.00%	71.4/sec	1310.55	92.35
浏览帖子	1382	7	7	12	14	18	3	24	0.00%	2.1/sec	38.52	0.00
进入新帖编辑页面	1381	7	7	9	10	14	5	16	0.00%	2.1/sec	51.22	1.24
进入回帖页面	1381	6	6	8	8	12	4	93	0.00%	2.1/sec	52.33	0.00
进入版块	1382	4	4	5	6	10	2	94	0.00%	2.1/sec	76.44	0.00
进入登陆页面	1	3	3	3	3	3	3	3	0.00%	333.3/sec	1990.56	0.00
Session验证	4147	0	1	1	1	2	0	8	0.00%	6.2/sec	1.84	0.00
TOTAL	12437	8	6	22	26	57	0	190	0.00%	18.7/sec	298.14	9.98

图 7-55　聚合报告

（2）响应时间（RT）

响应时间如图 7-56 所示，可以看到各业务的响应时间都比较小，90%都能控制在 32 毫秒以下；"回帖"操作的响应时间有异常点，这些异常呈周期性分布。通常我们要分析这些异常点，如果呈周期性或者偶然出现且不影响 TPS，是可以接受的；如果异常点比较多，直接影响到 TPS 就需要进行分析了。为什么如此不稳定？周期性出现的异常通常都是一些作业任务造成的。如果你对程序不熟悉，就请开发团队告诉你系统有哪些作业任务，这些作业任务的频度是否适中。基准测试中，JForum 响应时间出现异常的原因是 JForum 要构建全文搜索索引，此时会进行大量的文件 IO。图 7-57 所示是 3 年前笔者实验环境中运行同样脚本时的响应时间图，此次主机是 i7 四核 8 线程，3 年前是 i5 双核 4 线程，但本例中磁盘变为了虚拟盘，性能会差一些。可以看到响应时间差还是比较大的，但测试结果的周期性现象还是一样的，也就是趋势一致。

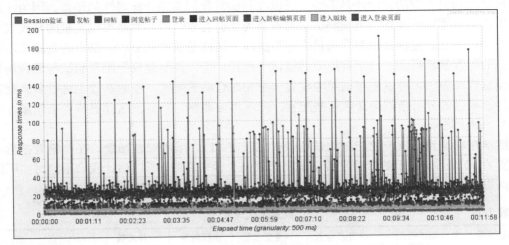

图 7-56　响应时间

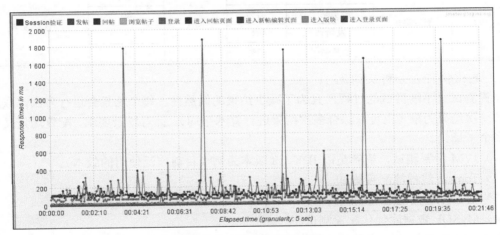

图 7-57　3 年前的响应时间图

从整个基准测试结果来看，单用户响应时间较快，事务成功率 100%，测试环境检查通过，脚本检查通过。建议大家并发两个或两个以上用户运行一下，有些脚本的问题在并发时才显现出来。

7.9.2　配置测试

配置测试时，通过制造的负载来检测配置的合理性，先明确配置测试目标方向，我们压测的 JForum 是一个 Java 应用，通常这样的服务要考虑下面的配置。

（1）JVM 配置：优化 JVM 配置。

（2）Tomcat 线程池配置：确定一个较合理的 Tomcat 配置。

（3）数据库连接池配置：确定一个合理的连接池配置。

（4）MySQL 数据库的一些配置，数据库设计问题（表结构改进、索引等）。

（5）操作系统有关性能配置（可开文件数、网络连接等）。

可以看到要考虑的方面还是不少，所以在测试前我们要设计针对性的场景。因为依赖负载，所以配置测试的场景与负载测试中的负载场景会有重合的，都是模拟大量的负载来"挤兑"被测试系统。建议使用混合场景来进行压测，这样覆盖的业务广、请求的资源多，面临要调整的配置暴露得多。对于有经验的测试工程师，个人甚至建议把配置测试与混合场景的负载测试合二为一。可以先根据经验设置一个相对合适的配置，在此基础上进行负载测试，一些性能问题的分析自然会命中这些配置，此时再做调整与验证，这样更节省工作量。

1. 测试场景

继承在场景设计章节的配置测试场景（见表 7-11），采用混合场景。在此笔者把思考时间设置为 10 毫秒，由于估算并发数是按思考时间 3 秒来算的，所以估计我们压测时实际的负载会高很多，本例先以 77 个并发开始压测，后面视情况变化来进行增减并发数。

表 7-11　　　　　　　　　　　　　　　　配置测试场景

场景编号	测试类型	涉及业务	业务占比	运行时间	并发数	目　　的
Sec_102	配置测试	登录	36%	N/A	20	优化配置
		浏览帖子	41%		40	
		发新帖	10%		7	
		回复帖子	13%		10	

2. 测试执行、分析及调优

配置测试是不断尝试的过程，且为了减少结果的偶然性，每个场景会运行多次，取相对平稳的一次结果为准（也可以综合多次结果进行算术平均）。针对场景要求，配置场景又可以分为多个子场景。

（1）JVM 配置测试，笔者是以 JDK 1.8 版本为例（目前广泛使用的版本）。

（2）Tomcat 线程池配置测试。

（3）数据库连接池配置测试。

（4）MySQL 数据库优化配置测试。

操作系统的有关性能配置不必单独拿出来，负载上去后我们做好主机性能指标的监控，操作系统配置导致的问题如果暴露时再去调整。当然也可以基于经验先调优，例如，在 CentOS7 中我们经常会调整下列配置。

```
# /etc/sysctl.conf
net.bridge.bridge-nf-call-ip6tables=1
net.bridge.bridge-nf-call-iptables=1
net.ipv4.ip_forward=1
net.ipv4.conf.all.forwarding=1
net.ipv4.neigh.default.gc_thresh1=4096
net.ipv4.neigh.default.gc_thresh2=6144
net.ipv4.neigh.default.gc_thresh3=8192
net.ipv4.neigh.default.gc_interval=60
net.ipv4.neigh.default.gc_stale_time=120
net.ipv6.conf.all.disable_ipv6=1
net.ipv6.conf.default.disable_ipv6=1
net.ipv6.conf.lo.disable_ipv6=1
```

```
vm.swappiness=0
kernel.pid_max=100000
fs.file-max=2097152
vm.max_map_count=262144

# /etc/security/limits.conf
* soft nofile 65536
* hard nofile 65536
* soft nproc 65536
* hard nproc 65536
* soft memlock unlimited
* hard memlock unlimited
```

这些配置都是针对响应时间小、系统服务水平高、主机性能强时，为了让主机的性能发挥更好而进行配置的。

（1）JVM 配置测试。

我们在做配置测试前可以根据经验，先做一版优化配置，然后再在这个基础上进行调整。本示例的 JVM 配置，我们预设几种场景（其他配置先保持默认）。

通常来说，JVM 中的 Heap 内存越大越好，很久才做 Full GC（通常 Full GC 时是不响应用户请求的），但做一次时间长，如果能接受倒也没什么问题，关键是浪费内存。现在流行微服务，我们可以把大的需求拆分，某一个需求的增大，我们对应扩大实例数即可，灵活组装，就像搭积木一样。所以 JVM 的内存设置也不建议太大。当然也有例外，例如，我们容器部署 ElasticSearch 时，还是会把 JVM 调到很大，16GB 是常规操作。这是因为 ElasticSearch 是一个搜索程序，大量数据会缓存在内存中，所以场景不同，应对的办法自然不一样。通常我们在 Kubernetes 中部署 Java 服务时会限制内存大小在 2 048MB 以内，当负载很大时会对服务进行自动伸缩（自动增加实例数），所以也不强求一个实例要达到多么高的性能水平。

本例计划对 JVM 的配置测试两种场景，Heap 内存分别为 1 024MB、2 048MB，演示 JVM 对性能的影响。垃圾回收器分 3 种，分别是 UseParallel、CMS、G1。最后场景组合如表 7-12 所示。

表 7-12　　　　　　　　　　　　　配置测试场景

No.	Heap	垃圾回收器	Setting
1	1G	UseParallel	-server -Xmx1024M -Xms1024M -Xmn384M -XX:MaxMetaspaceSize=128M -XX:MetaspaceSize=128M -XX:+PrintGCDateStamps -XX:+PrintGCTimeStamps -XX:+PrintGCDetails
2	1G	CMS	-server -Xmx1024M -Xms1024M -Xmn384M -XX:MaxMetaspaceSize=128M -XX:MetaspaceSize=128M -XX:+UseConcMarkSweepGC -XX:+UseCMSInitiatingOccupancyOnly -XX:CMSInitiatingOccupancyFraction=75 -XX:+CMSClassUnloadingEnabled -XX:+ParallelRefProcEnabled -XX:+CMSScavengeBeforeRemark -XX:+PrintGCDetails -XX:+PrintGCDateStamps
3	1G	G1	-server –Xmx1024M -Xms1024M -XX:MaxMetaspaceSize=128M -XX:Metaspace Size=128M -XX:+UseG1GC -XX:MaxGCPauseMillis=100 -XX:+ParallelRefProc Enabled -XX:+PrintGCDetails -XX:+PrintGCDateStamps
4	2G	CMS	-server -Xmx2048M -Xms2048M -Xmn704M -XX:MaxMetaspaceSize=256M -XX:MetaspaceSize=256M -XX:+UseConcMarkSweepGC -XX:+UseCMSInitiatingOccupancyOnly -XX:CMSInitiatingOccupancyFraction=75 -XX:+CMSClassUnloadingEnabled -XX:+ParallelRefProcEnabled -XX:+CMSScavengeBeforeRemark -XX:+PrintGCDetails -XX:+PrintGCDateStamps

续表

No.	Heap	垃圾回收器	Setting
5	2G	G1	-server -Xmx2048M -Xms2048M -XX:MaxMetaspaceSize=256M -XX:MetaspaceSize=256M -XX:+UseG1GC -XX:MaxGCPauseMillis=100 -XX:+ParallelRefProcEnabled -XX:+PrintGCDetails -XX:+PrintGCDateStamps 同样 2GB 堆内存不建议使用 G1，测试验证一把 元数据的设置，后面可以看监控来决定是否增减

通常我们设置-Xmn 为 Heap 内存的 3/8 左右，初始设置元数据为 128MB/256MB（测试时视占用情况调整），使用 3 类垃圾回收器，比较哪个更适合。

本次实验的 JForum 是由 Tomcat 发布的，JVM 的设置通过修改 TOMCAT_HOME%/bin/catalina.bat 文件来实现。示例修改如下配置。

配置

```
set JAVA_OPTS=%JAVA_OPTS% %LOGGING_CONFIG%
set JAVA_OPTS=%JAVA_OPTS% -Xmx1024M -Xms1024M -Xmn384M
-XX:MaxMetaspaceSize=128M -XX:MetaspaceSize=128M
-XX:+PrintGCDateStamps -XX:+PrintGCTimeStamps -XX:+PrintGCDetails
-XX:+PrintCommandLineFlags -Dcom.sun.management.jmxremote
-Dcom.sun.management.jmxremote. local.only=false
-Dcom.sun.management.jmxremote.authenticate=false
-Dcom.sun.management. jmxremote.port=9080
-Dcom.sun.management.jmxremote.rmi.port=9080
-Djava.rmi.server. hostname=10.1.1.80
-Dcom.sun.management.jmxremote.ssl=false
-Dcom.sun.management.jmxremote -Dcom.sun.management.jmxremote.local.only=false
-Dcom. sun.management.jmxremote.authenticate=false
-Dcom.sun.management.jmxremote.port=9080
-Dcom.sun.management.jmxremote.rmi.port=9080 -Djava.rmi.server.hostname=10.1.1.80
-Dcom. sun.management.jmxremote.ssl=false
```

上述程序中前面 5 行语句用来开放 JMX 访问，10.1.1.80 是本例容器所在的宿主机 IP，建议加上，否则有可能在远程连接不上容器中的 JVM 进程。使用 JvisualVM 监控可以看到配置的 JVM 参数（见图 7-58）。

图 7-58　JvisualVM 监控

由于我们用容器发布，可以在 Docker-Compose 文件中完成修改 JVM。

```
version: '3.7'
services:
  jforumweb:
    image: seling/jforum:2.1.9-oracle-jdk8-64
    stdin_open: true
    tty: true
    cap_add:
    - SYS_PTRACE
    environment:
      JAVA_OPTS: -server -Xmx1024M -Xms1024M -Xmn384M
-XX:MaxMetaspaceSize=128M -XX:MetaspaceSize=128M
-Dcom.sun.management.jmxremote
-Dcom.sun.management.jmxremote.local.only=false
-Dcom.sun.management.jmxremote.authenticate=false
-Dcom.sun.management.jmxremote.port=9080
-Dcom.sun.management.jmxremote.rmi.port=9080
-Djava.rmi.server.hostname=10.1.1.80
-Dcom.sun.management.jmxremote.ssl=false         #10.1.1.80是本例容器所在的宿主机IP
    ports:
    - 8089:8080/tcp
    - 9080:9080/tcp       #jmx 监听端口
    labels:
      service: jforumweb
    depends_on:
      - jforumdb
  jforumdb:
    image: seling/jforumdb:latest
    stdin_open: true
    tty: true
    environment:
      MYSQL_ROOT_PASSWORD: 3.1415926
#    volumes:
#    - /var/lib/jforumdb:/var/lib/mysql
    ports:
    - 3306:3306/tcp
    labels:
      service: jforumdb
```

上面的配置文件中，我们去掉 volumes 的部分，JForum 的数据不用映射到宿主机目录，这个数据我们不保留。我们让 5 个场景都在同一水平线上开始，每个场景的初始数据都是相同的（镜像中已经包含初始化数据）。我们用环境变量（environment）来传递 JVM 的启动配置，cap_add 是允许 docker 使用 ptrace 功能，这样我们就可以用 jinfo –flags pid 来查看 JVM 启动配置（见图 7-59），从而验证配置是否生效。如果您是使用 docker run 的方式启动，可以参照下面的命令：

docker run --rm -e JAVA_OPTS='-server -Xmx1024M -Xms1024M ' seling/jforum:2.1.9-oracle-jdk8-64。

进入容器使用：docker exec –it [容器 id] /bin/bash。在容器中我们可以看到配置已经生效，内存单位换算成了 KB。

我们编写了 docker-compose.yml 文件，只需要 docker-compose –f docker-compose.yml up –d 就可以启动 JForum 服务。一共两个服务，分别是数据库与 JForum 服务。

```
[root@k8sm01 jvmtest-compose]# docker-compose -f docker-compose-UseParallelGC.yml up -d
Creating network "jvmtest-compose_default" with the default driver
Creating jvmtest-compose_jforumdb_1 ... done
Creating jvmtest-compose_jforumweb_1 ... done
```

```
[root@45d048c4ff8f bin]# jinfo -flags 1
Attaching to process ID 1, please wait...
Debugger attached successfully.
Server compiler detected.
JVM version is 25.121-b13
Non-default VM flags: -XX:CICompilerCount=3 -XX:InitialHeapSize=1073741824 -XX:+ManagementServer -XX:MaxHeapSize=1073741824 -XX:
MaxMetaspaceSize=134217728 -XX:MaxNewSize=402653184 -XX:MetaspaceSize=134217728 -XX:MinHeapDeltaBytes=524288 -XX:NewSize=4026531
84 -XX:OldSize=671088640 -XX:+PrintCommandLineFlags -XX:+PrintGCDateStamps -XX:+PrintGCDetails -XX:+PrintGCTimeStamps -XX:+UseCo
mpressedClassPointers -XX:+UseCompressedOops -XX:+UseFastUnorderedTimeStamps -XX:+UseParallelGC
Command line:  -Djava.util.logging.config.file=/usr/local/tomcat7/conf/logging.properties -Djava.util.logging.manager=org.apache
.juli.ClassLoaderLogManager -Xmx1024M -Xms1024M -Xmn384M -XX:MaxMetaspaceSize=128M -XX:MetaspaceSize=128M -XX:+PrintGCDateStamps
 -XX:+PrintGCTimeStamps -XX:+PrintGCDetails -XX:+PrintCommandLineFlags -Dcom.sun.management.jmxremote.authenticate=false -Dcom.s
un.management.jmxremote.ssl=false -Dcom.sun.management.jmxremote.port=1080 -Djdk.tls.ephemeralDHKeySize=2048 -Dorg.apache.catali
na.security.SecurityListener.UMASK=0027 -Dignore.endorsed.dirs= -Dcatalina.base=/usr/local/tomcat7 -Dcatalina.home=/usr/local/to
mcat7 -Djava.io.tmpdir=/usr/local/tomcat7/temp
[root@45d048c4ff8f bin]#
```

图 7-59　用 jinfo 查看配置

正式开始前先运行少量的负载来让系统预热一下，别忘记测试目标。现在我们关心的是哪个 JVM 配置下性能更好？以 TPS 来衡量，我们分别执行 5 个场景，并发线程为 77 个（视用户机器环境而定，尽量让系统或者主机中某一个资源出现瓶颈，没有压力的对比是不准确的），每个场景执行 10 分钟以上（如果用户有时间，执行长一点结果更准确）。表 7-13 所示是不同 JVM 配置不同垃圾回收器下的测试结果。

表 7-13　　　　　　　　　　　　　JVM Heap 大小不同时的测试结果

业务名称	TPS				
	1GB/ Parallel	1GB/CMS	1GB/G1	2GB/CMS	2GB/G1
登录	43.3	44.9	47.7	47.7	47.9
浏览帖子	86.6	89.7	94.7	94.7	95.8
回帖	28.8	29.9	31.6	31.6	31.9
发帖	14.4	14.9	15.7	15.7	15.9
Full GC 次数	3	0	0	0	0
Full GC 时间	2.27s	0	0	0	0

可以看到在堆为 1GB 时，Parallel 回收器产生了 3 次 Full GC（见图 7-60），而且是连接 3 次才把内存回收下去，耗时 2.27 秒，自然 TPS 就差了一点；CMS 与 G1 回收器虽然都没有 Full GC（如图 7-62 所示 G1 回收器），但在 TPS 上还是有差别的。

堆为 2GB 时，CMS 与 G1 的差别很小，多测试几次会更准确，在这种差别下几乎是性能相当。另外比较有趣的是 1GB/G1 与 2GB/CMS 测试结果居然一样（见图 7-61），这种小概率问题都发生了（迭代次数不一样，响应时间也不一样），因此建议大家在实际测试中要多测试几次，取平均值。从结果来看，个人偏向于使用 G1 垃圾回收器，前面我们总在说 G1 对大堆效果更好，但我们更应该相信实际测试的结果。使用 G1 垃圾回收器时，1GB 与 2GB 堆大小情况下 TPS 差别很小，自然选择配置 1GB 堆内存，节省了 1 个 GB。图 7-62 中可以看到，以当前的 77 个线程，堆根本就不用 2GB，平均使用不到 750MB，所以目前的负载（77 个线程）情况下 JVM 暂时没有明显瓶颈，你还可以加更大的负载来进行压测。从图 7-63 可以看到响应时间还是很小的，所以现在负载还是不够的，大胆地加负载。对于 Parallel 的场景来说，现在就可以淘汰了。我们只需要留下 G1 垃圾回收器的场景，然后去测试在堆内存是 1GB 和 2GB 时的性能拐点（极限），我们可以把这个放到负载测试环节去测，一次执行带着多个目标更节省时间。本例在此直接把线程数增加到 140，测试结果如图 7-63 所示，可以看到 TPS 反而降下来了，因为响应时间增加了不少。我们看堆监控，内存回收没有问题，那问题出在哪儿呢？为什么性能升不上去了？

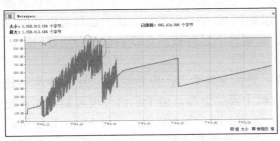

图 7-60 Parallel 时产生的 Full GC　　　　图 7-61 2GB/G1 时无 Full GC

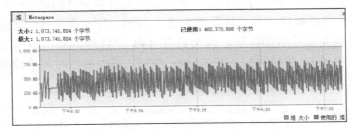

图 7-62 1GB/G1 时无 Full GC

1GB-G1

Label	# Samples	Average	Median	90% Line	95% Line	99% Line	Min	Maximum	Error %	Throughput	Receive...	Sent KB...
进入登陆...	30319	16	5	47	68	109	0	278	0.00%	47.4/sec	265.25	0.00
登陆	30318	67	62	108	129	180	7	358	0.02%	47.4/sec	1179.34	62.09
Session验证	131265	14	6	41	61	101	0	299	0.00%	205.1/sec	60.50	0.00
进入版块	30313	21	17	38	50	91	2	243	0.00%	47.4/sec	1750.41	0.00
浏览帖子	60606	129	96	250	333	663	3	4663	0.02%	94.7/sec	1905.72	0.00
回帖	20195	1117	1027	2069	2371	2850	21	5045	0.17%	31.6/sec	743.24	0.00
进入新帖	10064	43	38	75	90	135	5	284	0.20%	15.7/sec	387.56	9.41
发帖	10062	1074	967	2040	2302	2729	17	3414	0.02%	15.7/sec	259.83	66.16
TOTAL	323142	144	26	285	959	2030	0	5045	0.02%	504.8/sec	6551.05	137.61

2GB-CMS

Label	# Samples	Average	Median	90% Line	95% Line	99% Line	Min	Maximum	Error %	Throughput	Receive...	Sent KB...
进入登陆...	32264	19	5	57	84	146	0	991	0.00%	47.4/sec	265.41	0.00
登陆	32264	77	67	133	164	237	7	899	0.04%	47.4/sec	1178.91	62.12
Session验证	139654	18	5	50	76	144	2	1064	0.00%	205.1/sec	60.50	0.00
进入版块	32252	23	17	43	61	111	2	919	0.00%	47.4/sec	1750.31	0.00
浏览帖子	64479	225	175	445	564	900	3	4876	0.05%	94.7/sec	1912.95	0.00
回帖	21475	937	866	1508	1750	2350	14	4483	0.14%	31.6/sec	744.41	0.00
进入新帖	10706	50	41	91	116	178	4	418	0.01%	15.7/sec	387.78	9.42
发帖	10705	766	671	1295	1566	2170	23	5426	0.07%	15.7/sec	260.20	66.29
TOTAL	343799	144	30	450	800	1443	0	5426	0.02%	505.0/sec	6559.21	137.76

并发140个线

Label	# 样本	平均值	中位数	90% 百分位	95% 百分位	99% 百分位	最小值	最大值	异常 %	吞吐量	接收 KB...	发送 KB...
进入登陆	36288	22	8	60	84	147	1	827	0.00%	33.9/sec	190.60	0.00
登陆	36279	262	160	562	848	1686	8	5429	0.01%	33.9/sec	1020.25	44.47
Session验证	157018	19	9	49	70	118	0	893	0.00%	146.8/sec	43.30	0.00
进入版块	36268	208	91	447	647	1678	3	6187	0.00%	33.9/sec	1254.01	0.00
浏览帖子	72487	343	207	726	1071	2113	4	22573	0.02%	67.8/sec	1380.10	0.00
回帖	24074	2818	2597	4965	5912	8017	24	22437	0.00%	22.5/sec	538.61	0.00
进入新帖	12010	234	137	516	764	1577	7	5050	0.00%	11.2/sec	276.36	6.72
发帖	11993	2442	2416	3946	4354	5489	27	11667	0.00%	11.2/sec	185.85	47.27
TOTAL	386418	377	48	1014	2452	4542	0	22573	0.00%	361.3/sec	4888.43	98.42

图 7-63 JMeter 聚合报告

分析之前我们回顾一下诊断套路，并分析一下：

1）TPS 目前已经完全能够满足性能需求，但响应时间并不高，77 个并发时回帖与发帖响应时间 1 秒多一点，说明还有潜力可挖，降负载与升负载都可以试一下。

● 降负载的思路是减小排队，前提是有任务在排队，所以此时可以用 vmstat 命令看有没有排队，或者用 top 命令看负载。以便降负载使系统向最优处理能力靠近。

● 升负载出于两方面考虑：一方面，负载不够，性能还可以提升；另一方面，性能到拐点了，出现瓶颈，要开始诊断分析问题。

2）我们把并发加大到 140，这时 TPS 降下去了，已经是在拐点以下。因此可以再试着测一下 110 个并发。如果 110 个并发也是下降，可以减到 90 个并发左右。这个过程可以帮助我们找到最大 TPS，这也是一个不断尝试的过程。其实这个过程放到负载测试中会更好一点，配置测试如果这么详细，工作量巨大。

3）分析并发 140 时的结果，发现 TPS 下降，要找下降原因。先看监控，图 7-64 所示是主机监控，可以看到 MySQL 与 Java 进程占了主机主要的资源。由于示例环境限制，笔者把 MySQL 与 JForum（Java 进程就是 JForum 服务）启动在同一个主机上。此时 MySQL 使用的 CPU 占用最大，它是性能风险最大的地方，分析它的性能是必然的。另外也可以看到 CPU 负载比较大，达到了 32.09，所以排队严重。排队时间又可以分开两块：一块是请求还没进到 JVM，还在操作系统层面排队；另一块是请求进了 JVM，Java 程序处理时因为慢而排队。我们可以排除操作系统资源导致的排队，因为只有 140 个线程并发，本例的实验机器可支持 65 535 个连接（调整过），所以我们主要去分析 JVM。减少响应时间才能减少排队，需要分析"时间都去哪儿了"。

```
top - 23:25:36 up 14:15,  2 users,  load average: 32.09, 21.75, 10.46
Tasks: 140 total,   3 running,  68 sleeping,   0 stopped,   0 zombie
%Cpu0  : 49.7 us, 11.2 sy,  0.0 ni,  4.1 id,  0.0 wa,  0.0 hi, 35.0 si,  0.0 st
%Cpu1  : 73.0 us, 17.0 sy,  0.0 ni,  1.7 id,  1.3 wa,  0.0 hi,  7.0 si,  0.0 st
%Cpu2  : 78.8 us, 11.8 sy,  0.0 ni,  4.7 id,  0.0 wa,  0.0 hi,  4.7 si,  0.0 st
%Cpu3  : 74.2 us, 13.0 sy,  0.0 ni,  3.3 id,  0.0 wa,  0.0 hi,  9.4 si,  0.0 st
KiB Mem :  4039168 total,   427236 free,  1773916 used,  1838016 buff/cache
KiB Swap:        0 total,        0 free,        0 used.  1831348 avail Mem

  PID USER      PR  NI    VIRT    RES    SHR S  %CPU %MEM     TIME+ COMMAND
19634 27        20   0 2701172 433708  10296 S 201.0 10.7  67:42.10 mysqld
19775 root      20   0 4808288   1.0g   8644 S 177.5 26.1  62:28.99 java
    9 root      20   0       0      0      0 S   1.0  0.0   1:01.40 ksoftirqd/0
 1534 root       0 -20       0      0      0 I   0.7  0.0   0:24.43 kworker/1:1H-kb
20786 root      20   0   60040   4576   3868 R   0.7  0.1   0:00.61 top
   35 root      20   0       0      0      0 S   0.3  0.0   0:01.40 kcompactd0
 1473 root       0 -20       0      0      0 I   0.3  0.0   0:23.48 kworker/2:1H-xf
```

图 7-64　主机监控

如图 7-65 所示，使用 vmstat 命令来看一下 IO 情况。r 列显示任务排队情况严重，所以我们的 TPS 就小了；bo 列的值大表示从内存往外写数据，其实就是往磁盘写数据，是 IO 过于频繁的现象；wa 列是非空闲等待，其实就是 IO 等待。所以我们要分析一下 Java 程序的 IO。经分析 IO 发生在 JForum 使用 Lucene 来做检索服务，在生成新帖时更新 Lucene 索引导致的频繁写磁盘（见图 7-66）。IO 会影响响应时间，同时也会加大 CPU 负担。这也解释了我们在图 7-67 中看到 JVM 中的 CPU 使用率不高，而从主机监控到的 Java 占的 CPU 很高，因为有排队，有 IO，甚至有 IO 等待，这都是 CPU 使用负载高的原因。对于 IO 的诊断，可以使用 iostat、lsof、du 等命令帮助定位。iostat 监控查看 IO 吞吐量，有无 IO 性能风险；du 帮助找到大文件；lsof 帮助找到哪个程序在写文件，然后从线程找到程序。

```
[root@db6627d8a744 bin]# vmstat 2
procs -----------memory---------- ---swap-- -----io---- -system-- ------cpu-----
 r  b   swpd   free   buff  cache   si   so    bi    bo   in   cs us sy id wa st
15  0      0 302012   1040 1922912    0    0    14    99   71  145  9  4 87  0  0
29  0      0 305404   1040 1919236    0    0     0   734 12549 11727 62 24 14  1  0
25  0      0 291044   1040 1934196    0    0     0  1613 13680 12137 71 27  1  2  0
14  0      0 304728   1040 1919976    0    0     0 17247 6551 6219 32 14 43 11  0
34  0      0 291500   1040 1933088    0    0     0   588 13736 10771 75 25  0  0  0
```

图 7-65　vmstat 命令监控

```
[root@db6627d8a744 jforum-2.1.9]# ll WEB-INF/jforumLuceneIndex/
total 26944
-rw-r----- 1 root root 27525382 Mar  3 15:48 _300u.cfs
-rw-r----- 1 root root     5008 Mar  3 15:48 _301f.cfs
-rw-r----- 1 root root     5056 Mar  3 15:48 _3020.cfs
-rw-r----- 1 root root      576 Mar  3 15:48 _3021.cfs
-rw-r----- 1 root root      553 Mar  3 15:48 _3022.cfs
-rw-r----- 1 root root      548 Mar  3 15:48 _3023.cfs
-rw-r----- 1 root root      552 Mar  3 15:48 _3024.cfs
-rw-r----- 1 root root      560 Mar  3 15:48 _3025.cfs
-rw-r----- 1 root root       14 Mar  3 15:48 _3025.frq
-rw-r----- 1 root root       10 Mar  3 15:48 _3025.nrm
-rw-r----- 1 root root       15 Mar  3 15:48 _3025.prx
-rw-r----- 1 root root       20 Mar  3 15:48 segments.gen
-rw-r----- 1 root root      212 Mar  3 15:48 segments_604c
-rw-r----- 1 root root      212 Mar  3 15:48 segments_604d
-rw-r----- 1 root root        0 Mar  3 15:48 write.lock
[root@db6627d8a744 jforum-2.1.9]# ll WEB-INF/jforumLuceneIndex/
total 32684
-rw-r----- 1 root root 27525382 Mar  3 15:48 _300u.cfs
-rw-r----- 1 root root    24686 Mar  3 15:48 _303x.cfs
-rw-r----- 1 root root  4866048 Mar  3 15:48 _303y.fdt
-rw-r----- 1 root root   868352 Mar  3 15:48 _303y.fdx
-rw-r----- 1 root root       55 Mar  3 15:48 _303y.fnm
-rw-r----- 1 root root       20 Mar  3 15:48 segments.gen
-rw-r----- 1 root root       68 Mar  3 15:48 segments_607x
-rw-r----- 1 root root        0 Mar  3 15:48 write.lock
```

图 7-66　文件变动对比

4）上一步分析了任务排队，接着还要深入分析导致排队的原因。IO 导致的非空闲等待耗时，MySQL 占 CPU 高，自然也会耗时，这会导致排队。那是不是 JVM 就没有问题呢？因为垃圾回收是影响响应时间的，必须要分析一下 JVM。我们看一下堆的监控，如图 7-67 所示，我们可以看到堆的回收没有问题，并没有 Full GC；YGC 比较多，这也正常，访问的线程多，业务忙，产生的新生代对象多，垃圾回收多是正常的。要不要降低 YGC 呢？也不是不行，可以调整一下分代的内存空间，新生代升级老年代次数，甚至新生代的大小，这是一个繁重的实验，有兴趣的读者可以自己验证，可参考第 6 章中的 JVM 优化。其实 JVM 官方给出的建议，以及网上网友提供的一些实践经验很不错，要想通过某一两个配置来提高性能有点撞运气。除非你的业务程序特殊，配置要专门优化，否则对于普通的应用，就不要在配置上一味追求极致，投入收入比不高。我们上面设计的场景中的配置已经是流行搭配，压测后监控到异常再去调配才是正确方法。

5）基于本例，我们的精力要放在 MySQL 分析诊断上，因为业务逻辑很简单，就是新增记录而已。慢的原因很大程度在 MySQL 上，我们都已经看到 MySQL 占用 CPU 到了 200%（占用了 2 个核）。我们把 MySQL 的诊断先放下不讲，在 MySQL 优化配置中去讲。

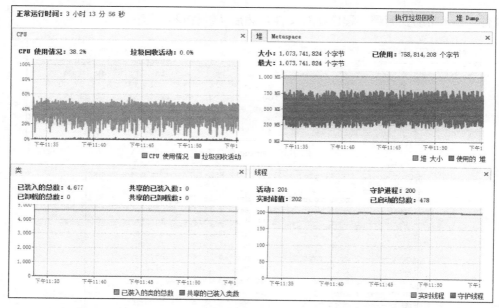

图 7-67　JVM 监控

（2）Tomcat 线程数配置测试。

在 JVM 配置测试时，我们没有去调整 Tomcat 的线程数之类的参数，图 7-68 所示是使用 JvisualVM 监控到的线程状态，可以看到线程是 bio 模式的（http-bio-8080-exec-x 格式）。目前 Tomcat 的 IO 模式有 3 种（bio、nio、apr）：bio 是默认模式，是常说的阻塞模式，简单说就是一个接一个任务完成，前一个任务做完做下一个任务；nio 是非阻塞模型，简单说就是不会"傻"等，等待的时候可以接新的任务，效率高一些，这就是异步通信。

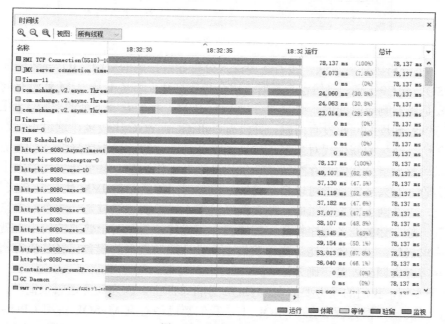

图 7-68　监控的线程状态

Tomcat 的连接在 TOMCAT_HOME%/conf/server.xml 文件中进行配置，Tomcat 连接数配置如下，在这个配置中我们开放了线程池。

Tomcat 连接数配置

```
<Executor name="tomcatThreadPool"
          namePrefix="catalina-exec-"
          maxThreads="500"
          minSpareThreads="100"
          maxIdleTime="60000"
          prestartminSpareThreads="true"
          maxQueueSize="100"/>
<Connector port="8080" protocol="org.apache.coyote.http11.Http11NioProtocol"
          redirectPort="8443"
          executor="tomcatThreadPool" enableLookups="false"
          acceptCount="100"
          compression="on"
          acceptorThreadCount="2"
compressableMimeType="text/html,text/xml,text/plain,text/css,text/javascript,application/
javascript"
          />
```

Executor 配置的具体参数解释如下。

● namePrefix：给线程名加一个前缀，例如上面默认是 http-bio-8080-exec-。

● maxThreads：最大活动线程，默认是 200。

● minSpareThreads：无事可做时保持的空闲线程数，默认 25。

● maxIdleTime：无事可做就释放掉线程。

● prestartminSpareThreads：启动线程池时，是否启动 minSpareThreads 个线程。

● maxQueueSize：线程排除队列长度。

Connector 配置的具体参数解释如下。

● protocol：配置连接器的实现，上面我们配置的是 aio 的实现。

● acceptCount：接收的请求的长度。

● compression：是否开启压缩，这样网络传输减小。

● compressableMimeType：哪些类的资源可以被压缩。

下面我们开始压测，场景 3（堆 1GB，G1 回收器），线程 77 个。可以看到图 7-69 所示的线程名称就是我们设置的前缀格式，实时线程数为 119 个，我们的线程池最大设置为 500，所以这个指标没问题。

图 7-70 所示是堆的监控，它与 bio 模式时图形类似，TPS 也基本相当（见图 7-71）。就目前来看开放线程池并没能提高性能。通常来说，aio 效果要比 bio 好，这是对于大负载、响应时间又慢的情况，所以我们保留 aio 的配置，待负载测试时看能否经受住高负载的验证。

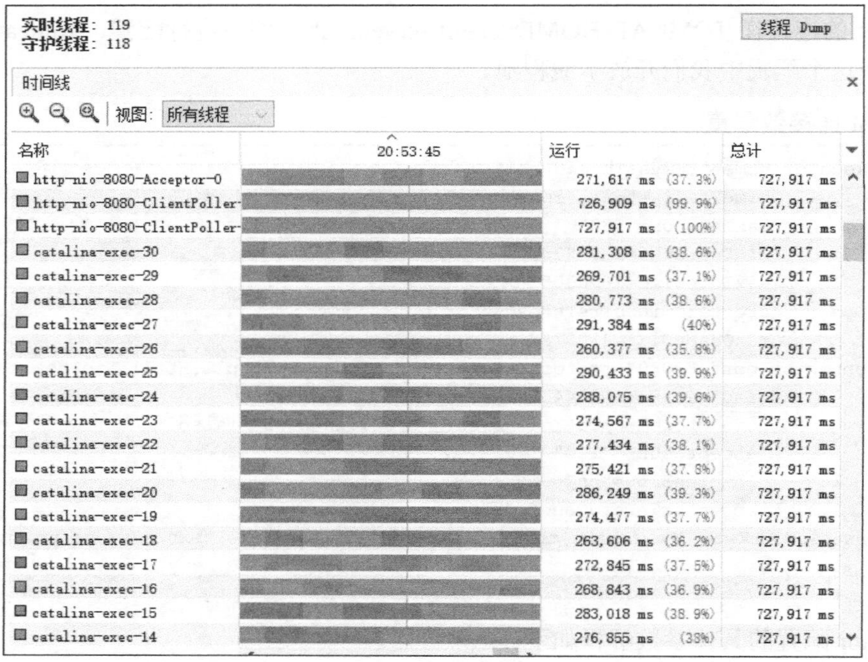

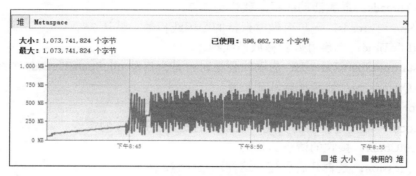

图 7-69　线程名称

图 7-70　堆监控

Label	# 样本	平均值	中位数	90% 百分位	95% 百分位	99% 百分位	最小值	最大值	异常 %	吞吐量	接收 KB...	发送 KB...
进入登陆...	29501	21	8	58	79	126	1	462	0.00%	47.0/sec	263.77	0.00
登陆	29500	87	81	138	163	225	7	614	0.03%	47.0/sec	1164.11	61.56
Session验证	127687	20	10	52	72	121	0	465	0.01%	203.3/sec	60.03	0.00
进入版块	29492	28	22	51	67	116	3	522	0.00%	47.0/sec	1734.93	0.00
浏览帖子	58943	177	135	334	446	835	3	3282	0.03%	93.8/sec	1887.69	0.00
回帖	19626	1006	947	1626	1855	2393	9	4087	0.12%	31.2/sec	733.75	0.00
进入新帖	9784	57	52	96	114	168	4	504	0.00%	15.6/sec	383.57	9.33
发帖	9784	868	805	1445	1674	2123	22	3795	0.13%	15.6/sec	257.75	65.58
TOTAL	314317	146	36	384	876	1554	0	4087	0.03%	500.3/sec	6484.26	136.42

图 7-71　测试结果

（3）数据库连接池配置测试。

在测试前我们可以先调整一下连接池的大小，测试过程中我们监控连接池大小，如图 7-72 所示连接池开了 6 个连接，而我们设置的数据库连接池最大可以到 100，所以当前负载情况下连接池没有问题。在平时的测试过程中，我们可以把连接池开大一些，测试时监控，得到一个实际数字，把这个数字提供给运维团队，在生产时可以通过限制连接池大小为系统稳定做贡献。

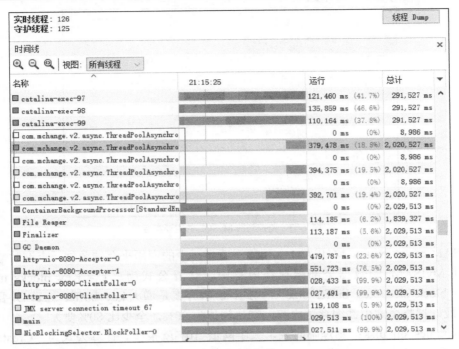

图 7-72　连接池数

（4）MySQL 数据库优化配置测试。

MySQL 的运行状况通常受下面几个因素影响。

1）优化配置。好的配置能够提高 MySQL 的运行效率，例如缓存、临时表空间等。

2）业务设计。良好的业务处理过程能够提高系统的效率，使 MySQL 的负担更轻。

3）物理设计。良好的业务数据库物理实现能够减少 IO，提高响应效率，例如索引、大表的水平切分。

4）物理架构。MySQL 的部署方式对 MySQL 的效率提升也会有影响，例如主从结构、读写分离；另外从备份、主备份也用来保障数据的安全。

测试时，首先使用默认配置压测，在压测过程中我们监控到的 MySQL 的主要指标如图 7-73 所示，可以看到 CPU、内存、连接数（目前为 112 个）都报警了。

注：使用 Navicat monitor 监控 MySQL，容器方式运行 docker run -d -p 3000:3000 navicat/navicatmonitor。

Full table scan per second：每秒全表扫描次数，大于阈值 50 次/秒报警，尽量减少此类查询。

CPU usage：CPU 使用过高

Memory usage：内存也使用过高，默认阈值 76%，报警就是超过了阈值。

InnoDB buffer pool in use：查询在缓存中的命中率，小于 80% 就会报警，越大越好，说明直接查缓存就可以了，通过公式 "1 - Innodb_buffer_pool_pages_free/Innodb_buffer_pool_pages_total" 来计算，配置给 innoDB_buffer_pool_size 越大越好，甚至建议是主机内存的 80%，当然还有别的部分需要内存。

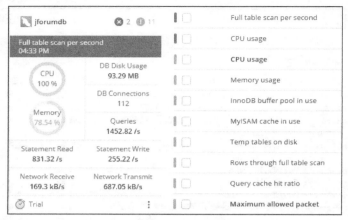

图 7-73 监控到的 MySQL 的主要指标

MyISAM cache in use：MyISAM 主要用于读多写少的应用来存储数据，查询时最佳的性能体现为 MyISAM 的数据全部缓存在内存中。计算公式为 "1 - Key_blocks_unused * key_cache_block_size / key_buffer_size"。因此，缓解方案是增大 key_buffer_size，只要内存空间多余，最好把整个索引都缓存进内存，默认阈值为 80%，至少比 80%要大。

Temp tables on disk：物理临时表，大于阈值 10%就报警。计算公式为 "Created_tmp_disk_tables/Created_tmp_tables"。

缓解方案是增加 tmp_table_size 或 max_heap_table_size，另外就是减少临时表产生，少做多表连接查询，少做计算。

Rows through full table scan：全表扫描的行，大于阈值 20%就报警，减少读全表（不仅是索引），缓解方法是索引优化，查询优化，不去查全表，不去查整列数据。

Query cache hit ratio：查询缓存命中率，小于阈值 80%报警，计算公式为 "Qcache_hits/(Qcache_hits + Com_select)"。缓解方式是加大缓存。

从监控中我们看到这么多的报警，是不是觉得性能很差呢？接着我们去看一下得到的查询语句的分析，图 7-74 所示是查询语句的费时监控排序，是不是很意外？查询平均值并不大，没有超过两位数（毫秒）。

时间段的实例总等待时间：10247.47 s

基于时间的费时查询	等待	执行	平均	最大值	占总数的 %	
e002fd21 SELECT `p`.`post_id`, `topic_id`, `forum_id`, `p`.`user_id`, `post_time`, `p`...	4311.89 s	76105	56.66 ms	4311.89 s		42.1 %
67ed5b70 SELECT DISTINCTROW `user_id` FROM `jforum_posts` WHERE `topic_id` = ?	1342.35 s	76094	17.64 ms	1342.35 s		13.1 %
257efdd7 UPDATE `jforum_topics_watch` SET `is_read` = ? WHERE `topic_id` = ? AND `user_i...	1086.41 s	26497	41 ms	1086.41 s		10.6 %
8196181b UPDATE `jforum_topics` SET `topic_views` = `topic_views` + ? WHERE `topic_id` = ?	1039.58 s	101433	10.25 ms	1039.58 s		10.1 %
dab11fdb INSERT INTO `jforum_posts` (`topic_id`, `forum_id`, `user_id`, `post_time`, `p`...	728.99 s	25329	28.78 ms	728.99 s		7.1 %
4c3a7aa8 UPDATE `jforum_topics` SET `topic_title` = ?, `topic_last_post_id` = ?, `topic_first`...	305.94 s	50658	6.04 ms	305.94 s		3.0 %
e4dd297a SELECT `user_id` FROM `jforum_topics_watch` WHERE `topic_id` = ? AND `user_id`...	251.12 s	177525	1.41 ms	251.12 s		2.5 %

图 7-74 费时监控排序

全表扫描的语句主要是小表（见图 7-75），可以看到查询时间（TIME AVG MS 列）都不大。时间最大的 129.13 毫秒是性能监控工具 Navicat Monitor 自己的查询，与 JForum 无关。这些全表查询导致的告警可以暂时不用理会。

QUERY	FULL TABLES SCAN	▼ COUNT	QUERY OCCURRENCE		TIME TOTAL	TIME MAX	TIME AVG MS
SELECT `ug`.`group_id`, `g`.`group_name` FROM `jforum_user_gro...	130484	130479	▌	6.06	410.58	0.6257	3.15
SELECT COUNT (`pm`.`privmsgs_to_userid`) AS `private_messages`....	130482	130490	▌	6.06	395.99	0.6251	3.03
SELECT `p`.`post_id`, `topic_id`, `forum_id`, `p`.`user_id`, `post...	56361	83812	▌	3.89	1353.98	0.9917	16.16
SELECT `user_id`, `username`, `user_karma`, `user_avatar`, `user_...	37556	54958	▌	2.55	151.85	0.6508	2.76
SELECT `user_id` FROM `jforum_users` WHERE `LOWER` (`username`...	28014	28014	▌	1.3	110.69	0.2812	3.95
SELECT `e`.`extension`, `e`.`allow`, `eg`.`allow` AS `group_allo...	27918	27919	▌	1.3	64.58	0.2067	2.31
SELECT `SUBSTRING_INDEX` (`event_name`,?, ...) AS `wait_type`, `s...	679	679		0.0315	1.3	0.0181	1.91
SELECT `a`.`digest`, `a`.`thread_id` AS `session_id`, SYSTEM_USER...	678	678		0.0315	87.55	0.4669	129.13
SHOW VARIABLES	145	145		0.0067	0.7762	0.0769	5.35
SHOW COLLATION	145	145		0.0067	0.1514	0.0106	1.04

图 7-75　全表扫描

现在去查询与报警相关的 MySQL 的配置，有以下两种方式。

1）查看 my.cnf 配置文件。

```
cat /etc/my.cnf
[mysqld]
#
# Remove leading # and set to the amount of RAM for the most important data
# cache in MySQL. Start at 70% of total RAM for dedicated server, else 10%.
# innodb_buffer_pool_size = 128M
#
# Remove leading # to turn on a very important data integrity option: logging
# changes to the binary log between backups.
# log_bin
#
# Remove leading # to set options mainly useful for reporting servers.
# The server defaults are faster for transactions and fast SELECTs.
# Adjust sizes as needed, experiment to find the optimal values.
# join_buffer_size = 128M
# sort_buffer_size = 2M
# read_rnd_buffer_size = 2M
skip-host-cache
skip-name-resolve
datadir=/var/lib/mysql
socket=/var/lib/mysql/mysql.sock
secure-file-priv=/var/lib/mysql-files
user=mysql
# Disabling symbolic-links is recommended to prevent assorted security risks
symbolic-links=0
log-error=/var/log/mysqld.log
pid-file=/var/run/mysqld/mysqld.pid
```

my.cnf 中几乎没有设置与性能相关的配置，但是在 MySQL 中也会有一些默认的配置，可以使用 show variables、show status 查看。

2）使用 show variables 查询。

如图 7-76 所示，我们查询了几个性能参数，innodb_buffer_pool_size 约为 128MB（134 217 728Byte 换算过来），通过换算 key_buffer_size 约为 8MB、max_heap_table_size 和 tmp_table_size 约为 16MB，最大连接数是 151 个。这些配置都不符合要求，我们都要修改一下。

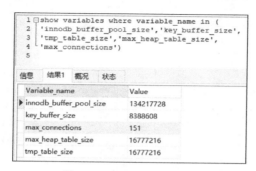

图 7-76　show variables 查询

优化配置如下所示（具体请参考 MySQL 官方网站）。

MySQL 优化配置

```
[mysqld]
sort_buffer_size=32M
read_buffer_size=1M
read_rnd_buffer_size=4M
thread_cache_size=64
query_cache_size=32M
innodb_buffer_pool_size=1024M
innodb_flush_log_at_trx_commit=1
innodb_log_buffer_size=8M
innodb_log_file_size=150M
innodb_thread_concurrency=4
innodb_support_xa=0
innodb_max_dirty_pages_pct=60
max_prepared_stmt_count=32768
key_buffer_size=512M
tmp_table_size=128M
max_heap_table_size=128M
max_connections=500
datadir=/var/lib/mysql
socket=/var/lib/mysql/mysql.sock
secure-file-priv=/var/lib/mysql-files
user=mysql
symbolic-links=0
log-error=/var/log/mysqld.log
pid-file=/var/run/mysqld/mysqld.pid
```

重新压测，与上述场景一样有 77 个并发，测试结果如图 7-77 所示。总的 TPS 上升到了 533，比前面的大约多了 29 个 TPS，性能小幅上涨，说明优化还是有效果的，只是不太明显。CPU 的利用率并没有降低，还是 100%。警告消灭了，留下来的都是安全性警告。MySQL 使用 CPU 为 100% 已经是个危险信号，MySQL 监控面板中显示 CPU 为 100%（见图 7-78）相当于我们已经压测到极限了。本来 SQL 的查询时间也不长，所以配置到此暂时对系统也没有什么好调整的了。

Label	# Samples	Average	Median	90% Line	95% Line	99% Line	Min	Maximum	Error %	Throug...	Receiv...	Sent K...
进入登...	35861	23	8	63	95	183	0	658	0.00%	50.0/sec	280.92	0.00
登录	35855	80	73	129	153	216	7	538	0.01%	50.0/sec	1239.67	65.54
Session...	155250	22	9	57	88	180	0	589	0.00%	216.6/sec	63.88	0.00
进入版块	35850	25	20	45	61	113	3	493	0.00%	50.0/sec	1847.52	0.00
浏览帖子	71659	175	135	337	441	757	3	3038	0.00%	100.0/sec	2018.99	0.00
回帖	23855	916	856	1467	1699	2195	30	3848	0.00%	33.3/sec	785.44	0.00
进入新...	11916	53	48	91	111	163	4	403	0.00%	16.6/sec	409.30	9.95
发帖	11893	768	705	1273	1488	1914	36	2677	0.00%	16.6/sec	274.92	69.95
TOTAL	382141	136	34	378	789	1396	0	3848	0.00%	533.1/sec	6918.55	145.37

图 7-77　重新压测的测试结果

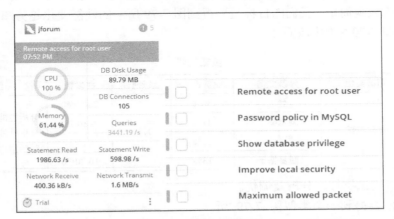

图 7-78　MySQL 监控面板

　　下面总结一下配置测试结果。从上面多个角度的实验来看，JForum 程序的性能算是比较优秀的，响应时间比较快；JVM 使用 CMS 或者 G1 垃圾回收器时基本无 Full GC 的情况出现（稳定性有待后面验证）；Tomcat 的配置默认情况下性能已经不错，不会造成性能短板；数据库虽然有部分的全表扫描，但都是小表的扫描，对性能无明显影响，后面加大缓存即可。其他的性能调优建议如下。

　　1）Heap 内存设置。如果是容器发布，建议设置 1GB 的堆（JVM 设置如下），采用 G1 垃圾回收器，设置垃圾停顿阈值保证少停顿。

JVM 设置

```
-server -Xmx1024M -Xms1024M -XX:MaxMetaspaceSize=128M -XX:MetaspaceSize=128M -XX:+UseG1GC -XX:MaxGCPauseMillis=100 -XX:+ParallelRefProcEnabled -XX:+PrintGCDetails -XX:+PrintGCDateStamps
```

　　2）Tomcat IO 模式由 bio 换到 aio，并且启动线程池支持，本例线程池达到 200 足够，我们压测到极限时任务线程也不过 126 个。

　　3）当前测试场景下数据库连接池保持默认设置，无须扩大。

　　4）MySQL 需要配置更大的缓存（Innodb_buffer_pool_size 与 key_buffer_szie）。

7.9.3　负载测试

　　（1）测试场景。

　　负载测试的目的是帮助我们找出性能问题与风险，对系统进行定容定量，为系统优化、性能调整提供数据支撑。负载测试在执行时又分为单场景与混合场景：单场景有利于分析性能问题，因为排除了其他业务的干扰；混合场景更贴近于用户实际使用习惯，是一个综合的性能评估。建议读者先做单场景的性能执行工作，后做混合场景的执行工作。

上面的配置测试已经帮我们找出了相对合适的配置，在负载测试开始之前我们把配置调整到建议值，在测试执行时密切关注与这些配置相关的监控数据，可以针对影响性能的配置再次调整。

负载测试时，我们需要变化负载量来对 JForum 服务器进行压测，表 7-14 列出了几种不同的负载当量，与配置测试一样，笔者把思考时间设为 10 毫秒，实际运行的线程数会有调整，一切视实际性能表现而定，我们的目标是要得到图 7-79 所示的性能变化趋势图，要知道系统性能的拐点（图 7-79 中的标记①）。

表 7-14　　　　　　　　　　　　　负载场景

场景编号	测试类型	涉及业务	业务占比	运行时间	并发数	目　　的
Sec_103	负载测试	登录	36%	N/A	20/40/60	分析性能变化趋势 分析性能问题 帮助定容定量
		浏览帖子	41%		40/80/120	
		发新帖	10%		7/14/21	
		回复帖子	13%		10/20/30	

（2）单场景测试执行、分析及调优。

执行时我们要得到一个类似图 7-79 所示的性能曲线，这需要不断尝试不同的负载，经过多次执行，我们得到了图 7-80 所示的测试结果。可以看到每个业务的性能曲线不一样，性能拐点各异。图上看到只有几个点，实际在压测时需要不断尝试，可能与我们的计划场景中的并发数大相径庭，所谓实践检验真理。

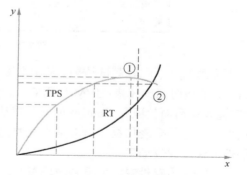

图 7-79　性能变化趋势图

并发 154 个线程时，JMeter 报出异常错误信息（见下面连接异常信息），同时 TPS 也不稳定，监控到大量的 TIME_WAIT 状态的 TCP/IP 连接（netstat -an|findstr "TIME_WAIT"）、失败事务增多、JForum 无法访问等现象，等待一段时间后又可以访问。这是因为 JMeter 运行在 Windows 机器上（而且我们的测试环境也是在 Windows 上面建立的 CentOS 虚机），TCP 连接释放慢导致连接不够用，请求被迫排队，此时有部分连接失败。解决办法是减小 TIME_WAIT 连接释放时间，让 TCP 连接释放更快，具体操作是修改注册表。启动注册表找到 HKEY_LOCAL_MACHINE/SYSTEM/CurrentControlSet/Services/Tcpip/Parameters，在 Parameters 目录下建立两个 REG_DWORD 值，如图 7-81 所示。建立 TcpTimedWaitDelay，十进制值 30，表示等待 30 秒释放；MaxUserPort 十进制值 65 534，表示可用的 Socket 连接放大到最大 65 534，如果想防止攻击可以限制 TCP 连接数，可以把 MaxUserPort 设置一个合适的值。

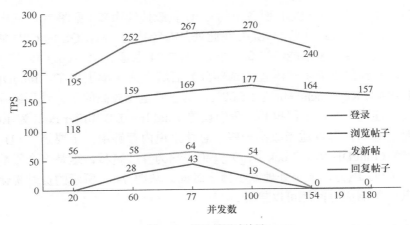

图 7-80 吞吐量测试结果

连接异常信息

```
ERROR o.a.j.p.h.s.HTTPJavaImpl: Cause: java.net.BindException: Address already in use:
connect
```

在执行回帖（发帖）操作时，响应时间较长，监控线程发现较多的 BLOCKED 状态，Dump 线程栈（线程监控）显示图 7-82 所示的信息，意思是回帖（新增帖子）后进行全文搜索索引的重建，此时会进行全表扫描，所以效率会受影响。如果想要提高效率，可以把索引建立作为周期性工作，使用一个作业线程来完成，且 15 分钟一次。

TcpTimedWaitDelay	REG_DWORD	0x0000001e (30)
MaxUserPort	REG_DWORD	0x0000fffe (65534)

图 7-81 建立两个 REG_DWORD 值

```
The stack of busy(5.8%) thread(2100/0x834) of java process(1) of user(root):
"catalina-exec-1260" #1399 daemon prio=5 os_prio=0 tid=0x00007f382c1cb000 nid=0x834 waiting for monitor entry [0
    java.lang.Thread.State: BLOCKED (on object monitor)
        at net.jforum.view.forum.common.TopicsCommon.updateBoardStatus(TopicsCommon.java:269)
写数据  - waiting to lock <0x00000000c4005fc8> (a java.lang.Class for net.jforum.view.forum.common.TopicsCommon)
        at net.jforum.view.forum.PostAction.insertSave(PostAction.java:1185)
        at sun.reflect.GeneratedMethodAccessor156.invoke(Unknown Source)
        at sun.reflect.DelegatingMethodAccessorImpl.invoke(DelegatingMethodAccessorImpl.java:43)
The stack of busy(5.3%) thread(2097/0x831) of java process(1) of user(root):
"catalina-exec-1257" #1396 daemon prio=5 os_prio=0 tid=0x00007f382c088800 nid=0x831 waiting for monitor entry
    java.lang.Thread.State: BLOCKED (on object monitor)
        at net.jforum.search.LuceneIndexer.create(LuceneIndexer.java:161)
建索引  - waiting to lock <0x00000000c3ba7808> (a java.lang.Object)
        at net.jforum.search.LuceneManager.create(LuceneManager.java:123)
        at net.jforum.search.SearchFacade.create(SearchFacade.java:91)
        at net.jforum.dao.generic.GenericPostDAO.addNew(GenericPostDAO.java:294)
        at net.jforum.view.forum.PostAction.insertSave(PostAction.java:1142)
        at sun.reflect.GeneratedMethodAccessor156.invoke(Unknown Source)
The stack of busy(2.1%) thread(1497/0x5d9) of java process(1) of user(root):
"catalina-exec-1200" #1329 daemon prio=5 os_prio=0 tid=0x00007f3828068000 nid=0x5d9 runnable [0x00007f37ab197000]
    java.lang.Thread.State: RUNNABLE
        at java.net.SocketInputStream.socketRead0(Native Method)
查列表  at java.net.SocketInputStream.socketRead(SocketInputStream.java:116)
        at java.net.SocketInputStream.read(SocketInputStream.java:171)
        at java.net.SocketInputStream.read(SocketInputStream.java:141)
        at com.mysql.jdbc.util.ReadAheadInputStream.fill(ReadAheadInputStream.java:113)
        at com.mysql.jdbc.util.ReadAheadInputStream.readFromUnderlyingStreamIfNecessary(ReadAheadInputStream.java:160
        at com.mysql.jdbc.util.ReadAheadInputStream.read(ReadAheadInputStream.java:188)
        - locked <0x00000000c5068b80> (a com.mysql.jdbc.util.ReadAheadInputStream)
        at com.mysql.jdbc.MysqlIO.readFully(MysqlIO.java:1910)
        at com.mysql.jdbc.MysqlIO.reuseAndReadPacket(MysqlIO.java:2304)
        at com.mysql.jdbc.MysqlIO.checkErrorPacket(MysqlIO.java:2803)
        at com.mysql.jdbc.MysqlIO.sendCommand(MysqlIO.java:1573)
        at com.mysql.jdbc.MysqlIO.sqlQueryDirect(MysqlIO.java:1665)
        at com.mysql.jdbc.Connection.execSQL(Connection.java:3124)
        - locked <0x00000000c5068cd0> (a java.lang.Object)
        at com.mysql.jdbc.PreparedStatement.executeInternal(PreparedStatement.java:1149)
        at com.mysql.jdbc.PreparedStatement.executeQuery(PreparedStatement.java:1262)
        - locked <0x00000000c5068cd0> (a java.lang.Object)
        at com.mchange.v2.c3p0.impl.NewProxyPreparedStatement.executeQuery(NewProxyPreparedStatement.java:76)
        at net.jforum.dao.generic.GenericPostDAO.selectAllByTopicByLimit(GenericPostDAO.java:374)
        at net.jforum.view.forum.common.PostCommon.topicPosts(PostCommon.java:338)
        at net.jforum.view.forum.PostAction.list(PostAction.java:166)
```

图 7-82 线程监控

在执行过程中监控到 MySQL 服务中的 CPU 负载持续满载（见图 7-83 和图 7-84），load average 达到 20 以上，由此可见 MySQL 在此处是有等待的，MySQL 的 CPU 瓶颈明显。IO 风险相对 CPU 要小，磁盘速率能够提高会更好。图 7-84 也是对 MySQL 的监控（使用 Navicat Monitor），可以看到优化配置（配置测试部分）后缓存命中率上去了，InnoDB Cache Hit 是 100%，MyISAM Key Cache Hit 是 95.07%，这已经是比较高的了，线程缓存由于有数据库线程池，而且连接不多，不用担心。我们设置 Total InnoDB Buffer Pool 为 1.07GB，可以看到其基本是空置的，可以适当改小一些。总体来说内存够用，主要是 CPU 能力不足，MySQL 的行锁（InnoDB Row Lock Avg）开销平均为 432 毫秒，这是一个影响性能的点。因此需要提高 CPU 能力，加快处理减小锁定时间。从图 7-85 所示的费时统计来看除了第一条 SQL，其他的响应时间还可以接受。

```
[root@bcc140f799b0 /]# vmstat 2
procs -----------memory---------- ---swap-- -----io---- -system-- ------cpu-----
 r  b   swpd   free   buff  cache   si   so    bi    bo   in   cs us sy id wa st
32  0      0 1437400   2180 744188    0    0    93    98 2515 2059 37 22 40  1  0
34  0      0 1436524   2180 745020    0    0     0   391 11982 9521 57 35  8  0  0
40  0      0 1436316   2180 745512    0    0     0   320 12013 9323 55 35  9  1  0
35  0      0 1435652   2180 746156    0    0     0   329 11988 9248 57 35  8  1  0
33  0      0 1434804   2180 746912    0    0     0   307 11933 9888 57 34  8  0  0
40  0      0 1434732   2180 747248    0    0     0   326 11996 10272 60 32  7  1  0
33  0      0 1432144   2180 747872    0    0     0   292 11365 8834 60 35  4  0  0
48  0      0 1431296   2180 748524    0    0     0   281 11600 9200 60 33  7  0  0
24  1      0 1432432   2180 749080    0    0     0   260 10835 8541 58 35  7  0  0
39  0      0 1434316   2180 749476    0    0     0   207 10630 8102 58 34  7  1  0
^C
[root@bcc140f799b0 /]# top
top - 06:26:25 up 30 min,  0 users,  load average: 25.21, 27.08, 22.16
Tasks:   3 total,   1 running,   2 sleeping,   0 stopped,   0 zombie
%Cpu(s): 57.9 us, 10.2 sy,  0.0 ni,  8.0 id,  0.4 wa,  0.0 hi, 23.5 si,  0.0 st
KiB Mem :  4039168 total,  1433340 free,  1852788 used,   753040 buff/cache
KiB Swap:        0 total,        0 free,        0 used.  1883544 avail Mem

  PID USER      PR  NI    VIRT    RES    SHR S  %CPU %MEM     TIME+ COMMAND
    1 mysql     20   0 4315356 658756  20420 S 151.5 16.3  31:54.68 mysqld
  160 root      20   0   11772   2976   2604 S   0.0  0.1   0:00.13 bash
  175 root      20   0   53992   3796   3268 R   0.0  0.1   0:00.00 top
```

图 7-83 CPU 监控

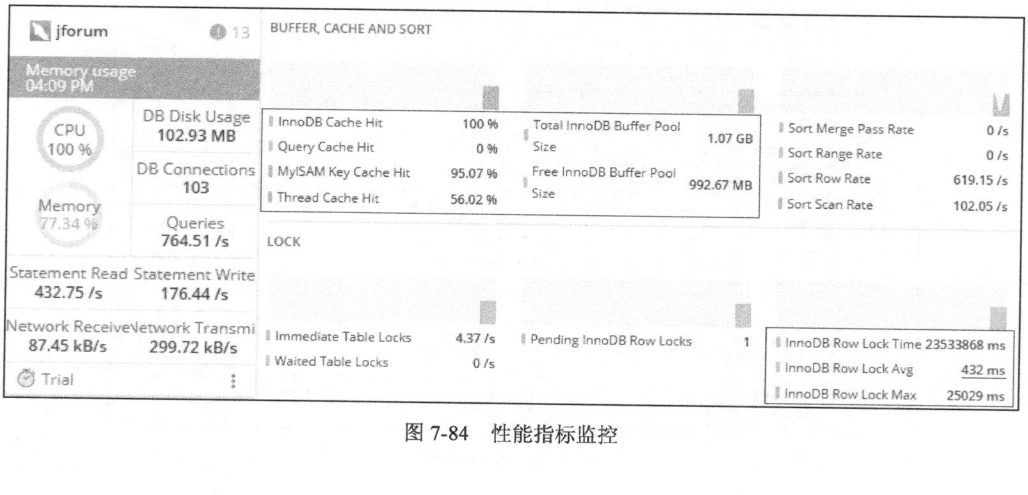

图 7-84 性能指标监控

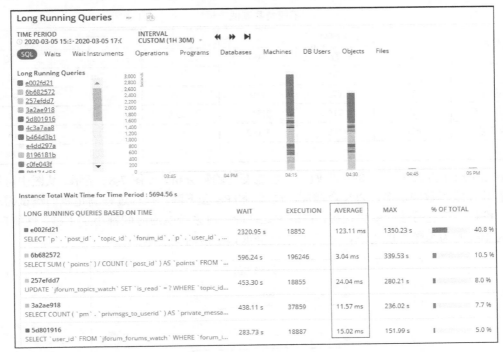

图 7-85　费时统计

这条 SQL 语句是一个对 3 张表的连接查询（见 SQL 语句中第一条）操作，这条 SQL 也是可以用上索引的，不修改业务的情况下暂时没有好的优化方式，后面两条 SQL 语句在容器环境中已经建好索引。

SQL 语句

```
    SELECT p.post_id, topic_id, forum_id, p.user_id, post_time, poster_ip, enable_bbcode,
p.attach, enable_html, enable_smilies, enable_sig, post_edit_time, post_edit_count, status,
pt.post_subject, pt.post_text, username, p.need_moderate FROM jforum_posts p, jforum_posts_t
ext pt, jforum_users u WHERE p.post_id = pt.post_id AND topic_id = 464448 AND p.user_id = u.
user_id AND p.need_moderate = ?  ORDER BY post_time ASC LIMIT ? , 20;
    SELECT t.*, p.user_id AS last_user_id, p.post_time, p.attach AS attach FROM jforum_topi
cs t, jforum_posts p WHERE p.post_id = t.topic_last_post_id AND p.need_moderate = 0 ORDER BY
 topic_last_post_id DESC LIMIT 50;
    SELECT t.*, p.user_id AS last_user_id, p.post_time, p.attach AS attach FROM jforum_topi
cs t, jforum_posts p WHERE  (t.forum_id = ?  OR t.topic_moved_id = ? ) AND p.post_id = t.top
ic_last_post_id AND p.need_moderate = 0 ORDER BY t.topic_type DESC, t.topic_last_post_id DES
C LIMIT 0, 20;
```

（3）混合场景测试执行、分析及调优。

混合场景将按照测试需求采集的业务比例来模拟，考查的重点是在不同负载情况下系统的服务能力，表 7-15 是几种不同负载下的测试结果，选择了有代表性的几个不同当量的负载测试结果，四舍五入后凑整。思考时间为 10 毫秒，并发数比计划时要少，经过多次的负载调整，压测了很多次，最后留下几组有代表性的数据来反映系统拐点。当然，这也只能是一个近似数据，也没必要每次只加几个并发线程，一直找到最高点，这个工作不值得做，而且压测的时候随便有干扰，TPS 数值上下有异动也很正常。

表 7-15　　不同负载测试结果

业务名称	ART（毫秒）			TPS		
	60	77	100	60	77	100
登录	77	80	100	49	50	47
浏览帖子	117	175	189	99	100	94
回复帖子	727	916	1 514	33	33	31
发新帖	628	768	1 192	16	17	16
合计				179	200	188

利用 Excel 将表 7-15 中的结果做一个性能变化趋势分析，如图 7-86 所示。从图中可以看到随着并发线程数的增多，TPS 会增加，过载后 TPS 会下降，执行过程满足我们测试需求的要求，找到了系统的性能变化趋势，在最大处理能力时系统响应时间都小于 1 秒，性能良好。TPS 为 100 时为系统性能拐点，之后 TPS 会降低，响应时间会增大。

性能变化趋势
TPS
并发线程数
登录
浏览帖子
发新帖
回复帖子

图 7-86　性能变化趋势分析

在执行过程中对 JForum 服务器进行了监控，基本上每个场景都可以让 MySQL 使用的 CPU 满负荷工作，主要是负载高、任务排队多。图 7-87 所示的 MySQL 服务器监控显示负载满了，图 7-88 所示是 JForum 服务器监控显示负载满了。图 7-89 所示监控的 JVM Heap 回收是没有 Full GC 的，说明 JForum 的程序还是很优秀的，运行几小时都无 Full GC，而且还是在高负荷的压测过程中。

CPU Usage 100 %
Memory Usage 63.94 %
Network Receive Throughput 408.44 kB/s
Network Transmit Throughput 1.63 MB/s
top - 14:01:33 up 8:06, 0 users, load average: 27.37, 24.10, 13.44
Tasks: 3 total, 1 running, 2 sleeping, 0 stopped, 0 zombie
%Cpu(s): 67.4 us, 13.1 sy, 0.0 ni, 6.2 id, 0.1 wa, 0.0 hi, 13.2 si, 0.0 st
KiB Mem : 4039168 total, 148648 free, 1979700 used, 1910820 buff/cache
KiB Swap: 0 total, 0 free, 0 used. 1660548 avail Mem
PID USER PR NI VIRT RES SHR S %CPU %MEM TIME+ COMMAND
1 mysql 20 0 5334480 771988 20704 S 199.7 19.1 47:11.44 mysqld
249 root 20 0 11772 2980 2700 S 0.0 0.1 0:00.04 bash
262 root 20 0 53996 3832 3280 R 0.0 0.1 0:00.00 top

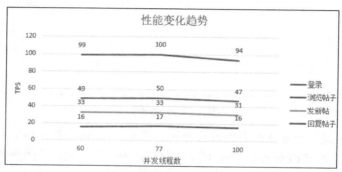

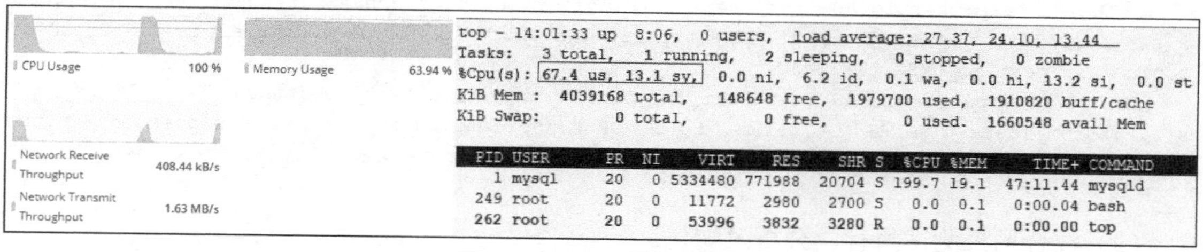

图 7-87　MySQL 服务器监控

top - 14:03:24 up 8:07, 0 users, load average: 34.47, 27.04, 15.65
Tasks: 3 total, 1 running, 2 sleeping, 0 stopped, 0 zombie
%Cpu(s): 68.8 us, 11.8 sy, 0.0 ni, 3.2 id, 0.0 wa, 0.0 hi, 16.2 si, 0.0 st
KiB Mem : 4039168 total, 130620 free, 1970632 used, 1937916 buff/cache
KiB Swap: 0 total, 0 free, 0 used. 1667392 avail Mem
PID USER PR NI VIRT RES SHR S %CPU %MEM TIME+ COMMAND
1 root 20 0 4800112 977620 8540 S 184.7 24.2 42:48.88 java

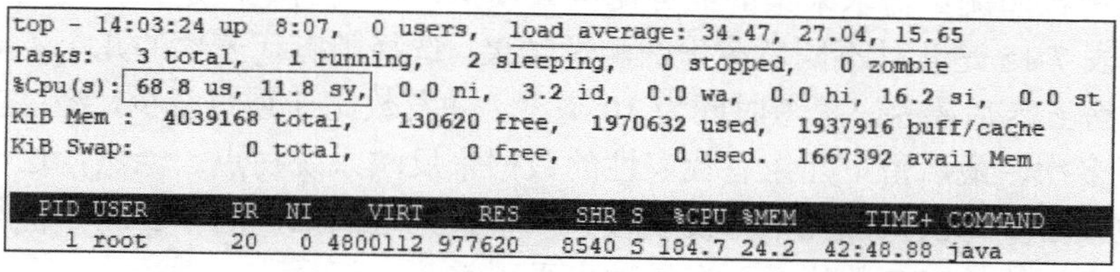

图 7-88　JForum 服务器监控

```
[root@k8sm01 pooltest-compose]# docker ps
CONTAINER ID        IMAGE                                                COMMAND
d884bd723259        seling/jforum-tomcat7-threadpool:2.1.9-oracle-jdk8-64   "catalina.sh run"
b_1
557aa91394a1        seling/jforumdb:1.0                                  "/entrypoint.sh mysq…
b_1
[root@k8sm01 pooltest-compose]# docker exec -it d884bd723259 /bin/bash
[root@d884bd723259 bin]# jstat -gcutil -h8 1 5000
  S0     S1     E      O      M     CCS    YGC     YGCT    FGC    FGCT     GCT
  0.00 100.00  25.48  32.55  96.51  89.64    358   12.487     0    0.000   12.487
  0.00 100.00  86.13  32.42  96.51  89.64    359   12.519     0    0.000   12.519
  0.00 100.00  15.78  32.42  96.51  89.64    361   12.585     0    0.000   12.585
  0.00 100.00  53.82  32.43  96.52  89.64    362   12.650     0    0.000   12.650
  0.00 100.00   9.42  32.43  96.52  89.64    364   12.709     0    0.000   12.709
  0.00 100.00  56.75  32.57  96.52  89.64    365   12.734     0    0.000   12.734
  0.00 100.00   7.78  32.44  96.52  89.64    367   12.816     0    0.000   12.816
  0.00 100.00  54.27  32.58  96.52  89.64    368   12.874     0    0.000   12.874
```

图 7-89　JVM Heap 回收

图 7-90 所示是并发 100 个线程情况下的聚合报告。下面分析一下 TPS 升不上去的原因，如果 TPS 升不上去，响应时间就长，响应时间花在哪里了呢？

100并发

Label	# Sam...	Average	Median	90% Line	95% Line	99% Line	Min	Maximum	Error %	Throu...	Rece...	Sent...
进入登录...	29138	21	8	55	82	168	0	697	0.00%	46.9/sec	263.17	0.00
登录	29136	100	87	169	211	324	8	1460	0.01%	46.9/sec	1253.44	61.40
Session验证	126125	20	9	49	72	151	0	707	0.00%	202.8/sec	59.82	0.00
进入版块	29129	30	23	55	74	139	3	1160	0.00%	46.8/sec	1731.48	0.00
浏览帖子	58228	189	119	342	596	1383	3	7056	0.00%	93.6/sec	1891.08	0.00
回帖	19341	1514	1420	2518	3008	4124	25	10195	0.01%	31.1/sec	735.95	0.00
进入新帖...	9651	74	60	133	172	302	5	1120	0.00%	15.5/sec	382.02	9.29
发帖	9637	1192	1152	1965	2213	2865	23	5524	0.00%	15.5/sec	256.82	65.34
TOTAL	310386	191	34	440	1304	2320	0	10195	0.00%	499.1/sec	6572.51	135.98

图 7-90　聚合报告（并发 100 个线程）

本例的响应时间组成如下（只考虑对响应时间影响大的部分）。

- 响应时间=JMeter 到 JForum 的网络时间+JForum 处理时间+JForum 到 MySQL 的网络时间+MySQL 处理时间。
- JForum 处理时间=程序处理时间+线程排队时间。
- MySQL 处理时间=MySQL 程序处理时间+线程排队时间+IO 时间。

JForum 与 MySQL 在同一主机上，网络时间可以忽略；对于 JForum 服务，我们监控到 CPU 负载很高，平均都是 27 以上，这个时间算到线程排队时间里；我们监控 JVM 的回收情况，基本上没有 Full GC，JForum 的程序在堆的使用上是无风险的，也没有在 Java 程序中做复杂运算，唯一耗时的是构建 Lucene 索引会造成一些性能影响，这可以取得更好的搜索效果，也可以做周期性的 Lucene 索引更新来减轻负担，总的来说这样可以提升系统性能。JForum 不涉及调用第三方系统（或者服务间的调用），Skywalking 中的追踪功能也就用不上。若想对整个服务的响应时间、吞吐量、JVM 进行监控，读者可以使用 Skywalking 去监控。笔者下面也提供了镜像及 docker-compose.yml 文件（代码段），其中标粗的部分是 Skywalking 相关的配置，_DSW_SERVER_NAME 用来指定当前服务名，_DSW_AGENT_COLLECTOR_BACKEND_SERVICES 用来指定监听数据上传的位置。请读者结合第 5 章中的全链路监控的知识来使用，图 7-91 是服务监控示例。

```
version: '3.7'
services:
  jforumweb:
image: seling/jforum-tomcat7-skywalking:2.1.9-oracle-jdk8-64
    stdin_open: true
```

```
    tty: true
    cap_add:
    - SYS_PTRACE
    environment:
      CATALINA_OPTS: $CATALINA_OPTS -javaagent:/usr/local/tomcat7/agent/skywalking-agent.jar
      JAVA_OPTS: -server -Xmx1024M -Xms1024M -XX:MaxMetaspaceSize=128M -XX:MetaspaceSize
=128M -XX:+UseG1GC -XX:MaxGCPauseMillis=100 -XX:+ParallelRefProcEnabled -XX:+PrintGCDetails
-XX:+PrintGCDateStamps -Dcom.sun.management.jmxremote -Dcom.sun.management.jmxremote.local.o
nly=false -Dcom.sun.management.jmxremote.authenticate=false -Dcom.sun.management.jmxremote.p
ort=9080 -Dcom.sun.management.jmxremote.rmi.port=9080 -Djava.rmi.server.hostname=10.1.1.80 -
Dcom.sun.management.jmxremote.ssl=false -DSW_SERVER_NAME=jforum -DSW_AGENT_COLLECTOR_BACKEND
_SERVICES=10.1.1.160:11800
    ports:
    - 8089:8080/tcp
    - 9080:9080/tcp
    labels:
      service: jforumweb
    depends_on:
    - jforumdb
  jforumdb:
    image: seling/jforumdb:1.0
    stdin_open: true
    tty: true
    environment:
      MYSQL_ROOT_PASSWORD: 3.1415926
    ports:
    - 3306:3306/tcp
    labels:
      service: jforumdb
```

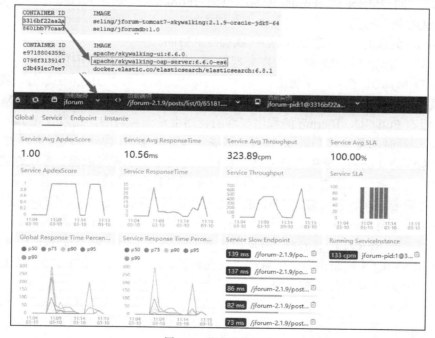

图 7-91　服务监控示例

MySQL 程序处理时间由 Navicat Monitor 来监控，下面看一下多个维度的监控情况。

图 7-92 中给涉及的 SQL 查询做了耗时排序，可以看到实际的 SQL 处理速度还是很快的，每个查询也都可以落到索引上。

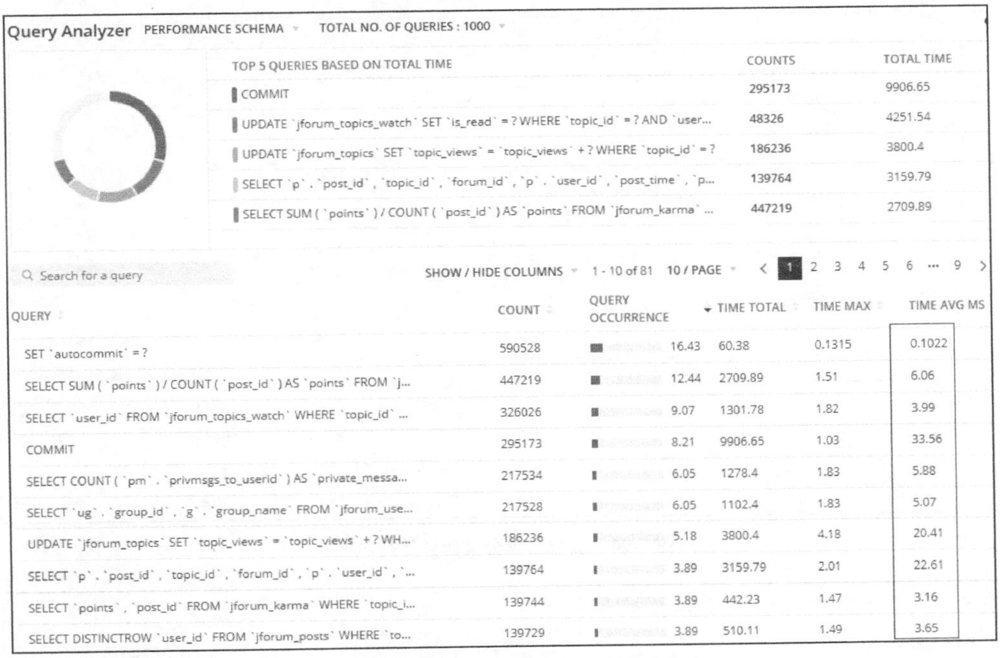

图 7-92　查询耗时排序

图 7-93 中为 SQL 的查询等待排序，可以看到等待时间还大于查询处理的时间。

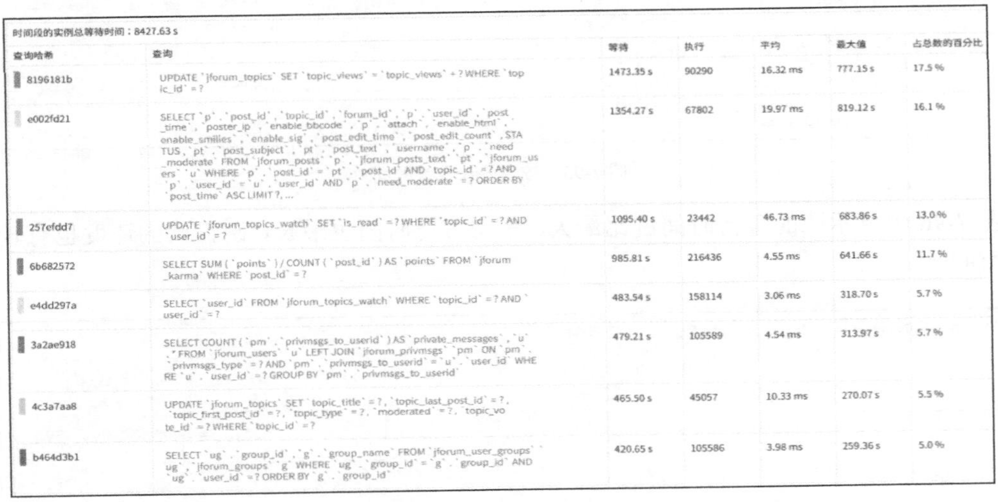

图 7-93　查询等待排序

图 7-94 所示为按资源对象分类统计等待时间，可以看到 CPU 的等待占到 99%，CPU 瓶颈影响到整个性能。

图 7-95 所示为按表来统计等待时间，可以看到最"热"的表是 jforum_topics，经查这张

表是有索引的。

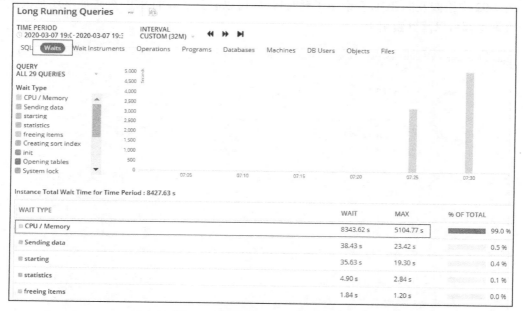

图 7-94 资源对象分类统计等待时间

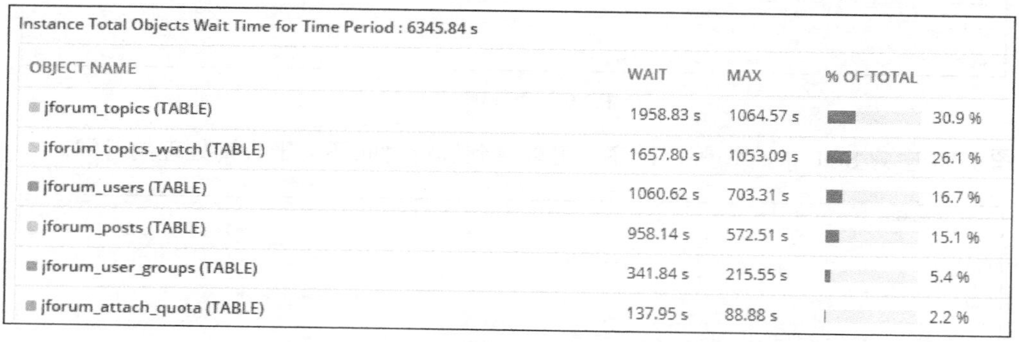

OBJECT NAME	WAIT	MAX	% OF TOTAL	
jforum_topics (TABLE)	1958.83 s	1064.57 s		30.9 %
jforum_topics_watch (TABLE)	1657.80 s	1053.09 s		26.1 %
jforum_users (TABLE)	1060.62 s	703.31 s		16.7 %
jforum_posts (TABLE)	958.14 s	572.51 s		15.1 %
jforum_user_groups (TABLE)	341.84 s	215.55 s		5.4 %
jforum_attach_quota (TABLE)	137.95 s	88.88 s		2.2 %

Instance Total Objects Wait Time for Time Period : 6345.84 s

图 7-95 按表统计等待时间

图 7-96 中显示读的等待时间占比最大，平均等待时间也最长，磁盘读的速度也有较大的提升空间。

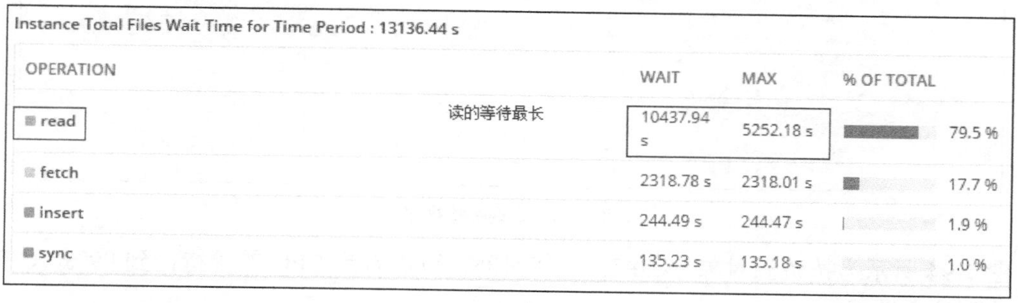

Instance Total Files Wait Time for Time Period : 13136.44 s

OPERATION		WAIT	MAX	% OF TOTAL	
read	读的等待最长	10437.94 s	5252.18 s		79.5 %
fetch		2318.78 s	2318.01 s		17.7 %
insert		244.49 s	244.47 s		1.9 %
sync		135.23 s	135.18 s		1.0 %

图 7-96 等待时间占比

图 7-97 是网络的统计，网络传速为 1.51MB/s，实验环境在一台主机上，网络影响可以忽略。

综上所述，MySQL 的处理时间多数花在了 CPU 的等待上，IO 等待时间按几十万的查询量平均后并不多，当然系统若有更快的读写速度会更好。JForum 的表结构简单，查询语句也比较简单，在不改变业务结构的前提下，目前性能已经是很不错的，如果提升 CPU 处理能力，性能会明显改善。

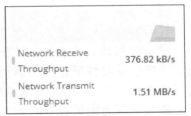

图 7-97　网络的统计

表 7-16 中把单场景与混合场景的结果进行了对比，可以看到 TPS 相差还是比较大的。混合场景是以一个完整的业务链路来模拟的，业务操作在测试脚本中是有先后顺序的，某个操作耗时较多都会对整个链路造成影响，自然 TPS 与单场景相差较大。

表 7-16　单场景&混合场景的结果对比

业务名称	TPS					
	60		77		100	
	单场景	混合场景	单场景	混合场景	单场景	混合场景
登录	252	49	267	50	270	47
浏览	159	99	169	100	177	94
回帖	28	33	43	33	19	31
发帖	58	16	64	17	54	16

登录与浏览只查询数据库，所以 TPS 比较大；回帖与发帖都有写数据库操作，而且都会触发生成全文搜索索引，也会查询数据，同时要把数据写到缓存中，所以 TPS 相对要小一些。另外也有一些有趣的数据，例如浏览操作在混合场景的 RT 会小一些，这时我们就要多压测一段时间，确认这不是异常，而是一直是这样。我们不能单看 RT，重点要看 TPS，单场景的 TPS 明显比混合场景的大。遇到这种情况没有其他办法，只能反复多次压测，减少偶发事件。

要清楚单场景与混合场景的运行目的。单场景方便我们分析性能问题，在单元测试阶段就可以介入，把性能测试提前，问题早发现、早面对；混合场景模拟用户实际操作，测试结果更具可靠性，当然这要建立在测试模型可靠、数据量足够、执行充分的基础上。

负载测试执行完成前后对数据库文件大小进行了监控，每增加 10 万条发帖、回帖记录，数据文件增长约 115MB（排除附件），500 万条占用空间约为 5 750MB（约 5.6GB），故数据库对磁盘空间并无特殊要求，市场上销售的主流磁盘都可满足。

下面简单总结一下负载测试结果。

1）JForum 在测试环境下能够满足目前的性能需求。

2）通过不同当量的负载测试反映了 JForum 在不同测试环境的性能变化趋势，在总吞吐量（TPS）约为 100 后出现拐点。

3）当前配置中，CPU 是 JForum 系统首要风险，随着业务量的增加，CPU 将首先面临瓶颈。

7.9.4 稳定性测试

1．测试场景

稳定性测试的目的是验证在当前软硬件环境下（见表 7-17），长时间运行一定负载时，确定系统在满足性能指标的前提下是否运行稳定，执行时依然是用混合场景。这里有个问题需要明确一下，稳定性测试负载量一般设为多大？一般要求是在正常性能阈值下尽量加大负载量，何为阈值呢？例如响应时间要求 3 秒以下，3 秒就是阈值；例如 CPU 利用率 70% 以下，70% 就是阈值。设满足性能要求的负载是 B，稳定性测试时负载一般是 $1.5B\sim 2B$（1.5 倍到 2 倍之间），这也只是一个经验值，实际情况需酌情增减。本例的稳定性测试选择并发 154 个（估算出来的并发数 77 的 2 倍）线程，思考时间调到 1 秒，示例运行 2 小时。

表 7-17　　　　　　　　　　　稳定性测试场景

场景编号	测试类型	涉及业务	业务占比	运行时间	并发数	目的
Sec_104	稳定性测试	登录	36%	2 小时	154	稳定性测试
		浏览帖子	41%			
		发新帖	10%			
		回复帖子	13%			

2．测试执行与分析

表 7-18 是稳定性测试结果与测试指标的对比，由于第一阶段的性能不平稳，响应时间一直在上扬（见图 7-98 和图 7-99），说明性能受某些因素的影响比较大。这种情况的稳定性测试有必要继续执行下去，找到系统性能恶化的原因。所以继续进行第二个阶段的压测，在第二阶段中 TPS 趋于稳定，可惜是稳定的超时，发帖操作都到了 3.8 秒的平均时间，TPS 总体下降 23。再看一下 95% 的响应时间，第一阶段性能比较好，第二阶段时间都到了 5、6 秒了。所以基于笔者的实验环境，压测的负载量来说，稳定性堪忧，当然也有扩大负载造成的影响，让问题显现得更早，这也是性能测试的目的。下面我们分析一下原因。

表 7-18　　　　　　　　　稳定性测试结果和测试指标的对比

业务名称（描述）	需求 TPS	实测 TPS（第一阶段）	实测 TPS（第二阶段）	实际响应时间（毫秒）事务成功率
登录	1.44	21.3	15.6	99.999%
浏览帖子	3	42.6	31.1	99.99%
回复帖	0.75	14.2	10.4	99.99%
发帖子	0.58	7.1	5.2	99.99%
合计	5.77	85.2	62.3	

Label	# Sam...	Average	Median	90% Line	95% Line	99% Line	Min	Maximum	Error %	Throu...	Recei...	Sent ...
进入登...	156015	5	2	9	17	57	0	1383	0.00%	21.3/sec	119.80	0.00
登陆	156015	23	17	43	59	103	7	1110	0.01%	21.3/sec	670.00	27.96
Sessio...	675712	4	1	9	14	60	0	1411	0.00%	92.4/sec	27.25	0.00
进入版块	156005	9	6	19	27	68	2	1293	0.00%	21.3/sec	788.94	0.00
浏览帖子	311832	29	17	57	87	233	3	3232	0.00%	42.6/sec	870.47	0.00
回帖	103897	339	80	1203	1787	2637	16	4374	0.00%	14.2/sec	341.77	0.00
进入新...	51923	15	11	27	38	72	5	1004	0.00%	7.1/sec	175.08	4.26
发帖	51890	388	65	1407	1877	2620	13	4227	0.00%	7.1/sec	117.87	29.99
TOTAL	1663289	44	6	50	99	1229	0	4374	0.00%	227.4/sec	3109.81	62.11
Label	# Sam...	Average	Median	90% Line	95% Line	99% Line	Min	Maximum	Error %	Throu...	Recei...	Sent ...
进入登...	111763	4	2	8	19	54	0	2135	0.00%	15.6/sec	87.40	0.00
登陆	111763	50	30	95	139	326	7	3943	0.01%	15.6/sec	488.85	20.40
Sessio...	484044	3	1	7	12	39	0	2852	0.00%	67.4/sec	19.88	0.00
进入版块	111755	16	8	25	39	111	3	4136	0.00%	15.6/sec	576.33	0.00
浏览帖子	223449	56	16	68	113	816	4	15820	0.00%	31.1/sec	631.97	0.00
回帖	74403	2516	1307	6015	6569	9987	18	20387	0.00%	10.4/sec	249.04	0.00
进入新...	37184	25	14	44	61	145	5	4207	0.00%	5.2/sec	127.71	3.11
发帖	37139	3824	3777	5270	5671	6421	18	18940	0.00%	5.2/sec	85.97	21.87
TOTAL	1191500	295	6	139	2760	5744	0	20387	0.00%	165.9/sec	2265.53	45.28

图 7-98　结果对比

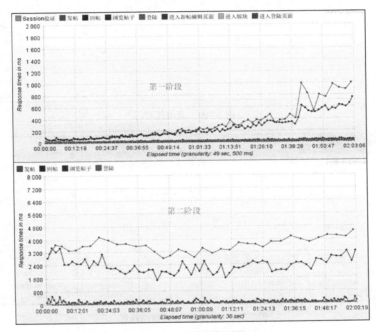

图 7-99　响应时间对比

　　我们把分析分为二层，即 JForum 应用与 MySQL 数据服务。先从 MySQL 数据服务开始。

　　（1）从 DB 的监控数据来看，回帖数据从 10 万增加到 80 万，发帖由 10 万增加到 30 万。查询的响应时间依然比较快，图 7-100 显示这些查询都是毫秒级的。的确，在数据结构简单、索引加持、数据量几十万的情况下，MySQL 承载完全没有问题，主要是由于实验环境的 CPU 资源有限，所以 CPU 基本是满负荷状态（见图 7-101）。MySQL 的配置也已经进行了适当调整，主要性能指标良好（见图 7-102），所以 MySQL 数据服务相对 JForum 应用来说对整体性能的影响要小很多。MySQL 的风险主要在 CPU，后续业务增大、数据增多后，需要优先加强 CPU 处理能力。

　　（2）响应时间与 TPS 反映整体性能表现，下面分析 JForum 中程序的性能。如果您使用 Skywalking 来监控，可以得到每个请求的耗时（见图 7-102）。由于没有复杂的调用，监控结果相对简单，Skywalking 适合于不同服务之间的调用，且能组成一个调用链，然后可以分析这个链中哪个服务慢。在此我们使用第 5 章讲到的 anatomy 来帮助分析。

Query Analyzer　PERFORMANCE SCHEMA ▾　TOTAL NO. OF QUERIES : 1000 ▾

TOP 5 QUERIES BASED ON TOTAL TIME

	COUNTS	TOTAL TIME
COMMIT	1002216	8940.17
SELECT `p`.`post_id`, `topic_id`, `forum_id`, `p`.`user_id`, `post_time`, `poste...	474857	3220.18
SELECT `ug`.`group_id`, `g`.`group_name` FROM `jforum_user_groups` `ug`, `jf...	738618	769.2
UPDATE `jforum_topics_watch` SET `is_read` = ? WHERE `topic_id` = ? AND `user_id` ...	162494	600.97
SELECT SUM(`points`) / COUNT(`post_id`) AS `points` FROM `jforum_karma` WHE...	1564263	529.82

🔍 Search for a query　　　　SHOW / HIDE COLUMNS ▾　1 - 10 of 87　10 / PAGE ▾　< **1** 2 3 4 5 6 … 9

QUERY	COUNT	QUERY OCCURRENCE	▾ TIME TOTAL	TIME MAX	TIME AVG MS
SET `autocommit` = ?	2004242	16.19	146.46	0.0876	0.0731
SELECT SUM(`points`) / COUNT(`post_id`) AS `points` FROM `j...	1564263	12.64	529.82	0.5722	0.3387
SELECT `user_id` FROM `jforum_topics_watch` WHERE `topic_id` ...	1107843	8.95	516.66	0.821	0.4664
COMMIT	1002216	8.1	8940.17	1.42	8.92
SELECT COUNT(`pm`.`privmsgs_to_userid`) AS `private_messa...	738648	5.97	494.85	0.8752	0.6699
SELECT `ug`.`group_id`, `g`.`group_name` FROM `jforum_use...	738618	5.97	769.2	0.5051	1.04
UPDATE `jforum_topics` SET `topic_views` = `topic_views` + ? WH...	633073	5.11	255.93	0.9675	0.4043
SELECT `p`.`post_id`, `topic_id`, `forum_id`, `p`.`user_id`, `...	474857	3.84	3220.18	0.898	6.78
SELECT `points`, `post_id` FROM `jforum_karma` WHERE `topic_i...	474881	3.84	119.29	0.5228	0.2512
SELECT DISTINCTROW `user_id` FROM `jforum_posts` WHERE `to...	474792	3.84	148.41	0.548	0.3126

图 7-100　查询耗时

CPU usage
03:27 PM

CPU 100 %	DB Disk Usage 143.84 MB	‖ InnoDB Cache Hit　100 %	Total InnoDB Buffer Pool Size　1.07 GB	‖ Sort Merge Pass Rate　0.1 /s
		‖ Query Cache Hit　0 %		‖ Sort Range Rate　20.93 /s
	DB Connections 105	‖ MyISAM Key Cache Hit　99.75 %	Free InnoDB Buffer Pool Size　936.64 MB	‖ Sort Row Rate　729.13 /s
Memory 79.13 %		‖ Thread Cache Hit　96.84 %		‖ Sort Scan Rate　220.45 /s
	Queries 1454.98 /s	LOCK		

Statement Read　Statement Write
854.2 /s　　246.48 /s

Network Receive　Network Transmit
169.72 kB/s　　686.67 kB/s

‖ Immediate Table Locks　4.33 /s	Pending InnoDB Row Locks　0	‖ InnoDB Row Lock Time　614206 ms
‖ Waited Table Locks　0 /s		‖ InnoDB Row Lock Avg　59 ms
		‖ InnoDB Row Lock Max　3333 ms

图 7-101　MySQL 主要性能指标

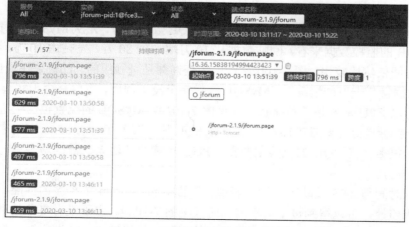

图 7-102　查询追踪

查看 CPU 使用率与负载情况，此时 CPU 利用率并不高，IO 等待时间长，于是开始分析线程，找程序问题；先找出 CPU 资源占用高的线程，获取栈信息；图 7-103 所示是一个 CPU 线程栈信息，另外我们也找到了回帖与发帖的栈信息，它们的性能与 PostAction.insertSave 关联。下面我们监控这两个方法的调用时间。

```
net.jforum.view.forum.PostAction.insertSave(PostAction.java:1142)
at net.jforum.search.LuceneIndexer.create(LuceneIndexer.java:182)
```

图 7-103 线程信息

我们比较少量线程与 154 个线程两种负载，图 7-104 是少量负载情况下监控到的两个方法的耗时，我们用表格进行比较（见表 7-19），每种负载随机选择两次监听结果进行比较。

表 7-19 两个方法的比较

方法	个位数负载		154 并发（第一阶段）		154 并发（第二阶段）	
PostAction.insertSave	27	26	217	274	3 051	6 148
LuceneIndexer.create	5	2	273	174	1 126	1 064

图 7-104 两个方法的耗时监控

个位数负载与 154 个线程并发的性能差异明显可以理解，而 154 个线程并发时两个阶段的性能差异大就需要找原因了。图 7-105 所示是对 LuceneIndexer.create 方法的一次分析。这部分在 JForum 服务器上进行 Lucene 索引的更新，基本是 IO 操作，导致一定的 IO 等待，数据越来越多，系统就会越来越慢。另外监听到 Lucene 索引达到一定大小后会整理，整理后速度会短暂上升，之后又变慢。当 Lucene 索引的更新时间与整个事务的时间在一个量级后，整个事务的响应时间就相对平稳了，因此我们看到的第二阶段 TPS 平稳但响应时间很大。当然，这个平衡的过程也可以打破，而且这个量变引起质变的过程会长一些。

```
---+Tracing for : thread_name="catalina-exec-236" thread_id=0x16e;is_daemon=true;priority=5;
`---+[6221,6221ms]net.jforum.search.LuceneIndexer:create()
    +--[165,0ms]net.jforum.search.LuceneSettings:directory(@165)
    +--[165,0ms]net.jforum.search.LuceneSettings:analyzer(@165)
    +--[165,0ms]org.apache.lucene.index.IndexWriter:<init>(@165)
    +--[165,0ms]net.jforum.search.LuceneIndexer:createDocument(@167)
    +--[165,0ms]org.apache.lucene.index.IndexWriter:addDocument(@168)
    +--[6212,6047ms]net.jforum.search.LuceneIndexer:optimize(@170)
    +--[6212,0ms]org.apache.log4j.Logger:isDebugEnabled(@172)
    +--[6212,0ms]org.apache.lucene.index.IndexWriter:flush(@182)
    +--[6212,0ms]org.apache.lucene.index.IndexWriter:close(@183)
    `--[6221,9ms]net.jforum.search.LuceneIndexer:notifyNewDocumentAdded(@185)
```

图 7-105　LuceneIndexer.create 方法耗时诊断

如图 7-106 所示，wa（非空闲等待）比系统 CPU 占用还高，bo 的指标也比较高；也可以直接分析 Java 线程对 IO 的占用，图 7-107 所示是线程级的 IO 监听。

```
procs -----------memory---------- ---swap-- -----io----- -system-- -----cpu-----
 r  b   swpd   free   buff  cache   si   so    bi    bo    in    cs us sy id wa st
 5  0      0 398988   1004 1403948    0    0    12   988   438   199 38 11 49  2  0
15  0      0 443720   1004 1355760    0    0     0 10889  7841  6428 45 12 36  7  0
 5  0      0 441368   1004 1360800    0    0     0   504 10981  8258 70 17 13  0  0
 6  0      0 398492   1004 1405172    0    0     0 16713  6296  4176 53  7 34  7  0
 2  0      0 445960   1004 1356160    0    0     0 10740  7113  6172 37 11 40 11  0
22  0      0 445136   1004 1357180    0    0     0   407 10054  6929 69 16 16  0  0
 2  1      0 400584   1004 1402612    0    0     0 16716  6281  4236 47  6 40  7  0
^C
[root@eb45c6181cf9 jforumLuceneIndex]# top
top - 12:44:45 up  4:24,  0 users,  load average: 13.54, 13.53, 12.14
Tasks:   3 total,   1 running,   2 sleeping,   0 stopped,   0 zombie
%Cpu(s): 27.6 us,  3.7 sy,  0.0 ni, 41.4 id, 23.5 wa,  0.0 hi,  3.7 si,  0.0 st
KiB Mem : 4039168 total,   442336 free,  2238416 used,  1358416 buff/cache
KiB Swap:       0 total,        0 free,        0 used.  1394428 avail Mem
```

图 7-106　主机性能监控

```
[root@k8sm01 jforumLuceneIndex]# pidstat -d -p 12278 5
Linux 5.0.7-1.el7.elrepo.x86_64 (k8sm01)        03/11/2020      _x86_64_        (4 CPU)

08:45:35 AM   UID       PID   kB_rd/s   kB_wr/s kB_ccwr/s  Command
08:45:40 AM     0     12278      0.00  29686.40   3767.20  java
08:45:45 AM     0     12278      0.00  10813.60   1149.60  java
08:45:50 AM     0     12278      0.00  20061.60   3784.00  java
08:45:55 AM     0     12278      0.00  28655.20    127.20  java
08:46:00 AM     0     12278      0.00  11964.87   3755.69  java
08:46:05 AM     0     12278      0.00  24928.00   3840.00  java
```

图 7-107　线程级的 IO 监听

那 JVM 有没有问题呢？看一下 JVM 的堆回收情况，图 7-108 的垃圾回收监控显示没有 Full GC，说明程序在这方面控制得较好，我们选择的垃圾回收器还算合适。

上面一路分析下来，我们漏掉的还有网络连接，因为我们的连接数并不多，连接池开得大，所以在此基本忽略影响。大家在做性能测试时可以适当放大连接数限制，其占用内存不大。

S0	S1	E	O	M	CCS	YGC	YGCT	FGC	FGCT	GCT
0.00	100.00	16.40	66.96	98.16	95.00	1383	46.867	0	0.000	46.867
0.00	100.00	50.80	66.96	98.16	95.00	1383	46.867	0	0.000	46.867
0.00	100.00	18.49	66.97	98.16	95.00	1384	46.928	0	0.000	46.928
0.00	100.00	51.13	66.97	98.16	95.00	1384	46.928	0	0.000	46.928
0.00	100.00	20.87	67.10	98.16	95.00	1385	46.961	0	0.000	46.961
0.00	100.00	51.36	67.10	98.16	95.00	1385	46.961	0	0.000	46.961
0.00	100.00	28.53	66.98	98.16	95.00	1386	47.006	0	0.000	47.006

图 7-108　垃圾回收监控

到此，我们总结一下性能稳定性测试。性能稳定性是一个量变引起质变的过程，因此负载尽量多（可以把思考时间适当放大一些，多加一些线程）；执行时间尽可能长，这样才能验证数据量积聚后性能是否有保障；测试结果的曲线尽量要平缓，响应时间可以是渐近式的上升，对于突变要认真分析原因。

本例中，我们实际产生的负载量是需求的 10 倍以上，2 小时的数据量大约相当于 25 天的需求量，此时稳定性较差，当前的硬件配置下性能较差。所以稳定性测试时加的负载量很考验测试工程师，如果加的负载量太大，稳定性测试结果很差的概率大，有助于暴露问题。但对于程序来说就"不公平"了，如果系统根本没这么大的负载，压测这么大显得多余。如果我们把负载降下来，压测结果就完全不一样了，在图 7-109 和图 7-110 中可以看到 TPS 与响应时间都比较稳定。所以压测时也需要实际一点，负载测试能够"压榨"出最佳性能，性能稳定性测试时的负载主要参照性能需求适当放大。

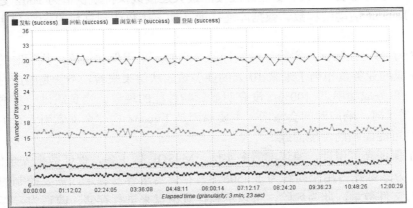

图 7-109　TPS

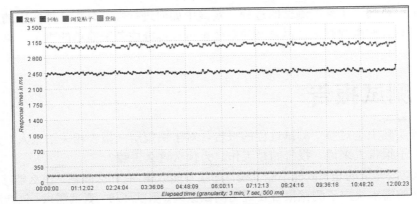

图 7-110　响应时间

7.10　结果分析

前面我们经过了不同目的的测试执行工作，对系统的性能有了相对全面的了解。

（1）系统在单机（参照测试环境、软硬件配置信息）上已经能够满足性能要求。

（2）对系统的性能变化趋势做了评估（见表 7-20），在当前环境下最高可提供 15 倍于当前需求的吞吐量（以 TPS 来计），随着负载的增加，CPU 将首先遇到性能瓶颈，其次是 IO。

表 7-20　　　　　　　　　　　　　　　　性能变化趋势

业务名称	ART（毫秒）			TPS		
	60	77	100	60	77	100
登录	77	80	100	49	50	47
浏览	117	175	189	99	100	94
回帖	727	916	1 514	33	33	31
发帖	628	768	1 192	16	17	16
合计				179	200	188

（3）进行了配置测试，建议 JVM 堆空间暂时设置为 1GB（JDK 8），垃圾回收器推荐使用 G1，Tomcat 连接池设为 200，数据库连接池最大连接数保持默认值为 100，建议在运营过程中监控到 Tomcat 活动线程数、数据库连接池活动连接数达到总数的 80% 以上时可以适当增加堆空间。

（4）进行了稳定性测试，实验环境执行了 2 小时，采用保守策略，执行时的负载是需求的 1.5 倍，完成的业务量相当于未来 10 天的业务量。从结果来看，不管是响应时间还是 TPS 都比较稳定，事务成功率近 100%，没有明显影响性能的现象。当负载进一步增大时，例如 15 倍于性能需求时，响应时间会激增，主要原因是 Lucene 构建全文索引太繁忙，这只是未来业务增大时可能面临的性能问题。

（5）为了保证高可用性，建议部署多实例，MySQL 做主备，保证数据安全性。

（6）500 万条数据占用空间约为 5 750MB，存储需求容易满足，需要控制的是用户上传附件的大小与文件数量，此为风险，可以单独挂载磁盘来进行存储，改造为云存储是个不错的方案。

注：以上只是演示了性能测试的过程，实践中如何进行性能分析，现实中的生产系统会更复杂。但是只要按照规则来，再复杂的系统也可以拆分成若干简单的事务，总会找到解决办法。

7.11　测试报告

测试报告实际上是对整个测试过程的报告。对于决策层（报告相关干系人）来说，关心的是结果；对于报告人来说，报告的是工作。为什么这么说呢？

决策层迫切要知道的是系统能不能上线？如果不能上线，有什么问题？怎么能够尽快解决？

这两方面的需求决定了测试报告要说明测试原因、测试环境、测试需求（包括测试指标）、测试开发过程、测试执行过程、测试缺陷、测试结果、系统风险等内容，测试报告提纲如下。

（1）性能测试背景：结合系统简述一下性能测试开展的必要性。

（2）性能测试目标：此次性能测试的目标，我们要做哪方面的测试？

（3）性能测试范围：列出测试范围，参考测试计划中的测试范围。

（4）名词术语：报告中涉及的专业名词解释，参考测试计划。

（5）测试环境：报告测试结果基于的环境，不同环境中测试结果可能是大相径庭的，参考测试计划中列出的环境。

（6）测试数据：报告测试数据量，参考测试计划中估算的数量。

（7）测试进度：报告测试过程，什么时候做什么工作，例如哪一天执行了哪些测试脚本。

（8）测试结果：全面而多方位地报告测试结果，如 TPS、ART、事务成功率、硬件设备资源利用率（CPU、内存、网络、IO 等）。

（9）测试结论：分析给出测试结论，系统能否满足性能要求？存在什么问题？有哪些缺陷？解决了哪些问题？还有哪些问题没有解决？

（10）系统风险：报告系统可能存在的风险，帮助决策层应对风险。

限于篇幅，在此不详细讲述报告的写法，完整报告示例可从作者公众号获取。

7.12 本章小结

本章我们用实例演示了常规的性能测试流程，对于关键点做了说明。在需求分析时，我们要关注业务量、业务分布、用户规模、性能指标等信息。通过需求分析，我们可以建立起测试模型，定义测试数据（主数据及业务数据），在制作测试数据时一要注意量，二要注意数据的分布。在脚本编写时，要注意做断言，验证事务是否成功，可以看到脚本运行成功只是测试计划的一部分，在实现场景时我们还需要做调整。我们用实例演示教大家如何设置不同业务的比例，这些都是一些小技巧，只要对 JMeter 各元件功能熟悉，就可以利用它们来达到你想要的效果。

测试监控是性能测试重要的一环，性能的好坏会通过硬件性能反映出来，我们也是通过这些硬件指标来分析、推测问题所在。测试执行时，我们针对不同的目的做了基准测试、配置测试、负载测试、稳定性测试，在执行过程中抛砖引玉地演示了部分常见性能问题。例如中间件线程池大小、数据库连接池大小、JVM 大小等。其实还有一些常见的问题，如日志过多导致的 IO 瓶颈，缺失关键索引或者没利用上索引导致的性能问题（数据库 IO 过大、CPU 利用率过高），也是我们要关注的。

测试计划与测试报告要能够让非专业人士也能看懂，做好指标对比，用图表表达性能变化趋势。要提醒的是，计划与报告可以不详细，但性能测试的过程不能省。性能测试是严谨的工作，不要因为时间紧而偷懒，忽视重要工作项目。

在文中我们留下了一个思考问题：计算出来的 Vu 数量为 1 时，我们如何处理？大家知道性能测试要模拟并发的场景，如果 Vu 只有一个，显然不能模拟并发的场景，不能满足并发要求。此时我们可以加大 Think Time，运行更多的 Vu，同时设置集合点来满足并发的要求，这样在一段时间内，事务数平均后 TPS 还是可以回到需求水平。例如迭代一次需要 1 秒（事务响应时间 0.5 秒+Think Time 0.5 秒），那么 1TPS 只需要 1 个用户；如果 Think Time 变为 2.5 秒，1TPS 就需要 3 个（TPS×一次迭代时间=1×(2.5+0.5)=3）并发用户。

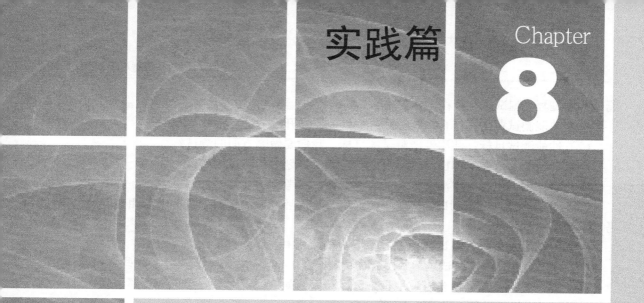

実践篇　Chapter
8

第8章

前端性能测试

从本章你可以学到：

- ☑ 前端性能风险
- ☑ 前端性能分析原理
- ☑ 前端性能分析工具

8.1 前端性能风险

前端是面向用户的程序，例如我们在浏览器中看到的网站页面，我们在手机中看到的 App 界面、小程序等。在 20 多年前我们并没有前端这个说法，当时很多系统（产品或者服务）是采用 C/S 架构的，C（Client）为客户端，S（Server）为服务端。例如我们在 Windows 系统中安装的 QQ 程序，聊天界面是 C 端，系统消息来自 S 端。C 端负责接收用户请求，展示服务端的响应；对用户来说唯一不方便的地方就是要安装 C 端程序，所以这是一个痛点。

我们可以通过浏览器来访问门户网站，服务商只要按照协议提供信息，就可以发布在万维网上供用户浏览，用户并不需要去安装特定的 C 端程序。万维网解决了用户的痛点，为之后的互联网崛起扫清了道路。实际上是我们用浏览器代替了这个 C 端程序，让它变得通用，它不仅提供文字、图片内容，还可以提供视频内容。

如今，运行在浏览器上的程序我们称之为前端程序。当然，前端程序不是只有运行在浏览器中的，我们把处理用户请求，渲染响应数据的程序都叫前端。例如手机中的 App、微信及微信中的小程序。用户的信息需求种类增多，信息量增多，都给前端带来了压力。现在我们在开发前端程序时重度使用 JS（JavaScript），JS 是解释型的即时编译语言，运行在浏览器中。是程序就可能有问题，自然性能问题也是逃不掉的。

以 Web 为例，我们在浏览器中访问页面时也许没少见下面几种情况：

- 时常会遇到白屏，半天没有响应；
- 好不容易有响应，屏幕出现卡顿；
- 页面出来了，数据没填充完整；
- 图片显示不完整；
- 动画不动，视频不流畅。

这些情况可能是前端的性能问题，也可能是后端的问题，例如，后端响应数据更快，那前端数据显示就更快；网络更快，前端等待数据时间更短。当后端优化到一定程度时，前端如果有优化空间自然要优化。优化时从系统整体出发，前后端配合起来进行优化，按轻重缓急、难易及成本统一考虑。

现在的前端性能问题主要体现在数据（图片、文字、音频、影像、动画等）的展示需求与承载资源的矛盾上。承载资源指的是浏览器及网络、CPU、内存等硬件资源。浏览器在获取到后端响应数据后，对页面渲染的速度有多快？渲染由浏览器的内核来完成，怎么优化前端程序让浏览器更高效地做渲染？页面的渲染是一个构造文档对象模型（Document Object Model，DOM）的过程，如何高效地构建 DOM 就成了前端性能的课题。

移动互联中的前端性能问题也是我们要关注的重点，手机 App 分为 Native 应用、Hybrid 应用或者 Web（H5）应用。Native 应用是原生程序，一般运行在机器操作系统上，例如，iOS 或者 Android，有很强的交互性，静态资源都存在手机上；Hybrid 应用是半原生程序，伪造一个浏览器访问 Web 页面，还是运行在机器的操作系统上，交互性较弱，资源一般在本地或者网络（如果是从网络请求资源，用户体验受网络影响大）上；Web 应用是利用浏览器（手机中的浏览器）进行访问，运行在浏览器上，不再是直接运行在操作系统上，资源一般在网络上（浏览器可以缓存），Web 应用的性能除了受到后台响应的影响，也受页面渲染影响。

思考题：微信小程序是什么类型的应用？

8.2 前端性能分析原理

上一节我们在讨论前端性能风险时提到，Web 应用向着富客户端（功能更多，内容种类多，内容更多）发展，页面的渲染是我们要重点考虑的性能点。后面我们将针对 Web 应用在浏览器中的渲染来讲解前端性能。

通常通过浏览器完成一次用户请求有 5 个步骤。

（1）DNS 查询：找到服务端。

（2）TCP 连接：建立连接。

（3）HTTP 请求及响应：发送请求，B 端与 S 端通信完成请求交互。

（4）服务器响应：服务器后端程序处理请求返回响应数据。

（5）浏览器渲染：B 端接收数据包并在浏览器中展示。

抛开网络及服务端问题，我们只谈论浏览器渲染，把浏览器渲染也分成 5 个步骤。

（1）处理 HTML 标签并构建 DOM 树。

（2）处理 CSS 标记并构建 CSSOM 树。

（3）将 DOM 与 CSSOM 合并成一个渲染树。

（4）根据渲染树来布局，以计算每个节点的几何信息。

（5）将各个节点绘制到屏幕上。

上面出现了几个名词，可能部分读者不太了解，我们选择几个简单解释一下。

DNS（Domain Name System）：将域名和 IP 地址映射的分布式数据库，访问网站时通过域名找到 IP，方便上网。

TCP 连接：TCP/IP 是一组网络连接协议，搭起计算机之间通信的桥梁，TCP 连接是使用 TCP/IP 协议进行网络连接，我们访问网站会建立 TCP 连接。

HTML 标签（标记）：把构思的内容通过浏览器展示给用户，这些内容需要浏览器"认识"才能展示。HTML 标签是一个规范，浏览器能够"认识"并处理这些标签，设计者能够把内容通过 HTML 规范来转换。图 8-1 是网页的部分 HTML 内容，其中以"<"开头和">"结尾的都是 HTML 标签，标签不区分大小写。

```
<!DOCTYPE HTML PUBLIC "-//W3C//DTD HTML 4.01 Transitional//EN" "http://www.w3.org/TR/html4/loose.dtd">
<html>
<head><script id="allmobilize" charset="utf-8" src="http://ysp.www.gov.cn/013582404bd78ad3c016b8fffefe6a9a/allmobilize.min.js">
rel="alternate" media="handheld" href="#"/>
<meta http-equiv="Content-Type" content="text/html; charset=utf-8">
<link href="http://www.gov.cn/govweb/xhtml/favicon.ico" rel="shortcut icon" type="image/x-icon">
<title>中国政府网_中央人民政府门户网站</title>
<meta name="others" content="页面生成时间 2019-04-20 17:26:36" />
<meta http-equiv="X-UA-Compatible" content="IE=8" />
  <meta http-equiv="X-UA-Compatible" content="IE=edge,chrome=1">
    <meta name="renderer" content="webkit">
    <meta name="viewport" content="width=1100" />

        <li><a href="https://mail.gov.cn/nsmail/index.php" class="icon1" title="公务邮箱" target="_blank"></a></li>
        <li><a href="/hudong/xzlwh.htm" class="icon2" title="我向总理说句话" target="_blank"></a></li>
        <li><a href="http://app.www.gov.cn/download/Chinese" class="icon3" title="APP下载" target="_blank"></a></li>
        <li><a href="/home/2014-02/18/content_5046260.htm" class="icon4" target="_blank" title="微博"></a></li>
        <li><a href="/home/2014-02/18/content_5046260.htm" class="icon5" target="_blank" title="微信"></a></li>
        <li><a href="javascript:void(0);" onclick="return j2gb('http://www.gov.cn');" >简</a></li>
```

图 8-1　HTML 内容

　　浏览器把整个页面当作一个 DOM，页面中的内容（称为对象更专业一点）被组织在一个树形结构中，然后把这个 DOM 渲染在浏览器中就是我们看到的页面了。

　　下面细化一下渲染过程（见图 8-2）的 5 个步骤。

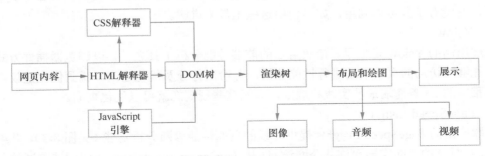

图 8-2　渲染过程

　　（1）浏览器接收到服务端的响应数据（以 HTML 标签、CSS、JS（JavaScript）、图片、音频、视频等组成的 HTML 文档）信息，开始解析 HTML 文档生成 DOM 节点树。

　　（2）对 CSS 进行解析。CSS（Cascading Style Sheets）中文翻译为"层叠样式表"，简称样式表，它可以设计文字的大小与颜色。如果解析过程中遇到引用外部 CSS 文件就去下载，然后构建 CSSOM（CSS Object Model）树。解析 HTML 过程中，如果有 JS 文件，则执行 JS；如果有引用外部的 JS 文件，则去下载，然后执行；如果解析 HTML 过程中发现标签内引用了图片，则去获取这张图片（包括自己服务端的或引用外部的）。有时我们访问 Web 时会遇到图片慢慢加载完整的情况，而其他的文字内容并不用等待图片下载完成才显示，所以图片的渲染并不是阻塞的。

　　（3）DOM 树和 CSSOM 树生成渲染树（Render Tree）。渲染树是按顺序展示在屏幕上的一系列矩形，这些矩形带有字体、颜色等视觉属性。

　　（4）开始布局（Layout）。根据渲染树将节点树的每一个节点布局在屏幕上的正确位置。

　　（5）完成绘图（Painting）。遍历渲染树绘制所有节点，然后我们就能在浏览器中看到整个页面。

　　这 5 个步骤并不一定一次性顺序完成，如果 DOM 或 CSSOM 被修改（被 JS 修改，例如异步获取到数据后填到 DOM 中），以上过程需要重复执行，这样才能计算出哪些像素需要在屏幕上进行重新渲染。实际页面中，CSS 与 JS 往往会多次修改 DOM 和 CSSOM。CSS 与 JS 阻塞资源，在它们完成操作前会延迟 DOM 构建，CSS 阻塞又先于 JS 执行，所以我们在写页面程序时，CSS 引入先于 JS，JS 应尽量少影响 DOM 的构建。

　　到此，我们对页面渲染有了一些认识，由此看来页面的优化关键就在 DOM 构造上（抛开服务器响应的数据大小，网络延迟等因素）。

8.3　前端性能分析工具

　　上一节我们简单梳理了一下前端渲染过程，不难发现，想要写好前端程序其实也不是一件容易的事，我们不仅要考虑功能，还要考虑性能，更烦琐的是要考虑对不同浏览器的支持。

因为不同浏览器的渲染机制有可能不一样，所以对 JS 的支持（JS 执行引擎）也可能不一样。以 Chrome 为例，渲染引擎为 Blink，JS 执行引擎为 V8，Safari 用的 Webkit 渲染引擎（Blink 也来源于 Webkit）。在此我们不打算深入到浏览器内核（渲染引擎、JS 执行引擎），只是简单提及，感兴趣的读者请查看相关专业书（例如《WebKit 技术内幕》）。我们仅就如何做前端性能分析，有没有工具可以利用，如何使用这些工具来讲解。

1．Yslow

雅虎出品的 Yslow 是最早、最负盛名的前端性能分析工具之一，以浏览器插件方式进行安装，能够对访问的页面自动进行性能分析，并给出打分及优化建议。说到优化建议，就不得不提雅虎的 23 条前端最佳实践和规则，参照这些规则您就可以优化页面。

2．PageSpeed Insights

谷歌推出的 PageSpeed Insights 提供在线的页面性能诊断分析功能（见图 8-3），并给出优化建议，被测试的页面需要允许从公网访问（从 developers.google.com 访问到被测试的页面）。

图 8-3　PageSpeed Insights

3．WebPageTest

WebPageTest（见图 8-4）是在线前端性能分析网站，除了可以分析前端性能，也可以模拟移动设备上的性能，还可以做云测试（利用分布在全球的资源来访问用户的页面，帮助用户监听页面在当地的性能表现，以决定是否要在当地增加服务器来提高性能）。

图 8-5 所示是 WebPageTest 对网页的测试报告，可以看到报告中内容丰富，包括网络方面、渲染方面、缓存方面等的信息。图 8-6 是 Details 部分的内容，其把请求在各环节的耗时进行了分组统计，性能和风险一目了然。

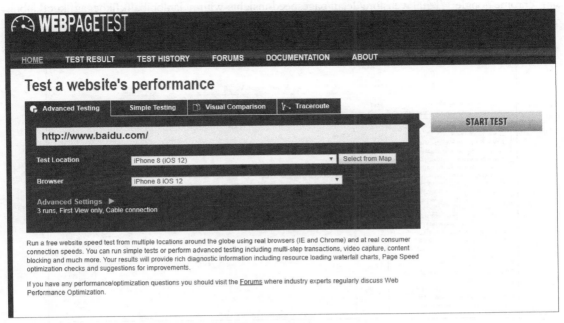

图 8-4　WebPageTest

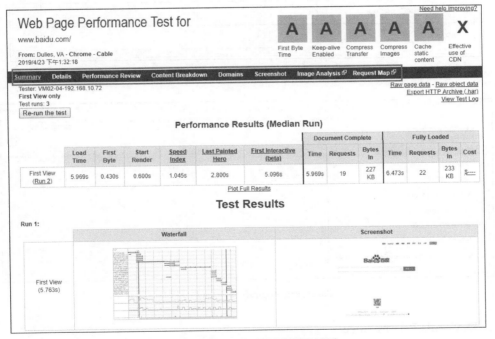

图 8-5　WebPageTest 对网页的测试报告

4. PageSpeed Insights (with PNaCl)

上面提到 PageSpeed Insights 要系统在线才可以测试,如果系统没有公网访问地址怎么办呢?
当然也有办法,例如用 PageSpeed Insights (with PNaCl)(见图 8-7)可以分析本地页面,下载地址：chrome.google 官网的 webstore/detail/pagespeed-insights-with-p/ lanlbpjbalfkflkhegagflkgcfklnbnh，它是以浏览器插件方式进行安装。

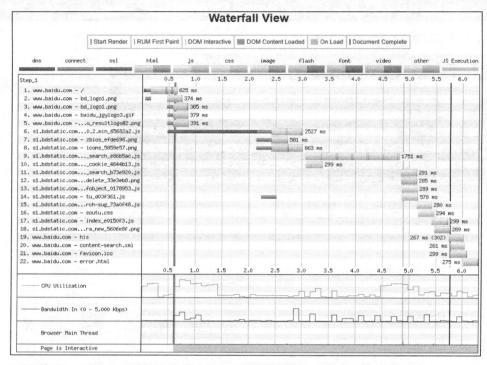

图 8-6　Details 部分的内容

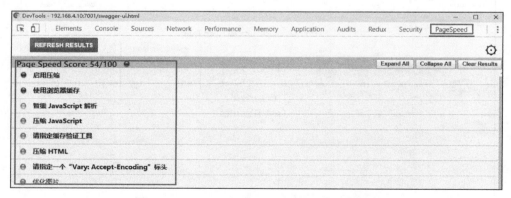

图 8-7　PageSpeed Insights(with PNaCI)分析本地页面

5. DevTools Performance

如果读者对 JS 比较熟悉，那么也可以直接使用 Chrome 开发者工具来分析前端性能，此工具套件中有一个 Performance 功能（见图 8-8），旧版本叫 Timeline。单击 ● 按钮开始录制页面（建议无痕模式打开），单击 Stop 按钮开始分析采集到的数据。

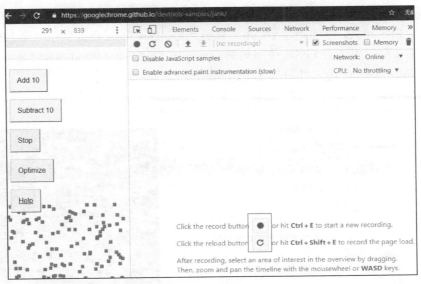

图 8-8　Performance 功能

图 8-9 所示为录制的 Google 官网示例，下面介绍一下分析结果。

（1）帧数（FPS，frames per second，图 8-9 中区域①表示帧数）。红色（真实环境中有此色彩）代表帧数低；绿色（真实环境中有此色彩）则代表帧数高，用户感知到的图像就流畅。

（2）CPU（图 8-9 中区域②表示 CPU）。CPU 图形中有不同颜色，本例中黄色代表 JS 代码消耗，绿色代表绘图（Painting）消耗，紫色代表了布局消耗。

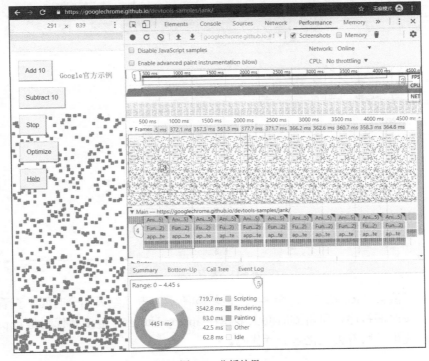

图 8-9　分析结果

（3）显示录制的帧（图 8-9 中区域③表示录制的帧），点选后可以在 Summary 中看到 FPS 及 CPU 耗时。FPS 越大，帧间距越小，用户体验越好。DevTools 还提供了一个 FPS meter（见图 8-10）的工具可以用来看 FPS。使用热键 Control+ Shift+ P（Windows、Linux）打开命令菜单，输入 Show Rendering，然后勾选 FPS meter。

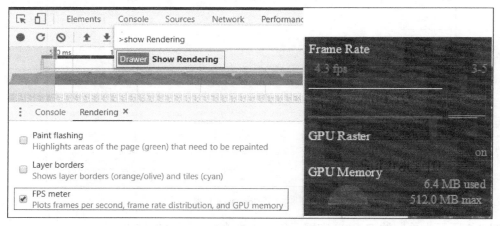

图 8-10　FPS meter 工具

（4）主线程上的活动火焰图（图 8-9 中区域④所示），显示各种活动的耗时，条状越长表示时间越长，条状上倒着的三角是警告，光标移到倒三角上时可以显示警告信息（见图 8-11）。

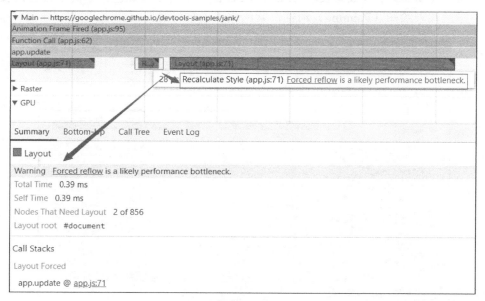

图 8-11　警告信息

（5）显示了渲染（Rendering，图 8-9 中区域⑤所示）占了绝大部分时间。查看 Call Tree（见图 8-12），按时间排序，可看到时间大多花在 app.update 上，链接到代码是 app.js 的第 71 行，这样用户就可以试着去优化这一行代码。

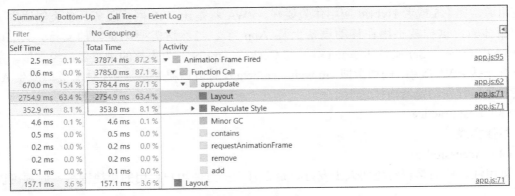

图 8-12 查看 Call Tree

6. Audits

利用 DevTools Performance 可以找到前端性能问题，那么如何优化呢？Chrome 还提供了 Audits 工具。它可以模拟移动设备与计算机桌面（计算机利用浏览器访问），分析当前浏览器中的页面性能并给出建议。

Audits 从 5 个方面给用户提供建议（见图 8-13）。

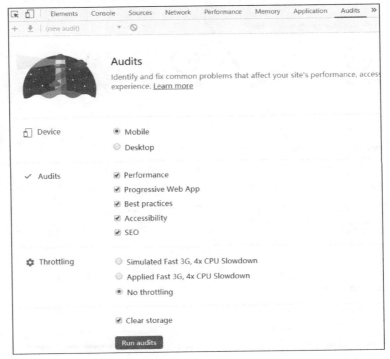

图 8-13 Audits

（1）Performance。

页面对象消耗的性能分析，如渲染、绘画。

（2）Progressive Web App（PWA，渐进式 Web App）。

是否符合渐进式 Web App 标准。我们在使用移动设备访问网络服务时，原生（Native）

的应用通常比 H5 或者 Hybrid 应用体验要好。PWA 就是让 Web 网页服务具备类似原生 App 的使用体验，这样就不用在移动设备上装 App 了。当然这需要浏览器的支持，以 Blink（Chrome、Oprea、Samsung Internet 等）和 Gecko（Firefox）为内核的浏览器已经支持。市面上也有一些 PWA 应用，例如微博（m.weibo.cn/beta），打开就是全屏显示，体验类似原生 App，其实它是运行在浏览器内核之上。

（3）Best practices。

最佳实践。

（4）Accessibility。

可用性。例如是否对色弱人士友好，是否有一些方便用户使用的快捷键等，此项可以不选择。

（5）SEO。

搜索引擎优化。其旨在让用户的网站容易被搜索到，排在同类网站前面，因此要在网页中有一些合适的关键字。

单击 Run audits，开始分析当前页面，图 8-14 所示是分析完成的页面。单击 View Trace 会跳转到 Performance 部分（具体使用参照前面所述 DevTools Performance 部分）。

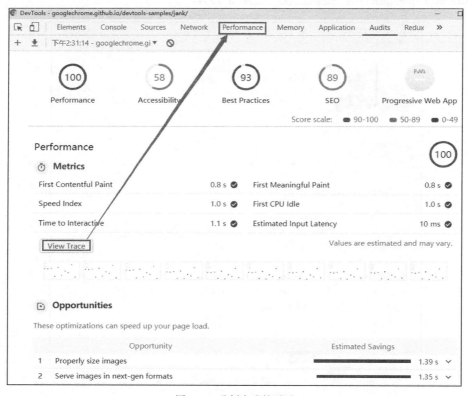

图 8-14　分析完成的页面

从图 8-14 中可以看到性能良好。对色弱人士的亲和性只有 58（不便于他们使用）；按最佳实践来打分也有 93 分（绿色代表成绩不错，实际环境中有色彩）；SEO 为 89 分，是黄色，可以单击它转到其说明部分；PWA 部分是灰色，成绩可以忽略了，表示完全没这方面的设计。

7. NativeApp 性能监听工具

NativeApp 是原生应用，运行在移动操作系统（iOS、Android 等）上。对于此类应用的性能分析有点类似于对桌面操作系统（Windows、Linux）上的程序的性能分析。分析最多的是 CPU、内存、网络等基础性能。详细一点的有 APM（Application Performance Management）分析，可以监控到某一个方法的调用耗时。在全链路监控中我们讲到了 Skywalking，它主要是利用字节码注入的方式来注入探针采集性能数据，NativeApp 的 APM 工具原理与 Skywalking 大同小异。另外，也可以采用 AOP（Aspect Oriented Programming，面向切面编程，与 Spring 中的 AOP 原理类似）的方式注入切面来采集性能数据。

下面我们介绍几种分析工具。

1. 腾讯 QAPM

QAPM 提供若干核心指标，能对性能分析起到关键的作用。

（1）IO。

无论在什么操作系统中（Android/iOS/Windows 等），IO 对 App 的性能都起着至关重要的作用，甚至比 CPU 更重要。例如，在 iOS 中频繁 IO 可能导致 App 闪退。其中，磁盘中随机 IO 影响最大，固态硬盘或 Flash 芯片中写入放大效应影响最大。QAPM 提供了分析工具，可以协助用户降低 IO 字节数和 IO 次数，避免主线程 IO 或 SQLite 全表扫描等。

（2）内存用量。

App 内存占用太多，轻则导致卡顿，重则导致 App 崩溃或闪退。特别是 Android 和 iOS 系统，由于没有虚拟内存的设计，内存是非常稀缺的资源。

（3）CPU 周期。

CPU 周期，适合于衡量 CPU 的计算量。操作系统的个别版本对 CPU 占用率的输出存在 bug，故推荐读者改用 CPU 周期，以获得更准确的度量结果。

2. 360 Argus APM 移动性能监控平台

（1）Argus APM 目前支持如下性能指标。

- 交互分析：分析 Activity 生命周期耗时，帮助提升页面打开速度，优化 UI 体验。
- 网络请求分析：监控流量使用情况，发现并定位各种网络问题。
- 内存分析：全面监控内存使用情况，降低内存占用。
- 进程监控：针对多进程应用，统计进程启动情况，发现启动异常（耗电、存活率等）。
- 文件监控：监控 App 私有文件大小和变化，避免私有文件过大导致卡顿、存储空间占用过大等问题的发生。
- 卡顿分析：监控并发现卡顿原因，代码堆栈精准定位问题，解决明显的卡顿体验。
- ANR 分析：捕获 ANR 异常，解决 App 的"未响应"问题。

（2）Argus APM 特性。

- 非侵入式。无须修改原有工程结构，无侵入接入，接入成本低。
- 低性能损耗。Argus APM 针对各个性能采集模块，优化了采集时机，在不影响原有性能的基础上进行性能的采集和分析。
- 监控全面。目前支持 UI、网络、内存、进程、文件、ANR 等各个维度的性能数据分析，后续还会继续增加新的性能维度。
- Debug 模式。提供 Debug 模式，支持开发和测试阶段，实时采集性能数据，具有实时本地分析的能力，帮助开发和测试人员在系统上线前解决性能问题。

　　3.　阿里巴巴的码力 App 监控（简称码力 App）

　　码力 App 监控主要由 3 部分组成：码力 SDK、码力云端、码力控制台。您需要将码力 SDK 嵌入到移动应用工程，它将负责采集和上报影响用户体验的各种性能指标数据给码力云端；再由码力云端进行数据处理；最终，您可以通过码力控制台进行性能数据查看、分析、问题定位和管理等操作。码力 SDK 支持 iOS 和 Android 两个平台，跟踪和反馈用户使用过程中出现的应用崩溃、加载错误以及加载缓慢等各种对用户体验造成负面影响的故障或性能问题。

　　4.　TraceView

TraceView 是 Android SDK 中内置的一个工具，它可以展示 trace 文件，用图形的形式展示代码的执行时间、次数及调用栈，便于我们分析问题。利用 TraceView 更多的是进行性能诊断，开发团队使用得多一些，要求具备代码能力，熟悉 App 的开发（至少能够进行简单开发工作）。

trace 文件是我们利用工具导出的与性能相关的跟踪日志，可以使用代码、Android Studio 或者 DDMS（Dalvik Debug Monitor Server 调试监控工具）生成。

● 　代码生成类似于桌面开发中的日志输出，如 Debug.startMethodTracing。

● 　Android Studio 内置的 Android Monitor 可以生成 trace 文件。

● 　DDMS 是 Android 调试监控工具，能够提供截图，查看 log，查看视图层级，查看内存使用等功能。

8.4　本章小结

　　本章讲解了前端的性能风险、分析原理，推荐了多个前端性能分析工具。大家可以根据自己的需要、知识储备来选择分析工具。前端技术发展迅速，前端对性能的影响也越来越大，作为性能测试人员有必要在这方面储备知识。有兴趣的读者可以访问开源社区（https://github.com/thedaviddias/Front-End-Performance-Checklist），其中列出了各种前端优化方案、分析工具。

　　以 8.1 节提出的思考题为例：

　　微信小程序是什么应用呢？首先需要进入微信才可以打开它，所以它不是纯 Web 应用。而它又不需要进行安装，所以它不是 Native 应用。那么它就应该是 Hybrid 应用，小程序访问的资源还是来自于后台系统（如产品信息）。

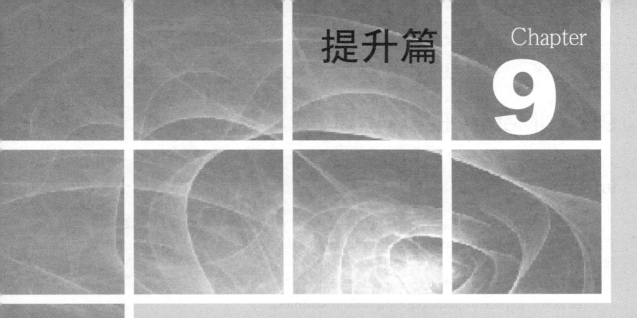

提升篇

Chapter

9

第 9 章

JMeter 开发实践

从本章你可以学到：

- ☐ JMeter 开发环境建立
- ☐ JMeter 如何进行调试
- ☐ JMeter 开发示例

9.1 JMeter 开发环境建立

9.1.1 源码获取

本章以 JMeter 5.0 为基础来讲解，我们可以从多个地方获取到 JMeter 5.0 的源码，JMeter 官网提供了下载页面（https://JMeter.apache.org/svnindex.html），建议从 GitHub 上下载新的代码。

GitHub 地址：https://github.com/apache/JMeter。

svn 地址：http://svn.apache.org/repos/asf/JMeter/trunk。

9.1.2 配置开发环境

环境配置以 Eclipse 为例，工具及软件版本信息（示例环境）如下所示，请自行安装并配置环境变量。

- Eclipse Version: Oxygen.2 Release (4.7.2)。
- JDK Version：JDK 8 64bit。
- MVN Version：MVN 3.5。
- Git Version：Git 2.16.2 for Windows。
- Ant Version：Ant 1.9.4。

1. 转换成 Eclipse 项目

从 GitHub 上下载的源码一般不能直接在 Eclipse 中导入，先要转成 Eclipse 项目。通常我们是用 mvn eclipse:eclispe 命令来转换，但 JMeter 源码已经贴心地帮我们设置了 Ant 任务，只需要用 ant setup-eclipse-project 即可转成 Eclipse 项目，并且帮我们下载依赖包。图 9-1 所示是在 Windows PowerShell 中执行命令，可以看到其提示我们是否下载依赖包，输入 y 即开始下载依赖包。

注意

示例中 Ant 执行的目录是 JMeter 源码的根目录，目录中的 build.xml 默认可以识别；如果不在此目录，则需要指定 build.xml 的目录路径。

```
PS D:\workspacepas\jmeter5> ant setup-eclipse-project
Buildfile: D:\workspacepas\jmeter5\build.xml

setup-eclipse-project:
     [echo] Creating eclipse project
     [copy] Copying 1 file to D:\workspacepas\jmeter5
     [copy] Copying 1 file to D:\workspacepas\jmeter5
    [input] Next step will download dependencies for JMeter, do you agree with the download ? (y, n)
y
     [echo] Downloading dependencies

download_jars:
    [mkdir] Created dir: D:\workspacepas\jmeter5\build

_process_all_jars:
```

图 9-1　执行命令

下载的速度取决于网络速度，建议更换成国内的下载源，可以参考代码清单 9-1 修改
maven 配置（maven/conf/settings.xml）。

代码清单 9-1

```
<mirrors>
  <mirror>
    <id>alimaven</id>
    <name>aliyun maven</name>
    <url>http://maven.aliyun.com/nexus/content/groups/public/</url>
    <mirrorOf>central</mirrorOf>
  </mirror>
  <mirror>
      <id>ui</id>
      <mirrorOf>central</mirrorOf>
      <name>Human Readable Name for this Mirror.</name>
      <url>http://uk.maven.org/maven2/</url>
  </mirror>
  <mirror>
      <id>CN</id>
      <name>OSChina Central</name>
      <url>http://maven.oschina.net/content/groups/public/</url>
      <mirrorOf>central</mirrorOf>
  </mirror>
</mirrors>
```

2. 在 Eclipse 中导入 JMeter 项目

选择存在的项目，选择 JMeter 5 的源码文件夹（见图 9-2）。如果在上一步没有下载依赖
包，那你还需要执行 ant download_jar 任务。

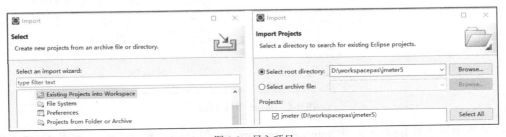

图 9-2　导入项目

导入完成后，正常情况下是没有报错的（当然要在下载依赖包时也没有报错的情况下）。
如果有报错（与图 9-3 所示类似），通常都是依赖包缺失问题，重新运行 ant download_jar，
直到包下载完成。

至此，环境建立完成。主要操作是 ant setup-eclipse-project。

我们先简单介绍一下 Ant，Ant 是 Apache 下的一个开源项目，是一个 Java 库和命令行工
具，帮助编译、组装、测试和运行 Java 应用程序。Ant 还可以有效地用于构建非 Java 应用程
序，例如 C 或 C ++应用程序。

在 JMeter 源码根目录中有个 build.xml 文件，其中定义了 JMeter 从环境、编译、测试到
打包的所有过程，如图 9-4 所示。使用 Ant 配置工具打开 build.xml，可以看到其中定义了很
多 target（我习惯称其任务），setup-eclipse-project 也在其中，默认选择的 target 是 run_gui，

即以 GUI 方式运行 JMeter。

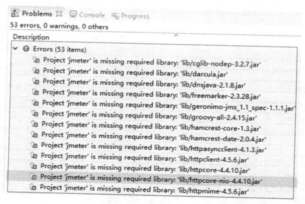

图 9-3　依赖异常

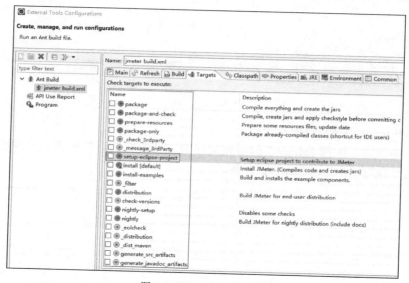

图 9-4　JMeter 源码根目录

代码清单 9-2 是 build.xml 中 setup-eclipse-project 部分的内容，target 名称是 setup-eclipse-project。Ant 在进行 build 时会匹配这个名称，然后按 target 定义执行任务。当用户输入 y 时，Ant 会执行 download_jars 的任务。

代码清单 9-2

```
    <target name="setup-eclipse-project" description="Setup eclipse project to contribute
to JMeter">
      <echo>Creating eclipse project</echo>
      <copy overwrite="false" file="eclipse.project" tofile=".project" />
      <copy overwrite="false" file="eclipse.classpath" tofile=".classpath"/>
      <input message="Next step will download dependencies for JMeter, do you agree with
the download ?" addproperty="do.download" validargs="y,n"/>
      <condition property="do.abort">
        <equals arg1="n" arg2="${do.download}"/>
      </condition>
```

```
        <fail message="You didn't agree to download dependencies, ensure you call Ant target '
download_jars when importing project" if="do.abort"/>
        <echo>Downloading dependencies</echo>
        <antcall target="download_jars" />
        <echo>Project has been successfully created, you can now import it in Eclipse using
Right click > Import > Existing projects into Workspace</echo>
    </target>
```

目前软件开发团队多数使用 maven、gradle 或者类似的工具来管理项目的依赖，Ant 的使用越来越少。

9.2　JMeter 如何进行调试

9.2.1　认识项目结构

JMeter 采用组件式开发，使用 jar 包划分功能，图 9-5 列出了各文件夹下的程序（下面简单说明一下部分程序的作用），src 目录下的文件夹会打成 jar 包，对应%JMETER_HOME%/lib/ext 目录（见图 9-6）下的 jar 包。

图 9-5　文件夹下的程序

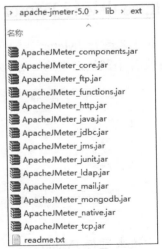

图 9-6　%JMETER_HOME%/lib/ext 目录

src/components：非 Sampler 组件，例如断言、定时器。

src/core：JMeter 核心代码，如执行引擎。

src/examples：示例代码。

src/functions：函数助手代码。

src/jorphan：JMeter 的工具类。

src/junit：单元测试用例。

src/protocol/ftp：FTP 测试组件。

src/protocol/http：HTTP 测试组件。

src/protocol/java：Java 测试组件。

src/protocol/jdbc：通过 JDBC 连接数据库，可以测试 SQL 及存储过程。

src/protocol/jms：JMS 测试组件。

src/protocol/ldap：Ldap 测试组件。

src/protocol/mail：Email 测试组件。

src/protocol/mongodb：Mongodb 测试组件。

src/protocol/native：可以利用 JMeter 来执行操作系统命令。

src/protocol/tcp：TCP 测试组件。

test/src：测试代码。

bin：JMeter 启动文件目录。

build：编译打包目录。

docs：文档目录。

extras：Ant 扩展目录。

lib：项目依赖目录。

build.properties：build.xml 中变量对应的值。

build.xml：定义的 Ant 任务。

9.2.2 Eclipse 中运行 JMeter

1. 使用 Ant 来运行 JMeter

build.xml 文件中默认选中的 target 是 run_gui，直接运行即可以打开 JMeter（见图 9-7）。

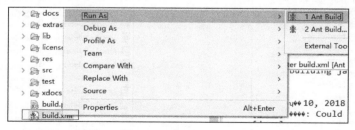

图 9-7 Ant 运行 JMeter

2. Main 方法来运行 JMeter

遵循 Java 规范，JMeter 的启动也是从 Main 方法开始，启动文件是/src/core/org/apache.

jmeter/NewDriver.java。图 9-8 中可以看到通过反射来实例化 org.apache.jmeter.JMeter 类，并运行 start 方法，同时也传入入参。

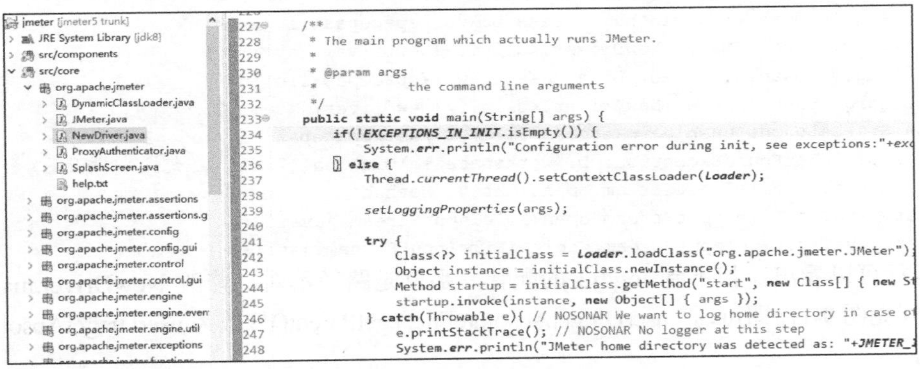

图 9-8　运行 start 方法

如图 9-9 所示，可以看到 start 方法根据入参不同，决定是用 GUI 方式还是非 GUI 方式启动。所以我们在 NewDriver.main(String[]args)中构造入参就可以让 JMeter 以 GUI 或者非 GUI 方式运行。

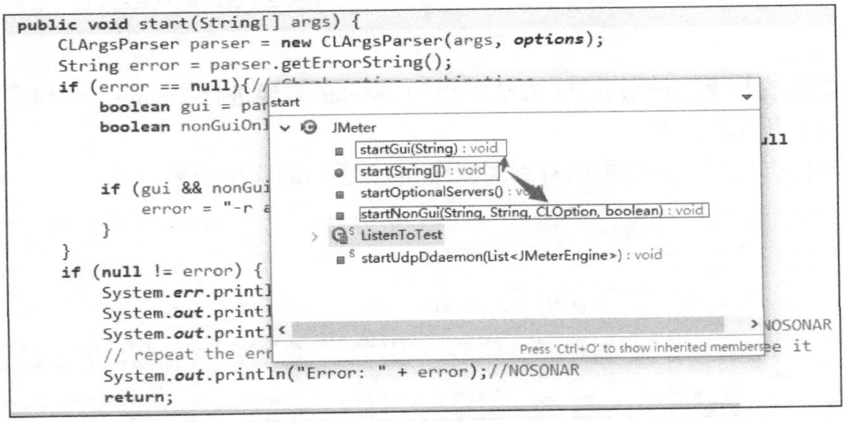

图 9-9　start 方法参数选择

如图 9-10 所示，我们以非 GUI 方式运行 java.jmx 测试计划（测试计划请读者自备）。在 main 方法上单击鼠标右键，在弹出的菜单中单击 Run as java application 项即开始非 GUI 方式运行 JMeter。执行结果会输出在 Eclipse 的控制台，初次运行通常会报错（见代码清单 9-3）。

```
public static void main(String[] args) {
    args = new String[] {"-n","-t","D:\\java.jmx"};
    if(!EXCEPTIONS_IN_INIT.isEmpty()) {
        System.err.println("Configuration error during init, see e
    } else {
        Thread.currentThread().setContextClassLoader(loader);

        setLoggingProperties(args);
```

图 9-10　以非 GUI 方式运行

代码清单 9-3

```
java.lang.Throwable: Could not access D:\workspacepas\lib
    at org.apache.JMeter.NewDriver.<clinit>(NewDriver.java:102)
java.lang.Throwable: Could not access D:\workspacepas\lib\ext
    at org.apache.JMeter.NewDriver.<clinit>(NewDriver.java:102)
java.lang.Throwable: Could not access D:\workspacepas\lib\junit
    at org.apache.JMeter.NewDriver.<clinit>(NewDriver.java:102)
ERROR StatusLogger Unable to access file:/D:/workspacepas/bin/log4j2.xml
java.io.FileNotFoundException: D:\workspacepas\bin\log4j2.xml (系统找不到指定的路径。)
    at java.io.FileInputStream.open0(Native Method)
    at java.io.FileInputStream.open(FileInputStream.java:195)
    at java.io.FileInputStream.<init>(FileInputStream.java:138)
```

从运行可以看出，找不到 log4j2 的配置，那就是路径不对。修改 NewDriver.main 第 83 行的代码（见图 9-11）即可，把 userDir.getAbsoluteFile().getParent()修改为 userDir.getAbsoluteFile().getPath()。

```
79          } else {// e.g. started from IDE with full classpath
80              tmpDir = System.getProperty("jmeter.home","");// Allow overr
81              if (tmpDir.length() == 0) {
82                  File userDir = new File(System.getProperty("user.dir"));
83                  //tmpDir = userDir.getAbsoluteFile().getParent();
84                  tmpDir = userDir.getAbsoluteFile().getPath();
```

图 9-11　修改代码

为什么要修改？我们使用 main 方法来启动 JMeter 方便进行 Debug，特别是当用户修改 JMeter 源码或者新加功能时。

修改完成再次执行，应该可以看到类似图 9-12 所示的输出结果。

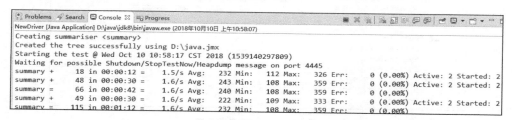

图 9-12　输出结果

如果不加上 args = newString[] { "-n", "-t","D:\\java.jmx"}参数，直接运行 NewDriver.main (String[]args)方法将启动 JMeter GUI 界面。

3. Debug JMeter

前面我们可以在 Eclipse 中运行 NewDriver.main 方法启动 JMeter，运行方式是 run as java application，现在改成 Debug as Java application 即可，然后给源码加上断点就可以进行 Debug。

以上面的 java.jmx 为例，我们给 JavaSampler.java 加上断点，断点在方法入口处（见图 9-13）。

在 JMeter GUI 界面运行测试计划（见图 9-14），程序进入刚才设置的断点，我们就可以方便地调试程序。

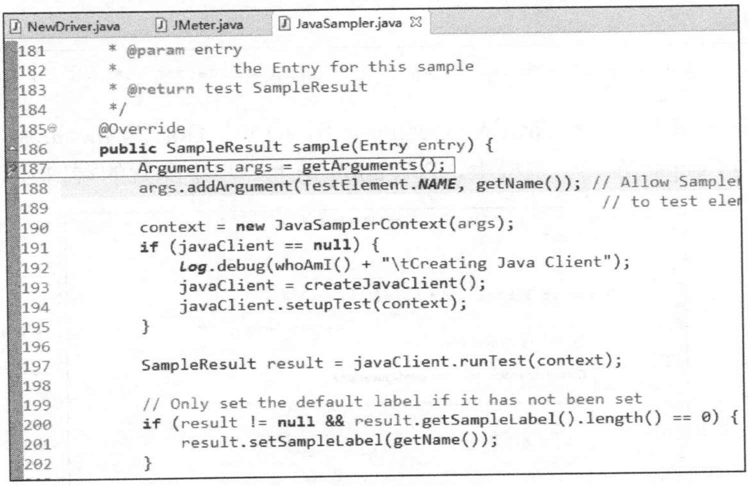

图 9-13 设置断点

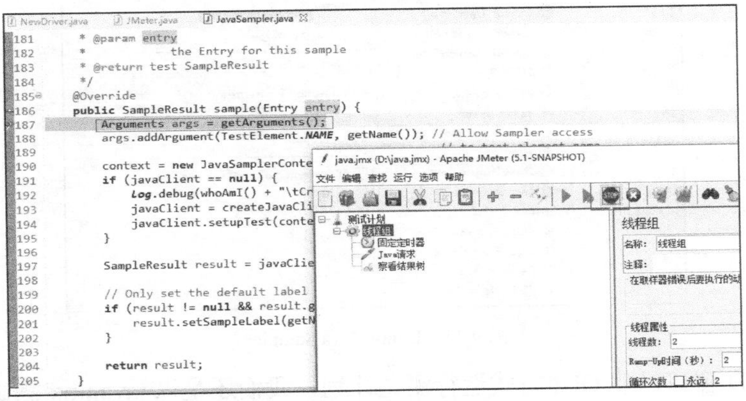

图 9-14 运行测试计划

4. 远程调试 JMeter

除了上面的调试方法，我们还可以采用远程调试的方式对 JMeter 进行 Debug，方法见代码清单 9-4。

代码清单 9-4

```
#On Windows
set JVM_ARGS=-Xdebug -Xrunjdwp:transport=dt_socket,server=y,suspend=n,address=8000

#On Linux/Unix/MacOX
JVM_ARGS=-Xdebug -Xrunjdwp:transport=dt_socket,server=y,suspend=n,address=8000 && export
JVM_ARGS

# Run JMeter
JMeter -n -t {path_to_your_jmx_scipt} -l {path_to_jtl_results_file}
```

此方法的原理是利用 JDK 提供的远程调试入口来进行 JMeter 远程调试，下面以 Eclipse 为例。

（1）配置 JVM 环境变量。

在 CMD 窗口运行代码清单 9-5 中的内容。

代码清单 9-5

```
set JVM_ARGS=-Xdebug -Xrunjdwp:transport=dt_socket,server=y,suspend=n,address=localhost
:8000
```

（2）在 Eclipse 中配置远程 Java Application。图 9-15 中 Host 为 localhost，这是因为我们的示例 JMeter 与 Eclipse 在同一主机上，Port 8000 是上一步中配置的端口号。

图 9-15　Debug Java Sampler

（3）在 CMD 窗口以非 GUI 方式运行测试计划，我们还是以 java.jmx 测试计划为例。如图 9-16 所示，在 CMD 窗口中可以看到 8000 端口可以被监听，此时在 Eclipse 中进入 Debug As→Debug configurations，选择上面设置的 Remote Java Application→JMeter5，然后进行 Debug，很快程序就会进入设置的断点位置。以上是以 Windows 系统下的 JMeter 为例，Linux 系统下的过程类似。

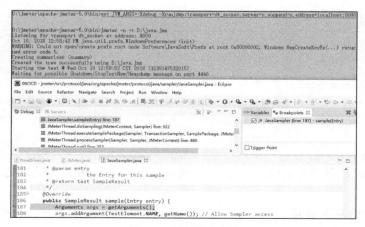

图 9-16　运行测试计划

9.2.3 JMeter 组件实现介绍

JMeter 中的组件可以简单分为有 GUI 与非 GUI 组件，有 GUI 的组件包括线程组、取样器、配置元件、定时器、前置处理器、后置处理器、逻辑控制器、断言和监听器；非 GUI 组件有函数助手。JMeter 的架构为了方便用户扩展采用了 GUI 与逻辑代码分离的形式，GUI 的显示只用继承抽象的 GUI 组件类即可在 JMeter GUI 中显示，逻辑代码也有丰富的抽象组件供继承，方便获取上下文（可以获取到线程状态、取样器执行情况及结果、变量及属性）。另外，JMeter 也采用组件方式开发，新增功能与原有功能分包发布，方便使用。

1. JMeter 的启动

执行逻辑如下。

（1）org.apache.jmeter.NewDriver.main() 作为 JMeter 程序入口。

（2）org.apache.jmeter.JMeter.startGui 方法（见代码清单 9-6，其中去掉了部分注解及空行）启动 GUI。

（3）加载 GUI 上的图标：PluginManager.install(this, true)。

（4）构造元件树：new JMeterTreeModel()。也就是我们看到的测试计划树型结构，如果入参 testFile 不为空，则加载测试计划树。

（5）元件监听：new JMeterTreeListener(treeModel)。

（6）实例化操作类：ActionRouter.getInstance()。

（7）初始化图形界面：Package.initInstance(treeLis, treeModel)。

（8）放入主界面，组装完成：new MainFrame(treeModel, treeLis)。

（9）显示 GUI：main.setVisible(true)。

（10）监听操作：instance.actionPerformed，包括界面变动（测试计划树中的元件操作），执行测试。

大家可以按照 9.2.2 节中讲到的 Debug JMeter 来跟踪启动过程。

代码清单 9-6

```
private void startGui(String testFile) {
    SplashScreen splash = new SplashScreen();
    splash.showScreen();//弹出启动前的加载图标
    String JMeterLaf = LookAndFeelCommand.getJMeterLaf();
    try {
        log.info("Setting LAF to: {}", JMeterLaf);
        UIManager.setLookAndFeel(JMeterLaf);
    } catch (Exception ex) {
        log.warn("Could not set LAF to: {}", JMeterLaf, ex);
    }
    splash.setProgress(10);//显示加载进度10%
    JMeterUtils.applyHiDPIOnFonts();
    PluginManager.install(this, true);
    JMeterTreeModel treeModel = new JMeterTreeModel();
    splash.setProgress(30);
    JMeterTreeListener treeLis = new JMeterTreeListener(treeModel);
    final ActionRouter instance = ActionRouter.getInstance();
```

```
        instance.populateCommandMap();
        splash.setProgress(60);
        treeLis.setActionHandler(instance);
        GuiPackage.initInstance(treeLis, treeModel);
        splash.setProgress(80);
        MainFrame main = new MainFrame(treeModel, treeLis);
        splash.setProgress(100);
        ComponentUtil.centerComponentInWindow(main, 80);
        main.setLocationRelativeTo(splash);
        main.setVisible(true);//显示出 JMeter 的图形界面
        main.toFront();
        instance.actionPerformed(new ActionEvent(main, 1, ActionNames.ADD_ALL));
        if (testFile != null) {
            try {
                File f = new File(testFile);
                log.info("Loading file: {}", f);
                FileServer.getFileServer().setBaseForScript(f);
                HashTree tree = SaveService.loadTree(f);
                GuiPackage.getInstance().setTestPlanFile(f.getAbsolutePath());
                Load.insertLoadedTree(1, tree);
            } catch (ConversionException e) {
                log.error("Failure loading test file", e);
                JMeterUtils.reportErrorToUser(SaveService.CEtoString(e));
            } catch (Exception e) {
                log.error("Failure loading test file", e);
                JMeterUtils.reportErrorToUser(e.toString());
            }
        } else {
            JTree jTree = GuiPackage.getInstance().getMainFrame().getTree();
            TreePath path = jTree.getPathForRow(0);
            jTree.setSelectionPath(path);
            FocusRequester.requestFocus(jTree);
        }
        splash.setProgress(100);
        splash.close();
    }
```

2. 线程组介绍

ThreadGroup 用来帮助我们设置负载的加载方式，ThreadGroup 继承自 AbstractThreadGroup。AbstractThreadGroup 暴露几个接口（见代码清单 9-7）需要由基类实现。

代码清单 9-7

```
public abstract boolean stopThread(String threadName, boolean now);
    public abstract int numberOfActiveThreads();
    public abstract void start(int groupCount, ListenerNotifier notifier, ListedHashTree
threadGroupTree, StandardJMeterEngine engine);
    public abstract JMeterThread addNewThread(int delay, StandardJMeterEngine engine);
    public abstract boolean verifyThreadsStopped();
    public abstract void waitThreadsStopped();
    public abstract void tellThreadsToStop();
    public abstract void stop();
```

ThreadGroup.java 是逻辑代码实现，对应的 GUI 类是 ThreadGroupGui。其继承 AbstractThreadGroupGui 实现 ItemListener 接口中的 itemStateChanged 方法，负责监听 GUI 用户操作，

例如把用户设置的线程组信息（并发多少用户，运行多长时间）传递给 ThreadGroup。

　　如果我们要开发自己的线程组，也需要继承 AbstractThreadGroup，然后实现自己的逻辑。start()为开始执行测试计划，stop()为停止测试计划。在 JMeter 官网上有很多 JMeter 的扩展插件，也包括线程组的，例如 SteppingThreadGroup（负载阶梯递增），它们的继承关系如图 9-17 所示，最终还是要继承 AbstractThreadGroup。

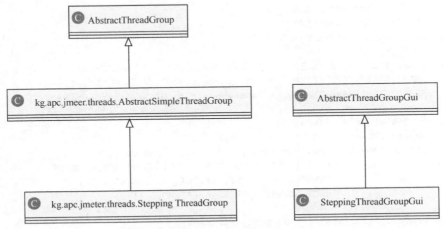

图 9-17　线程组继承关系

3. 配置元件介绍

　　JMeter 中通过 Config（配置元件）来设置负载的运行环境及参数，组件通过继承 ConfigTestElement 类或者直接继承 AbstractTestElement 类来实现具体功能（因为 ConfigTestElement 也继承至 AbstractTestElement）。继承 ConfigTestElement 类可以不用自己实现 GUI 功能，可以构造一个 BeanInfoSupport 的基类来设置配置属性。

　　以我们常见的 CSV Data Set Config 为例（见图 9-18），CSVDataSetBeanInfo 继承 BeanInfoSupport（见代码清单 9-8），BeanInfoSupport 完成图形界面中的属性设置。

```
CSV Data Set Config
Name: CSV Data Set Config
Comments:
┌Configure the CSV Data Source
                                         Filename: D:/parameter.dat         Browse...
                                    File encoding:                                 ∨
                 Variable Names (comma-delimited):
  Ignore first line (only used if Variable Names is not empty): False              ∨
                       Delimiter (use '\t' for tab): ,
                               Allow quoted data?: False                           ∨
                                  Recycle on EOF ?: True                           ∨
                              Stop thread on EOF ?: False                          ∨
                                     Sharing mode: All threads                     ∨
```

图 9-18　CSV Data Set Config

代码清单 9-8

```
public class CSVDataSetBeanInfo extends BeanInfoSupport {
    private static final String FILENAME = "filename";              //$NON-NLS-1$
    private static final String FILE_ENCODING = "fileEncoding";     //$NON-NLS-1$
```

```java
    private static final String VARIABLE_NAMES = "variableNames";      //$NON-NLS-1$
    private static final String IGNORE_FIRST_LINE = "ignoreFirstLine";     //$NON-NLS-1$
    private static final String DELIMITER = "delimiter";           //$NON-NLS-1$
    private static final String RECYCLE = "recycle";              //$NON-NLS-1$
    private static final String STOPTHREAD = "stopThread";         //$NON-NLS-1$
    private static final String QUOTED_DATA = "quotedData";        //$NON-NLS-1$
    private static final String SHAREMODE = "shareMode";           //$NON-NLS-1$
    private static final String[] SHARE_TAGS = new String[3];
    static final int SHARE_ALL    = 0;
    static final int SHARE_GROUP  = 1;
    static final int SHARE_THREAD = 2;
    static {
        SHARE_TAGS[SHARE_ALL]    = "shareMode.all"; //$NON-NLS-1$
        SHARE_TAGS[SHARE_GROUP]  = "shareMode.group"; //$NON-NLS-1$
        SHARE_TAGS[SHARE_THREAD] = "shareMode.thread"; //$NON-NLS-1$
    }
    public CSVDataSetBeanInfo() {
        super(CSVDataSet.class);
        createPropertyGroup("csv_data",            //$NON-NLS-1$
                new String[] { FILENAME, FILE_ENCODING, VARIABLE_NAMES,
                        IGNORE_FIRST_LINE, DELIMITER, QUOTED_DATA,
                        RECYCLE, STOPTHREAD, SHAREMODE });

        PropertyDescriptor p = property(FILENAME);
        p.setValue(NOT_UNDEFINED, Boolean.TRUE);
        p.setValue(DEFAULT, "");              //$NON-NLS-1$
        p.setValue(NOT_EXPRESSION, Boolean.TRUE);
        p.setPropertyEditorClass(FileEditor.class);
        p = property(FILE_ENCODING, TypeEditor.ComboStringEditor);
        p.setValue(NOT_UNDEFINED, Boolean.TRUE);
        p.setValue(DEFAULT, "");              //$NON-NLS-1$
        p.setValue(TAGS, getListFileEncoding());
..............................以下略
    }
```

CSVDataSet 继承 ConfigTestElement，完成 CSV Data Set Config 的逻辑（见代码清单 9-9），例如参数取值。

代码清单 9-9

```java
    @Override
    public void iterationStart(LoopIterationEvent iterEvent) {
        FileServer server = FileServer.getFileServer();
        final JMeterContext context = getThreadContext();
        String delim = getDelimiter();
        if ("\\t".equals(delim)) { // 判断参数分隔
            delim = "\t";// Make it easier to enter a Tab // $NON-NLS-1$
        } else if (delim.isEmpty()){
            log.debug("Empty delimiter, will use ','");
            delim=",";
        }
        if (vars == null) {
            String fileName = getFilename().trim();
            String mode = getShareMode();
            int modeInt = CSVDataSetBeanInfo.getShareModeAsInt(mode);
            switch(modeInt){
```

```
                case CSVDataSetBeanInfo.SHARE_ALL:
                    alias = fileName;
                    break;
                case CSVDataSetBeanInfo.SHARE_GROUP:
                    alias = fileName+"@"+System.identityHashCode(context.getThreadGroup());
                    break;
                case CSVDataSetBeanInfo.SHARE_THREAD:
                    alias = fileName+"@"+System.identityHashCode(context.getThread());
                    break;
                default:
                    alias = fileName+"@"+mode; // user-specified key
                    break;
            }
        final String names = getVariableNames();
        if (StringUtils.isEmpty(names)) {
            String header = server.reserveFile(fileName, getFileEncoding(), alias, true);
            try {
                vars = CSVSaveService.csvSplitString(header, delim.charAt(0));
                firstLineIsNames = true;
            } catch (IOException e) {
                throw new IllegalArgumentException("Could not split CSV header line
                from file:" + fileName,e);
            }
        } else {
            server.reserveFile(fileName, getFileEncoding(), alias, ignoreFirstLine);
            vars = JOrphanUtils.split(names, ","); // $NON-NLS-1$
        }
        trimVarNames(vars);
    }
    JMeterVariables threadVars = context.getVariables();
    String[] lineValues = {};
    try {
        if (getQuotedData()) {
            lineValues = server.getParsedLine(alias, recycle,
                    firstLineIsNames || ignoreFirstLine, delim.charAt(0));
        } else {
            String line = server.readLine(alias, recycle,
                    firstLineIsNames || ignoreFirstLine);
            lineValues = JOrphanUtils.split(line, delim, false);
        }
        for (int a = 0; a < vars.length && a < lineValues.length; a++) {
            threadVars.put(vars[a], lineValues[a]);
        }
    } catch (IOException e) { // treat the same as EOF
        log.error(e.toString());
    }
    if (lineValues.length == 0) {// i.e. EOF
        if (getStopThread()) {
            throw new JMeterStopThreadException("End of file:"+ getFilename()+
            " detected for CSV DataSet:"
                    +getName()+" configured with stopThread:"+ getStopThread()+",
                    recycle:" + getRecycle());
        }
        for (String var :vars) {
            threadVars.put(var, EOFVALUE);
```

```
            }
        }
    }
```

继承 AbstractTestElement 类后用户可以自己实现 GUI 功能，我们以 Counter 配置为例来说明。Counter 帮助用户在每次迭代时生成一个新的值存入变量，如图 9-19 所示，在每次迭代时生成一个 C0000 样式的 userId，其他样式可以使用变量 ${userId} 来引用。

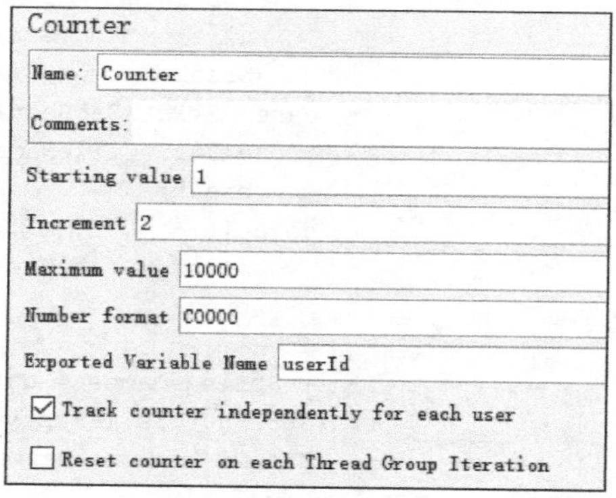

Counter 配置的实现类 CounterConfig.java 继承 AbstractTestElement 类，CounterConfigGui 为其对应的 GUI。代码清单 9-10 所示是 CounterConfig 中的方法，是 Counter 元件的逻辑实现，用来处理每次迭代时生成新的变量，保持当前变量值（线程安全）。

图 9-19　配置 Counter

代码清单 9-10

```java
@Override
public void iterationStart(LoopIterationEvent event) {
    // Cannot use getThreadContext() as not cloned per thread
    JMeterVariables variables = JMeterContextService.getContext().getVariables();
    long start = getStart();
    long end = getEnd();
    long increment = getIncrement();
    if (!isPerUser()) {
        synchronized (this) {
            if (globalCounter == Long.MIN_VALUE || globalCounter > end) {
                globalCounter = start;
            }
            variables.put(getVarName(), formatNumber(globalCounter));
            globalCounter += increment;
        }
    } else {
        long current = perTheadNumber.get().longValue();
        if(isResetOnThreadGroupIteration()) {
            int iteration = variables.getIteration();
            Long lastIterationNumber = perTheadLastIterationNumber.get();
            if(iteration != lastIterationNumber.longValue()) {
                // reset
                current = getStart();
            }
            perTheadLastIterationNumber.set(Long.valueOf(iteration));
        }
        variables.put(getVarName(), formatNumber(current));
        current += increment;
        if (current > end) {
            current = start;
        }
        perTheadNumber.set(Long.valueOf(current));
    }
}
```

4. 定时器介绍

我们可以利用定时器来模拟用户的思考时间，Timer（定时器）组件通过继承 AbstractTestElement 类，用 Timer 接口的 delay()方法来实现对时间的控制。

图 9-20 所示是 ConstantTimer（固定定时器）的实现类，实现 delay()方法，变量 delay 表示的时间由用户在 GUI 中设定。

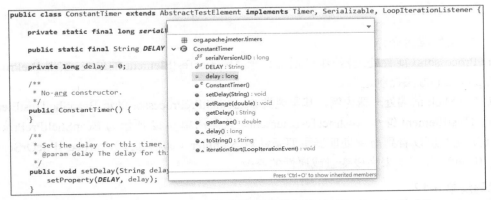

图 9-20　固定定时器

SyncTimer（同步定时器）是利用 CyclicBarrier 来控制阻塞和释放线程。代码清单 9-11 所示是同步定时器中的 delay()实现。

代码清单 9-11

```
/**
    * {@inheritDoc}    private CyclicBarrier barrier;
    */
@Override
public long delay() {
    if(getGroupSize()>=0) {
        int arrival = 0;
        try {
            if (timeoutInMs == 0) {
                arrival = this.barrier.await(TimerService.getInstance().adjustDelay
                (Long.MAX_VALUE), TimeUnit.MILLISECONDS);
            } else if (timeoutInMs > 0) {
                arrival = this.barrier.await(TimerService.getInstance().adjustDelay
                (timeoutInMs), TimeUnit.MILLISECONDS);
            } else {
                throw new IllegalArgumentException("Negative value for timeout:"+
                timeoutInMs+" in Synchronizing Timer "+getName());
            }
        } catch (InterruptedException e) {
            Thread.currentThread().interrupt();
            return 0;
        } catch (BrokenBarrierException e) {
            return 0;
        } catch (TimeoutException e) {
            if (log.isWarnEnabled()) {
                log.warn("SyncTimer {} timeouted waiting for users after: {}ms",
                getName(), getTimeoutInMs());
```

```
                }
                return 0;
            } finally {
                if(arrival == 0) {
                    barrier.reset();
                }
            }
        }
        return 0;
    }
```

5. 前置处理器介绍

Pre Processors（前置处理器）组件通过继承 AbstractTestElement 抽象类，实现 PreProcessor 接口的 process()方法控制逻辑。

以 BeanShell 前端处理器为例，其实现类 BeanShellPreProcessor 继承 BeanShellTestElement，BeanShellTestElement 继承 AbstractTestElement。代码清单 9-12 所示为 BeanShellPreProcessor. process 实现。可以看到前置处理器主要是针对 Sampler（加粗部分），processFileOrScript 方法执行 BeanShell 脚本来完成变量或属性的修改。

代码清单 9-12

```
@Override
public void process(){
    final BeanShellInterpreter bshInterpreter = getBeanShellInterpreter();
    if (bshInterpreter == null) {
        log.error("BeanShell not found");
        return;
    }
    JMeterContext jmctx = JMeterContextService.getContext();
    Sampler sam = jmctx.getCurrentSampler();
    try {
        bshInterpreter.set("sampler", sam);//$NON-NLS-1$
        processFileOrScript(bshInterpreter);
    } catch (JMeterException e) {
        if (log.isWarnEnabled()) {
            log.warn("Problem in BeanShell script. {}", e.toString());
        }
    }
}
```

6. 后置处理器介绍

Post Processors（后置处理器）组件继承 AbstractTestElement 类实现 PostProcessor 接口的 process ()方法来控制逻辑。

以 BeanShell 后置处理器为例，代码清单 9-13 所示是 BeanShellPostProcessor.process 的实现。通过 JMeterContext 可以获取到上一 Sampler 的执行结果，然后对结果进行操作，processFileOrScript 利用 BeanShell 来处理 Sampler 的结果。

代码清单 9-13

```
@Override
    public void process() {
        JMeterContext jmctx = JMeterContextService.getContext();
        SampleResult prev = jmctx.getPreviousResult();
```

```
    if (prev == null) {
        return; // TODO - should we skip processing here?
    }
    final BeanShellInterpreter bshInterpreter = getBeanShellInterpreter();
    if (bshInterpreter == null) {
        log.error("BeanShell not found");
        return;
    }
    try {
        // Add variables for access to context and variables
        bshInterpreter.set("data", prev.getResponseData());//$NON-NLS-1$
        processFileOrScript(bshInterpreter);
    } catch (JMeterException e) {
        if (log.isWarnEnabled()) {
            log.warn("Problem in BeanShell script: {}", e.toString());
        }
    }
}
```

7. 控制器介绍

Logic Controller（控制器）组件通过继承 GenericController 类重写 next()、isDone()、triggerEndOfLoop ()等方法来实现控制逻辑。

如图 9-21 所示，if 控制器继承 GenericController 类，主要逻辑方法是 next()、isDone()、triggerEndOfLoop()等。

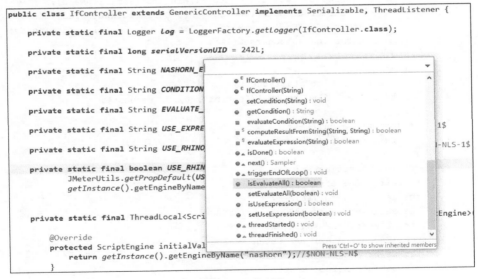

图 9-21　if 控制器

8. 取样器介绍

Sampler（取样器）组件继承 AbstractSampler 类，通过 Sampler.sample(Entry e)方法来完成测试逻辑，包括模拟请求，采集测试结果，还可以断言结果。

以 BeanShell Sampler 为例，代码清单 9-14 所示是 sample()方法的实现，SampleResult 为返回的测试结果，BSFEngine 为 BeanShell 脚本的执行引擎，返回结果写入 SampleResult。

代码清单 9-14

```
@Override
public SampleResult sample(Entry e)// Entry tends to be ignored ...
{
    final String label = getName();
    final String request = getScript();
    final String fileName = getFilename();
    log.debug("{} {}", label, fileName);
    SampleResult res = new SampleResult();
    res.setSampleLabel(label);
    BSFEngine bsfEngine = null;
    BSFManager mgr = new BSFManager();
    res.setResponseCode("200"); // $NON-NLS-1$
    res.setResponseMessage("OK"); // $NON-NLS-1$
    res.setSuccessful(true);
    res.setDataType(SampleResult.TEXT); // Default (can be overridden by the script)
    res.sampleStart();
    try {
        initManager(mgr);
        mgr.declareBean("SampleResult", res, res.getClass()); // $NON-NLS-1$
        bsfEngine = mgr.loadScriptingEngine(getScriptLanguage());
        Object bsfOut = null;
        if (fileName.length()>0) {
            res.setSamplerData("File: "+fileName);
            try (FileInputStream fis = new FileInputStream(fileName);
                    BufferedInputStream is = new BufferedInputStream(fis)) {
                bsfOut = bsfEngine.eval(fileName, 0, 0, IOUtils.toString(is,
                Charset.defaultCharset()));
            }
        } else {
            res.setSamplerData(request);
            bsfOut = bsfEngine.eval("script", 0, 0, request);
        }
        if (bsfOut != null) {
            res.setResponseData(bsfOut.toString(), null);
        }
    } catch (BSFException ex) {
        log.warn("BSF error", ex);
        res.setSuccessful(false);
        res.setResponseCode("500"); // $NON-NLS-1$
        res.setResponseMessage(ex.toString());
    } catch (Exception ex) {// Catch evaluation errors
        log.warn("Problem evaluating the script", ex);
        res.setSuccessful(false);
        res.setResponseCode("500"); // $NON-NLS-1$
        res.setResponseMessage(ex.toString());
    } finally {
        res.sampleEnd();
        mgr.terminate();
    }
    return res;
}
```

BeanShellSamplerGui 为其对应的 GUI（见图 9-22）代码，继承自 AbstractSamplerGui，

实现界面布局（createParameterPanel()、createScriptPanel()）、事件监听（modifyTestElement ()）。

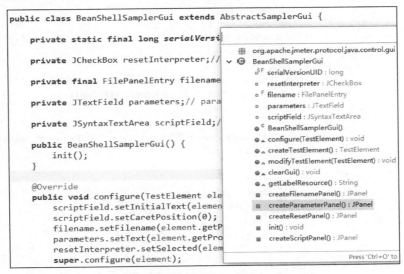

图 9-22　BeanShellSamplerGui 代码

9．断言介绍

Assertions（断言）组件通过继承 AbstractTestElement 类，实现 Assertion 接口的 getResult(SampleResult result)方法对结果内容进行判断，从而实现断言逻辑。

代码清单 9-15 所示为 JSON Assertion 组件的逻辑实现。先验证 JSON 格式，然后根据用户设计的规则进行匹配。

代码清单 9-15

```java
public class JSONPathAssertion extends AbstractTestElement implements Serializable,
Assertion {
    @Override
    public AssertionResult getResult(SampleResult samplerResult) {
        AssertionResult result = new AssertionResult(getName());
        String responseData = samplerResult.getResponseDataAsString();
        if (responseData.isEmpty()) {
            return result.setResultForNull();
        }
        result.setFailure(false);
        result.setFailureMessage("");
        if (!isInvert()) {
            try {
                doAssert(responseData);
            } catch (Exception e) {
                if (log.isDebugEnabled()) {
                    log.debug("Assertion failed", e);
                }
                result.setFailure(true);
                result.setFailureMessage(e.getMessage());
            }
        } else {
            try {
```

```
                doAssert(responseData);
                result.setFailure(true);
                if (isJsonValidationBool()) {
                    if (isExpectNull()) {
                        result.setFailureMessage("Failed that JSONPath " + getJsonPath(
                        ) + " not matches null");
                    } else {
                        result.setFailureMessage("Failed that JSONPath " + getJsonPath(
                        ) + " not matches " + getExpectedValue());
                    }
                } else {
                    result.setFailureMessage("Failed that JSONPath not exists: " +
                    getJsonPath());
                }
            } catch (Exception e) {
                if (log.isDebugEnabled()) {
                    log.debug("Assertion failed", e);
                }
            }
        }
        return result;
    }
```

JSONPathAssertionGui 为其 GUI 代码，如图 9-23 所示，继承 AbstractAssertionGui 类，完成页面布局和页面事件监听（例如修改了输入，保存脚本时就触发监听事件帮助记录修改）。

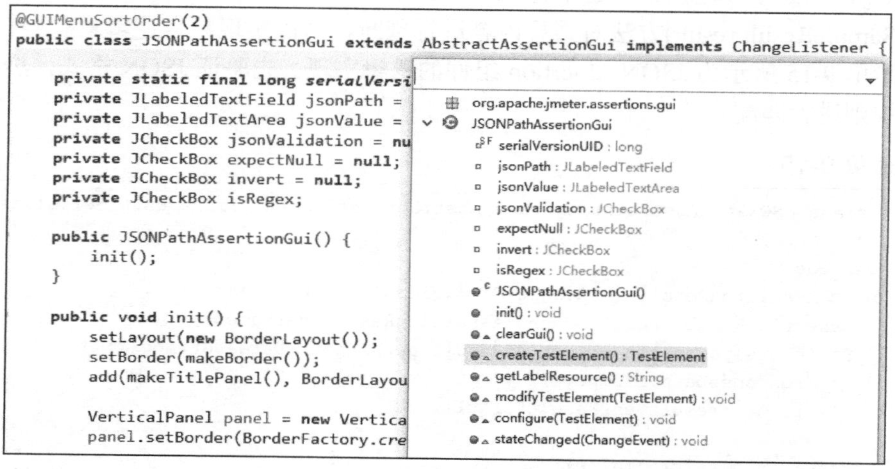

图 9-23　JSONPathAssertionGui 代码

10. 监听器介绍

监听器有两类，一类用来报告，另一类用来监控。org.apache.JMeter.visualizers 包下是监控类监听器，其继承 AbstractVisualizer 类，要实现 SampleListener 接口；org.apache.JMeter.reporters 包下是报告类监听器，其继承 ResultCollector 类，实现 Visualizer 接口。

Summary Report 的实现类 SummaryReport 继承 AbstractVisualizer，会开启一个新的线程来显示测试结果（见代码清单 9-16），add（见代码清单 9-17 中 newRows.add(newRow)）方法监听到结果动态后加入 Summary Report。

代码清单 9-16

```java
public SummaryReport() {
    super();
    model = new ObjectTableModel(COLUMNS,
            Calculator.class,// All rows have this class
            new Functor[] {
                new Functor("getLabel"),                //$NON-NLS-1$
                new Functor("getCount"),                //$NON-NLS-1$
                new Functor("getMeanAsNumber"),         //$NON-NLS-1$
                new Functor("getMin"),                  //$NON-NLS-1$
                new Functor("getMax"),                  //$NON-NLS-1$
                new Functor("getStandardDeviation"),    //$NON-NLS-1$
                new Functor("getErrorPercentage"),      //$NON-NLS-1$
                new Functor("getRate"),                 //$NON-NLS-1$
                new Functor("getKBPerSecond"),          //$NON-NLS-1$
                new Functor("getSentKBPerSecond"),      //$NON-NLS-1$
                new Functor("getAvgPageBytes"),         //$NON-NLS-1$
            },
            new Functor[] { null, null, null, null, null, null, null, null , null,
            null, null },
            new Class[] { String.class, Integer.class, Long.class, Long.class,
            Long.class,
                    Double.class, Double.class, Double.class, Double.class, Double.
                    class, Double.class });
    clearData();
    init();
    new Timer(REFRESH_PERIOD, e -> {
        if (!dataChanged) {
            return;
        }
        dataChanged = false;
        synchronized (lock) {
            while (!newRows.isEmpty()) {
                model.insertRow(newRows.pop(), model.getRowCount() - 1);
            }
            model.fireTableDataChanged();
        }
    }).start();
}
```

代码清单 9-17

```java
@Override
public void add(final SampleResult res) {
    Calculator row = tableRows.computeIfAbsent(res.getSampleLabel(useGroupName.
    isSelected()), label -> {
        Calculator newRow = new Calculator(label);
        newRows.add(newRow);
        return newRow;
    });
    /*
     * Synch is needed because multiple threads can update the counts.
     */
    synchronized (row) {
        row.addSample(res);
```

```
    }
    Calculator tot = tableRows.get(TOTAL_ROW_LABEL);
    synchronized (lock) {
        tot.addSample(res);
    }
    dataChanged = true;
}
```

9.3　JMeter 开发示例

9.3.1　函数助手开发

JMeter 函数在参数化时能够帮我们省去不少工作，但有时候我们还是觉得函数不够用，此时我们可以自己扩展函数。JMeter 原生的函数在 src/functions 目录中，包名为 org.apache.JMeter.functions。我们可以把新增函数直接放在此目录下，包中文件打包后就可以自动帮我们发布函数。

先介绍一下函数助手的开发逻辑，代码清单 9-18 所示是 IntSum 的源程序（为了节省空间，我们删除掉了一些注解与空行），功能是整数相加，支持两个及以上整数相加，逻辑如下：

（1）setParameters 方法获取用户传入的要相加的数，存入 values 数组；

（2）execute 方法用于处理数据相加，然后返回结果，如果用户传入了变量名，结果也会存入变量。

IntSum 实现的关键是继承 AbstractFunciton，我们只要实现 execute、setParameters、getReferenceKey、getArgumentDesc 等方法即可。AbstractFunction. getVariables()方法会自动帮我们获取来自用户的输入，我们只需要处理相加的逻辑就可以了。

代码清单 9-18

```java
package org.apache.JMeter.functions;
import java.util.Collection;
import java.util.LinkedList;
import java.util.List;
import org.apache.JMeter.engine.util.CompoundVariable;
import org.apache.JMeter.samplers.SampleResult;
import org.apache.JMeter.samplers.Sampler;
import org.apache.JMeter.threads.JMeterVariables;
import org.apache.JMeter.util.JMeterUtils;
public class IntSum extends AbstractFunction {
    private static final List<String> desc = new LinkedList<>();
    private static final String KEY = "__intSum"; //$NON-NLS-1$
    static {
        desc.add(JMeterUtils.getResString("intsum_param_1")); //$NON-NLS-1$
        desc.add(JMeterUtils.getResString("intsum_param_2")); //$NON-NLS-1$
        desc.add(JMeterUtils.getResString("function_name_paropt"));
    }
    private Object[] values;
    public IntSum() {
    }
    @Override
```

```
public String execute(SampleResult previousResult, Sampler currentSampler)
        throws InvalidVariableException {
    JMeterVariables vars = getVariables();
    int sum = 0;
    String varName = ((CompoundVariable) values[values.length - 1]).execute().trim();
    // trim() see bug 55871
    for (int i = 0; i < values.length - 1; i++) {
        sum += Integer.parseInt(((CompoundVariable) values[i]).execute());
    }//此处是把整数相加，支持两个及以上数相加。在Sampler中引用，如${__intSum(3,5,6)}
    try {
        sum += Integer.parseInt(varName);
        varName = null; // there is no variable name
    } catch(NumberFormatException ignored) {
    }
    String totalString = Integer.toString(sum);
    if (vars != null && varName != null){// vars will be null on TestPlan
        vars.put(varName.trim(), totalString);//此处是把结果存入变量中
    }
    return totalString;
}
@Override
public void setParameters(Collection<CompoundVariable> parameters) throws
InvalidVariableException {
    checkMinParameterCount(parameters, 2);
    values = parameters.toArray();//此处获取用户输入
}
@Override
public String getReferenceKey() {
    return KEY;
}
@Override
public List<String> getArgumentDesc() {
    return desc;
}
}
```

下面我们开发一个时间函数 dataShift，时间以当前日期为基准，前后可以偏移天数，dataShift 函数如图 9-24 所示，可以设置日期格式和偏移的天数。当 date offset 为负数时，往前（过去的时间）偏移。

图 9-24　dataShift 函数

　　代码清单 9-19 所示是 dataShift 源码，在 __time 函数基础上进行二次开发，为了节省空间去掉了注解与空格及引用包。

代码清单 9-19

```java
public class OffTime extends AbstractFunction {
    private static final String KEY = "__dateShift";
    private static final Pattern DIVISOR_PATTERN = Pattern.compile("/\\d+");
    private static final List<String> desc = new LinkedList<>();
    private static final Map<String, String> aliases = new HashMap<>();
    static {
        desc.add(JMeterUtils.getResString("time_format"));
        desc.add(JMeterUtils.getResString("function_name_paropt"));
        desc.add("date offset");
        aliases.put("YMD",JMeterUtils.getPropDefault("time.YMD", "yyyyMMdd"));
        aliases.put("HMS", JMeterUtils.getPropDefault("time.HMS", "HHmmss"));
        aliases.put("YMDHMS",JMeterUtils.getPropDefault("time.YMDHMS", "yyyyMMdd-HHmmss"));
        aliases.put("USER1", JMeterUtils.getPropDefault("time.USER1",""));
        aliases.put("USER2", JMeterUtils.getPropDefault("time.USER2",""));
        aliases.put("OFFSET", "0");
    }
    private String format   = "";
    private String variable = "";
    private String offset = "";
    public OffTime(){
        super();
    }
    @Override
    public String execute(SampleResult previousResult, Sampler currentSampler) throws
    InvalidVariableException {
     String dateRt = null;
        if (format.length() == 0 ){
         dateRt = Long.toString(System.currentTimeMillis());
         }else {
            String fmt = aliases.get(format);
            if (fmt == null) {
                fmt = format;// Not found
            }
            int off = Integer.valueOf(offset);
            Calendar cal = Calendar.getInstance();
            SimpleDateFormat sdf = new SimpleDateFormat(fmt);
            try {
                cal.setTime(sdf.parse(sdf.format(new Date())));
            } catch (ParseException e) {
                // TODO Auto-generated catch block
                e.printStackTrace();
            }
            cal.add(Calendar.DAY_OF_YEAR, off);
            dateRt = sdf.format(cal.getTime());
        }
        if (variable.length() > 0) {
            JMeterVariables vars = getVariables();
            if (vars != null){// vars will be null on TestPlan
                vars.put(variable, dateRt);
            }
```

```
        }
        return dateRt;
    }
    @Override
    public void setParameters(Collection<CompoundVariable> parameters) throws
    InvalidVariableException {
        checkParameterCount(parameters, 0, 3);
        Object []values = parameters.toArray();
        int count = values.length;
        if (count > 0) {
            format = ((CompoundVariable) values[0]).execute();
        }
        if (count > 1) {
            variable = ((CompoundVariable)values[1]).execute().trim();
        }
        if (count > 2) {
            offset = ((CompoundVariable)values[2]).execute().trim();
        }
    }
    @Override
    public String getReferenceKey() {
        return KEY;
    }
    @Override
    public List<String> getArgumentDesc() {
        return desc;
    }
}
```

程序 OffTime 可以直接放在 src/functions 目录下，包路径为 org.apache.JMeter.functions，然后利用 Ant package 打包，启动 JMeter 进入函数助手即可找到 dataShift 函数。

9.3.2　Dubbo Sampler 开发

国内有很多企业在使用 Dubbo 框架来做服务治理，服务间采用 RPC 的方式进行通信，程序效率是有保证的。但对于做测试的人员来说，在进行接口测试时，采用 RPC 的访问方式就比较麻烦了，既有 jar 包依赖，还需要写程序。那有没有好的解决办法呢？

当然有，我们可以开发一个 Dubbo Sampler。笔者在 2013 年开发过这样一个工具。图 9-25、图 9-26 与图 9-27 是笔者的实施示例，其中图 9-26 所示的测试实例是 Dubbo 官方的 dubbo-demo-api-2.8.4.jar 中的接口方法，图 9-27 所示的测试实例是电信运营商的计费系统。

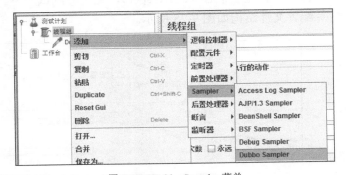

图 9-25　Dubbo Sampler 菜单

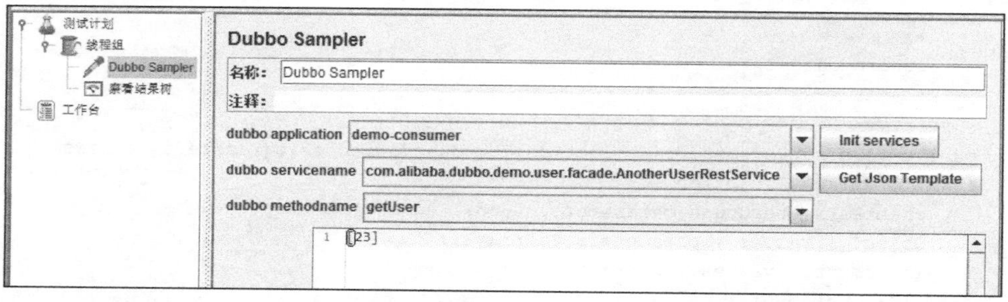

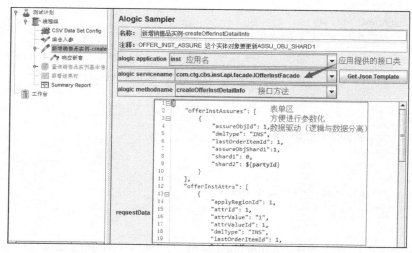

图 9-26　Dubbo Sampler 示例

图 9-27　计费系统

接下来我们说一下设计思路。

1. 设计思路

我们需要利用 JMeter 完成人工写程序实现通过 RPC 方式来调用接口，为了方便用户，我们只需要用户进行简单配置就可以测试接口，还可以提供示例表单引导用户做参数化。图 9-26 和图 9-27 所示形象地说明了这个思路。过程如下。

（1）配置注册中心（Zookeeper），配置被测试服务。

配置文件结构如图 9-28 所示。

```
<description>inst</description>
<!-- inst -->  应用名/系统名
<bean id="inst_servant" class="com.alogic.rpc.spring.FacadeServant" abstract="true">
    <!-- 指定callId，调用细节由call配置指定详见rpc.xml -->
    <property name="callId" value="inst"/>
</bean>
<bean id="offerInstFacade" parent="inst_servant">                    服务名/接口类名
    <property name="interface" value="com.ctg.cbs.inst.api.facade.IOfferInstFacade" />
    <property name="beanId" value="offerInstFacade"/>
</bean>
<bean id="commonInstFacade" parent="inst_servant">                 服务名/接口类名
    <property name="interface" value="com.ctg.cbs.inst.api.facade.ICommonInstFacade" />
    <property name="beanId" value="commonInstFacade"/>
</bean>
```

图 9-28　配置文件结构

（2）解析接口包（RPC 方式调用时需要有 jar 包依赖，解析过程采用单例方式避免性能问题），获取到接口类、接口名、接口入参。

（3）用户修改表单区域，做一些参数化操作，兼容 JMeter 所有参数化元件及函数。

（4）运行测试，组件会自动连接注册中心，获取到服务，并把参数文件注入方法中。

2．程序实现

Dubbo Sampler 完成 sampler 的逻辑功能（见图 9-29），最主要是实现 sample(Entry e)方法，代码清单 9-20 是 sampler 方法的部分代码，由 du.executeMethod(method, JSON.parseArray(json),obj)来执行请求。

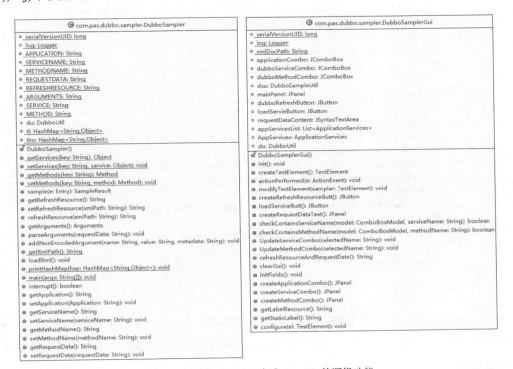

图 9-29 Dubbo Sampler 完成 Sampler 的逻辑功能

代码清单 9-20

```
@Override
    public SampleResult sample(Entry e) {
        StringBuilder argBuffer = new StringBuilder("[");
        Arguments argus = new Arguments();
        argus = this.getArguments();
        Argument arg = new Argument();
        arg = (Argument) argus.iterator().next().getObjectValue();
        argBuffer.append(arg.getValue()).append(")");
        String json = argBuffer.toString();
        String serviceId = this.getServiceName().split("\\.")[this.getServiceName().
        split("\\.").length - 1];
        Object obj = getServices(serviceId);
        if(null == obj){// 非 GUI 方式运行时初始化 method
            synchronized(tl){
                if(null == obj){
                    loadXml();
```

```
                        obj = getServices(serviceId);
                }
        }
    }
    Method method = getMethods(serviceId + this.getMethodName());
    SampleResult res = new SampleResult();
    res.sampleStart();
    String result = du.executeMethod(method, JSON.parseArray(json), obj);
    res.sampleEnd();
    res.setSamplerData(result);
    res.setSampleLabel(getName() +" : "+serviceId + "." + method.getName());
    res.setRequestHeaders(this.getRequestData());
    if (result != null) {
        res.setSuccessful(true);
    } else {
        res.setSuccessful(false);
        return res;
    }
    res.setDataEncoding("UTF-8");
    StringBuffer sb = new StringBuffer("Response Data:").append(result).
    append(System.lineSeparator());
    sb.append("Request Data:").append(this.getRequestData());
    res.setResponseMessage(sb.toString());
    res.setResponseData(result);
    if (null != JSON.parseObject(result) && null != JSON.parseObject(result).
    getString("rspResultType")) {
        res.setResponseCode(JSON.parseObject(result).getString("rspResultType"));
    } else {
        res.setResponseCode("");
    }
    return res;
}
```

　　DubboSamplerGui 是 GUI 实现类，图 9-26 和图 9-27 显示的 UI 就是这个类实现的。代码清单 9-21 是 UI 初始化方法，对 UI 进行了布局，设置了监听事件来响应用户在 UI 上的操作。

代码清单 9-21

```
private void init() {
    setLayout(new BorderLayout(0, 5));
    setBorder(makeBorder());
    add(makeTitlePanel(), BorderLayout.NORTH);
    setName("Dubbo Request");
    VerticalPanel vPanel= new VerticalPanel();
    vPanel.add(createApplicationCombo());
    vPanel.add(createServiceCombo());
    vPanel.add(createMethodCombo());
    HorizontalPanel hPanel=new HorizontalPanel();
    hPanel.add(vPanel);
    hPanel.add(createRefreshResourceButt());
    mainPanel = new JPanel(new BorderLayout(0, 5));
    mainPanel.setSize(10, 20);
    mainPanel.add(hPanel, BorderLayout.NORTH);
    mainPanel.add(createRequestDataText(), BorderLayout.CENTER);
    add(mainPanel, BorderLayout.CENTER);
}
```

　　图 9-30 所示是 Dubbo Sampler 的工具类，具有解析配置文件，加载 jar 包，通过 Java 反射机制来获取方法列表及入参，连接 Zookeeper 注册中心，使用 RPC 方式来执行远程方法等功能。

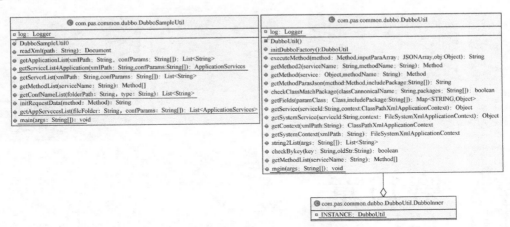

图 9-30　Dubbo Sampler 工具类

　　此工具由于某些原因暂未开源，不过 Dubbo 官方近年也开发了一个类似的 JMeter 插件。

9.4　本章小结

　　本章主要讲解了与 JMeter 开发相关的一些基础知识，方便有开发需求的工程师快速开展工作。通常我们需要的插件从 GitHub 上都能够获取到，对于小众的需求就只能自己动手开发了，这也是测试开发工程师的价值所在。基于 JMeter 的组件开发时，了解 JMeter 体系和 JMeter 代码结构是必要的，我们可以直接仿照官方的组件进行定制开发。

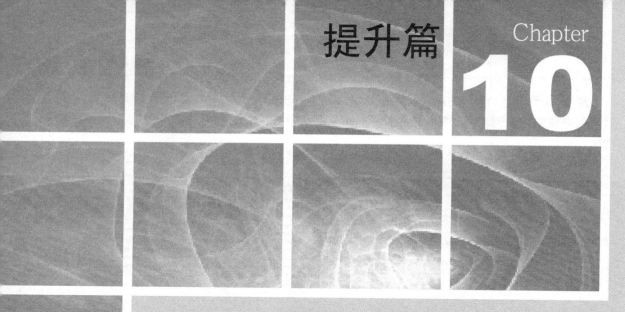

第 10 章
利用容器技术快速
部署负载

从本章你可以学到：

- ☐ Docker 部署负载实践
- ☐ Kubernetes（K8S）集群部署负载实践

容器技术的普及使得应用的部署变得更方便、更快、更易于管理。性能测试时，我们往往需要部署大量的负载，同样我们可以利用容器技术来快速地部署负载。下面我们将使用 Docker 来快速部署负载。

在进行部署前我们先要储备一些基础知识。

（1）了解 Docker 相关知识，包括但不限于：

- 了解 Docker 原理（镜像、网络、存储等）；
- 安装 Docker 环境；
- 熟悉常用 Docker 命令；
- 制作 Docker 镜像；
- 编写 Docker compose 文件。

（2）Influx 时序数据库相关知识。

（3）Grafana 相关知识。

以上准备知识在此不再赘述，读者可以参考 Docker 官网，或者从作者公众号获取。

10.1 Docker 部署负载实践

JMeter 模拟大量负载时通常采用 Client—Server 模式，我们利用 Docker 来实现这种结构，实验结构如图 10-1 所示。

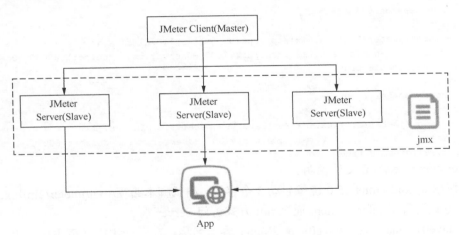

图 10-1 Client—Server 结构

由 JMeter Client（Master）来管理多个 Server（Slave）运行负载，测试脚本（jmx 文件）映射到 Slave 容器中，可以保证多个 Slave 映射到同一个 jmx 文件，也可以把 jmx 文件放在云存储、共享存储上。

注：JMeter 分布式运行的 Client—Server 的概念与咱们的认知常识是相反的，Server 端是运行脚本的客户端 Slave，Client 是管理客户端的主控端 Master。

10.1.1 准备工作

1. 镜像准备

可以直接从仓库（hub.docker.com）下载 docker pull testonly/jmeter5.0，也可以自己构建一个镜像。

2. docker-compose.ymal 配置

依照图 10-1 的结构，我们需要启动 3 个 JMeter 实例，且是 Server 方式。我们使用 docker-compose.yaml 方法来定义这个规划。

Server（Slave）端配置清单见代码清单 10-1。

代码清单 10-1

```
version: '3'

services:
  slave01:
    image: testonly/jmeter5.0
    volumes:
     - /root/jmeter/2Influx.jmx:/opt/apache-jmeter-5.0/2Influx.jmx
    command: -s -n -Jclient.rmi.localport=7000 -Jserver.rmi.localport=60000 -Jserver.
    rmi.ssl.disable=true
  slave02:
    image: testonly/jmeter5.0
    volumes:
     - /root/jmeter/2Influx.jmx:/opt/apache-jmeter-5.0/2Influx.jmx
    command: -s -n -Jclient.rmi.localport=7000 -Jserver.rmi.localport=60000 -Jserver.
    rmi.ssl.disable=true
  slave03:
    image: testonly/jmeter5.0
    volumes:
     - /root/jmeter/2Influx.jmx:/opt/apache-jmeter-5.0/2Influx.jmx
    command: -s -n -Jclient.rmi.localport=7000 -Jserver.rmi.localport=60000 -Jserver.
    rmi.ssl.disable=true
```

docker-compose.yaml 文件说明。

（1）使用 testonly/jmeter5.0 镜像启动 3 个容器，测试脚本路径/root/jmeter/2Influx.jmx，使用 Server 方式运行 JMeter，Client 通过 rmi 方式访问 Server 端。

（2）slave01、slave02、slave03 是 JMeter 容器名称。在同一主机（宿主机）上，容器间是可以使用容器名路由到对方的。Client——Server 方式运行 JMeter，Client（Master）端通常是 IP 到 Server（Slave）部分。因为容器 IP 是自动分配的（我们也可以指定），所以用容器名（类似机器名）代替 IP 更方便。在 Client（Server）运行脚本时我们使用 "-R slave01,slave02,slave03" 来指定 Server（Slave）机器。

（3） volumes: /root/jmeter/2Influx.jmx 为本地测试脚本目录，/opt/apache-jmeter-5.0/2Influx.jmx 为映射到容器的脚本目录，JMeter 容器执行时默认读取此目录下的脚本（需要指定脚本名）。

（4）command: -s -n -Jclient.rmi.localport=7000 -Jserver.rmi.localport=60000 -Jserver.rmi.ssl.

disable=true。

解释如下。

● -s：以 Server 方式运行（作为 Slave 可以由 JMeter Client 控制，JMeter Client 就是我们说的 Master）。

● -n：非 GUI 方式运行。

● -Jclient.rmi.localport=7000：Client-Server（Master——Slave）方式运行时的监听端口，Client（Master）通过此端口远程调用 Server（Slave）端。

● -Jserver.rmi.localport=60000：Master Server 开放的端口。

● -Jserver.rmi.ssl.disable=true：JMeter 4.0 以后 Client——Server 的运行模式默认走安全通道，需要有证书，为了简单我们配置成非 SSL 方式，绕过证书。

（5）2Influx 是本例的实验脚本，测试结果会通过 Backend Listener 投递到 Influx 数据库，然后使用 Grafana 来查看结果。

10.1.2　启动负载

1. 启动 Server 端

在 docker-compose.yaml 文件根目录中，使用 docker-compose 启动，效果如图 10-2 所示，控制台显示创建了名为 jmeter_default 的桥接网络。

图 10-2　docker-compose 启动

使用 docker network ls 可以查看本机上的网络（见图 10-3），创建的网络有一个命名规则，jmeterdefault 中的 jmeter 是笔者 docker-compose.yaml 文件目录名，所以命名规则是[docker-compose.yaml 所在的文件目录]_default。

图 10-3　查看本机上的网络

2. 启动 Client 端

Client 端启动后将连接 Server 端，把测试脚本发送到 Server 端，控制 Server 端的执行，把测试结果汇总输出（见代码清单 10-2）。

代码清单 10-2

```
docker run \
  --net jmeter_default \
  -v /root/jmeter/2Influx.jmx:/opt/apache-jmeter-5.0/2Influx.jmx \
  testonly/jmeter5.0 \
  -n -X \
  -Jclient.rmi.localport=7000 \
  -R slave01,slave02,slave03 \
  -t 2Influx.jmx \
  -Jserver.rmi.ssl.disable=true
```

--net jmeter_default 为指定容器启动的网络，因为 Client 要与 Server 互通，我们让它与 Server 容器在一个网络，如图 10-4 所示。

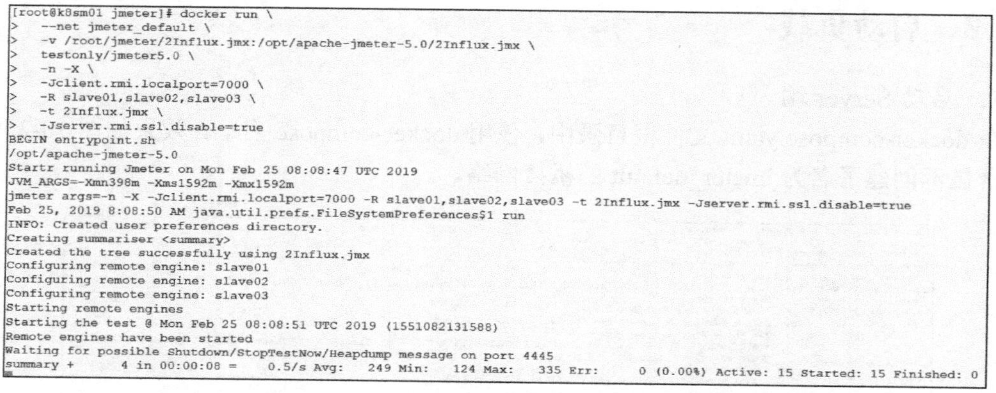

```
[root@k8sm01 jmeter]# docker run \
>   --net jmeter_default \
>   -v /root/jmeter/2Influx.jmx:/opt/apache-jmeter-5.0/2Influx.jmx \
>   testonly/jmeter5.0 \
>   -n -X \
>   -Jclient.rmi.localport=7000 \
>   -R slave01,slave02,slave03 \
>   -t 2Influx.jmx \
>   -Jserver.rmi.ssl.disable=true
BEGIN entrypoint.sh
/opt/apache-jmeter-5.0
Startr running Jmeter on Mon Feb 25 08:08:47 UTC 2019
JVM_ARGS=-Xmn398m -Xms1592m -Xmx1592m
jmeter args=-n -X -Jclient.rmi.localport=7000 -R slave01,slave02,slave03 -t 2Influx.jmx -Jserver.rmi.ssl.disable=true
Feb 25, 2019 8:08:50 AM java.util.prefs.FileSystemPreferences$1 run
INFO: Created user preferences directory.
Creating summariser <summary>
Created the tree successfully using 2Influx.jmx
Configuring remote engine: slave01
Configuring remote engine: slave02
Configuring remote engine: slave03
Starting remote engines
Starting the test @ Mon Feb 25 08:08:51 UTC 2019 (1551082131588)
Remote engines have been started
Waiting for possible Shutdown/StopTestNow/Heapdump message on port 4445
summary +      4 in 00:00:08 =    0.5/s Avg:   249 Min:  124 Max:   335 Err:     0 (0.00%) Active: 15 Started: 15 Finished: 0
```

图 10-4　指定容器启动的网络

如果想留下日志及测试结果文件，则可以加上如下参数：

- -l 结果文件目录；
- -j 日志文件目录。

最好也是映射到主机目录（见代码清单 10-3）。

代码清单 10-3

```
docker run \
  --net jmeter_default \
  -v /root/jmeter/2Influx.jmx:/opt/apache-jmeter-5.0/2Influx.jmx \
  -v /root/jmeter/res/:/opt/apache-jmeter-5.0/res/ \    testonly/jmeter5.0 \
  -n -X \
  -Jclient.rmi.localport=7000 \
  -R slave01,slave02,slave03 \
  -t 2Influx.jmx \
  -Jserver.rmi.ssl.disable=true \
  -l /opt/apache-jmeter-5.0/res/result.jtl \
  -j /opt/apache-jmeter-5.0/res/jmeter.log
```

说明如下。

- -v /root/jmeter/res/:/opt/apache-jmeter-5.0/res/

在容器中建立/opt/apache-jmeter-5.0/res/目录与主机/root/jmeter/res/的映射关系。

- -l /opt/apache-jmeter-5.0/res/result.jtl

测试结果存入/opt/apache-jmeter-5.0/res/result.jtl 文件，在主机/opt/apache-jmeter-5.0/res/result.jtl 文件中可以查看。

- -j /opt/apache-jmeter-5.0/res/jmeter.log

测试日志存入/opt/apache-jmeter-5.0/res/jmeter.log 文件，在主机/opt/apache-jmeter-5.0/res/jmeter.log 文件中可以查看。

上面的 docker-compse 文件中，我们配置了 3 个 Server（Slave）JMeter 容器，数量固定了。大家可以自己编写一个 Shell 脚本，然后把启动多少个容器、运行哪一个脚本、运行多少虚拟用户等作为入参。

10.2 Kubernetes（K8S）集群部署负载实践

上一节介绍了如何通过 docker-compose 的方式来启动一个负载集群。我们只需要安装 Docker 以及 docker-compose，即可快速搭建一个 JMeter 的负载集群。

如果基础环境设施已经有一个 K8S 集群，那么可以在 K8S 上快速启动一个完整的负载测试集群。其不仅包括了分布式 JMeter 集群，还有用于存储测试结果的 InfluxDB 时序数据库，以及实时展示测试结果的 Grafana 可视化工具。

10.2.1 整体结构介绍

整体的部署结构如图 10-5 所示，可以看到有比较多的组件，但是利用 K8S 配置文件，可快速启动以及更新所有的组件。

JMeter 集群通过分布式进行部署，并且每个节点在 K8S 集群中都是一个 Pod。Slave 的 Pod 通过 Deployment 控制器进行部署，其可以进行统一的部署、更新和销毁，并且 Deployment 可以自如扩展 Slave 节点。如果使用 K8S 的 HPA（Pod 水平动态扩展控制器）特性，还可以使 Slave Pod 的节点进行动态伸缩，例如，当 Pod 的 CPU 使用达到 80%以上时，就会自动扩容增加 Slave 节点，在这里就不具体介绍了。

如果 K8S 集群已经有了持久化存储的配置，还可以把 InfluxDB 中的测试结果存储到 PV（持久化存储盘）中。这样即使 JMeter 的集群被销毁或者重建了，之前的测试数据也依然继续保留。

最终对测试结果进行实时展示的是 Grafana 的 Dashboard。如果有 Ingress 的配置，我们可以把 Grafana 的地址通过公有域名暴露出去。如果只想个人查看，则可以通过 K8S Proxy 的方式在本地电脑上查看。

关于测试脚本 jmx 文件，可以放在本地电脑（便于使用本地 JMeter 图形界面调试），然后在启动脚本中通过 kubectl cp 的方式复制到远程的 Pod 内，供远程 JMeter 集群使用。

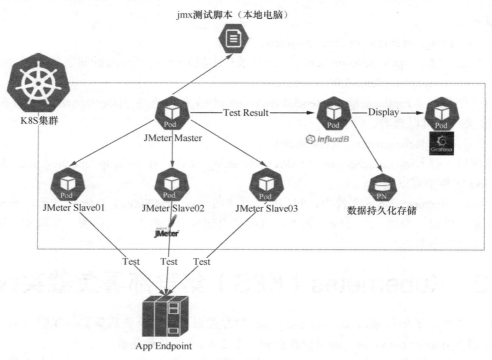

图 10-5　部署结构

10.2.2　准备工作

1. Dockerfile

本节所有的代码和配置文件都放在了 GitHub 的 qqian1991/jmeter-on-k8s 项目中，包含了容器镜像的 Dockerfile、K8S 的配置文件、启动脚本等。首先将 GitHub 的 qqian1991/jmeter-on-k8s 代码下载到本地。

K8S 的 Pod 使用 JMeter 5.0 的容器镜像，目前已经上传到 Docker 官方仓库中，分别为 qqian1991/jmeter-master:5.0 和 qqian1991/jmeter-slave:5.0，Dockerfile 在 GitHub 项目的 Dockerfile 目录下。

代码清单 10-4 所示是 jmeter-master 的 Dockerfile。首先，基于 OpenJDK 8 的精简版基础镜像把官方的 JMeter 5.0 的压缩包通过 wget 指令下载并且解压；然后，暴露的 6000 端口用于启动 JMeter 的 Master 服务。

代码清单 10-4

```
FROM openjdk:8-jdk-slim
MAINTAINER qqian1991

ARG JMETER_VERSION=5.0

RUN apt-get clean && \
apt-get update && \
apt-get -qy install \
wget \
```

```
telnet \
iputils-ping \
unzip

RUN  mkdir /jmeter \
&& cd /jmeter/ \
&& wget https://archive.apache.org/dist/jmeter/binaries/apache-jmeter-$JMETER_VERSION.tgz \
&& tar -xzf apache-jmeter-$JMETER_VERSION.tgz \
&& rm apache-jmeter-$JMETER_VERSION.tgz

RUN cd /jmeter/apache-jmeter-$JMETER_VERSION/ && wget -q -O /tmp/JMeterPlugins-Standard
-1.4.0.zip https://jmeter-plugins.org/downloads/file/JMeterPlugins-Standard-1.4.0.zip &&
unzip -n /tmp/JMeterPlugins-Standard-1.4.0.zip && rm /tmp/JMeterPlugins-Standard-1.4.0.zip

ENV JMETER_HOME /jmeter/apache-jmeter-$JMETER_VERSION/

ENV PATH $JMETER_HOME/bin:$PATH

EXPOSE 60000
```

JMeter Slave 的 Dockerfile 和 Master 的 Dockerfile 前面部分都是一样的，只有最后部分不同，即 Slave 暴露的端口不同（见代码清单 10-5）。并且 ENTRYPOINT 默认会将 JMeter 服务启动，等待被 Master 服务连接，而 Master 节点服务在运行测试的时候才会被启动。

代码清单 10-5

```
FROM openjdk:8-jdk-slim
…
…
EXPOSE 1099 50000

ENTRYPOINT $JMETER_HOME/bin/jmeter-server \
-Dserver.rmi.localport=50000 \
-Dserver_port=1099 \
-Jserver.rmi.ssl.disable=true
```

2．K8S 部署文件

manifest 目录下是所有的 K8S 部署文件，主要包含了 JMeter-Master、JMeter-Slave、InfluxDB、Grafana 这几个组件。

代码清单 10-6 所示是 JMeter Master 的 K8S 部署文件，其中放置进去的 load_test 脚本用于测试时执行启动 JMeter Master 的服务。

代码清单 10-6

```
apiVersion: v1
kind: ConfigMap
metadata:
  name: jmeter-load-test
  labels:
    app: influxdb-jmeter
data:
  load_test: |
    #!/bin/bash
    /jmeter/apache-jmeter-*/bin/jmeter -n -t $1 -Dserver.rmi.ssl.disable=true -R 'getent
ahostsv4 jmeter-slaves-svc | cut -d' ' -f1 | sort -u | awk -v ORS=, '{print $1}' | sed 's/,$//'
```

```
---
apiVersion: apps/v1
kind: Deployment
metadata:
  name: jmeter-master
  labels:
    jmeter_mode: master
spec:
  replicas: 1
  selector:
    matchLabels:
      jmeter_mode: master
  template:
    metadata:
      labels:
        jmeter_mode: master
    spec:
      containers:
      - name: jmmaster
        image: qqian1991/jmeter-master:5.0
        imagePullPolicy: IfNotPresent
        command: [ "/bin/bash", "-c", "--" ]
        args: [ "while true; do sleep 30; done;" ]
        volumeMounts:
          - name: loadtest
            mountPath: /load_test
            subPath: "load_test"
        ports:
        - containerPort: 60000
        resources:
          limits:
            cpu: 4000m
            memory: 4Gi
          requests:
            cpu: 500m
            memory: 512Mi
      volumes:
      - name: loadtest
        configMap:
          name: jmeter-load-test
```

3. 运行脚本和 Grafana 配置文件

根目录是一些shell脚本，用于创建、删除、配置负载集群，还有一个GrafanaJMeterTemplate.json 是 Grafana 的 Dashboard 模板文件，后面需要手动导入到 Grafana 中。

10.2.3 启动 JMeter 集群

1. 创建集群

首先执行 cluster_create.sh 脚本来创建K8S集群，主要是创建了负载集群专用的namespace JMeter；然后创建了 JMeter Master、JMeter Slave、InfluxDB、Grafana 的 deployment，除了 JMeter Slave 的个数为 3，其他的均为 1（见代码清单 10-7），当然具体个数可以通过 kubectl edit 指

令动态地更新扩展。

代码清单 10-7

```
$ ./cluster_create.sh
Creating Namespace: jmeter
namespace/jmeter created

create jmeter cluster with influxDB and Grafana
deployment.apps/jmeter-grafana created
service/jmeter-grafana created
configmap/influxdb-config created
deployment.apps/influxdb-jmeter created
service/jmeter-influxdb created
configmap/jmeter-load-test created
deployment.apps/jmeter-master created
deployment.apps/jmeter-slaves created
service/jmeter-slaves-svc created

Printout Of the jmeter Objects
NAME                                        READY   STATUS    RESTARTS   AGE
pod/influxdb-jmeter-58b8d665dd-5kvwm        1/1     Running   0          67s
pod/jmeter-grafana-76d9bbf974-vzqvn         1/1     Running   0          67s
pod/jmeter-master-8554c99c7d-jvvj4          1/1     Running   0          66s
pod/jmeter-slaves-6c68457855-66d4t          1/1     Running   0          66s
pod/jmeter-slaves-6c68457855-75871          1/1     Running   0          66s
pod/jmeter-slaves-6c68457855-zlx9r          1/1     Running   0          66s


NAME                         TYPE        CLUSTER-IP      EXTERNAL-IP   PORT(S)                   AGE
service/jmeter-grafana ClusterIP   10.98.222.137   <none>        3000/TCP                  67s
service/jmeter-influxdb ClusterIP   10.106.71.93    <none>        8083/TCP,8086/TCP,2003/TCP 67s
service/jmeter-slaves-svc ClusterIP None           <none>        1099/TCP,50000/TCP        67s


NAME                                READY   UP-TO-DATE   AVAILABLE   AGE
deployment.apps/influxdb-jmeter     1/1     1            1           67s
deployment.apps/jmeter-grafana      1/1     1            1           67s
deployment.apps/jmeter-master       1/1     1            1           67s
deployment.apps/jmeter-slaves       3/3     3            3           67s


NAME                                            DESIRED   CURRENT   READY   AGE
replicaset.apps/influxdb-jmeter-58b8d665dd      1         1         1       67s
replicaset.apps/jmeter-grafana-76d9bbf974       1         1         1       67s
replicaset.apps/jmeter-master-8554c99c7d        1         1         1       67s
replicaset.apps/jmeter-slaves-6c68457855        3         3         3       67s
```

其中 JMeter Master 和 JMeter Slave 节点都在 K8S 配置文件中指定了资源的使用限制条件（见代码清单 10-8）。这取决于实际 K8S 工作节点的资源状况，指定限制条件也防止 JMeter 集群过多占用资源而影响 K8S 集群中的其他服务。

代码清单 10-8

```
resources:
  limits:
    cpu: 4000m
    memory: 4Gi
  requests:
```

```
        cpu: 500m
        memory: 512Mi
```

2. 创建 InfluxDB 数据库

因为创建好的 InfluxDB 和 Grafana 配置都是空的，所以我们需要在 InfluxDB 中创建 JMeter 数据库以及将 InfluxDB 作为数据源添加到 Grafana 中（见代码清单 10-9）。这样 Grafana 的 Dashboard 才能获取到数据，执行准备好的脚本 db_and_datasource_create.sh。

代码清单 10-9

```
    $ ./db_and_datasource_create.sh
Creating Influxdb jmeter Database
Creating the Influxdb data source
{"datasource":{"id":1,"orgId":1,"name":"jmeterdb","type":"influxdb","typeLogoUrl":"","a
ccess":"proxy","url":"http://jmeter-influxdb:8086","password":"admin","user":"admin","databa
se":"jmeter","basicAuth":false,"basicAuthUser":"","basicAuthPassword":"","withCredentials":f
alse,"isDefault":true,"secureJsonFields":{},"version":1,"readOnly":false},"id":1,"message":"
Datasource added","name":"jmeterdb"}
```

默认配置不包括 Ingress 来暴露 Grafana 服务，所以本地最快速的访问方式是通过 kubectl port-forward 来访问 Grafana 服务（见代码清单 10-10）。

代码清单 10-10

```
$ kubectl port-forward svc/jmeter-grafana -n jmeter 3000:3000
Forwarding from 127.0.0.1:3000 -> 3000
Forwarding from [::1]:3000 ->
```

接下来，通过本地浏览器访问 http://localhost:3000 查看 Grafana 界面。在 Data Sources 界面中可以看到 InfluxDB 已经被成功添加了。

在图 10-6 中，我们可以看到 InfluxDB 的地址为 http://jmeter-influxdb:8086，这是 K8S 的内部服务名。Grafana 通过 K8S 内部的 DNS 解析和 iptables 规则连接 InfluxDB，因此从外部是无法访问的。

图 10-6　Grafana 数据源界面

3. 导入 Grafana Dashbaord

通过界面 Import Dashboard（见图 10-7）导入文件，内容为 GitHub 根目录下的 GrafanaJMeterTemplate.json 文件。导入后会自动生产 Name，最下面选择 jmeterdb（见图 10-8）。

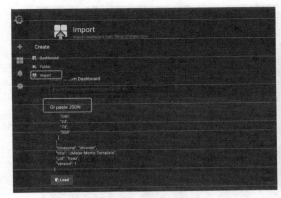
图 10-7　导入文件

图 10-8　选择 jmeterdb

10.2.4　运行负载测试

下面就可以执行负载测试了，我们需要准备一个测试脚本放在根目录中，例如 GitHub 项目中提供的 example.jmx 脚本。通过运行./start_test.sh example.jmx 来执行负载测试脚本，运行脚本内容如代码清单 10-11 所示。可以看到其通过 kubectl cp 将本地的脚本复制到远程的 JMeter Master pod 中，然后通过 kubectl exec 执行测试。

代码清单 10-11

```bash
#!/bin/bash
jmx="$1"
[ -n "$jmx" ] || read -p 'Enter path to the jmx file ' jmx

if [ ! -f "$jmx" ];
then
    echo "Test script file was not found in PATH"
    echo "Kindly check and input the correct file path"
    exit
fi

test_name="$(basename "$jmx")"
master_pod='kubectl get po -n jmeter | grep jmeter-master | awk '{print $1}''
kubectl cp "$jmx" -n jmeter "$master_pod:/$test_name"


## Starting Jmeter load test
kubectl exec -ti -n jmeter $master_pod -- /bin/bash /load_test "$test_name"
```

执行测试内容的同时，打开刚刚导入的 Grafana Dashboard，就可以实时看到测试结果了。如图 10-9 所示，通过上面的几个选择栏，可以选择具体执行的测试用例名称和接口名称，在右上角可以选择时间段。

如果测试用例中设置的时间是永远执行，那么即使用快捷键 Ctrl+C 把 start_test.sh 脚本中断，在 Pod 中进程还是在执行。因此需要执行./jmeter_stop.sh 来终止测试，实际 jmeter_stop.sh 脚本就是把所有的 JMeter K8S Pod 强制删除，K8S 中的 Pod 是无状态的并且会重新自动创建。

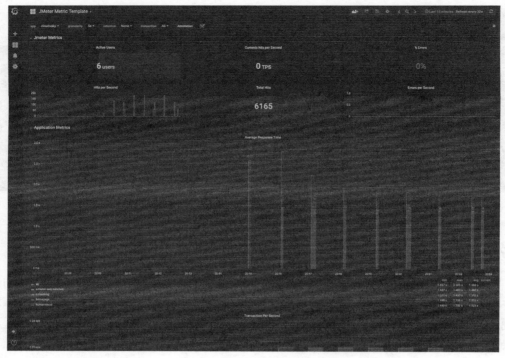

图 10-9　测试结果

10.3　本章小结

现在，云平台及容器化已经成为主流技术，虽然性能测试不是运维，但能够利用这些技术加快性能测试进程。本章利用 Docker 来部署负载的方式是在同一主机上启动多个负载（JMeter）实例，这只是适合小批量的负载。如果当用户需要更多的负载，例如成千上万的并发时，一台主机多个实例是满足不了要求的，此时我们就可以借助 Kubernetes 等容器编制工具来部署负载。不过部署方式可能就需要变化了，我们不可能再用 Server—Client 模式了，我们可以让每个容器中的 JMeter 实例单独运行，然后集中收集测试结果（比如结果投递到 InfluxDB 中）。

作为一个性能测试工程师，身处 IT 行业，必须与时俱进。只有这样才能不断提高自己的工作效率，同时拓宽知识面，保持长久的竞争力。